博客藏经阁丛书

匠人手记
一个单片机工作者的实践与思考
（第2版）

张　俊　编著

[网名　程序匠人]

U0244423

北京航空航天大学出版社

内容简介

本书是作者在从事单片机开发与应用的过程中，将实际经验教训和心得感悟加以总结、整理而成的工作手记。每篇手记论述一个专题，独立成篇，同时又相互关联。全书内容包含入门基础、经验技巧、设计案例及网络杂文四个部分。第 2 版仍旧保留了第 1 版中的一些经典篇章，增补了一些新的手记内容，并增加了配套光盘。

本书将网络中自由的语言艺术与现实中严谨的科学技术相结合。全书的风格以轻松诙谐的笔调为主。作者力图摆脱传统技术类书籍说教式的表述形式，让读者耳目一新，在轻松的交流过程中获得共鸣。

本书的读者对象为单片机领域的开发工作者以及有志于学习、钻研单片机技术的所有人员。

图书在版编目(CIP)数据

匠人手记：一个单片机工作者的实践与思考 / 张俊编著 . -- 2 版. -- 北京：北京航空航天大学出版社，2014.1

ISBN 978 - 7 - 5124 - 1350 - 4

Ⅰ. ①匠… Ⅱ. ①张… Ⅲ. ①单片微型计算机 Ⅳ. TP368.1

中国版本图书馆 CIP 数据核字(2014)第 007826 号

匠人手记

一个单片机工作者的实践与思考(第 2 版)

张 俊 编著

[网名 程序匠人]

责任编辑 张 楠 王 松

*

北京航空航天大学出版社出版发行

北京市海淀区学院路 37 号(邮编 100191)　http://www.buaapress.com.cn

发行部电话:(010)82317024　传真:(010)82328026

读者信箱:emsbook@gmail.com　邮购电话:(010)82316936

涿州市新华印刷有限公司印装　各地书店经销

*

开本:710×1 000　1/16　印张:30.75　字数:655 千字

2014 年 1 月第 2 版　2014 年 1 月第 1 次印刷　印数:5 000 册

ISBN 978 - 7 - 5124 - 1350 - 4　定价:59.00 元(含光盘 1 张)

第2版前言

不久前,有位陌生的网友加了匠人的QQ,问:"匠人,你的书哪里有卖?我想买一本。"

匠人闻言,内心不由窃喜,没想到这么久了还有人惦记《匠人手记》。赞曰:多么有慧眼的读者啊!就连淹没在光阴的沙尘中的金子都被您发现了,这眼光……啧啧,真是没的说!于是匠人连忙把以前收藏的各大网上书店的链接发给了那名网友。

可没想到过了一会儿,那网友却追问道:"这些地方怎么都是缺货?"

缺货?不带这么打击人的吧?匠人满脑袋冒黑线,如同被一瓢零下三十七度半的凉水当头浇透!连忙点开哪些曾经熟悉的页面。一看之下,可不是嘛,所有网上书店都显示缺货!

伤心之余,匠人自然是要把胡编揪过来"批判"一通:"这么畅销的书也不知道先印它个几亿本囤着!还整成了缺货,多对不起求知若渴的读者啊。你说这万一把国家的现代化进程给耽搁了……"

"匠人,我三年前就让你整第2版了啊。"屏幕那端的胡编弱弱地提醒道。

"呃……那啥,哈哈……"匠人自知理亏,顾左右而言它,"嗯……今天的月亮真圆啊……"

"可是今天是阴天……"

"我知道。"匠人继续狡辩道,"阴天也有月亮嘛,躲在云层后面呢!"

"可是这会儿是白天。"

"……好吧,我说的是昨晚的月亮。"匠人有点理屈词穷。

"昨天是初一。"

"……呃,胡编你先忙,我就不打搅你的宝贵时间,先下线了……"

"别逃!"胡编好不容易逮着机会似的,恨不得把手从屏幕那端穿越过来揪住匠人,"你的书稿到底什么时候该交给我?……交给我?……给我?……我?"——这还带回音的,真是振聋发聩啊。

那一刻,匠人知道,为《匠人手记》出再版,这件事情不能再拖了。

——以上只是个故事,源于生活,又高于生活,权当是博读者一笑。匠人这么做,不过是为了把原本枯燥的序言变得有趣一些而已(让那些不喜欢读序言的家伙们后悔去吧!呵呵!)。

当然,匠人当初出这本书时,并没有想到有朝一日还要为它写再版序言。

回想2008年,那是一段激情燃烧的岁月。《匠人手记》刚上市,受到许多朋友的帮忙宣传。

首先,是21IC网站以实际行动支持匠人。他们慷慨出资,购买了几百本《匠人手记》,作为特别礼物赠送给参加各地网友会的网友,他们还免费为《匠人手记》开设了书友会论坛。

与此同时,EDN 网站也闻风而动。他们协助匠人成立《匠人手记》EDN 书友会,举办了一系列的网上优惠签名售书、E 币换书活动,并免费在《EDN China》杂志上刊登整幅的图书宣传。

更多的网友和读者,以他们各自的方式支持着匠人。有人写书评,有人帮忙勘误,有人成立书友会 QQ 群,让书友们一起加入讨论……

在大家的支持下,《匠人手记》很快就窜到了当当网等几个网络书店的同类图书销售排行榜的榜首。第一印次在短短 2 个月中售罄,后来又加印了两次,也很快卖光。

关于这本书,最珍贵的记忆是在 2008 年。当时汶川地震发生不久,匠人自费捐出 12 本签名版《匠人手记》,在 21IC 论坛中发起了一次义拍活动。活动非常成功,最后竟然拍到了 6900 多元善款,远远超出了这些书本身的价值! 这些善款全部由竞拍人直接捐给了慈善结构。

让匠人感动的是,这些参加竞拍的网友中,有的还是学生,有的是来自四川灾区的朋友,有些人在此之前已经捐过了,但为了献爱心,仍旧热心参加了义拍。大家不论收入高低、地域差别,都非常一致地表达了对灾区的支持。

这次义拍活动,让匠人看到了人性的光明面。比金钱可贵的,是爱心。

呵呵,回忆陷入太深了,赶紧拉回来……

这次再版,因为匠人的惰性而被拖延了。在此,匠人要对等候的读者说声抱歉。

第 2 版仍旧保留了第 1 版中的一些经典篇章。关于这些内容,在第 1 版序言中已经有介绍,就不再重复了。另外也做了一些调整,去掉了几篇过时的手记,同时增补了一些新内容。

在这里,匠人特别想推荐给读者的,是新增的《手记 5 程序规划方法漫谈》和《手记 6 程序调试(除错)过程中的一些雕虫小技》。这两篇帖子曾经在网上发表,它们受到的好评让匠人有信心把它们变成铅字,呈现在更多人面前。

细心的读者也许会发现,这次再版还有一个变化,就是增加了配套光盘。有一些匠人写过的东西,它们可能不是那么精彩,所以没有被选入本书。但是那些东西中的某一篇说不定会对您有启发。所以匠人决定把它们放在光盘中。

另外,光盘还收集了一些匠人自己做的实用小工具,比如《串口猎人》。关于《串口猎人》这个软件的使用技巧,见《手记 16 <串口猎人>V31 使用指南》。

光盘里的其他一些东西就不一一介绍了,留待读者您去发现。

最后,我要感谢所有陪伴《匠人手记》一路走过的朋友(包括我们可爱的胡编、彩云以及广大的网友们)。此外还有我的同事及亲友,他们是:杨刘兴、宋智明、杨淮东、王战友、余书磊、徐永、刘矿、彭怀兴、梁银龙、李双林。祝大家的事业蒸蒸日上,生活和和美美。

程序匠人
2014 年 1 月于上海

第1版前言

亲爱的读者大人,您捧起这本书,也许您只是被她另类的书名所吸引。如果您是一名学子,想自掏腰包买一本单片机入门教材,应付即将到来的毕业设计;或者您是一位单片机应用工程师,为了加快项目的进程,想找一本公司能报销的芯片手册,那么这本书也许是不适合您的。请您轻轻地将这本书放下……

这本书,和您以往看到的所有的单片机方面的书都不同。她应匠人的兴趣爱好而写就,是为那些对单片机技术也有着同样强烈的钻研兴趣的人准备的。也许她可以让您领悟一些东西,提高某一方面的功力,但是她无助于为您实现一个短期的功利目标。

当匠人第一次接到来自北京航空航天大学出版社的出书邀请时,匠人并不认为自己适合于写书。匠人觉得,写书这种活儿,应该是由教授和专家们来干的。如果由匠人来写,则有可能误人子弟,并有极大可能砸了北京航空航天大学出版社的招牌。

然而,北京航空航天大学出版社的胡晓柏先生以他执著的信念及热情的鼓励,慢慢地打消了匠人心头的顾虑。在这个草根时代,写本书也不是什么大不了的事情。

在确认了写书的目标后,匠人就这本书的内容和文风进行了思考。匠人究竟应该写一本怎样的书? 作为作者的匠人,和作为读者的您,我们究竟需要什么?

我们可能不再需要一本新的单片机C语言教程了,因为这一类的书已经有了很多。我们也不再需要一本汉化的芯片应用手册了,因为这是芯片厂家和代理商该做的事情。

我们不再需要说教和灌输。我们需要的,是经验的交流和分享,是思想的碰撞和激荡。

那么,就让写书的人和读书的人,都放松一点吧。就像在网络上一样。

是的,就像在网络上一样。

实际上,这本书中的许多内容,正是匠人当初在网上发表过的。其中包括一些技术类文章(如网络版的《匠人手记》系列)和非技术类的网络杂文(如《匠人夜话》系列)。这些文章,经过整理加工,被包装一新后重新呈现在您的面前。

这本书的另一部分内容,来自匠人雪藏多年的日常工作笔记。那是匠人心血的凝聚。同样地,这些笔记也得到了提炼。而匠人则在这种完善中体验到了乐趣。

另外,匠人还选择一些新题材,补充了部分手记,以便能够与既有的篇章内容呼应,形成一个比较有层次的体系。这部分内容,主要包括一些单片机入门的基础知识和针对具体案例的分析。

而整本书的风格,则延续了匠人在网上的一贯文风,以轻松诙谐的笔调为主。匠人试图将网络中自由的语言艺术与现实中严谨的科学技术相结合。这是一种大胆的尝试。既然螃蟹注定是要被人吃的,那么我们为什么不去尝试,做第一个吃螃蟹的人呢?

这本书并不是针对某种单一类型的单片机的开发应用指导。匠人在实际工作中,会根据不同的设计需要,去选用不同种类的单片机。虽然不同的芯片之间会有差异,但设计的理念是相通的。因此,在本书中,您会看到多种单片机共存、汇编语言和C语言并举的情况。

匠人接触单片机已经有十多个年头了。在这十几年里,匠人有幸见证了我国单片机事业的发展和壮大。从当初的 MCS-51 系列一统江山,到现在的欧美日韩以及中国台湾和大陆国产的各家单片机的百花齐放。繁华的背后,是无数和匠人一样的单片机工作者默默的耕耘和进取。而更多新的技术正在引领我们走向未来。

感谢匠人的同事及亲友们,他们为本书提供了帮助。范嘉俊为本书绘制了部分电路图,潘志伟为本书编写并调试了部分例程。另外,还要感谢施东海、徐志庄、葛林、李素高、庞强、郭李晔、程怡、尚晓静、陈瑾、张秀平、邓胜、胡祥玲、张丽、吴英、张金发、吴淑如、刘传英、胡殿乐、胡祥军、胡祥华、周广菊、王小玲、洪争齐等人的帮助。

感谢 21ICBBS 上的网友们,他们给了匠人创造的灵感和激情,并就本书提出了良好的意见和建议。

感谢北京航空航天大学出版社的胡晓柏先生在整个写书过程中给匠人的支持和关心(其实匠人更感念的是他的执著)。

这本书是匠人利用业余时间编写的,因此离不开匠人的父母妻女的支持。如果没有他们给匠人营造一个温馨宁静的家,匠人是没有这等写书的闲工夫的。因此,匠人要在此表达对他们的爱。

匠人的水平有限,时间也有限,书中的错误和不妥之处在所难免。恳请广大读者大人批评指正。有兴趣的朋友,可以到匠人的个人博客——《匠人的百宝箱》(http://cxjr.21ic.org)来做客;或者登陆 21IC 中国电子网论坛(http://bbs.21ic.com)参与技术讨论;或者加入《匠人手记》EDN 书友会小组(http://group.ednchina.com/628/)。您也可以发送电子邮件到:zj_artisan@hotmail.com,与匠人进一步交流。这些网址和邮箱不必刻意去记,您只需在网络搜索引擎上搜索"程序匠人"、"匠人的百宝箱"或"匠人"等关键字,即可找到匠人。匠人也许就在您身边。

程序匠人
2008 年 3 月于上海

手记目录

第三部分 设计案例

第四部分 网络杂文

目　录

图索引

14

表索引

第一部分 入门基础

技术源于积累,成功源于执著。
——程序匠人

《匠人手记》

《匠人手记》第1用——座椅

手记 **1**

单片机入门知识与基本概念

一、前 言

关于单片机入门的书有很多,匠人无意再去重复前人的劳动。这篇手记的前身,是匠人为公司里的新人做内部培训时写的资料。当时是以幻灯片的形式,用作课程讲义的。后来重新做了些许整理发表于网络。这次再进一步完善,权当是本书的药引子吧。

所谓"师傅领进门,修行靠个人"。要进入一个领域,最难的就是入门阶段。因为在这个阶段,许多概念要经历一个从"无"到"有"的建立过程。对于单片机来说,其基本概念的解释,几乎都已经有标准答案了。匠人所想做的,不过是按照自己的理解,用浅显、直白的语言去诠释它们。匠人尽可能让这个枯燥的过程变得轻松愉快些,但这并不代表学单片机不需要付出辛勤的汗水。

各位读者看官如果已经入门了,则可以跳过本篇手记。反之,可以以本手记为提纲,再结合来自网络或其他书籍的内容,系统地了解一下有关单片机的基础知识。

二、单片机系统

一个单片机系统,就是一个微型化的计算机。个人计算机一般由以下几个主要部分构成:

① 中央处理器(也就是大名鼎鼎的 CPU,其主要职责是进行算术运算和逻辑运算,以及对系统其他设备进行控制);

② 存储器(用于存储数据和程序);

③ 输入/输出(I/O)设备(系统与外界交换数据的通道)。

在个人计算机上,这些部分被分成若干个独立芯片或模块,安装在主板上。而在单片机中,这些部分全部被集成到一颗芯片中了,所以就称为单片(单芯片)机。麻雀虽小,而五脏俱全(参见图1.1:单片机系统方框图)。

早期的单片机系统严格地说应该称为"单板机",因为那时候还有许多部件需要

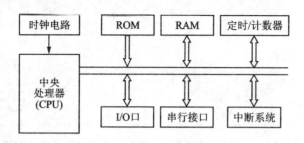

图 1.1 单片机系统方框图

外扩。而现在随着技术的发展,系统的集成度越来越高,新型单片机正在向着真正的"单片集成"的终极目标进军。这些单片机中除了上述部分外,还集成了更多的其他功能模块,如 A/D、D/A、PWM、LCD 驱动电路等(参见图 1.2:单片机内部功能扩展示意图)。

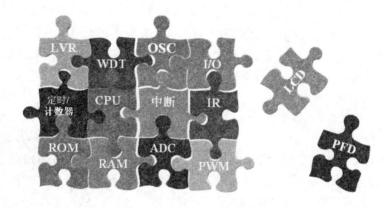

图 1.2 单片机内部功能扩展示意图

下面我们将分别介绍一下有关概念。

三、存储器

单片机的一个主要作用就是数据信息的处理,而在处理数据的过程中,需要一些"容器"来存放这些数据。这就好比烧饭要用到锅碗瓢盆一样。在这里,我们称这些"容器"为"存储器"。

存储器的物理实质是一组(或多组)具备数据输入/输出和数据存储功能的集成电路,用于充当设备缓存或保存固定的程序及数据。存储器按存储信息功能的不同,可分为只读存储器 ROM(Read Only Memory)和随机存储器 RAM(Random Access Memory)。

关于存储器,读者需要了解以下几个概念。

1. ROM

ROM(Read Only Memory），即只读存储器。ROM 中的信息一次写入后只能被读出，而不能被操作者修改或删除。一般用于存放固定的程序或数据表格等。

当然，"只读"这个"传统"的概念有时是可以被一些新特性的器件颠覆的。下面介绍的这两种类型的 ROM 就可以使用适当的方法进行擦除或改写。

(1) EPROM

EPROM(Erasable Programmable ROM)。与一般的 ROM 的不同点在于,它可以用特殊的装置擦除或重写其中的内容。

(2) 闪存(Flash Memory)

闪速存储器（Flash Memory），又称 PEROM（Programmable and Erasable ROM)。它是完全非易失的,可以在线写入,并且可以按页连续字节写入,读出速度快。

2. RAM

RAM(Random Access Memory)，即随机存储器。这就是我们平常所说的内存,主要用来存放各种现场的输入/输出数据、中间计算结果,以及与外部存储器交换信息,或是作堆栈用。它的存储单元根据具体需要可以读出或改写。

RAM 只能用于暂时存放程序和数据。一旦电源关闭或发生断电,RAM 中的数据就会丢失。而 ROM 中的数据在电源关闭或断电后仍然会保留下来。这也许就是二者最大的区别吧。

3. 累加器(ACC)

累加器(Accumulator)是一种暂存器。它的作用是存储计算所产生的中间结果,提升系统的计算效率。事实上,数学逻辑单元(ALU)访问累加器的速度要比访问 RAM 更快。

比如,我们要对一列数字进行求和运算。只要先将累加器设定为零,然后将每个数字顺序累加到累加器中;当所有的数字都被加入后,再将结果(和值)写回到目标内存中。

说白了,累加器就是数据跳舞的舞台。

四、I/O 口

I/O 口是单片机与外界联系的通道。它可对各类外部信号(开关量、模拟量、频率信号)进行检测、判断、处理,并可控制各类外部设备。单片机通过 I/O 口感知外界的存在,而外界也通过 I/O 口感知单片机的存在。根据黑格尔的唯心主义学说,"我知故我在",没有 I/O 口的单片机是不存在的,或者说是没有必要存在的,呵呵。当然,匠人是唯物主义者。

现在的单片机 I/O 口已经集成了更多的特性和功能。因此，在学习某一款单片机时，需要先了解其 I/O 口具有哪些特性和特殊的应用功能（不同的单片机是有所差别的），并因地制宜设计外围电路、编写控制软件，充分发挥该 I/O 口的优势。

1. 输入/输出概念

大多数 I/O 口都是双向三态的。根据具体应用情况，可以分为输入口和输出口。输入口用来读取外部输入的电平信号，输出口则用于对外输出一个电平信号。

有些单片机（如 PIC）允许设置 I/O 口的输入/输出状态。这样做的好处是可以让 I/O 口适应更多的应用环境：当 I/O 口处于输入状态时，对外表现为"高阻态"；而当 I/O 口处于输出状态时，对外可以提供更大的灌电流或拉电流，这样可以直接驱动一些如 LED 之类的负载，无需再外扩驱动电路了。

2. 输入门槛电平

对于 MCS-51 系列单片机来说，输入电平低于 0.7 V 就是低电平，高于 1.8 V 就是高电平。如果输入的电平介于二者之间，那么 CPU 在读取该 I/O 口时可能会得到一个不确定的错误数据。一般来说，我们不希望输入口上出现这种模棱两可的电平状态（除非那个口是 ADC 检测口）。

3. 最大输出电流

这个特性是针对输出来讲的。最大输出电流包括两种：灌电流和拉电流。灌电流是指当 I/O 口输出"0"（低电平）时允许灌入（流入）该 I/O 口的电流；拉电流则是指当 I/O 口输出"1"（高电平）时允许流出的电流。

4. 输出电平

这个特性也是针对输出来讲的，包括两种：高电平（输出"1"时）电压和低电平（输出"0"时）电压。

理想状态上来说，输出高电平应该等于单片机的工作电压 V_{CC}。但是实际由于内阻的关系，输出高电平会略低于 V_{CC}。尤其是当拉电流较大时，高电平会被进一步拉低。同样的道理，输出低电平也往往不是正好等于 0 V，而是有可能比 0 V 高出一点。

5. I/O 口附加功能

许多单片机都为 I/O 口集成了许多新的功能控制，包括内部上拉/下拉电阻功能、R-OPTION 功能以及漏极（或集电极）开路功能。如果能够合理地使用这些功能，就可以简化外围工作电路。

6. I/O 口功能的拓展与复用

包括中断、唤醒、ADC 检测以及 PWM 输出等。

五、堆　栈

1. 堆栈的概念

堆栈(Stack)是一种比较重要的线性数据结构。如果对数据结构知识不是很了解的话,我们可以把它简单地看作一维数组。

对一维数组进行元素的插入、删除操作时,可以在任何位置进行。而对于堆栈来说,插入、删除操作是固定在一端进行的,这一端称为"栈顶(Top)",另一端称为"栈底(Bottom)"。

向栈中插入数据的操作称为"压入(Push)",从栈中删除数据称为"弹出(Pop)"。

2. 堆栈的特性

堆栈是只有一个进出口的一维空间。堆栈中的物体具有一个特性:最后一个放入堆栈中的物体总是被最先拿出来。这个特性通常称为"后进先出(LIFO)"。如果还不能理解这一特性,不妨先放下本书,去玩玩汉诺塔游戏(参见图 1.3:汉诺塔示意图)。

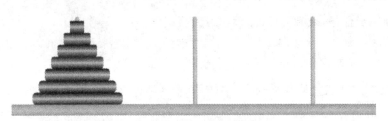

图 1.3　汉诺塔示意图

3. 堆栈指针(SP)

堆栈指针(Stack Pointer)用于指示栈顶位置(地址)。当发生压栈或出栈操作,导致栈顶位置变化时,堆栈指针会随之变化。

在有些单片机中,堆栈指针可以通过程序去设置。这为实现自定义堆栈空间大小提供了可能性。我们可以根据实际需要为堆栈分配存储器数量。堆栈的空间仅会受到整个系统 RAM 空间大小的制约。

而在那些不允许设置堆栈指针的单片机中,堆栈空间的大小往往也是固定的。精打细算是使用这种单片机的不二法则。

4. 堆栈的操作

对堆栈的操作,主要是指压栈操作(Push)和出栈操作(Pop)。

压栈操作在堆栈的顶部加入一个数据,并且将堆栈指针加 1(参见图 1.4:压栈示意图)。

出栈操作相反,在堆栈顶部取出一个数据,并且将堆栈指针减1(参见图1.5:出栈示意图)。

需要注意的是,刚才讲的是针对"向上生长"型堆栈,每次压栈时指针加1,出栈时指针减1。如果是"向下生长"型堆栈则正好相反,每次压栈时指针减1,出栈时指针加1。

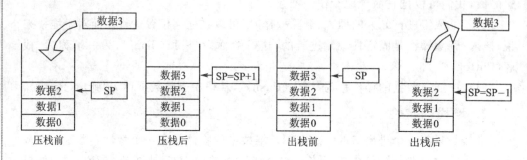

图 1.4　压栈示意图　　　　　　　　　　图 1.5　出栈示意图

5. 堆栈应用的领域

① 调用子程序,或响应中断。堆栈用作保存现场。

② 临时变量存取。如果某个单片机的堆栈支持指令操作,则可以将堆栈当作临时数据缓冲区来使用。

6. 堆栈使用过程中需要注意的事项

(1) 堆栈溢出的问题

堆栈不是无底洞,也就是说,它的大小受实际物理空间的限制。如果不顾堆栈实际分配空间的大小,而向其中写入过多的数据,导致数据"越界",结果覆盖了老的堆栈数据,就会发生堆栈溢出。

堆栈溢出往往是致命的错误。它会造成数据丢失或错乱,甚至程序结构发生混乱。

为了避免发生堆栈溢出的问题,编程者应该关注自己程序嵌套的级数,以及其他方面对堆栈的消耗情况,从而合理地设置堆栈的大小。

如果堆栈大小是不可设置的,则需要在程序结构的安排上下一些功夫,减少程序嵌套级数。

(2) 压栈和出栈的匹配问题

由于堆栈的后进先出特性,因此在使用堆栈时要注意,压栈和出栈的操作必须保持对应关系。千万别像匠人一样丢三落四,东西扔进写字桌的抽屉里后,老是忘记取出,结果把抽屉搞得像个垃圾桶。

六、定时/计数器

1. 什么是定时/计数器

所谓的定时/计数器,其实质都是计数器。只不过在用作定时器时是对微机内部时钟脉冲进行计数,而在用作计数器时是对微机外部输入的脉冲进行计数。如果输入脉冲的周期相同,也可将计数器作为定时器来使用,视具体情况而定。

2. 定时/计数器的作用

① 计时、定时或延时控制。

② 脉冲计数。

③ 测量脉冲宽度或频率(捕获功能)。

3. 实现定时的几种方法及对比

① 软件延时方法:编制一个循环程序段让 CPU 执行。这种方法通用性和灵活性好,但占用系统的时间。这种设计与系统的实时性要求是相违背的,但在有些时候仍然会被采用。

② 不可编程的硬件方法:设计一个数字逻辑电路,例如 555 定时电路。这种方法不占用 CPU 时间,但通用性和灵活性差。早期的外置"看门狗"电路就是一个定时电路,现在这种看门狗几乎已经成为了马王堆里的文物。

③ 可编程定时/计数器方法:可由软件设定定时与计数功能,设定后与 CPU 并行工作。这种方法不占用 CPU 时间,功能强,使用灵活。

正因为定时/计数器具有这些优点,所以它已经成了单片机的标准配置。而一款单片机中定时/计数器数量的多寡和功能的强弱,也成为衡量该款单片机性能的重要指标之一。

七、中　断

1. 中断的概念

优先级更高的事件发生,打断优先级低的事件进程时,称为中断。可以引起中断的事件,称之为中断源。有时我们把主应用程序称为后台程序,中断服务程序称为前台程序。

一个单片机往往会支持多个中断源,而这些中断源并非都是系统工作所必需的。我们可以屏蔽那些不需要的中断源,而只开启有用的中断源。

中断的例子在生活中比比皆是。例如:

① 匠人正在一门心思写《匠人手记》,思如潮涌的时候,电话响了。于是匠人只好很不情愿地放下手头工作去接电话,这就是"中断响应";待到电话粥煲完,又开始回到电脑前继续发奋图强,这就是"中断返回";

9

② 在接电话前,当然要将《匠人手记》先保存,这叫中断前的"现场保护";电话结束后重新打开《匠人手记》,这叫中断后的"现场恢复";

③ 如果在电话粥的过程中,又有抄水表的家伙来狂按门铃(瞧俺这个忙啊),那匠人只好暂时搁下电话去开门,这就叫"中断嵌套"。门铃代表的事情比煲电话粥更紧急,这就是"优先级"概念。

④ 当然,匠人也可以先把电话摘了、门铃拆了,"两耳不闻窗外事,一心只写圣贤书"。嘿嘿,这就叫"中断屏蔽"。

2. 中断的嵌套与优先级

当一个低级中断尚未执行完毕,又发生了一个高优先级的中断,系统转而执行高级中断服务程序,待处理完高级中断后再回过头来执行低级中断服务程序。这就是中断的嵌套(参见图1.6:中断嵌套处理示意图)。

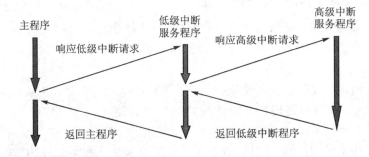

图1.6　中断嵌套处理示意图

3. 中断的响应过程

具体地说,中断响应可以分为以下几个步骤:

① 现场保护。将当前地址、ACC、状态寄存器保存到堆栈中。

② 切换 PC 指针,根据不同的中断源所产生的中断,切换到相应的入口地址。

③ 执行中断处理程序。

④ 现场恢复。将保存在堆栈中的主程序地址、ACC、状态寄存器恢复。

⑤ 中断返回。执行完中断指令后,就从中断处返回到主程序,继续执行。

不同的单片机,对于中断的响应处理是有些许差别的。

比如说,有些单片机会自动执行现场保护和恢复,而有些单片机则需要程序员去编写这部分的程序。

还有就是关于入口地址,有些单片机中为每个中断源分配了不同的入口地址,甚至这些入口地址可以人为设定,而有些单片机则将所有中断源共用一个入口,这就意味着我们需要进行中断查询。

在实际应用中,编程者应当对不同的单片机之间的细微差别了然于胸,并相应地采取不同的处理方式。

4. 中断在系统中扮演的角色

在一个系统中,中断究竟应该扮演怎样的角色?是把尽可能多的事情交给中断服务程序去做;还是仅仅在中断服务程序中设置一些标志,然后回到主程序中来查询处理?

关于这个问题,一直存在争议。其实这也是个仁者见仁、智者见智的问题,没有标准的答案。如果要说经验,也只能是说根据具体的系统来决定吧。

而一个大的原则就是,别让前台程序(中断)和后台程序(主应用程序)互相发生竞争,形象一点的说法就是"不要窝里斗"。

当主应用程序对实时性要求较高时,应该避免被打搅。此时就要尽可能减少中断服务的次数和时间。甚至在必要的时候(如发送一个时序性较强的波形),我们可以临时屏蔽中断响应,待事后(波形发送完毕)再去处理中断请求。

而当某个任务对实时性要求较高时,应该交由中断服务程序去完成。

八、复 位

1. 什么是复位

复位是指通过外部电路给单片机的复位引脚一个复位信号,让系统重新开始运行。

2. 复位时发生的动作

常见的复位动作如下:
① PC 指针从起始位置开始运行;
② I/O 口变成缺省状态(高阻态,或者输出低电平);
③ 部分专用控制寄存器恢复到缺省值状态;
④ 普通 RAM 不变(如果是上电复位,则是随机数据)。

另外,系统也有可能会对内部的看门狗、LCD 驱动、PWM、中断、计时器等功能模块(如果有的话)进行初始化动作。并且,不同单片机的复位动作可能有所不同。这些都需要编程者自己去深入了解。

3. 两种不同的复位启动方式

① 冷启动:也就是一般所说的上电复位。指的是在关机(断电)状态下,给系统加电,让系统开始正常的运行。
② 热启动:指的是在系统不断电的状态下,单片机复位引脚一个复位信号,让系统重新开始运行。另外,如果单片机内部看门狗计时溢出(或其他因素)导致的复位也被视为热启动。

4. 复位注意事项

① 注意复位信号的电平状态及持续时间必须满足系统要求。

对于不同的单片机来说,复位信号有所不同。有的是高电平复位,有的是低电平复位。并且不同的单片机对复位信号的维持时间也会有要求。

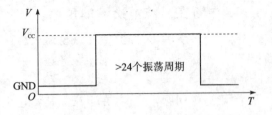

图 1.7 MCS-51 芯片复位信号

比如,对于 MCS-51 系列芯片,其复位信号是一个持续 24 个振荡脉冲周期(即 2 个机器周期)以上的高电平(参见图 1.7:MCS-51 芯片复位信号)。再如对于 EMC 单片机,其复位信号是一个持续 18 ms 以上的低电平。这些都只是芯片手册中给出的最低要求。实际上,为了保证可靠的复位,我们必须提供足够的冗余复位持续时间。

② 注意避免复位不良。复位脚上的电平状态要么为高,要么为低,这样才能比较有效地让单片机处于工作或复位状态;而一个中间电平的引入有可能会导致复位不良。这是需要想办法避免的。

5. 常见的复位电路

以下为匠人收集的一些复位电路。

(1) 简易复位电路

对于 MCS-51 系列来说,最简单的上电复位电路就是由一个电阻和一个电容构成的。在上电时,电容被充电。在电容充电期间,系统复位。电容充电结束后,系统复位结束,开始正常工作。因此,复位电平的宽度(持续时间)是由电阻值和电容值共同决定的。如果需要的话,我们还可以在这个电路的基础上增加按键复位功能(参见图 1.8:MCS 常见复位电路(高电平有效))。

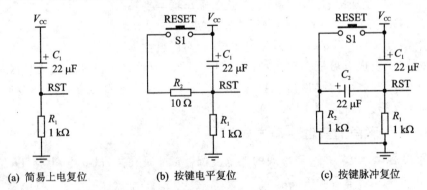

(a) 简易上电复位　　　(b) 按键电平复位　　　(c) 按键脉冲复位

图 1.8 MCS 常见复位电路(高电平有效)

图 1.9 是另一个简单的复位电路。与图 1.8 所示电路的原理类似,区别是这个电路为低电平复位有效。

(2) 防电源抖动复位电路

图 1.10 所示电路可以防止因为电源的抖动而产生的反复复位。

（3）残余电压保护复位电路

图 1.11 所示为两个欠压保护复位电路。在电源频繁插拔的过程中，这两个电路可以有效保证复位。

（4）施密特特性复位电路

图 1.12 所示电路可以避免当 V_{cc} 在复位阈值（临界点）附近时的复位振荡。其中的关键器件是反馈电阻 R_3。

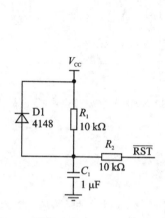

图 1.9　简易复位电路（低电平有效）

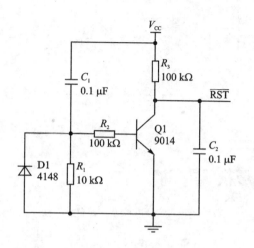

图 1.10　防电源抖动复位电路（低电平有效）

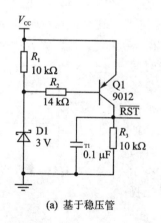

（a）基于稳压管

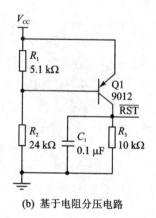

（b）基于电阻分压电路

图 1.11　残余电压保护复位电路（低电平有效）

（5）掉电预警复位电路

图 1.13 所示电路为掉电预警复位电路。从该图中可以看到，当前一级电源电压（假设为 12 V）开始下降时，V_{cc} 由于电容 C_2 的保持作用，还没有下降。这就为系统的可靠复位赢得宝贵的时间。复位电路检测到 12 V 电源下降后，利用这个时间差让

13

CPU 提前进入复位状态，从而避免了复位不良。

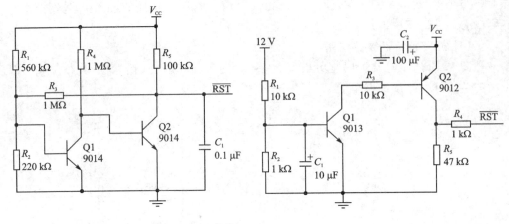

图 1.12　施密特特性复位电路(低电平有效)　　图 1.13　掉电预警复位电路(低电平有效)

九、看门狗

1. 看门狗概念及工作机制

是人都会犯错，机器亦然。当系统受到干扰时，可能发生各种无法预料的问题，轻则数据丢失，重则程序跑飞或死机。因此，我们需要有一个独立于系统之外的单元来对系统的工作情况进行监测，并在异常状况发生时及时予以纠正。

看门狗(Watchdog Timer)是一个定时器电路。这个电路平时只要一通电，就会不断计时。计满一定的时间后，产生一个溢出信号，该信号被接到单片机的 RST 端，引发系统复位。CPU 正常工作时，每隔一段时间就输出一个信号到喂狗端，用来让定时器清零(俗称"喂狗")，从而避免了在正常工作状态下被复位。当程序跑飞或死机时，程序陷入异常。如果超过规定的时间不喂狗，看门狗就会发生计时溢出，并触发系统复位(参见图 1.14：看门狗示意图)。看门狗的作用就是防止程序发生死循环，或者说程序跑飞。

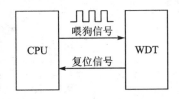

图 1.14　看门狗示意图

2. 看门狗的本质

看门狗的本质就是"可清零"的"独立""定时""复位电路"(请注意这句话中用引号特别强调的 4 个关键词，它们分别代表了看门狗的 4 大本质要素)。

➤ 定时器。首先，看门狗是个定时器，这在前面已经讲过了。

➤ 复位电路。这一点也不用再讲了。

➤ 可清零。在系统正常工作时，可以对看门狗进行计时清零("喂狗")，以避免其

"饿狗乱咬人。"

➤ 独立性。看门狗与 CPU 是监控与被监控的关系。所以看门狗必须是独立的，不可受到被监控者的控制(有点像是"独立检查官")。

这里说的"独立"是指使用独立的振荡源，并且这个振荡源是不可关闭的。如果有条件的话，最好连电源都是独立的。

"独立性"是非常重要，同时又是常被人们忽略的一个本质要素。一个典型的案例就是"软件狗"。所谓"软件狗"，就是人们试图通过使用 CPU 内部定时器中断来模拟外部看门狗的作用，也就是说用软件来代替硬件的看门狗。但是"软件狗"和系统有着过于亲密的裙带关系(共用一个振荡源)，往往是"要死一起死"。甚至于系统还没死，软件狗倒先"死翘翘"(被意外关闭)了。这样的狗天生就是"软骨病"，除了平时"浪费粮食"(占用系统资源)，关键时刻又能施展出多少看家本领呢？关于"软件狗"的作用，目前业界还存在很大的争议。网络上有高手声称可以把软件狗打造得和硬件狗一样强悍。匠人对此持保留态度。

3. 看门狗电路发展的 3 个阶段

➤ 片外分立器件电路(用 555 或 4060 等构成)(参见图 1.15：基于 CD4060 芯片的看门狗电路)。

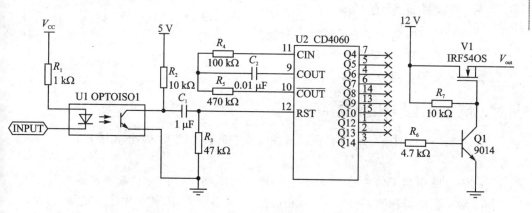

图 1.15 基于 CD4060 芯片的看门狗电路

➤ 专用 WDT 集成电路。这种电路多如牛毛，比如 MAX813L 微处理器(up)监控电路(参见图 1.16：MAX813L 方框图)。这种电路减少了系统中监控电源及电池的功能所需元件个数，降低了复杂度。在实现看门狗基本功能的同时，还扩展了许多额外的功能，如低压检测复位等。相对于分立器件电路，这类器件在系统可靠性和精确度上有明显的改进。

➤ CPU 片内集成。芯片的高度集成化让内置看门狗几乎成为了标准配置。这些看门狗虽然是内置的，但是一般都有独立的 RC 振荡源。

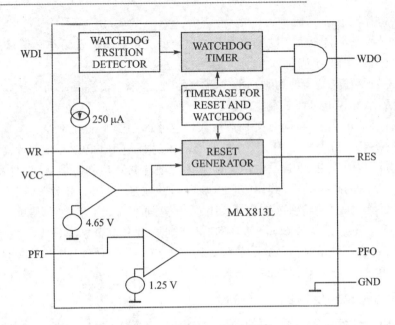

图 1.16　MAX813L 方框图

4. 喂狗注意事项

▶ 喂狗间歇不得大于看门狗溢出时间。

▶ 避免在中断中喂狗。

▶ 尽可能避免多处喂狗。

十、时钟电路和振荡源

　　单片机是一种时序电路,必须提供脉冲信号才能正常工作。因此,需要有个专门的时钟电路。

　　时钟电路相当于单片机的心脏,它的每一次跳动(振荡节拍)都控制着单片机的工作节奏。振荡得慢时,系统工作速度就慢;振荡得快时,系统工作速度就快(当然功耗也会有所增加)。但振荡频率也不能太高,一旦超过 CPU 工作频率的极限指标,CPU 就要"挂掉"了。这一点有超频经验的电脑玩家一定深有体会。因此,在能够完成任务的前提下,匠人建议选择尽可能低的系统工作频率。

1. 几种常见的时钟电路

▶ 外置晶振 + 内置振荡器。这种电路的频率误差一般在百万分之几,适合于需要做实时时钟或精准定时的系统(参见图 1.17:晶振电路)。

▶ 外置陶振 + 内置振荡器。作为晶振的廉价替代品,这种电路的频率误差一般在 1% 左右,适用于一些要求较低的场合。

▶ RC 振荡电路。这种电路的频率会受到温度、电压、器件参数误差等诸多因素的影响。但是电路简单,价格低。另外,它还有个优点,就是在低温环境下,你不用担心它振不起来。有些单片机集成了内置RC电路,且可以通过校准,将频率误差控制在 10% 以内。如果单片机的晶振引脚(OSCI 和 OSCO)是与 I/O 口复用的话,那

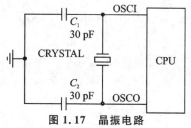

图 1.17 晶振电路

么使用内置 RC 电路,还可以在设计系统时获得更多的 I/O 口资源。

➤ 外部直接给时钟输入。这种方式比较少用到(可能用在多 CPU 的频率同步场合吧)。

2. 片内 PLL(锁相环)技术

我们知道,系统工作频率越高,系统就越趋于不稳定;并且较高的频率也意味着较高的功耗;而频率低又不足以完成一些时效性要求较高的任务。有时,高时效性与低功耗是矛盾的。在鱼与熊掌之间,我们面临两难的选择(当然,如果真是鱼与熊掌的话,匠人会毫不犹豫地选择熊掌,呵呵)。

锁相环技术在单片机内的集成应用,让编程者可以随心所欲地控制单片机的工作频率。作为初学者,没有必要去深究锁相环的理论模型。我们只需要知道如何去设置系统的工作频率,并且知道在什么时候选择什么样的工作频率就行了。

一个比较明智的办法是让系统平时处于低频模式,待到需要处理时效性较强的任务时,再提升到较高的频率运行,任务结束后再回到低频模式。这是一个两全其美的好办法(相当于“鱼翅炖熊掌”,二者兼得了,呵呵)。

3. 几个容易混淆的概念

振荡周期——是指振荡源的振荡节拍。

机器周期——一个机器周期包含了多个振荡周期(节拍)。

指令周期——是指执行一条指令,需要几个机器周期。不同的指令操作需要的机器周期数不同。

不同的单片机,其指令周期和机器周期都不太一样。编程者应当了解自己所用芯片的这些参数。

十一、脉宽调制(PWM)

PWM 的全称是 Pulse Width Modulation(脉冲宽度调制),简称脉宽调制。

1. PWM 技术的基本原理

PWM 技术的原理,简单来说就是通过调整一个周期固定的方波的占空比,来调节输出的平均电压、电流或功率等被控量。

2. PWM 技术的具体应用

① 控制电机转速；

② 控制充电电流；

③ 控制磁场力矩大小。

3. 举例说明——用 PWM 控制充电电流

用 PWM 控制充电电流的方法，就是利用单片机的 PWM 端口，在不改变 PWM 方波周期的前提下，通过调整单片机的 PWM 控制寄存器来调整 PWM 的占空比，从而控制充电电流。

采用本方法的单片机必须具有 ADC 端口和 PWM 端口，这是两个必需条件。另外，ADC 的位数尽量高，单片机的工作速度尽量快。

在调整充电电流前，单片机先快速读取充电电流的大小，然后与设定的充电电流进行比较：若实际读取到的充电电流偏小，则向增加充电电流的方向调整 PWM 的占空比；若实际读取到的充电电流偏大，则向减小充电电流的方向调整 PWM 的占空比。

在 PWM 的调整过程中，要注意 ADC 的读数偏差和电源工作电压等引入的纹波干扰。我们需要的是一个真实且稳定的采样数据。合理采用软件滤波技术可以解决这些问题。另外，为了让被调节量（也就是本例中的充电电流）能够快速且稳定地体现设定值，也许还会用到模糊控制和 PID 算法等，这里就不展开介绍了。

4. 多种 PWM 技术

随着电子技术的发展，出现了多种特殊的 PWM 技术，如相电压控制 PWM、脉宽 PWM、随机 PWM、SPWM 以及线电压控制 PWM 等。有兴趣的读者可以自行去探究，匠人就不多费口舌了。

十二、模拟/数字转换（ADC）

客观世界并不是只有简单的 0 和 1，而是由无数个绵延不断的中间态组成。而计算机（单片机）是数字电路，无法直接处理模拟量，因此需要先将模拟信号进行量化，再让 CPU 处理。模拟/数字转换（ADC），即将模拟量转换成计算机可以识别的数字量。

1. 几种常用的 ADC 方法介绍

常见的 ADC 方法有：积分型、逐次逼近型、并行比较型/串并行型、Σ-Δ 调制型、电容阵列逐次比较型及压频变换型。下面简要介绍其中常用的几种类型的基本原理及特点。

（1）积分型 ADC（如 TLC7135）

积分型 ADC 的工作原理是将输入电压转换成时间（脉冲宽度信号）或频率（脉

冲频率),然后由定时/计数器获得数字值。

积分型 ADC 电路的优点是用简单电路就能获得高分辨率,但缺点是由于转换精度依赖于积分时间,因此转换速率极低。初期的单片 A/D 转换器大多采用积分型。

(2)逐次逼近型 ADC(如 TLC0831)

逐次逼近型 ADC,又称逐次比较型 ADC。

逐次逼近型 ADC 由一个比较器和 D/A 转换器通过逐次比较逻辑构成,从 MSB 开始,顺序地对每一位将输入电压与内置 D/A 转换器输出进行比较,经 n 次比较而输出数字值。转换的第一步是检验输入值是否高于参考电压的一半,如果高于,则将输出的最高有效位(MSB)置为 1,然后用输入值减去输出参考电压的一半,再检验得到的结果是否大于参考电压的 1/4,以此类推直至所有的输出位均置 1 或清 0。逐次逼近型 ADC 所需的时钟周期数与执行转换所需的输出位数相同。

逐次逼近型 ADC 电路的优点是速度较高、功耗低,在低分辨率(精度)(<12 位)时价格低,但高精度(>12 位)时价格很高。

现在单片机内集成的 ADC 模块许多都是逐次逼近型。其一般可以实现 8~12 位的分辨率。实际得到的精度要比其分辨率低 1~2 位。如果要实现更高分辨率的检测,就只能采用下面介绍的 Σ-Δ 型 ADC 了。

(3)Σ-Δ 调制型 ADC(如 AD7705)

Σ-Δ(Sigma-delta)型 ADC 由积分器、比较器、1 位 D/A 转换器和数字滤波器等组成。其在原理上近似于积分型 ADC,将输入电压转换成时间(脉冲宽度)信号,用数字滤波器处理后得到数字值。主要用于音频和测量。

Σ-Δ 转换器的主要优点是电路的数字部分基本上容易单片化,因此可以很容易地获得较高的分辨率。闪速和逐次逼近型 ADC 采用并联电阻或串联电阻,这些方法的问题在于电阻的精确度将直接影响转换结果的精确度。尽管新式 ADC 采用非常精确的激光微调电阻网络,但在电阻并联中仍然不甚精确。Σ-Δ 转换器中不存在电阻并联,但通过若干次采样可得到收敛的结果。

Σ-Δ 转换器的主要缺点是转换速率较慢。由于该转换器的工作原理是对输入进行附加采样,因此转换需要消耗更多的时钟周期。在给定的时钟速率条件下,Σ-Δ 转换器的速率低于其他类型的转换器;或从另一角度而言,对于给定的转换速率,Σ-Δ 转换器需要更高的时钟频率。

Σ-Δ 转换器的另一缺点是将占空(duty cycle)信息转换为数字输出字的数字滤波器的结构很复杂,但 Σ-Δ 转换器因其具有在 IC 裸片上添加数字滤波器或 DSP 功能而日益得到广泛应用。

(4)闪速 ADC

闪速 ADC 是转换速度最快的一类 ADC。闪速 ADC 在每个电压阶跃中使用一个比较器和一组电阻。

(5) 并行比较型 ADC

并行比较型 ADC 采用多个比较器,仅作一次比较而实行转换,又称 FLash(快速)型。

(6) 电容阵列逐次比较型

电容阵列逐次比较型 ADC 在内置 D/A 转换器中采用电容矩阵方式,也可称为电荷再分配型。

(7) 压频变换型(如 AD650)

压频变换型(即 V/F 转换,Voltage-Frequency Converter)是通过间接转换方式实现模/数转换的。其原理是首先将输入的模拟信号转换成频率,然后用计数器将频率转换成数字量。从理论上讲这种 ADC 的分辨率几乎可以无限增加,只要采样的时间能够满足输出频率分辨率要求的累积脉冲个数的宽度。其优点是分辨率高、功耗低、价格低,但是需要外部计数电路共同完成 A/D 转换。

2. A/D 转换器的主要技术指标

① 分辨率(Resolution):分辨率是 A/D 转换器最重要的一个考量指标。它是指数字量变化一个最小量时模拟信号的变化量,定义为满刻度与 2^n 的比值。通常以数字信号的位数来表示。需要注意的是,分辨率和精度并不是一个概念。精度会受到各种因素的影响。比如,一个 10 位分辨率的 A/D 转换器,其精度往往要低于 10 位。

② 转换速率(Conversion Rate):是指完成一次 A/D 转换所需时间的倒数。积分型 ADC 的转换时间是毫秒级,属低速 ADC;逐次比较型 ADC 是微秒级,属中速 ADC;全并行/串并行型 ADC 可达到纳秒级。

③ 量化误差(Quantizing Error):由于 ADC 的有限分辨率而引起的误差,即有限分辨率 ADC 的阶梯状转移特性曲线与无限分辨率 ADC(理想 ADC)的转移特性曲线(直线)之间的最大偏差。通常是一个或半个最小数字量的模拟变化量,表示为 1 LSB、1/2 LSB。

④ 偏移误差(Offset Error):输入信号为零时输出信号不为零的值,可外接电位器调至最小。

⑤ 满刻度误差(Full Scale Error):满度输出时对应的输入信号与理想输入信号值之差。

⑥ 线性度(Linearity):实际转换器的转移函数与理想直线的最大偏移,不包括以上 3 种误差。

⑦ 其他指标还有:绝对精度(Absolute Accuracy)、相对精度(Relative Accuracy)、微分非线性、单调性和无错码、总谐波失真(Total Harmonic Distotortion 缩写 THD)和积分非线性,等等。嘿嘿,晕了吧? 没关系,如果您只是个初学者,或者只是想测量个室温什么的,那么就让这些指标都见鬼去吧!

3. 采样后的软件滤波处理

一般来说,经过 ADC 获得的数据是不能直接拿来使用的。我们需要剔除其中的干扰成分,并且让数据曲线更平滑、稳定。因此,我们会对采样值进行软件滤波。常用的软件滤波方法有算术平均滤波法、一阶滤波法、程序判断滤波法等。

关于软件滤波,匠人在后面的手记中会有深入的讲述,所以这里就不展开介绍了。

十三、串行通信

1. 串行通信的概念

关于串行通信的概念,比较经典的解释是指外设和计算机间使用一根数据信号线(另外需要地线,可能还需要控制线或时钟线)。数据在数据信号线上逐位地进行传输,每一位数据都占据一个固定的时间长度。

串行通信的概念是相对于并行通信来说的。在并行通信中,数据是被分组同步传输的,每次可以传输 N 位数据。而在串行通信中,数据是被逐位传输的。比如同样一个字节的数据,在 8 位并行通信模式中只需要传输 1 次,而在串行通信模式中则要传输 8 次。

如果说并行通信是多车道的话,那么串行通信就相当于单车道了。单车道虽然没有多车道那么快捷便利,但是造价低,更经济实惠。同样的道理,串行通信占用的通信端口资源比并行通信少得多。所以这也是在单片机领域里,串行通信大行其道而并行通信倍受冷落的原因。

2. 串行通信中的数据收/发同步问题

串行通信的一个主要问题是数据发送方和接收方的同步问题。串行通信只有一根数据线(不管是接收还是发送),像并口那样的读/写是不能实现的。这样,双方如何解决每一位数据的同步问题,以准确地识别数据并实现正确的通信呢?

➢ 一种常见方法是双方约定一个相同的通信速度(如 RS232 协议),我们称之为波特率。所谓波特率,是指每秒钟传输离散事件信号的个数,或每秒信号电平的变化次数,单位为 baud(波特)。通信双方应采用相同的波特率,以便正确地识别被传输的数据位。常见的波特率可以设为 4 800、9 600 等。波特率决定了通信的速度。波特率越小,通信速度越慢,同时出错率也越低。

➢ 另一种实现同步的办法,是引入时钟信号(如 I^2C 通信协议)。这意味着需要增加一根时钟线。该线上每发生一个同步时钟脉冲,双方就完成一个位(bit)的传输。这种方法对通信时序的要求没有那么严格了,缺点是通信端口资源方面,需要增加一根时钟线的开销。

➢ 还有一种实现同步的办法,就是象红外通信那样采用比较特殊的编码方式。

在这种通信方式中,每一位数据都是用一个脉冲来代表。该脉冲有两种不同的脉冲宽度或占空比,分别代表数据"0"和"1"。而脉冲边沿则用来实现同步的目的。

3. 串行通信的数据校验

数据校验是确保通信正确的手段。具体方法包括:奇偶校验、和校验、冗余数据表决校验、CRC 校验等。

十四、后　记

通过本手记中介绍的这些常见的单片机基本概念,匠人已经为初学者打开了单片机殿堂的大门。能否登堂入室、走进这扇大门,能够走多深,就全凭各位的恒心和造化了。匠人还是那句话:"技术源于积累,成功源于执著"。仅以此句"匠人名言"与各位共勉!

手记 2

单片机的汇编指令系统

一、前　言

在十几年前,单片机和 MCS-51 几乎是同义词。虽然 MCS-51 系列也有几个不同的品牌,但是几乎毫无例外地,它们都使用同一套汇编指令系统。因此只要掌握了 MCS-51 系列,也就可以说是掌握了单片机。那时的单片机工程师是幸福的,他们不必每天去研究新的芯片及指令系统。

然而技术发展的潮流改变了这一切。先是 PIC 以所谓的精简指令优势打破了 MCS-51 一统江山的格局,然后是中国台湾、大陆的芯片一哄而上,更有原先的欧、美、日韩产业巨头如飞思卡尔等各据山头。嘿嘿,怎一个乱字了得!

现在衡量一个单片机研发工程师能力的标准,不再是他掌握了多少种单片机,而是他能在多短的时间内熟悉一种新的单片机并将其应用到他的设计中去。

C 语言的应用及模块化编程思想的普及,似乎缓解了这种尴尬局面。然而,当我们想深入了解单片机到底在干啥时,却还是绕不过汇编那道坎。在可以选择的前提下,匠人当然更愿意使用 C 语言来编写程序。但是如果没有了汇编基础,一切就像建立在沙滩上的宫殿,总让住在里面的人感觉不那么踏实。

这几年这种趋势体现得更加明显。以至于现在匠人在为公司招聘新人时最怕遇到两种人,一种是不懂单片机的,另一种是不懂汇编语言的。

匠人认为,在学习一种新的单片机时,花上半天时间去逐条研究整理一下其汇编指令系统是值得的。

二、汇编语言的前世今生

计算机程序设计语言的发展,经历了从机器语言、汇编语言到高级语言的历程。

计算机被发明之初,就像一个没有眼睛、鼻子和口舌的白痴,什么都不懂,只认识"0"和"1"。为了让计算机能干点活,人们只能用计算机能够识别的方式去和它沟通。

这种方式就是一串串由"0"和"1"组成的代码序列。每一串代码序列代表不同的意义。我们称这些代码序列为"机器码"或"机器语言"。

　　虽然机器语言的运算效率是所有语言中最高的,但是毫无疑问,使用机器语言是十分痛苦的,特别是在程序有错需要修改时,更是如此。而且,由于每台计算机的指令系统往往各不相同,所以在一台计算机上执行的程序,要想在另一台计算机上执行,必须另编程序,这就造成了重复工作。

　　在那个年代,如果你想叫一个人发疯,就让他去当程序员好了。

　　为了减轻使用机器语言编程的痛苦,人们进行了一些改进:用一些简洁的英文字母、符号串作为助记符,来替代一个特定指令的二进制串。比如,用"ADD"代表加法,"MOV"代表数据传送等。这样一来,人们很容易读懂并理解程序在干什么,纠错及维护都变得方便了。这种程序设计语言就称为汇编语言,即第二代计算机语言。

　　最早的汇编语言只是给人看的,计算机是不认识这些符号的。于是人们用打孔带来和计算机进行沟通。你能想象一个程序员像个奴隶一样天天干着枯燥的苦力活,把大把的精力用在打孔上吗?匠人真庆幸自己没有生在那个昏天黑地的年代。

　　直到编译器被发明出来,这场噩梦才被终结。编译器不是机器,而是一种专门的汇编程序,负责将汇编语言翻译成二进制数的机器语言。

　　汇编语言并不是计算机语言发展的终点。随后,人们又发明了更人性化的高级语言(包括C语言)。现在,高级语言的发展仍在继续,但那不是本手记的重点。

　　匠人现在要介绍、分析的还是汇编语言,这是学习高级语言的基石。

三、汇编指令的有关概念

　　说实话,匠人实在不愿意花费精力来写这种近似扫盲的内容。但是,为了本手记的完整性,还是决定在此稍微费些笔墨。希望不会有骗版税的嫌疑啊。

1. 指令格式

　　汇编指令的一般格式如下:

　　标号:　　　操作码助记符　　[操作数1],[操作数2],[操作数3]　　　;注释

　　上面的格式中一共包含了以下4部分内容:

　　① 标号。标号加在指令之前,一般都以字母开始,后面可以跟随字母、数字或个别被允许的其他符号,并以冒号":"结尾。不同的汇编系统对标号长度有限制。标号不能重复定义,也不能和汇编系统的保留字相冲突。标号相当于路牌,它的值代表它后面的指令存储地址。并不是每条指令前都要设置标号。标号仅仅在需要的地方出现。比如,当一段程序被其他程序调用或从其他程序跳转到这段程序中来时,就需要在此段程序之前设置标号。一个便于理解的标号能起到辅助注释说明的额外功效。

　　② 操作码助记符。代表具体的指令功能。这是每条指令的主体,是必需的一部分。

③ 操作数。这是传递给该指令的数据信息,告知系统该指令的操作对象。根据指令功能的不同,其操作数数量可能是一个、两个、三个或者干脆没有。如果操作数不止一个,则相互间以逗号","相隔。

④ 注释。注释必须以分号";"开始。这种注释又被称为行注释。有些单片机还支持另一种块注释方式,为"/ * …… * /"的形式。注释是是对某条指令或某段程序的功能说明,是程序员写给自己或其他人员看的,而不是给编译系统看的。虽然注释不是每条指令的必备,虽然写注释很费事,虽然也见过不写注释的牛人,虽然有些人写的注释连鬼都看不懂……但匠人还是建议大家养成良好的编程习惯,多写些注释,毕竟好记性不如烂笔头嘛。

2. 指令周期

指令周期是指执行一条指令需要几个机器周期。

不同的指令会需要用到不同的机器周期。而针对不同的单片机,其指令周期和机器周期都不太一样。编程者应当了解自己所用芯片的这些参数。

3. 指令长度

指令长度是指一条指令在程序存储器(ROM)中需要占用的字节数。

在单片机中,ROM 是宝贵的,我们应当学会节约,用最经济的字节数和最快的指令速度去实现程序功能,这样我们才能做出性价比最高的产品(浪费就是犯罪,呵呵)。

汇编指令系统的另一个重要概念是寻址方式,我们下面单独介绍。

四、汇编指令的寻址方式

1. 寻址的概念

指令操作的对象,包括立即数、RAM 寄存器(包括各类控制寄存器)、I/O 口等单元。这些单元都不是单独存在的,系统为了区分这些单元,就要给每个单元分配一个地址编号。这个地址编号是唯一的。当系统要访问这些单元时,必须通过锁定地址来进行访问。这就是寻址的概念。

2. 寻址方式分类

不同的单片机对寻址方式的划分都有所区别。甚至对同一种单片机都有不同的划分方式。如果只学一种单片机倒也好记,但是接触的单片机多了就容易混淆。匠人要说的是,那些都不过是人为的划分方式。如果您是为了应付考试,一定要把教材上的教条记牢。但是,如果只是为了学习理解和实际应用指令系统,那么就把那些教条都扔到阴沟里去。尽信书不如无书。就让我们按自己的理解去分类,又有何不可呢?

一般常见的寻址方式,包括以下几大类:

25

（1）立即寻址

当程序要用到一个立即数，我们只需要直接给出这个立即数就可以了，无须提供地址。这就是立即寻址，也可以说是"无址寻址"。既然无地址，在有些书里，就干脆取消了这种寻址方式。

（2）直接寻址

我们直接给出被访问单元的地址，让程序去访问它，这就是直接寻址。

在 MCS-51 系列和其他一些单片机中，还有一种所谓的寄存器寻址，它和直接寻址非常类似，区别在于前者无须给出被访问单元地址，只要给出被寻址的寄存器名称就可以了。匠人个人认为，寄存器寻址是直接寻址的一个特例。

（3）间接寻址

如果我们想访问单元 A，却又不给出单元 A 的地址，而是把单元 A 的地址放在另一个单元 B 中，让系统先通过单元 B 去读取单元 A 的地址，再用读取到的地址去访问单元 A。这就是间接寻址。

前面讲的单元 B 相当于"地址指针"。当然，并不是所有的单元都能承担地址指针的职责，比如在 51 单片机中，只能通过 R0 、R1 或 DPTR 寄存器来进行地址映射。

间接寻址的一个主要用途，是用来对一组数据进行相同或相似的操作。我们只需要把该组单元的首地址（或尾地址）送到地址指针中，然后写一个循环结构的程序，在循环体内对指针指向的当前单元进行操作；每循环一次，将地址指针加 1（或减 1）。如此反复，直至所有单元操作结束（循环计数溢出）。

在 MCS-51 中，还有另外一种间接寻址方式，这就是变址寻址。这种方式用于访问程序存储器。在变址寻址中，被访问的地址是由两部分合成的。这两部分，一个是基址，存放在基址寄存器中；另一个是变址，存放在变址寄存器中。一般都是由 A 累加器担任变址寄存器的角色。变址寻址的主要应用是数据查表功能和程序散转功能。

3. 寻址方式在现实生活中的类比

前面讲了那么多寻址方式，读者未必好记吧？下面让匠人现身说法来打个比方吧。比如匠人要寄快递给某位朋友（咳，本想举个寄信的例子，但这年头谁还写信啊）：

① 如果匠人知道这位朋友的地址，直接写上地址交给快递公司。这就是"直接寻址"。

② 如果这位朋友是个大大的名人，或在大有名气的单位工作。那匠人即使不写地址，只要写其单位名称和收件人，如"《单片机与嵌入式系统应用》杂志社何立民主编收"，估计也能寄到。这就是"寄存器寻址"。

③ 如果匠人不知道朋友的地址，偏偏他又不是名人。那怎么办呢？匠人只好写上"请某某转交某某了"。这就是"间接寻址"。

④ 如果这位朋友没有具体的门牌号码。那匠人只能在快递信封上写"某某大楼

向东 200 米小卖部隔壁"。这就成了"变址寻址"了。(快递派送员该说了：匠人你想累死我啊?)

⑤ 如果匠人每天都能遇到这位朋友,那就不用费事了,见面时直接把东西给他,也就不用写地址了(连快递费都省下了,呵呵)。这就是"立即寻址"。

五、汇编指令的分类

前面讲的是按寻址方式来对汇编指令进行分类。另外,我们也可以按照指令执行的功能来进行分类。

需要先说明的是,在下面的分类中所例举的一些指令主要都是 MCS-51 系列中的指令形式。在其他单片机中,这些指令的功能、数量和速记符也许略有不同。

1. 数据传送类

将数据从一个单元传送到另一个单元的指令属于数据传送类。对于不同的单片机,数据传送类包含的指令集是有所不同的。这类指令的代表是 MOV 指令(参见图 2.1:MCS-51 系统 MOV 指令图解)。虽然从字面理解来说,MOVE 是指移动,但实际上它执行的却是 COPY 的功能,其中细微的差别是当数据被从源单元传送到目标单元后,源单元的数据仍然完好无缺地保存着。

除了 MOV 指令外,还有一些指令也属于此类。如 MCS-51 系统中的 MOVX(针对外部 RAM)、MOVC(针对程序 ROM)、XCH(交换)、XCHD(半字节交换)、SWAP(高低半字节交换)、PUSH(进栈)、POP(出栈)等指令。

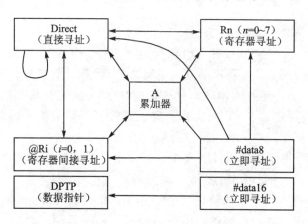

图 2.1　MCS-51 系统 MOV 指令图解

2. 算术运算类

算术运算类主要包括：加法指令(ADD、ADDC)、减法指令(SUBB)、递增/递减指令(INC、DEC)、乘法指令(MUL)、除法指令(DIV)。另外,还有一条比较特殊的十进制调整指令(DA),主要应用于十进制 BCD 码加法运算的结果修正。

对于 MCS-51 系列及大多数单片机来说,加/减法运算都是需要通过 A 累加器来进行的(参见图 2.2:MCS-51 系统加/减法指令)。

请记住,有些精简指令集结构的单片机是不支持乘/除法指令的。如果需要,我们只能用软件去实现乘/除法运算。

3. 逻辑运算类

逻辑运算类根据操作数目分为双操作数逻辑运算指令和单操作数逻辑运算指令。

双操作数指令主要包括:与操作指令(ANL)、或操作指令(ORL)、异或操作指令(XRL)(参见图 2.3:MCS-51 系统双操作数逻辑运算指令图解)。

单操作数指令主要包括:非(取反)操作指令(CPL)、清零操作指令(CLR)、移位操作指令(RL、RLC、RR、RRC)等。

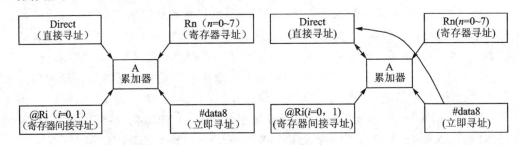

图 2.2 MCS-51 系统加/减法指令图解   图 2.3 MCS-51 系统双操作数逻辑运算指令图解

4. 控制转移类

我们知道,在正常情况下,程序的执行顺序总是一条指令接着一条指令依次执行。这种顺序执行的方式是程序的基本结构之一(但是计算机的世界不可能如此单调和了无生趣)。另外还有两种常见的基本结构为"分支"和"循环"。在分支和循环结构中,我们需要强迫改变 PC 的指针。这就是控制转移类指令的基本功能(嘿嘿,也许控制转移类指令存在的目的就是给程序添乱)。

控制转移类指令根据其条件的有无分为无条件转移指令和条件转移指令,另外还有一些会改变 PC 指针状态的指令也被归属到这一类。

无条件转移指令包括:长转移指令(LJMP)、绝对转移指令(AJMP)、短转移指令(SJMP)、变址转移指令(JMP)。前三条指令功能都是用来改变 PC 指针,其间的区别是各自的跳转地址范围有所不同。最后一条变址转移指令(JMP)则是用来实现程序的散转功能。

条件转移指令包括:测试条件符号转移指令(JZ、JNZ、JC、JNC、JB、JNB、JBC)、数值比较(不相等)转移指令(CJNE)、减一条件(结果不为零)转移指令(DJNZ)。其中 DJNZ 指令经常被用来控制循环次数。另外,值得一提的一条指令是 CJNE 指令

（参见图 2.4：MCS-51 系统数值比较转移指令图解）。

其他改变 PC 指针状态的指令主要包括：子程序调用指令（ACALL、LCALL）、子程序或中断服务程序返回指令（RET、RETI）以及一条"无家可归"的空操作指令（NOP）。

5. 位操作类

位操作类主要是面向"位"的操作（呵呵，这句话简直就是废话）。这些操作主要包括位传送指令（MOV）、位逻辑运算指令（ANL、ORL、CPL）、位置位/复位指令（CLR、SETB）（参见图 2.5：MCS-51 系统位操作指令图解）。

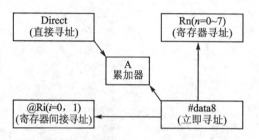

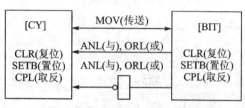

图 2.4 MCS-51 系统数值比较转移指令图解

图 2.5 MCS-51 系统位操作指令图解

另外，前面介绍过的一些测试条件符号转移指令（JC、JNC、JB、JNB、JBC）也是根据对"位"测试并进行转移的。它们也可以被归属到位操作类中。

6. 特殊功能类

有些新的指令可能在传统的 MCS-51 指令中未曾出现，而现在却已被人们所熟悉。这些指令往往与单片机的一些特殊功能相关联着，比如喂狗指令（WDTC）、低功耗控制指令（SLEP）等。这需要应用者去格外关注一下。

六、指令分解图的介绍与应用

随着接触的单片机种类增多，我们往往会将各种单片机的指令混淆，在实际使用过程中发生张冠李戴的现象。乱花渐欲迷人眼，这种困惑匠人也曾经经历过。对于像匠人这种懒人来说，把所有单片机的汇编指令都背下来是件要命的痛苦事情，有没有一种有效的方法来破这个乱局呢？

也许将各种单片机的指令表打印出来贴在电脑边是种方法。但是一份指令表往往也有好几页，如果弄出个七、八种单片机，恐怕一面墙都贴满还不够。显然这种方法还是不够简洁明了。

经过摸索，匠人找到了一种图解法，就是将所有指令浓缩在一张指令分解图中。这种分解图中的主体是指令的操作对象，比如 A 累加器、立即数、RAM、堆栈、PC 指针等，用各种类型的箭头体现指令与操作对象的相互关系，令读者一目了然。

指令分解图并不能取代第一次使用某种单片机之前必需的学习历程，但它确实是一种辅助记忆的捷径。当我们事隔多时再次使用该单片机时,只要看看分解图,按图索骥,即可快速回忆起整个指令集来。

而整理指令分解图的过程本身,也加深了我们对指令集的全局性理解。

其实,在前面介绍指令分类时,匠人已经给出了这种分解图的雏形。如果将它们合并在一起,就可以得到一张完整的指令分解图了。

下面给出一些指令分解图。这些分解图都是匠人多年来费尽脑细胞精心制作的(正宗的原创哦),属于秘笈了,呵呵。这也是本篇手记的精华所在。需要说明的是,由于许多单片机的指令系统都在不断发展完善之中,因此这些图片可能会遗漏个别的新增指令。

这些指令分解图包括:

图 2.6:PIC 低级单片机指令分解图;

图 2.7:PIC 中级单片机指令分解图;

图 2.8:PIC 高级单片机指令分解图;

图 2.9:EMC 8-bit 单片机指令分解图;

图 2.10:HOLTEK 8-bit 单片机指令分解图;

图 2.11:SONIX 8-bit 单片机指令分解图;

图 2.12:SIGMA 8-bit 单片机指令分解图;

图 2.13:JAZTEK 8-bit 单片机指令分解图;

图 2.14:MCS-51 系列单片机指令分解图;

图 2.15:MC68HC08 系列单片机指令分解图;

图 2.16:三星 SAM88RCRI 内核系列单片机指令分解图。

七、后　记

用好汇编语言,如果仅仅是掌握其基本指令系统,那只能说是才刚刚入门。而对伪指令和宏得心应手的应用则体现了更高层次的编程水平。

关于伪指令和宏,匠人将在另一篇手记中谈到,这里就不多说了。

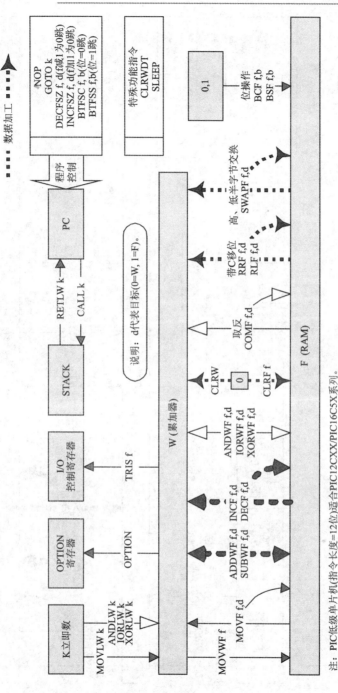

图2.6　PIC低级单片机指令分解图

注：PIC低级单片机(指令长度=12位)适合PIC12CXX/PIC16C5X系列。

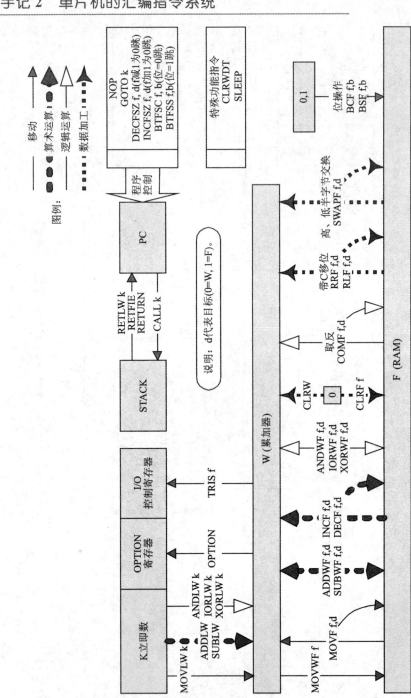

图2.7　PIC中级单片机指令分解图

注：PIC中级单片机(指令长度=14位)适合PIC16C6X/16C7X/16C8X系列。

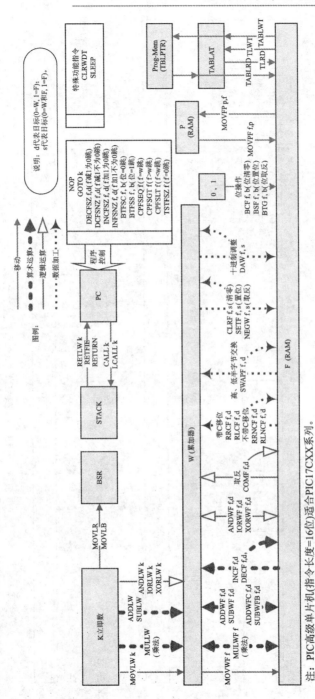

图2.8　PIC高级单片机指令分解图

注：PIC高级单片机(指令长度=16位)适合PIC17CXX系列。

33

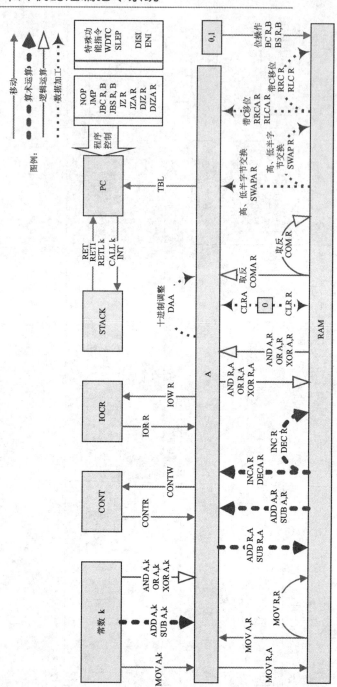

图2.9　EMC 8-bit单片机指令分解图

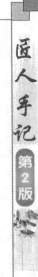

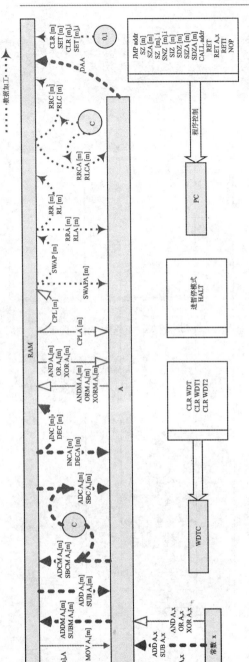

图2.10　HOLTEK 8-bit单片机指令分解图

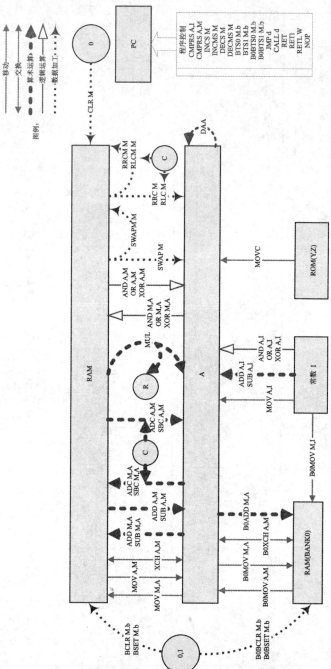

图2.11　SONIX 8-bit单片机指令分解图

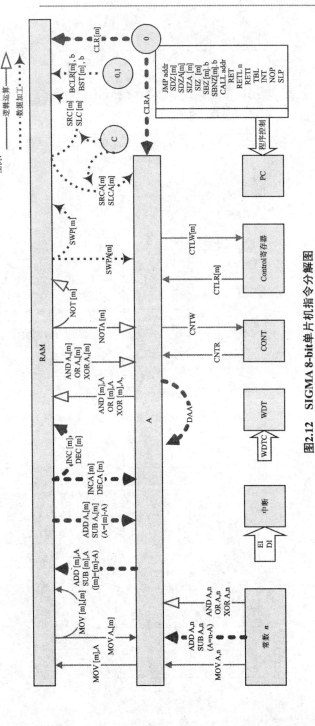

图2.12　SIGMA 8-bit单片机指令分解图

37

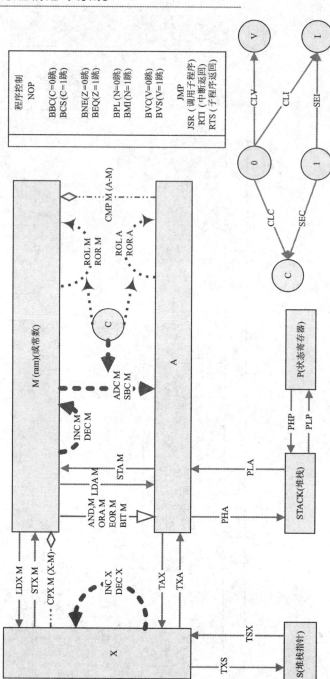

图2.13　JAZTEK 8-bit单片机指令分解图

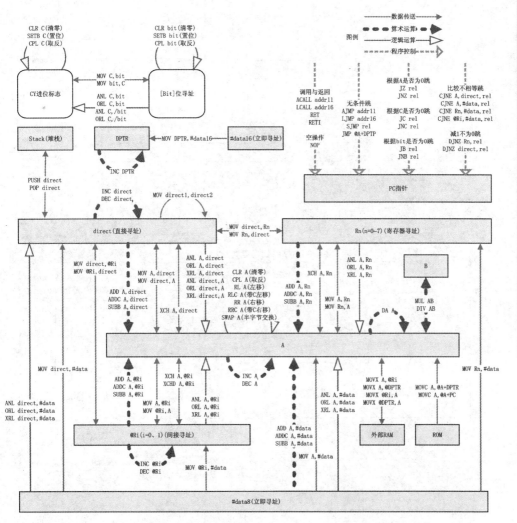

图 2.14　MCS-51 系列单片机指令分解图

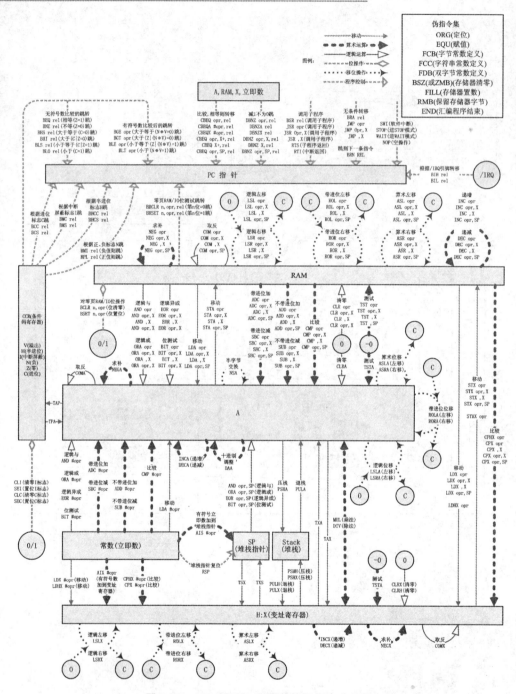

图 2.15 MC68HC08 系列单片机指令分解图

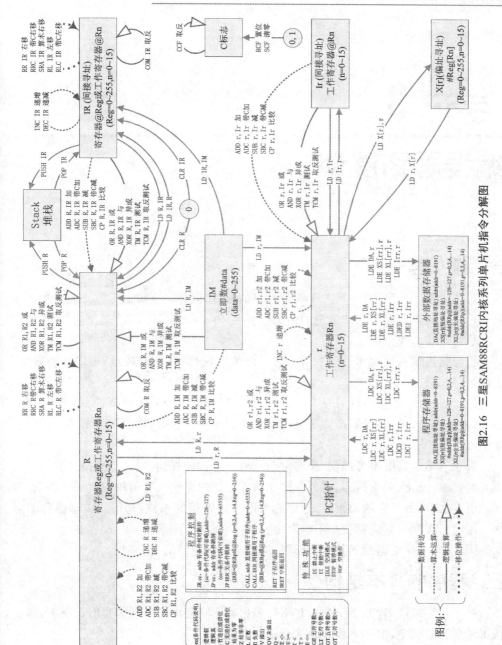

图2.16　三星SAM88RCRI内核系列单片机指令分解图

41

手记 3

编程思路漫谈

一、前 言

长久以来，一直想写一篇关于编程思想的文章，但是一直没敢下笔。因为这实在是一个比较难以用文字表达清楚的话题。

思想是什么呢？

思想是隐藏在灵魂深处的东西。它对外的展现，也许是种观点，也许是种方法，也许是种技巧。

但更多时候，思想也许只是个一闪即逝的灵感，划过脑际不留痕迹。思想是活的精灵，就像流水，千回百转，奔流不息。而当我们想去捧起时，那水却又悄悄从指尖缝隙里流走。

思想就是这么的不可捕捉，没有常形。而一旦被捕捉到了，那思想便也就从那一刻开始定格、僵化、失去活力，成为一潭死水。这样的思想又有何用呢？

语言文字，由于它的局限性，它也许可以表述编程的思路，却很难传递编程的思想。编程思想有时只能意会却不能言传。

因此，匠人只能退而求其次，就写一篇关于编程思路的手记吧。

二、程序的基本结构

对于新手来说，背熟了指令集并不代表你就会写程序了。就像我们普通人，即使认识了所有的汉字，但并不代表他就会写文章了。

如何把那一条条指令汇集成程序，并顺利实现预期的要求呢？或者说，如何根据具体的要求构建程序的框架呢？这往往成为新手上路后遇到的第一个"坎"。

那好，就随着匠人娓娓的叙说，从最简单的程序结构开始，进行一场进阶之旅吧……

单片机的程序都是为了实现某个特定的功能而定制的。因此每个程序的流程也不可能完全相同。但是写得多了，总还是有些规律可循的。事实上，大多数程序都可以套用这样一个基本流程结构(参见图3.1:基本程序结构)。

这是一种比较完美的基本结构(完美的标准就是"简单有效")。在这个程序结构中包含了以下两部分。

1. 初始化程序

单片机上电复位后,从复位入口处开始运行程序。这个时候,应该先对系统进行自检和初始化动作。系统的初始化动作包括对 I/O 口、RAM(变量)、堆栈、定时器、中断、显示、ADC 以及其他功能模块的初始化。初始化动作一般只需要执行一遍。

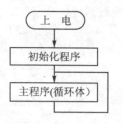

图 3.1　基本程序结构

如果有必要,还可以在这段程序里建立分支结构,如热启动分支和冷启动分支。程序可以根据系统复位类型、系统自检的结果或其他条件,选择性地执行初始化动作。

2. 主程序循环体

初始化程序结束后,系统的工作环境已经建立起来了,这时就可以进入主程序。

主程序一般是个循环体。在这里执行的是程序要实现的具体功能,如输入检测、输出控制及人机界面等。这些功能语句可以直接写在主程序里,也可以写成子程序形式,由主程序进行调用。

三、模块化的程序结构

原则上来说,匠人是不会在主程序里直接写功能语句的(喂狗指令除外)。一个好的主程序结构应该通过子程序去调用具体功能模块,这是程序模块化的要求。"脚踩西瓜皮,滑到哪里算哪里"可不是我们的风格哦。

在这种模块化的程序结构中,主程序仅仅是执行调度功能,负责轮流调用功能模块程序。主程序每循环一圈,所有的功能模块都被调用一次(参见图3.2:模块化程序结构)。

显然,采用了这种结构后,各个模块之间的相互独立性较强。我们可以像搭积木一样,很方便地增加或减少主程序调用的模块。

四、模块的事件驱动机制

由于主程序是按顺序依次调用各个功能模块的,而有些模块可能在本轮循环中不具备执行的条件。那么如何避免这些模块也被执行呢?

一个比较好的解决办法是采取事件驱动机制,来加快主程序的循环速度,提升整个系统的实时性。

所谓事件驱动机制,就是给每个模块安排"使能标志",通过使能标志来触发该模块代表的事件。也就是说,在每次进入功能模块(子程序)时,先判断该模块是否满足

43

执行条件(功能模块使能标志＝1),如果满足则执行(同时将使能标志清零);否则直接返回即可(参见图 3.3:功能模块的程序结构)。

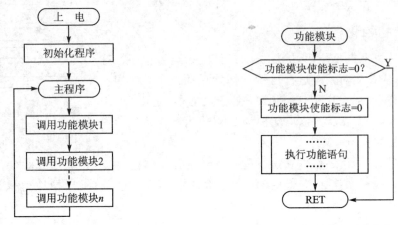

图 3.2 模块化程序结构   图 3.3 功能模块的程序结构

让我们举例说明。比如有一个显示功能模块,用于控制液晶显示。实际上,我们没有必要在主程序的每次循环中都去刷新显示内容。我们只要为该显示模块定义一个显示刷新使能标志。在计时程序中定期(如 0.5 s)把该标志设置为"1"。然后在显示程序开始处先判断一下这个标志。如果时间没到,则不必进行刷新显示。

某个功能模块的使能标志,可以由其他模块进行设置。就像前面说到的显示刷新使能标志一样。其显示功能由显示程序模块实现,而标志却是由计时程序或定时程序来进行设置的。也就是说,虽然显示程序的执行与否受到计时程序的控制,但这两个模块之间并不存在互相调用的情况。它们之间仅仅是通过标志位进行联系。

这个显示使能标志就是一个显示刷新事件的触发条件。同时也相当于其他程序对显示模块的控制条件。在整个系统的任何其他程序模块中,当我们觉得有必要刷新一次显示时,都可以通过这个标志去通知显示模块。比如,在按键处理程序中,当用户通过按键设置,修改了显示内容。按键程序可以将显示使能标志设置为"1",通知显示程序立即刷新显示,而不必等到 0.5 s 计时完成。

有时,可能一个标志不足以传递所有的控制信息,我们可以用更多的标志或寄存器来实现命令和参数的传递。

五、顺序调度机制与优先调度机制

前面讲的是在进入功能模块时,先查询该功能模块的使能标志。我们也可以把这种查询的动作放在主程序中,并因此延伸出以下两种不同的主程序调度机制。

1. 顺序调度机制

如果各个模块之间没有优先级的区别,则我们可以采取顺序调度机制(参见图 3.4:顺序调度机制)。

这种调度机制的特征是:主程序按照一定的顺序,轮流查询各个功能模块的使能标志。如果标志有效,就执行相应的模块,并清除该标志。一个模块查询或执行结束后,继续对下一个模块进行操作。全部模块操作结束后,回到主程序开始处,如此循环不止,周而复始。

采取顺序调度机制的程序结构的优点是,可以保证所有的功能模块都得到执行的机会,并且这种机会是均等的。(排排坐,吃果果,你一个,我一个。呵呵!)

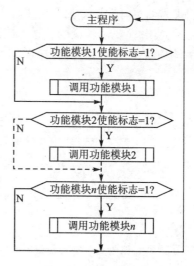

图 3.4　顺序调度机制

采用顺序调度机制的缺点是,某些重要的模块无法得到及时的响应。

2. 优先调度机制

如果各个功能模块有优先级的区别,我们可以采取优先调度机制(参见图 3.5:优先调度机制)。

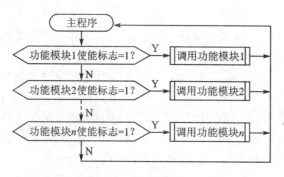

图 3.5　优先调度机制

这种调度机制的特征是:主程序按照一定的优先级次序,去查询各个标志。如果高优先级功能模块的使能标志有效,则在执行完该模块(并清除该标志)后,不再执行后续模块的查询操作,而是跳转到主程序开始处,重新开始新一轮操作。

采取优先调度机制的程序结构的优点是,可以让排在前面的优先级高的功能模块获得更多、更及时的执行机会。

采用优先调度机制的缺点是,那些排在末位的模块有可能被堵塞。

六、中断与前/后台的程序结构

前面讲的在主程序中进行事件轮询的调度机制,应付一般的任务已经游刃有余了,但是一旦遇到紧急突发事件,还是无法保证即时响应。因此,单片机中引入了中断的概念。

45

我们把实时性要求更高的事件(如外部触发信号,或者通信)放在中断中(前台)响应,把实时性要求较低的任务(如按键扫描、显示刷新)交给主程序(后台)去调度。这样,就形成了前/后台的程序结构模型(参见图 3.6:前/后台程序结构)。

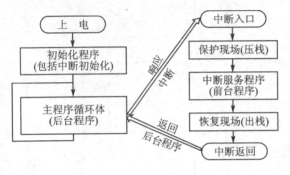

图 3.6　前/后台程序结构

那么,哪些任务应该放在中断中处理,哪些任务应该放在后台程序中处理呢? 其实这是没有绝对的准则的。有些任务(比如前面提到的按键定时扫描)既可以放在前台(定时中断)执行,也可以放在后台执行。这取决于项目的具体情况,以及个人的编程习惯。

前/后台任务的配置,有两个比较极端的例子。

一种情况就是,有些单片机根本就没有中断源(如 PIC 的一些低端芯片),所有的任务都要依靠主程序去合理调度。应用这种芯片编程是一件痛苦的事情。但确实有许多高手做到了这一点,他们在主程序中将所有的任务调度安排的井井有条。这种严密的条理性,恐怕也体现了超越常人的思维能力吧(非人类啊,呵呵)。

另一种情况是,现在有些单片机的中断资源极为丰富,几乎所有任务都可以通过中断实现。有时,人们干脆就让中断承担了全部的工作。后台程序除了上电时的初始化动作外,平时什么都不干,干脆"呼呼大睡"(进入 SLEEP 模式,或待机模式),以降低系统功耗,避免干扰。呵呵,这倒也算是一种新颖的编程理念。读者可以参阅本书中关于摇摇棒的项目。在那个项目中,匠人就是采用这种编程方式。

上面讲的毕竟都是极端的例子,而在大多数情况下,任务是由前台程序和后台程序分工合作完成的。

为了避免前台程序和后台程序互相抢夺 CPU 的控制权,发生竞争,匠人建议尽可能减少中断的执行时间。我们可以在中断服务程序中设置一些标志,然后回到主程序中来查询这些标志并做进一步处理。

七、时间片与分时调度机制

在任务较多的时候,为了保证每个任务都能得到系统时间,我们可以尝试采用分时调度机制。将整个系统时间分成若干份时间片,并用 ID 进行标识。每个时间片内执行一个功能模块。

我们可以把整个程序中的所有任务都纳入分时调度机制中。这种情况下,分时调度的执行者就是主程序(参见图 3.7:主程序中采取分时调度结构)。

我们也可以仅对部分任务采取分时调度,而其他的任务仍然采取事件轮询调度。在这种情况下,分时调度的执行者可能就是一个子程序(参见图 3.8:子程序中采取分时调度结构）。

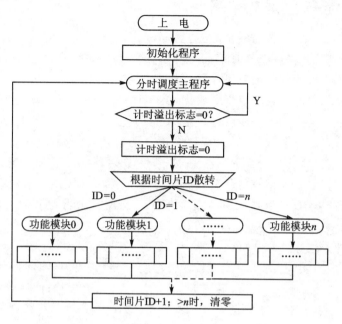

图 3.7　主程序中采取分时调度结构

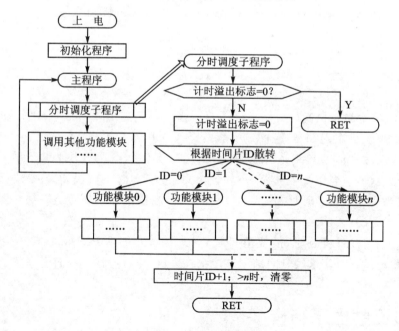

图 3.8　子程序中采取分时调度结构

上述两种办法中，都是由后台程序实现分时调度。其实这项工作也可以交给定时中断去完成。原理差不多，这里就不细说了。

47

八、多进程并行运行机制

从微观的角度来看,任何一个时刻里,CPU 只能执行一个任务。而每个任务执行的时间有长有短。当一个耗时较长的任务在运行时,如果又发生一个紧急事件,需要响应,那该怎么办呢? 一般有下面几种处理方法:

① 第一种方法是采取顺序调度或优先调度机制。这两种调度机制都是要等待当前任务结束后,再处理下一个任务。这种方法的实时性无疑是最差的。

② 第二种方法是采取前/后台程序结构。把紧急事件放在中断服务程序中处理。这种方法前面也已经介绍过。一般情况下,它可以满足系统的实时性要求了。但是,当前台和后台需要处理的任务都有实时性要求,或者存在多个中断的话,相互间也会为了抢夺 CPU 的系统时间而发生竞争。这种方法还有一个缺点,就是需要占用 CPU 的中断资源。

③ 第三种方法是采取分时调度机制。给每个任务分配一定的时间片。采用这种方法,每个任务的执行时间不能太长,必须在分配给它的规定时间片内结束,并交出系统控制权。但是,如果任务的执行时间较长,无法在单个时间片内结束,如何确保系统的实时性呢? 这时我们可以采用本节要介绍的多进程并行机制。

多进程并行机制,就是把每个任务都看作是一个进程,该进程可以被分成多个阶段,每个阶段的执行时间较短。当该进程获得系统的控制权后,每次只执行一个阶段,然后就将控制权交还给上级调度程序。待到下次重新获得系统控制权时,再执行一个阶段(参见图 3.9:进程的分阶段运行结构)。

通过合理的调度,系统可以让多个进程交替执行,从而达到宏观上多任务并行运行的效果(参见图 3.10:多进程并行运行示意图)。

多进程并行运行机制的应用机会还是很多的。比如说在 LED 数码管动态扫描显示方面,假如要定期扫描多个 LED 数码管,并且每个 LED 点亮后,需要延时 1 ms。这个 1 ms 如果直接用延时子程序去实现,就浪费了系统的时间资源。我们可以把这个显示程序当作一个进程,分多个阶段来执行。每个阶段切换显示一个 LED 管。而在当中的 1 ms 延时期间,可以将系统控制权交还给调度程序,去执行其他程序。

同样,在作按键检测时,需要消抖延时;或在写外部 E^{2}PROM(如 24C01 芯片)时,需要写动作延时。这些时间都可以让系统去执行其他程序,从而提高整个系统的实时性。

九、多工序程序结构

这年头,多任务操作系统的概念显得很时髦,但那并不是解决问题的唯一手段。用最简单的办法实现既定功能,才是我们最终的目的。

比如说一个充电器程序,其充电过程包含了小电流预充电、大电流充电、涓流充

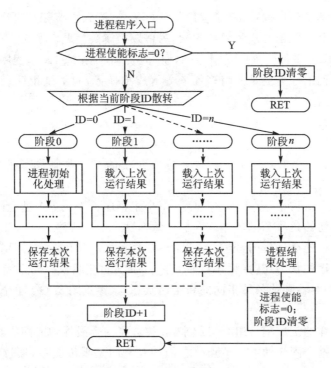

图 3.9　进程的分阶段运行结构

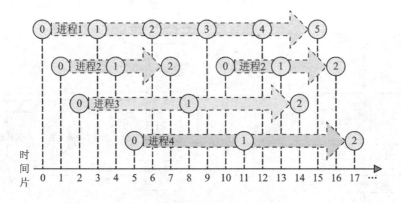

图 3.10　多进程并行运行示意图

电、充电完成等若干个阶段。每个充电阶段就像生产线上的一道特定工序,其电流、电压控制方式,以及显示内容等功能都不一样。另外,当发生故障时,还要进行保护。故障保护也可以视为一道特殊的工序。

　　如果按前面几节介绍的思路去编写程序,通过各种状态寄存器和标志位来区分这些工序,那么当这些杂七杂八的工序相互纠缠在一起时,足以让人疯狂。

　　为什么会疯狂呢?因为我们只有一个主程序,而这个主程序要去区分处理那么多不同的状态、不同的工序。程序里面到处都是状态寄存器和标志位,相互牵扯,纠缠不清。最后不是程序疯掉,就是程序员疯掉了。(匠人也疯狂? 呵呵。)

那么就让我们跳出常规的思维框架,另辟蹊径解决问题。

写一个 8K 的多任务程序是很累的,而写 8 个单任务的 1K 小程序却易如反掌且轻松愉快。我们的任务就是要将多任务分解成单任务,而不是相反。既然一个主程序不足以驾驭这么多工序,我们干脆把整个充电过程按工序划分。采用多个主程序来调度任务。每个主程序负责一道工序:第一个负责预充,第二个负责大电流充,第三个负责涓充……

您瞧,这一不小心,就引出了这一节要介绍的——类似状态机的多工序程序结构。

在这种程序结构中,有多个主程序。每个主程序相当于一个独立的单片机程序,有属于自己的初始化段和循环体。我们称每个这样的主程序为一个工序状态。

在单个工序的循环体内,定期判断工序迁移条件。如果没有满足特定的条件,就一直维持该工序的状态,其主程序将一直独占系统的控制权。如果满足了某个特定的迁移条件,则跳转到该条件指向的新工序状态。(参见图 3.11:单个工序的状态程序结构图。)

把多个这样的工序程序组合成起来,就构成了一个线性的或网络状的程序框架。每个工序都是这个网络的一个节点。它们相互之间是平级关系,通过条件来触发迁移动作,最终实现整体功能。(参见图 3.12:工序迁移图。)

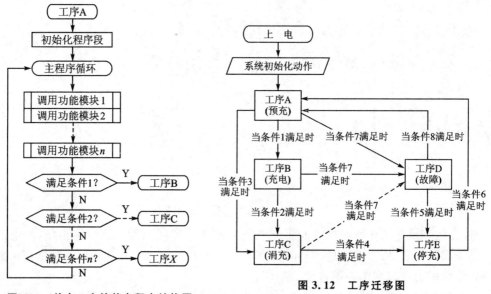

图3.11 单个工序的状态程序结构图

图 3.12 工序迁移图

补充一下,有时在几个工序里都要执行一些相同的功能,我们可以把这些功能做成子程序,供各个工序去调用。

最后需要说明的是，多工序程序结构并不符合程序结构化设计的要求。因为按照结构化的要求，每一个程序模块应该只有一个入口和一个出口。这种多工序程序结构中的每个模块（工序）都有可能有多个入口或出口，因此有其应用的局限性。这就像一剂毒药，用好了可以治病，用不好可就会要老命的哦！切记！切记！

十、基于状态机思路的程序调度机制

在上一节中提到的多工序程序结构中，每个工序状态都是一个相对独立的主程序，这种结构仅仅适合那种明显带有工序特征的程序（如充电器程序）。当各个工序都拥有许多相同或相似的功能（如按键处理、AD 转换、显示驱动等）时，我们就要在每个工序状态的主循环体中，重复地调用或执行相同的程序段。程序的编写效率由此将变得非常低下。

另外，这种结构有其明显的缺点，那就是不符合程序设计结构化的要求。也许当我们跳出了由诸多纠缠不清的标志淤积的泥潭后，却发现掉入更可怕的程序结构混乱不堪、形同蛛网的"盘丝洞"。

有时，我们不得不摒弃这种程序结构。

不过，我们仍然可以利用状态机的思路，主调度程序只保留一个，用状态寄存器来表示程序的工作状态。在调度程序中，根据系统当前工作状态和触发条件，综合解析，执行相应的动作，或迁移到新的状态。由此，我们就得到了另一种更有效率的结构。

比如，在单片机中，按键是常见的人机交流手段。我们可以通过按键向单片机输入命令。在一键一义型键盘控制系统中，每个按键都有其唯一特定的功能。这种类型实现起来相对容易。但在实际应用中，当程序需要实现较多功能时，受按键数量的制约，我们往往要让每个按键承担更多的功能。这就是所谓的一键多义型键盘控制系统。

在这种系统中，我们要先将系统的工作状态进行划分，并给每个状态编号。当某个按键被触发时，我们在判断按键的编号（键值）的同时，还要判断系统当前处于哪个状态下（现态）。对"键值"和"现态"综合解析，然后确定执行哪个功能，或者切换到新的工作状态（次态）。（参见图 3.13：一键多义按键执行程序结构图。）

这种基于状态机的程序调度机制。其中包含以下 4 个要素：

现态——当前所处的工作状态；

条件——触发动作或状态迁移的条件（在按键系统中，就是指键值）；

动作——条件满足后执行的动作；

次态——条件满足后要迁移的新状态。

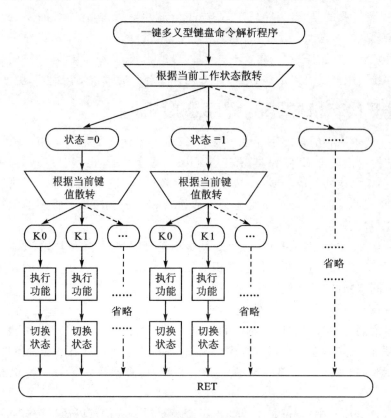

图 3.13　一键多义按键执行程序结构图

　　我们可以看到,上述 4 个要素明显带有因果关系。前二者是因,后二者是果。这 4 个要素用一句话来表示,就是:当在 A 状态下,检测到 B 条件成立,即执行 C 动作,然后迁移到 D 状态。

　　将全部的因果关系集合在一起,就构成了整个状态机的内涵。

　　我们可以采用状态迁移图来表示各个状态之间的迁移关系。我们会发现,这种方式比普通程序流程图更简练、直观、易懂(参见图 3.14:状态迁移图)。

　　我们可以看到,状态迁移图和前一节提到的工序迁移图(参见图 3.12:工序迁移图)非常相似。二者的区别是:在工序迁移图中,箭头代表了程序 PC 指针的跳转(这一点和普通流程图一样);而在状态迁移图中,箭头代表的是状态寄存器的改变。

　　除了状态迁移图,我们还可以用表格的形式来表示状态之间的关系(参见表 3.1:状态迁移表)。在这张表中,我们不但列出每个状态的 4 个要素,而且将每个状态的特征(如显示内容)也包含在内。

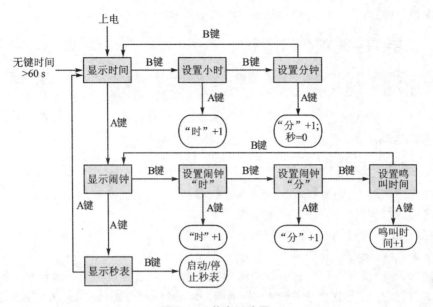

图 3.14　状态迁移图

表 3.1　状态迁移表

工作状态（现态）		A 键		B 键		显示内容
编号	说明	次态	功能	次态	功能	
0	显示时间	1	—	3	—	时：分：秒（12：00：00）
1	显示闹钟	2	—	5	—	时：分（TM 08：00）
2	显示秒表	0	—	—	启动/停止	时：分：秒（00：00：00）
3	设置小时	—	时+1	4	—	（12：■■：■■）
4	设置分钟	—	分+1；秒=0	0	—	（■■：00：00）
5	设置闹钟"时"	—	时+1	6	—	（TM 08：■■）
6	设置闹钟"分"	—	分+1	7	—	（TM ■■：00）
7	设置鸣叫时间	—	鸣叫分钟+1	1	—	（TM SP：00）

　　如果表格内容较多，我们也可以将状态迁移表进行拆分，将其中每个状态的显示内容单独列表。这种描述每个状态显示内容的表，匠人称之为"显示真值表"。对应的，也可以把单独表述基于按键的状态迁移表称为"按键功能真值表"。

　　状态迁移图和状态迁移表两种表达方式对比来看，图形的优点是直观；表格的优点是可容纳的文字信息量较多。二者互为补充，合理利用将相得益彰。

　　基于状态迁移的程序调度机制，其应用的难点并不在于对状态机概念的理解，而在于对系统工作状态的合理划分。初学者往往会把某个程序动作当作是一种状态来处理。匠人把这种称为"伪状态"。初学者的另一种比较致命的错误，就是在状态划分时漏掉一些状态。这两种错误的存在,将会导致程序结构的涣散。

十一、更复杂的状态结构

前面介绍的是一种简单的状态结构。它只有一级,并且只有一维。(参见图 3.15:线性状态结构。)

根据不同的状态划分方法,除了这种简单的状态结构外,还有一些更复杂的状态结构,如下所示。

1. 多级状态结构

在某些状态下,还可以进一步划分子状态。

比如,我们可以把前面的例子修改一下。

把所有与时钟功能有关的状态,合并成 1 个一级状态。在这个状态下,又可以划分出 3 个二级子状态,分别为:显示时间、设置小时、设置分钟;

同样,我们也可以把所有与闹钟功能有关的状态,合并成 1 个一级状态。在这个状态下,再划分出 4 个二级子状态,分别为:显示闹钟、设置"时"、设置"分"、设置鸣叫时间。

我们需要用另一个状态寄存器来表示这些子状态。

子状态下面当然还可以有更低一级的"孙"状态(子子孙孙无穷尽也),从而将整个状态体系变成了树状多级状态结构。(参见图 3.16:树状多级状态结构。)

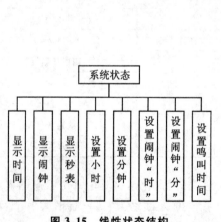

图 3.15　线性状态结构

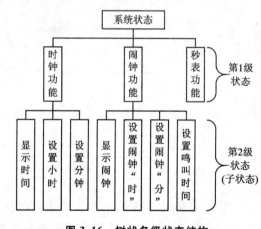

图 3.16　树状多级状态结构

2. 多维状态结构

在系统中,有时会存在多维状态划分。

比如,在按照按键和显示划分状态的同时,又按照系统的工作进程做出另一种状态划分。这两种状态划分同时存在,相互交叉,从而构成了二维的状态结构空间。

这方面的例子如空调遥控器。(参见图 3.17:多维状态结构。)

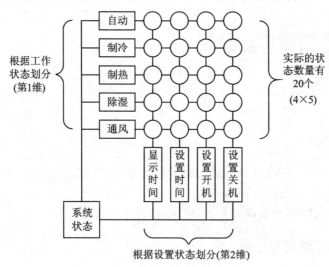

图 3.17　多维状态结构

同样,我们也可以构建三维、四维甚至更多维的状态结构。(呵呵,四维时空、科幻故事?)

说明一下,每一维的状态都需要用一个状态寄存器来表示。

无论多级状态结构和多维状态结构看上去多么迷人,匠人的忠告是:我们还是要尽可能地简化状态结构。能用单级、单维的结构,就不要自己给自己找事,去玩那噩梦般的复杂结构。

简单的,才是最有效的。

十二、后　记

以上介绍的,都是构建单片机程序框架的一些思路。这些思路再经过排列组合,又可衍生出许多"组合拳法"来。

所谓"兵无常势,水无常形,能因敌变化而取胜者,谓之神"。万般变化,存乎一心。见招拆招,才是上招。

通过将各种程序结构灵活应用,各种调度机制有机结合,就可以更有效地管理各个任务,实现程序的预期目标。

这篇手记写到这里,也该告一段落了。

手记 **4**

程序设计阶段漫谈

一、前 言

一说到程序设计,人们往往想到就是"写代码"。其实,写代码只是整个程序设计过程中的一个微不足道的阶段而已。

这篇手记中,匠人就来聊聊程序设计中的各个阶段吧。

二、方案制定阶段

一个项目的成败往往不是在最后一天体现,而是在第一天就被注定了(三军未动,粮草先行)。也就是说,方案的制定阶段直接关系项目的成败。因此,在这个阶段,我们要细致地做好准备工作。这些工作主要包括以下这些:

➤ 制定技术开发要求。首先要搞明白,我们到底想做什么?匠人最害怕的就是那种没有要求的设计项目。因为有时,没要求就意味着客户随时会提出新的要求。这往往会陷程序员于两难的境地。

➤ 制定实现方案,进行技术准备。了解技术瓶颈或难点在哪里。评估这些技术难点的风险。能否解决?如何解决?对于有经验的工程师来说,技术方案的制定与论证几乎凭直觉就能完成。而对于新手来说,这些工作却往往很难独立完成,需要前辈给予指导或协助。

➤ 评估整个项目开发需要的各方面的资源。包括人力、工具、材料、场地、经费等。并由此核算与评估项目的成本(包括研发成本和生产成本)。

➤ 评估并确定开发周期。开发周期有两个概念,一个是指工程师评估出来的开发周期,一个是指市场方面希望的完工时间期限。当二者发生矛盾时,就必须进行协调。要么市场方面放宽期限,要么增派人手或安排加班(苦命的程序员啊!)。

➤ 其他。

在整个立项过程中,工程师往往只把关注的目光片面地投向技术方案本身,而忽略了市场前景预估、成本核算、工具和材料的准备以及人力资源的调度等等。其实这些因素同样关系着产品的成败，都需要给予足够的重视。必要时，应该请相关人员共同参与，进行评估和协助。

三、程序设计阶段

在经过多方面的综合评估，确认方案可行，即可立项，进入具体设计阶段了。其实这个设计阶段中包含了系统、程序、电路、机械结构等多方面的内容。由于本手记主要是讲程序设计，因此匠人就撇开其他，只讲程序。在这个阶段里，程序员的主要任务是：

① 程序框架的规划。

② 各个模块功能的细分。

③ 系统资源的分配。

④ 算法的设计。

⑤ 程序流程图的绘制。

新手们常常喜欢跳过这个阶段，蠢蠢欲动地直接上机去写程序，边写边调。满以为这样可以加快进度，结果往往事倍功半，反而耽误了时间。

其实，磨刀不误砍柴工。这个阶段付出的辛苦，将在后面几个阶段获得 N 倍的报答。反之，这个阶段的任何一点懈怠，都有可能为以后的工作埋下祸根。

四、代码编写阶段

这个阶段就是我们平时所谓的"写程序"了。其实是最没技术含量的活，谁都能干。这个阶段最基本的要求就是尽量减少笔误（打错字）现象，并且严格遵守编程规范。

根据匠人的经验，笔误现象是无法完全杜绝的。笔误属于低级错误，其实并不可怕。即使存在一些笔误，我们也可以在下一步的调试阶段予以纠正。事实上，现在许多编译器已经可以为我们发现许多笔误现象。

真正需要注意的是，遵守编程规范。一个规范的程序文件，不但是审美的要求，而且更是后续调试和修改工作得以顺利进行的保证。

关于编程规范，如果要展开来的话，完全可以写一本书。不过，匠人只是在写手记，又不是写什么编程规范指导书。因此，这里只讲两个最高原则。

1. 向前兼容原则

对于单个程序员来说，效率来自不断积累。这时要奉行的最高原则就是"向前兼容"。

我们知道，许多有经验的编程老手，都拥有自己的程序模块库。当他们需要设计一个新的程序时，只要直接从旧项目中抽取出成熟模块，移植到新项目中。七拼八凑的,就完成了新程序的设计。这极大地提高了开发的速度。

为了让这些模块,能够在不同时期的不同项目中,保持较好的兼容性,必须让它们遵循相同的规范。

因此,要尽快形成个人成熟、完善的程序风格。

2. 相互兼容原则

对于一个开发团队来说,效率来自分工协作。这时要奉行的最高原则就是"相互兼容"。

在团队中,编程者个人技巧的重要性被降低。甚至这些不合规范的技巧,会成为合作者之间沟通的障碍。

团队中的个人英雄主义是失败的先兆。而团体的默契配合,才是成功的关键因素。

因此,有必要制定统一的编程规范,让团队中的伙伴一起遵守,避免各自为政、一盘散沙。

五、程序调试阶段

这个阶段就是要验证前面的工作,把程序调通。

在这里,"调通"的概念并不是说,程序在正常状态下,偶然运行正确了那么一回就算万事大吉。我们要保证,程序在各种可能的状态(包括异常状态)下都能按预期的要求工作。

曾经听说,某某高手一口气写了 N 多 K 的程序,没有经过调试,一次烧片就成功了。匠人觉得这简直就像神话一般不可思议。匠人坚信一点,就是没有 BUG 的程序是不存在的。这年头,连 Windows XP 都浑身是补丁,谁又能宣称自己比比尔·盖茨还牛呢?

调试阶段要做的两件重要事情:一是测试,就是要尽可能多地找出程序中的 BUG;二是 DEBUG,就是要解决那些 BUG。

找不出 BUG,或解决不了 BUG,都是失败。

程序员往往更善于解决 BUG,却不善于发现 BUG。这是由于程序员面对自己的程序,往往会存在视觉盲点。这就像秃子看不到自己的光头一样。另外,程序员即使发现 BUG,但由于程序是自己写的,往往不能正视之。这是一种思维障碍,就像我们常常不愿意承认自己的缺点一样。因此,最好的解决办法,是在程序(产品样品)交付客户之前,请其他人员来对程序进行测试检验。

在找到 BUG 后,需要程序员去分析问题并解决问题了。这才是体现个人功力、拉开差距的时候呢。高手和低手的差别就在这时显现出来。

六、程序维护阶段

这个阶段是指程序在推向市场或交付客户后,根据市场或客户的需求,进行升级维护，当然也包括进一步对隐性 BUG 的消除。

一个得不到维护的程序，是没有生命力的。就像一颗已经死亡的树，虽然表面上看来还枝繁叶茂，但实际上它已经停止了生长，迟早要腐化掉。

同样道理，一款常年不更新换代的电子产品，会像过气的明星渐渐被人们遗忘一样，逐渐丢失市场份额。而程序维护，是延长产品生命周期的不二法门。

程序如何才能经历岁月的考验，千锤百改，依然生机勃勃？关于这一点，匠人曾经写过一篇网文——《好程序如何经得起千回改》，现摘录整理部分文字如下：

1. 养成好的编程习惯

程序应该模块化，就像积木一样，便于拆卸或增加（这已经不算是新鲜观点了）。

对于 MCU 的一些资源，如 RAM 寄存器或 I/O 口，甚至包括一些常数，必须先定义再使用，避免直接引用。将来需要调整时，只要修改定义部分就好了。

对于相同或类似的程序段，应该用子程序来实现。如果受堆栈等资源的限制，不能使用子程序，则应该用宏来实现。这样以后需要修改时，只要改一"点"，无须改一"片"。

写程序要有足够的注释及辅助说明文档，便于以后能够快速勾起往日的回忆……

2. 自觉加强版本管理

详细记录每个程序版本的修改细节，形成一份历史记录（强烈推荐这一点）。并且，每次改动后的版本都应该保留，新版本不要覆盖老版本的文件。匠人的一个基本原则是，凡是烧片测试或送样的程序版本，如果需要再做修改，必须升级版本号。

并且，每次修改程序时，相关的注释及辅助说明文档也应该同步更新。免得下次再改时，发现对不上号。

所有的程序版本应该妥善归类、存档备份。有条件最好刻成光盘，避免日久年长因病毒或硬盘损坏而丢失。（别笑啊，真有丢了的。）

手记 **5**

程序规划方法漫谈

一、前　言

　　"程序设计"的真谛是什么？许多初学者的理解就是"写代码"。但是，在匠人看来，把"程序设计"理解为"写代码"，就像把"电路设计"理解为"画 PCB"一样。

　　新手们苦恼的问题是，他们只会"写代码"。他们一接到新的项目，总是在第一时间就爬到键盘上去敲代码。新手们的精力总是比较旺盛，他们加班加点、任劳任怨，两天就把所有代码敲完。然后他们会用十倍或几十倍以上的时间去调试，中间伴随着几次三番的推倒重来。最后，他们交出一个勉强能跑的程序。这种程序外行乍一看觉得还行，内行看了却是吓出一身冷汗！

　　这也许不能怪新手们，因为他们的老师还没有来得及教会他们"程序设计"的一些方法。他们甚至还没有学会写注释，就已经毕业了。于是他们只能在毕业后的工作中，去完成这段本该在学校里完成的修炼。

　　要说到程序设计，最重要的一种方法，就是"多思考"。偏偏这又是最难手把手教的。在此，匠人介绍一些设计时比较常用方法给大家。我们可以借助这些方法来对程序进行更高效、更多维的规划。

二、程序流程图

1. 从一个简单的流程图说起

　　我们先来看看这个图（参见图 5.1：一个程序流程图例子）。许多人都很熟悉，它的名称叫"流程图"，或者"程序流程图"。程序流程图是一种传统的、人们对解决问题的方法、思路或算法的一种描述。它利用图形化的符号框来代表各种不同性质的操作，并用流程线来连接这些操作。

2. 流程图的作用

　　流程图简单直观，应用广泛，功能卓越。

在程序的规划阶段,通过画流程图,可以帮助我们理清程序思路。尤其是在非结构化的汇编语言中,流程图的重要性不言而喻。

在程序的调试、除错、升级、维护过程中,作为程序的辅助说明文档,流程图也是很高效便捷的。

另外,在团队的合作中,流程图还是程序员们相互交流的重要手段。阅读一份简明扼要的流程图,比阅读一段繁杂的代码更加易于理解。

3. 流程图的作图符号

按道理,画流程图应该是每个程序员的基本功。匠人惊讶的是,居然有那么多人不会或不屑于画流程图。

在这里,匠人罗列出一些流程图中常用的符号(参见图 5.2:常用的流程图符号)。

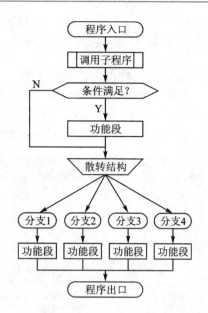

图 5.1　一个程序流程图例子

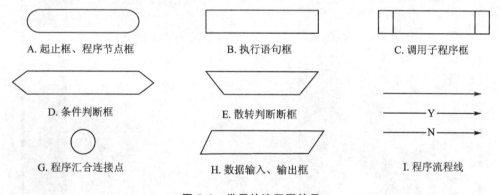

图 5.2　常用的流程图符号

细心的读者会发现,这里给出的一些流程图符号与教科书上的有点出入。

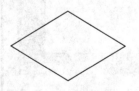

图 5.3　传统的条件判断框

比如说符号 D(条件判断框),书上给出的一般都是四角菱形的(参见图 5.3:传统的条件判断框),而不是匠人推荐使用的六角菱形。匠人在实践中发现,容纳同样多的文字,六角菱形比四角菱形可以节省更多的空间。这也就意味着我们可以在同样大小的幅面内画出更多的内容。因此,除非是您公司里有明文规定必须使用四角菱形,否则就让教科书见鬼去吧。

另一个不同点,就是如果程序中要调用一个子程序,那么最好给这个子程序一个特别的符号,就像符号 C(调用子程序框)。这样做的好处是更有利于阅读。

4. 画流程图软件

匠人推荐您用 Visio 软件来画流程图。这款软件功能非常强大,而画流程图只是它众多功能中的一个。

您只需新建一个 Visio 文件,单击菜单"文件"→"形状"→"流程图"→"基本流程图",就可以得到许多现成的流程图符号(参见图 5.4:Visio 界面)。

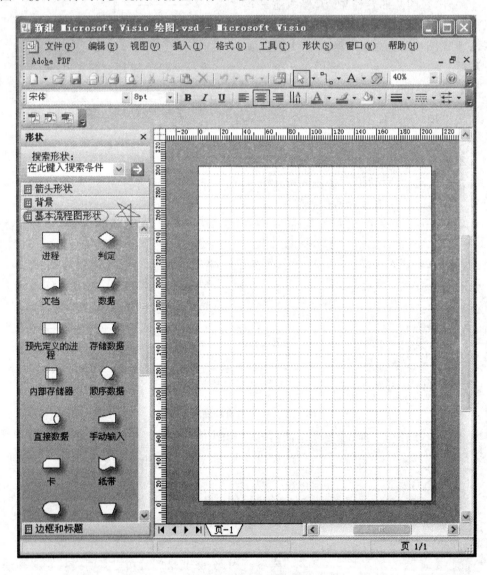

图 5.4　Visio 界面

在 Visio 画好的流程图,可以很方便地复制到 Word 环境中,并且可以在 Word

中进一步进行修改编辑。

当然，如果您只是偶然画流程图，也可以用 Word 或 Excel 软件的画图功能来实现。它们一样可以画流程图，只是没有那么专业罢了。

5．流程图的结构化

早期的非结构化语言中都有类似"goto"的语句。它允许程序从一个地方直接跳到另一个地方去。而随着 C 语言的盛行，对程序的结构化要求，必然在流程图中得到体现。

经过研究，人们发现任何复杂的程序算法，都可以分解为顺序、选择（分支）和循环这三种基本结构。基本结构之间可以并列、嵌套，但不允许交叉跳转。我们构造一个算法的时候，也仅以这三种结构为构成单位，并遵守三种基本结构的规范。

如果说"goto"是孙悟空的"筋斗云"，那么"结构化"就是"如来神掌"。也就是说，不管你如何翻腾，也不能从一个结构直接跳转到另一个结构的内部去。呵呵！

这就是结构化编程的要求。它的好处就是结构清晰，易于验证和纠错。

既然整个算法都是由三种基本结构组成的，那么我们只需要掌握这三种结构的流程图画法，就可以画出任何算法的流程图，无往而不利了。

（1）顺序结构

顺序结构是简单的线性结构，每条语句按顺序执行（参见图 5.5：顺序结构流程图）。太简单了，实在没啥子好说（匠人在这里骗不到稿费了，呜呜）。

（2）选择（分支）结构

选择（分支）结构是对某个给定条件进行判断，条件为"真"（满足）或为"假"（不满足）时，分别执行不同的程序语句。当条件不满足时，有时需要执行一些语句，而有时可能什么都不做，由此分化出两种形态（参见图 5.6：选择（分支）结构流程图）。

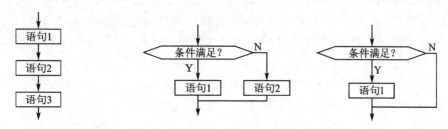

图 5.5　顺序结构流程图　　　　图 5.6　选择（分支）结构流程图

对于简单的选择（if）结构，条件判断的结果只有 Yes 和 No 两种。而在更复杂的选择结构中（比如说对某个表达式的值进行多重条件判断）结果就会有许多。假设这个表达式可能＝0、1、2、3 或者溢出，那么结果就有 5 个分支，我们可以用 4 个选择结构来实现这个流程图（参见图 5.7：多重选择（分支）结构流程图）。当然，我们也可以用一个散转（switch）结构来画（参见图 5.8：散转（switch）结构流程图）。

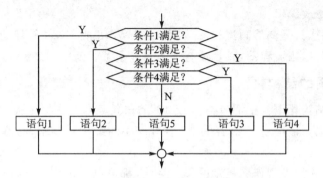

图 5.7   多重选择(分支)结构流程图

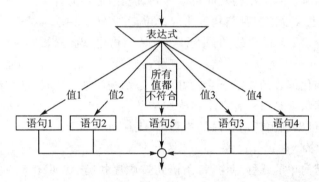

图 5.8   散转(switch)结构流程图

(3) 循环结构

循环结构的常见形态,包括当型(while)结构和直到型(do - while)结构。

当型(while)循环结构中,是在每一轮循环的开始处执行条件判断,"当"条件满足则继续执行循环体中的语句,否则跳出循环(参见图 5.9:当型(while)循环结构流程图)。

直到型(do - while)循环结构中,是先执行循环体中的程序语句,然后再在循环结束处进行条件判断,如果条件满足则继续开始新一轮循环,周而复始;"直到"条件不满足时跳出循环(参见图 5.10:直到型(do - while)循环结构流程图)。

由于直到型循环结构是先执行语句,后进行条件判断,也就是说,在直到型循环结构中,循环体中的语句起码会被执行 1 次。

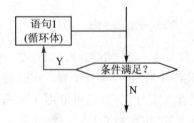

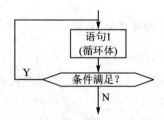

图 5.9   当型(while)循环结构流程图   图 5.10   直到型(do - while)循环结构流程图

当条件判断的结果恒为"真"（Yes）时，循环就永远不会退出了。我们称之为"死循环"。主程序（主函数）就是一个常见的死循环的例子（参见图 5.11：死循环例子）。

一般情况下，我们要避免死循环的产生。因为这样会导致其他任务被挂起——除非我们有意想那么做。举例说明：比如在掉电处理程序中，当我们检测到系统掉电信号后，需要预先保存好系统设置、并关闭输出，然后执行一个空操作的死循环。这个时候，我们有意要把所有任务挂起，让系统无牵无挂地、专心致志地"等死"（这就是"安乐死"，呵呵）。

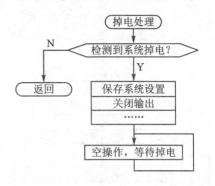

图 5.11　死循环例子

说到循环结构，还要额外说说 for 循环语句（因为这篇手记载在论坛里连载发布时，有网友问匠人怎么只介绍了 while 循环和 do–while 循环，却没有介绍 for 循环，所以这里补充一下）。让我们先举个例子，先看看下面这个 for 循环程序：

```
for(i = 0;i<N;i ++ )
    语句 1；
```

上例中：先给 i 赋初值 0，然后判断 i 是否<N，若是则执行语句 1（循环体），之后 i 值加 1。再重新判断，直到条件为假（即 i≥N）时，结束循环。可以看出，for 循环其实就是一个当型循环结构（参见图 5.12：for 循环例子）。

6. 流程图的人性化

程序是写给机器看的，因此必须严格遵循编程语言的规范，否则机器就无法正确地解析执行。而流程图则是写给人看的，因此应当尽可能地人性化。

让我们对比一下这两个流程图（参见图 5.13："没人性"的流程图和图 5.14：人性化的流程图）。它们描述的程序功能是一样的。

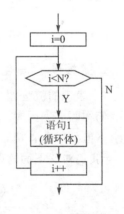

图 5.12　for 循环例子

前者更简洁，但是却给阅读者带来了思维障碍。"Key_Flag"是什么标志？"P1.0"又是什么功能的 I/O 口？阅读者一边看程序一边产生疑问，越看越一头雾水。为了了解这些疑问不得不放下流程图去查阅相关的文档，阅读思路的连贯性就被打断了。

很显然，我们更喜欢第二个流程图。这才是无障碍的阅读。

不要吝啬那点打字的功夫，磨刀不误砍柴工。

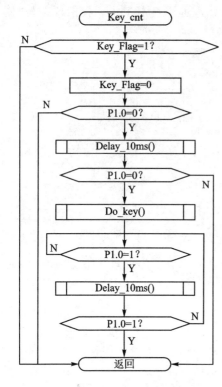

图 5.13　"没人性"的流程图

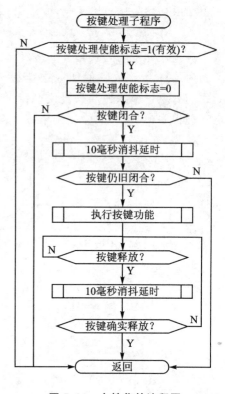

图 5.14　人性化的流程图

7. 流程图的简化

　　一个繁琐的流程图,是画流程图者的噩梦,同时也是阅读者所不愿意见到的。因此,我们在画流程图时,不必过于拘泥于规则和形式,一板一眼。在适当的地方进行简化,不但可以节省精力和幅面,而且可以让流程图更易于阅读。

　　让我们对比下面这两个流程图(参见图 5.15:繁琐的流程图和图 5.16:简约的流

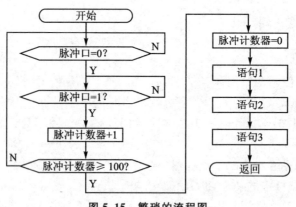

图 5.15　繁琐的流程图

程图）。它们描述的其实是同一个程序。具体的功能是用查询法对脉冲输入口上输入的脉冲计数，当计数满 100 次后进行一些处理并退出。

很显然，第一个图占用了更多的幅面，却并不易于理解。而第二个图在经过简化处理后，节省了空间，程序思路反而表达得更加清晰。

我们甚至可以进一步抛弃那些细微末节（参见图 5.17：更简约的流程图）。反正流程图是给人看的，只要看得懂程序思路，能简化何乐而不为呢？

简单的才是有效的。适当的简化，是人性化的体现，同时也是效率的体现。

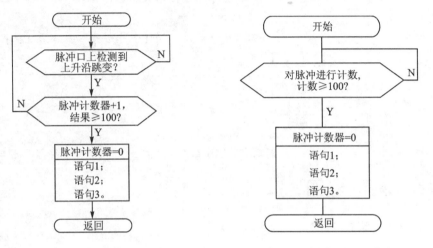

图 5.16　简约的流程图　　　　　　图 5.17　更简约的流程图

总结一下简化的方法：

（1）合并那些相互关联的条件判断

比如，当"条件 1"满足，且"条件 2"满足执行某个动作。我们可以把这两个条件判断合并后，放入同一个条件判断框中（参见图 5.18：分支结构的简化）。

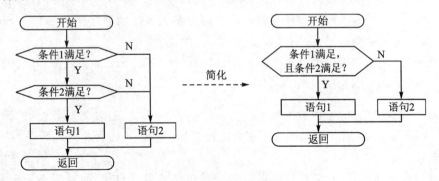

图 5.18　分支结构的简化

当我们想把多个条件判断放入一个条件框时，可以用"且"和"或"等连词来表示各个条件相互之间的逻辑关系。

(2) 省去一些不必要的流程线

对于不会产生歧义的顺序结构流程,可以把那些箭头省略,节省空间。我们甚至可以把一些语句合并在一个执行语句框里面(参见图 5.19:顺序结构的简化)。

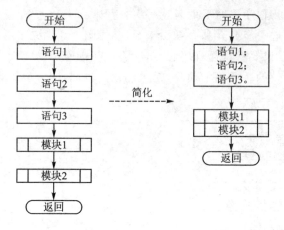

图 5.19　顺序结构的简化

三、N - S 图(盒图)

1. N - S 图简介

前面讲到流程图的简化时,匠人已经说过:可以把一些不会产生歧义的流程线(箭头)省略。持这种想法的显然不止是匠人一个,据说有两个"美国佬"走得更远。这两位名叫 I. Nassi 和 B. Shneiderman 的"国际友人"经过潜心研究发现了个规律:既然任何算法都是由前面介绍的三种基本结构组成,那么各基本结构之间的流程线就是多余的。

于是他们设计了一种新的算法表示法。用若干个大大小小的框图,通过堆砌或嵌套,来表示程序的流程。这种流程图被以两个美国天才的名字命名为"N - S 图"。(匠人发现天才也得赶早,否则好事都会被别人抢了去!)

那一个个框,就像一个个封闭的盒子。所以,N - S 图又被形象地称为"盒图"。

1. N - S 图的优点

N - S 图(盒图)的特性就像盒子一样,结构性很强。由于取消了流程线,像"go-to"这样活蹦乱跳的语句也就没有了用武之地。所以,N - S 图又被人称为是"结构化流程图"。

对于传统的流程图,结构化编程依赖于程序员的自觉自律;而对于 N - S 图,结构化编程则是由绘图规则来强制保证的。你想不结构化都不行,呵呵。N - S 图除了表示几种标准结构的符号之处,不再提供其他如"流程线"这样的描述符号,这就有效地保证程序的质量。

N-S图的另一个优点是形象直观。例如,循环的范围、条件语句的范围都是一目了然的,所以容易理解设计意图,为编程、排错、调试、维护都带来了便利。

3. N-S图的画法

在N-S图中,一个算法就是一个大矩形框,框内又包含若干小框。其实只要掌握N-S图的3个基本结构画法,即可掌握N-S图。匠人在这里简单介绍如下:

(1)顺序结构

顺序结构(参见图5.20:顺序结构N-S图),语句1、语句2、语句3 依次执行。

图 5.20　顺序结构 N-S 图

(2)选择(分支)结构

选择结构(参见图5.21:选择(分支)结构N-S图),条件为真时执行语句1,条件为假时执行语句2。
如果条件为假时不需执行任何语句,则对应的执行语句框中留空。

图 5.21　选择(分支)结构 N-S 图

散转(switch)结构作为选择(分支)结构的一个特例,在N-S图方法中较少被人提及。其实可以用下面这种方法来画(参见图5.22:散转(switch)结构N-S图)。当表达式结算结果等于某个对应的值时,执行该值下面的语句。

图 5.22　散转(switch)结构 N-S 图

(3)循环结构

循环结构的两种常见形态,包括当型结构(参见图5.23:当型(while)循环结构N-S图)和直到型结构(参见图5.24:直到型(do-while)循环结构N-S图)。

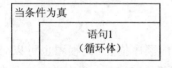

图 5.23　当型(while)循环结构 N-S 图　　图 5.24　直到型(do-while)循环结构 N-S 图

69

4. N-S 图的实例

我们把前面介绍过的一个"按键处理子程序"的流程图(参见图 5.14:人性化的流程图),用 N-S 图形式再来画一次(参见图 5.25:按键处理子程序 N-S 图)。

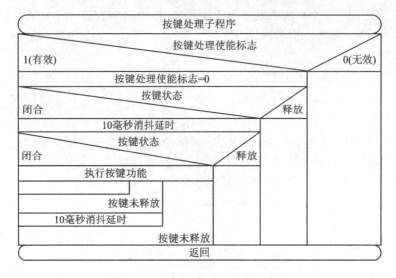

图 5.25　按键处理子程序 N-S 图

5. N-S 图的软肋

说了半天 N-S 图的花好稻好,那为什么在设计中,还是有许多人却放弃使用 N-S 图,仍旧选择了落后的带箭头的流程图呢? 这得说说 N-S 图的软肋。

要说这 N-S 图最大的缺点,就是修改起来没有流程图方便。N-S 图的图形结构安排得太紧凑了,画好后很难添加、删除或修改程序流程,往往是牵一发而动全身。尤其是在分支、嵌套层次较多时,就更难画了。

这种不便,不仅体现在手工画图,也体现在计算机上。匠人一直没有找到一款比较适合画 N-S 图的计算机绘图软件。

这可能就是阻碍 N-S 图进一步推广应用的原因。

四、PAD 图(问题分析图)

1. PAD 图简介

前面介绍的流程图和 N-S 图,都是自上而下的顺序描述(流程图也可以画成从左往右或从下往上的形式,不过那不太符合常规习惯)。这种一维的算法描述方法只能表示程序的流向,而忽视了程序的层次。

为了避免它们的缺陷。在 20 世纪七八十年代,日本日立公司发明了一种"问题分析法"PAM(Problem? Analysis Method),基于这种方法,他们提出了 PAD 图,即

"问题分析图"（Problem Analysis Diagram）。

　　PAD 图用二维树形结构图来表示程序的控制流，除了自上而下以外，还有自左向右的展开。PAD 的强项是能够展现算法的层次结构，更直观易懂。据说是到目前为止最好的详细设计表示方法之一。

2. PAD 图的优点

　　（1）结构化的算法描述方法，有效保证程序质量；

　　（2）二维树型结构，层次清晰，结构明显，表达直观；

　　（3）既可用于表示程序流程，也可用于描述数据结构；

　　（4）支持自顶向下、逐步求精方法的使用。

3. PAD 图的画法

　　前面已经反复介绍过结构化编程的三种基本结构了，此处不再浪费文字，直接上图。

　　（1）顺序结构（参见图 5.26：顺序结构 PAD 图）。

　　（2）选择（分支）结构（参见图 5.27：选择（分支）结构 PAD 图和图 5.28：散转（switch）结构 PAD 图）。

图 5.26　顺序结构 PAD 图

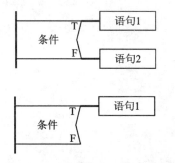

图 5.27　选择（分支）结构 PAD 图

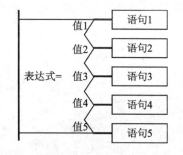

图 5.28　散转（switch）结构 PAD 图

　　（3）循环结构（参见图 5.29：当型（while）循环结构 PAD 图和图 5.30：直到型（do - while）循环结构 PAD 图）。

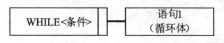

图 5.29　当型（while）循环结构 PAD 图

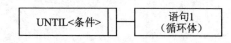

图 5.30　直到型（do - while）循环结构 PAD 图

4. N - S 图的实例

　　我们把前面已经画过 N 遍的"按键处理子程序"的流程图用 PAD 图形式再来画一次（参见图 5.31：按键处理子程序 PAD 图），请读者对比一下流程图、N - S 图、PAD 三者间的一些区别。

读者如果没有接触过 PAD 图,可能一下不太适应。那就让我们通过这个例图来看看 PAD 的执行顺序(参见图 5.32:按键处理子程序 PAD 图的执行顺序)。具体的流程见图中的虚线箭头,不同粗细的虚线代表不同层次的流程。

从最左主干线的上端的结点开始,自上而下依次执行。每遇到分支或循环结构,就自左而右进入下一层。从表示下一层的纵线上端开始执行,直到该纵线下端,再返回上一层的纵线的转入处。如此继续,直到执行到主干线的下端为止。

如果仔细观察一下 PAD 图的层次结构,就会发现它的层次与 C 语言程序的语法缩进层次是对应一致的。这正是我们一直在强调的 PAD 的特色。

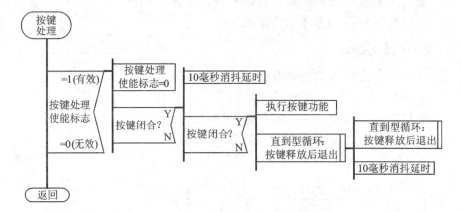

图 5.31　按键处理子程序 PAD 图

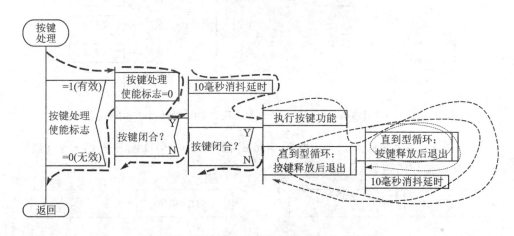

图 5.32　按键处理子程序 PAD 图的执行顺序

五、数据流图(DFD)

1. 数据流图简介

前面介绍的三种程序规划方法,都是从算法的角度来分解程序的流程。然而,把程序或软件理解为算法是片面的。完整的理解是："程序＝数据结构＋算法"。因此在程序规划的过程中,我们可以从另一个角度——数据的流向——来分析系统。

这就是这一节要介绍的数据流图。

数据流图,即 DFD(data flow diagram),又称数据流程图,是软件需求分析阶段的重要描述手段。

数据流图是从数据流向的角度来描写软件功能要求系统的组成和各部分之间联系的一种方法。它的具有直观、简洁等优点,软件开发人员及用户易于理解和接受。

2. 数据流图的四要素

在匠人看到的一些资料文献中一般都把数据流图分解为外部实体(数据源和数据终点)、处理(加工)过程、数据流和数据存储(文件)四部分。下面依次介绍:

(1) 外部实体:又称数据源(输入实体)和数据终点(输出实体)。代表了数据的外部来源和去处。也就是说,外部实体属于系统的外部和界面。它是独立于系统之外,但又和系统有联系的人或事物。

(2) 处理过程:是对数据进行加工的环节。这种加工处理包括算术、逻辑运算处理,或者进行数据变换。它用来改变数据值。每一个处理过程又包括了数据输入、加工和输出三部分。

(3) 数据流:代表数据处理过程的输入或输出。数据流指示了数据在系统中的传递流向。

(4) 数据存储:代表数据保存的地方,它用来存储数据。系统处理从数据存储中提取数据,也将处理的数据返回数据存储。

以上介绍的这四个部分又称数据流图的四要素。

3. 数据流图的画法

在不同的文献中,对 4 个要素的定义和描述都不同,甚至连它们的画法也不完全统一。下面是数据流图的常见画法(参见图 5.33:数据流图举例)。

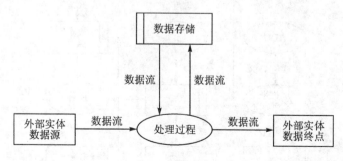

图 5.33　数据流图举例

数据流图的画法没有完全统一的规范,不过这并不影响我们用这一工具来分析我们程序中的数据流向。

73

4. 数据流图的实例

软件中除了"程序流程"这条显性的主线,还有另一条隐性的主线,就是"数据流向"。之所以说"数据流向"这条主线是隐性的,那是因为在系统中,对一个特定数据的输入、处理、存储、输出等过程,往往被分散在许多模块中。

"数据流向"很难通过流程图来描述。甚至于你把流程图画得越详细,"数据流向"这条线索就越发显得不够清晰。这时,我们就可以考虑用数据流图来描述,使得"数据流向"显得脉络清晰。

举一个例子,比如一个简单的温度检测与控制系统。整个过程包括以下几个步骤:

(1) CPU 先对负温度系数温度传感器(NTC)进行 A/D 转换,取得采样值,并对这个采样值做递推平均滤波。

(2) 然后利用查表方法,把上一步滤波后的采样值转变为温度值。为了消除抖动,需要进一步做消抖滤波。滤波后的结果即为当前的实际温度。

(3) 另一方面,通过人机界面的按键输入系统,取得系统的设定温度。

(4) 实际温度和设定温度分别送显,并把这二者做比较,决定加热控制继电器的状态(闭合/释放)。

整个系统虽然不复杂,但涉及了数据的输入、加工、输出等诸多环节。这些操作牵涉到多个模块,包括:ADC 模块、按键功能模块、滤波模块、显示模块、输出控制模块。

这些功能如果用流程图来描述,将需要用到多张流程图;如果用数据流图来描述的话,则只需要一张图就能把整个数据流表达清楚(参见图 5.34:温度检测与控制系统数据流图)。

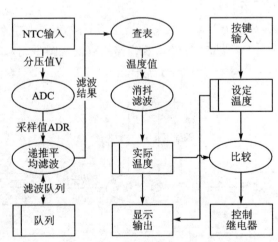

图 5.34　温度检测与控制系统数据流图

在实际应用中,我们立足于描述一个实际问题,因此在画数据流图时可以不必太过于拘泥于某一个固定的规范,只要能把思路表达清楚就好。

5．数据流图的分层

对于复杂的系统,单层次的数据流图往往不适合表述。这时我们可以考虑对数据流程进行分层。

具体方法是:先画一个宏观的总的数据流图,在这个总图中勾勒轮廓,而不展现细节;然后在总图下面逐层扩展,画出更细致的分图;每个分图对上一层图中某个处理框加以分解。随着分解的深入,功能趋于具体,数据存储、数据流越来越多,细节得到体现。

层次划分的程度没有绝对标准,这取决于系统的复杂性。

分层的思想不仅仅体现在数据流图中,在画流程图、N-S 图和 PAD 图时,也可以采取这种先粗后细,逐步求精的办法。

六、状态机分析方法及相关图表

1．状态机的概念

在匠人的另一篇手记《编程思路漫谈》中,曾经介绍过"状态机"及基于状态机思路的程序调度机制。这次为了本手记的完整性,不得不旧话重提,为了避免无聊,我们尽量在文字上做些调整。匠人不要炒冷饭(要炒的话,最起码也得加个鸡蛋,做"蛋炒饭",嘿嘿)。

状态机在大千世界普遍存在着。比如我们的生命之源——水。它就有三个状态:固态、液态、气态。固态水(冰)经过加热,变成液态水,液态水经过进一步加热,变成气态水(水蒸气)——这就是一个鲜活的状态机例子。

甚至有人说,人生其实也是一个状态机。想想看:生、老、病、死,人本身就是在各种状态中轮回。当然,对生命的思考,这已经超出了《匠人手记》的范畴。

状态机是软件编程中的一个重要概念。比这个概念更重要的是对它的灵活应用。在一个思路清晰而且高效的程序,必然有状态机的身影浮现。

比如说一个按键命令解析程序,就可以被看作是一个状态机:本来在 A 状态下,触发一个按键后切换到了 B 状态;再触发另一个键后切换到 C 状态,或者返回到 A 状态。这就是最简单的按键状态机例子。实际的按键解析程序会比这更复杂些,但这不影响我们对状态机的认识。

进一步看,击键动作本身,也可以看做是一个状态机。一个细小的击键动作包含了:释放、抖动、闭合、抖动和重新释放等状态。

同样,一个串行通信的时序(不管它是遵循何种协议,标准串口也好、I²C 也好;也不管它是有线的、还是红外的、无线的)也都可以看作由一系列有限的状态构成的。

显示扫描程序也是状态机;通信命令解析程序也是状态机;甚至连继电器的吸

合/释放控制、发光管（LED）的亮/灭控制，又何尝不是个状态机？

当我们打开思路，把状态机作为一种思想导入到程序中去时，就会找到解决问题的一条有效的捷径。有时候用状态机的思维去思考程序该干什么，比用控制流程的思维去思考，可能会更有效。这样一来状态机便有了更实际的功用。

程序其实就是状态机。

2. 状态机的要素

匠人把状态机归纳为 4 个要素，即：现态、条件、动作、次态。这样的归纳，主要是出于对状态机的内在因果关系的考虑。"现态"和"条件"是因，"动作"和"次态"是果。详解如下：

（1）现态：是指当前所处的状态。

（2）条件：又称"事件"。当一个条件被满足，将会触发一个动作，或者执行一次状态的迁移。

（3）动作：条件满足后执行的动作。动作执行完毕后，可以迁移到新的状态，也可以仍旧保持原状态。动作不是必需的，当条件满足后，也可以不执行任何动作，直接迁移到新状态。

（4）次态：条件满足后要迁往的新状态。"次态"是相对于"现态"而言的，"次态"一旦被激活，就转变成新的"现态"了。

如果我们进一步归纳，把"现态"和"次态"统一起来，而把"动作"忽略（降格处理），则只剩下两个最关键的要素，即：状态、迁移条件。

3. 状态迁移图（STD）

了解了状态机的概念，再来看看如何表示状态机吧。我们可以用图形、表格或文字的形式来表示一个状态机。纯粹用文字描述是很低效的，所以不推荐。匠人先介绍图形方式。

状态迁移图（STD），是一种描述系统的状态以及相互转化关系的图形方式。状态迁移图的画法有许多种，不过一般都大同小异。我们结合一个例子（参见图 5.35：状态迁移图）来说明一下它的画法。

（1）状态框：用方框表示状态，包括所谓的"现态"和"次态"。

（2）条件及迁移箭头：用箭头表示状态迁移的方向，并在该箭头上标注触发条件。

（3）节点圆圈：当多个箭头指向一个状态时，可以用节点符号（小圆圈）连接汇总。

（4）动作框：用椭圆框表示。

（5）附加条件判断框：用六角菱形框表示。

4. 状态迁移表

除了状态迁移图，我们还可以用表格的形式来表示状态之间的关系。这种表一

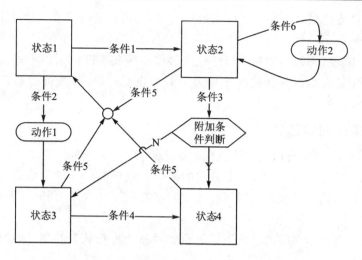

图 5.35　状态迁移图

一般称为状态迁移表。

采用表格方式来描述状态机,优点是可容纳更多的文字信息。比如,我们不但可以在状态迁移表中描述状态的迁移关系,还可以把每个状态的特征描述也包含在内。

下面这张表格,就是前面介绍的那张状态迁移图的另一种描述形式(参见表 5.1 状态迁移表)。

表 5.1　状态迁移表

状态(现态)	状态描述	条件		动作	次态
状态 1	(略……)	条件 1		—	状态 2
		条件 2		动作 1	状态 3
状态 2	(略……)	条件 3	附加条件满足	—	状态 4
			附加条件不满足	—	状态 3
		条件 5		—	状态 1
		条件 6		动作 2	—
状态 3	(略……)	条件 4		—	状态 4
		条件 5		—	状态 1
状态 4	(略……)	条件 5		—	状态 1

如果表格内容较多,我们还可以将状态迁移表进行拆分。

比如,我们可以把状态特征和迁移关系分开列表。被单独拆分出来的描述状态特征的表格,也可以称为"状态真值表"。如果每一个状态包含的信息量过多,我们也可以把每个状态单独列表。

状态迁移表作为状态迁移图的有益补充,它的表现形式是灵活的。

状态迁移表的缺点是不够直观,因此,它并不能完全取代状态迁移图。比较理想的是将图形和表格结合应用。用图形展现宏观,用表格说明细节。二者互为参照,相得益彰。

　　本来还想就状态迁移图和状态迁移表再多举一些实际例子。不过,在匠人的其他一些手记里已经给出一些实例了。为了避免重复,只好有劳读者们自己去找吧。千万别扔砖头哦!

5. 更复杂的状态机

　　如果有必要,我们可以建立更复杂的状态机模型。

　　状态机可以是多级的。在一个分层的多级系统里面,一个"父状态"下可以划分多个"子状态"。这些子状态共同拥有上级父状态的某些共性,同时又各自拥有自己的一些个性。

　　状态机也可以是多维的。从不同的角度对系统进行状态的划分,这些状态的某些特性是交叉的。

　　这部分思想曾经在《编程思路漫谈》中介绍过,这次就一笔带过。再次强调匠人的一贯主张——简单的才是最有效的。

七、真值表、数轴和坐标系

1. 简　述

　　前面介绍过的流程图、N－S图、PAD图,是用于描述程序的控制流程;数据流图是描述数据流向;状态迁移图(表)是描述状态及状态的迁移。虽然方法和角度不同,但被描述的对象都是动态的。

　　除了这些动态的对象,软件算法中还有一些静态的逻辑关系,比如多重嵌套的条件选择,用上述图表不易清楚地描述。这时,我们可以用真值表或者数轴和坐标系来表示它们内在逻辑关系。

2. 真值表

　　把变量的各种可能取值与相对应的函数值,用表格的形式一一列举出来,这种表格就叫做真值表。真值表有时又被称为判定表。

　　下面举一个真值表应用例子(参见表 5.2:真值表实例)。这是一个用可控硅来控制加热的系统。通过控制可控硅的导通角(PWM 方式)来调节温度。在这个系统中,我们定时(假设是 500 毫秒)采样系统的实际温度,并把本次温度和上次温度以及设定温度作比较,通过计算或查表,求出 PWM 占空调节量。

表 5.2　真值表实例

占空调节量		温差1=设定温度－本次温度								
		需要降温					需要升温			
		≤－4	－3	－2	－1	0	1	2	3	≥4
温差2=本次温度－上次温度	正在降温 ≤－3	－1	不变	+1	+2	+3	+4	+5	+6	+7
	－2	－2	－1	不变	+1	+2	+3	+4	+5	+6
	－1	－3	－2	－1	不变	+1	+2	+3	+4	+5
	0	－4	－3	－2	－1	不变	+1	+2	+3	+4
	正在升温 1	－5	－4	－3	－2	－1	不变	+1	+2	+3
	2	－6	－5	－4	－3	－2	－1	不变	+1	+2
	≥3	－7	－6	－5	－4	－3	－2	－1	不变	+1

79

我们知道,在温度反馈控制中,快速和稳定是一对矛盾。片面要求快速,可能会导致过冲,甚至形成反复振荡。而如果力求稳定,则有可能降低调节速度。为了兼顾快速和稳定的两方面要求,我们采用了模糊控制。其中包含了以下两条规则:

规则一:根据设定温度与本次实际温度的差值决定 PWM 占空比的调节量。如果本次温度低于设定温度,代表需要增加加热功率(升温),此时应该增加占空;如果本次温度高于设定温度,代表需要降低加热功率(降温),此时应该增加占空。当温差较小时,占空的调节量也要小,以达到稳定输出的目的;当温差较大时,占空的调节量也要增大,以达到快速调节的目的。

规则二:根据实际温度的变化趋势(即本次温度与上次温度之差)来修正占空比调节量。如果本次温度低于上次温度,代表温度正在下降;反之,代表温度正在上升。这种趋势可以让我们预见未来的温度变化,因此可以把它作为一个考量因素,并折算成对占空调节量的修正量。

当实际温度的变化趋势(正在升温、正在降温)与温度调节方向(需要升温、需要降温)一致时,PWM 占空比的调节量和修正量将相互抵消;反之则相互叠加。最终我们会得到一个修正后的调节量。

如何确定调节量呢? 这需要一定的经验推导和试验验证。

模糊控制在温控系统中的应用原理,不是本手记的范畴。匠人之所以要废这些口舌,只是为了帮助读者看懂这张真值表。

真值表的优点是能够简洁、无二义性地描述所有的处理规则。因此这也是我们软件规划时的一件利器。

当然,真值表表示的是静态逻辑,是在某种条件取值组合情况下可能的结果,它不能表达控制的流程,也不能表达循环结构,因此真值表只能作为一种设计规划时的辅助方法。

3. 数　轴

因为工作的关系,匠人有时要与其他一些公司的工程师相互探讨技术问题。交流的时间是短暂的,初次见面来不及寒暄,就要立即切入正题。在这种情况下,快速有效的沟通显得尤为重要。匠人力求在最短的时间内,用最简练的方法,让对方明白匠人的想法。也许就像下面这个数轴一样,只需要一张便签、一支笔,信手画来,寥寥数笔就可以包含一个完整的逻辑关系。这样做,比用文字或表格说明要快捷得多了。

来看看另一个温控的例子。首先计算温差(温差=设定温度-当前温度)。然后,根据温差来确定功率档位。温差为正时说明当前温度还没有到达设定温度,需要加热。温差越大,则功率(档位)越大。温差为负,则停止加热(功率档位=0)。这样一个对应关系,用数轴来表示,再恰当不过了(参见图5.36:数轴实例)。

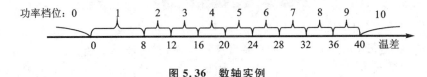

图 5.36　数轴实例

简单的往往就是最有效的,这句话曾经被匠人反复说过。在实际工作中,匠人也是按照这一理念去实践的。

4. 坐标系

数轴可以是一维的,自然也可以是二维的(甚至更多维的)。二维或多维的数轴组合成一个坐标系统。

坐标系在表现数据的逻辑关系方面,没有真值表那么明晰。因此,在描述比较复杂的逻辑关系时,还是建议使用真值表。鉴于坐标系的应用机会不多,这里就不展开介绍了。

八、程序结构图(层次图、框图)

1. 程序结构图简介

程序的结构图,又被称为层次图、框图。一般为树形或网状。用于宏观表达程序的各模块之间的控制关系。

程序结构图本身并不难画,难的是如何规划程序的结构。

程序结构图是程序规划的第一步,按理应该放在本手记的最前面介绍。但是因为上面所述的原因,新手往往难以立即掌握结构的分解方法,因此匠人有意地把这一节内容放在压轴的位置。(匠人喜欢把难啃的骨头放在最后,呵呵。)

其实这也切合我们软件工程师的学习成长的轨迹,我们总是先从一个简单的子程序设计开始。在熟练掌握了小的程序模块的设计技巧,并理解了数据结构和程序控制的逻辑关系之后,才会尝试着去完成一个完整的软件项目,最终驾驭整个程序的结构。如果没有基础技能的准备，一上来就急功近利地试图去做程序结构，往往很难做好。

我们在对一个完整的软件程序进行规划时，一般都是先对需求进行分析，把要求（任务）分成若干块，并为每个相对独立的任务分配一个或几个模块来实现，如果任务较为复杂，还可以对其进一步逐步分层，最终导出完整的程序结构。

2. 程序结构图的画法

（1）对功能需求分解

下面匠人将举个 LCD 显示密码锁的例子来展示：如何把一个笼统的需求进行分解、整理、细化，最后画出成程序的结构图。

当我们刚接下这项密码锁程序设计的任务时，如果我们还没有了解程序的具体功能要求，就像面对一个大面团，无从下手（参见图 5.37：一个需求不明的密码锁程序）。

密码锁程序
（功能要求不详！）

图 5.37　一个需求不明的密码锁程序

不要害怕，让我们从一个程序员的角度，来对这个密码锁程序的要求进行分解，看看它究竟需要实现哪些功能？

● 首先，LCD 显示和按键功能作为人机交流界面是必不可少的。

● 其次是密码和开门信息的存取功能，这涉及对外部 E2PROM 的操作。

● 再次是对门锁（电磁阀）的开/关控制功能。

● 还有，因为密码锁是靠电池供电的，所以一方面对工作电源的欠压状态要进行检测和处理；另一方面，在不操作时进睡眠模式以降低功耗，这就需要做节电处理。

● 最后，我们还需要一个主程序和一个定时中断服务程序，以及系统计时功能。

现在，我们已经初步把密码锁的各个子功能分解出来了（参见图 5.38：对密码锁程序功能进行分解）。

（2）程序结构的整理

在把程序的各个功能分解出来之后，让我们寻找它们相互之间的控制关系，并调整一下位置。

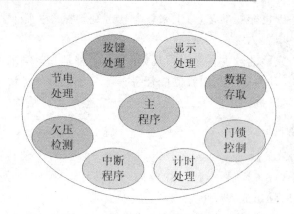

图 5.38　对密码锁程序功能进行分解

- 主程序的任务是负责调度其他程序,因此要放在最高层。
- 一些直接由主程序调度的程序模块,则放在主程序下面的第二层。
- 还有一些底层功能模块,则放在第三层。
- 我们还要把中断服务程序及由中断调用的计时处理程序单独列在一边。

经过整理后,就可以得到下面这张结构图(参见图 5.39:对密码锁程序结构进行整理)。

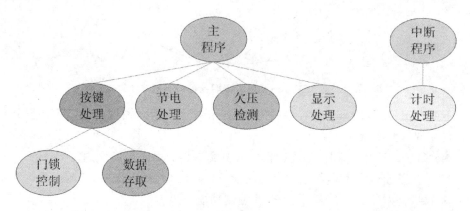

图 5.39　对密码锁程序结构进行整理

发现了吗? 同样是这几个圆圈圈,我们把它们重新摆布一下,思路也就跟着被理顺了。

3. 程序结构的开放性

程序结构图具有开放性的特性,这意味着它可以在横向和纵向两个方向进行扩充和删减。就像搭积木一样简单。再仔细观察一下图 5.39 的结构图,我们发现还有一些细节被遗漏了,没有体现在图中。比如:

- 在主程序中,要先调用初始化程序,并在初始化程序中调用数据存取模块去预先设定初始密码。

- 在按键处理模块中,我们需要调用一个读键子程序去检测按键的闭合情况。
- 在显示处理模块模块中,我们需要把刷新显示缓冲区的程序单独作为一个子程序来写。
- 在数据存取模块中,要调用 E2PROM 的底层操作。
- 要增加震动信号检测功能,用于防撬防盗。
- 要增加声音报警功能。

我们还会发现,有一些子程序会被几个模块分别调用。比如数据存取程序,会被初始化和按键模块调用。

好吧,那就让我们把这些细节也画进去吧,这样,我们的程序结构图就趋于完善了(参见图 5.40:对密码锁程序结构进行完善)。

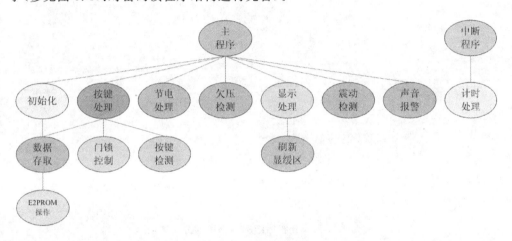

图 5.40　对密码锁程序结构进行完善

4. 程序结构的多样性

程序的结构,并不是唯一的。不同的人带着不同的设计理念去设计同一个程序,选择的结构往往是迥异的。这就是程序结构的多样性。

让我们看看这个图(参见图 5.41:同一个项目可以分解出不同的结构),可以看到,同一个软件项目可能存在多种结构分解方法。

还是拿前面的密码锁来说事,我们也可以把它的结构做一些改变。比如把刷新显缓区、门锁控制等子程序由主程序直接调用;同时,把计时处理部分由中断中移到后台来进行。

经过调整后的结构图(参见图 5.42:密码锁程序结构另一种的分解方法)如下所示。

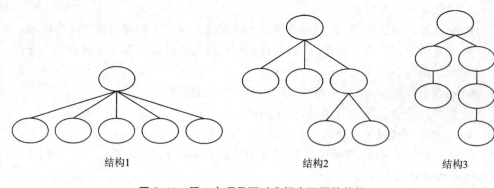

图 5.41　同一个项目可以分解出不同的结构

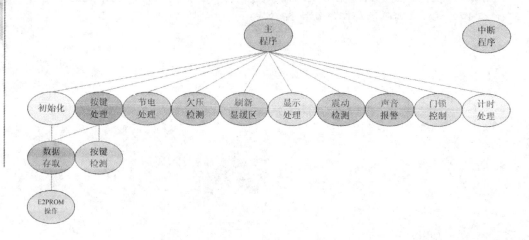

图 5.42　密码锁程序结构另一种的分解方法

5. 评判程序结构好坏的标准

分解系统结构的过程,其实就是一个模块化的过程。

虽然依据任何一种设计方法总能推导出一个结构来,但是结构总有好坏之分。为什么有的人写的程序可读性强、鲁棒性好、易于维护?而有的人写的程序却如同一团乱麻,剪不断理还乱呢?

评判程序结构好坏的主要标准,是看模块是否具有良好的独立性。所谓模块独立性,即:不同模块相互之间联系尽可能少,尽可能减少公共的变量和数据结构。

模块的根本特征是"相对独立,功能单一"。换而言之,一个好的模块应该在逻辑上具有高度的独立性,并实现完整单一的功能。

我们一般从两个方面来度量模块独立性的程度,即:内聚度和耦合度。

- 内聚度,是指模块内各成份(语句或语句段)之间相互依赖性大小的度量。内聚度越大,模块各成份之间联系越紧密,其功能越强。内聚度越大,模块独立性就越强,系统越易理解和维护。

- 耦合度,是指模块之间相互依赖性大小的度量。它用来衡量多个模块间的相互联系。耦合度越小,模块的相对独立性越大。

综上,低耦合度、高内聚度的程序结构就是我们在模块划分过程中应该追求的目标。

九、后　记

自从写过《编程思路漫谈》之后,匠人一直想从另一个侧面,写一下程序规划的一些实际方法和思路,于是就有了这篇手记。从某种意义上来说,这篇手记可以被视为是《编程思路漫谈》的姐妹篇。

这篇手记以连载的形式在21ICBBS《匠人手记》书友会版面首发。前后历时一个多月,由于完全是利用业余时间写,所以难免会断断续续。幸好坚持了下来,终于大功告成。

对于匠人自己来说,写这篇手记的过程同时也是一个深入"再学习"的过程。这包含三个方面:

- 首先,是对原先已经掌握的知识重新梳理,加深理解,并提炼出方法和思想来。
- 其次,是原本有一些比较模糊的问题,这次为了写这篇手记,必须要搞明白。匠人通过上网查阅有关资料,或者经过网友指教后,终于有了进一步的认识。
- 再次,是网友们的发言,给了匠人新的启迪。这种互动,是很有益的。

这篇手记中介绍的一些方法,既可用于规划程序,亦可用于工程师们相互交流时表达自己的设计思路。而根据匠人的实际接触经验,发现这种交流的技巧往往是许多工程师缺乏的。曾经见过一些工程师,他们敏于行而讷于言。一肚子才华表达不出来,这样在沟通中显得很吃亏。

有人说工程师与教授的区别是:"教授会说不会做,工程师会做不会说"。因此,掌握一些必要的高效的表达技术思路的方法,是很有必要的。

就让这篇裹脚布到此结束吧。

85

手记 **6**

程序调试(除错)过程中的一些雕虫小技

一、前　言

调试程序,是软件开发过程中的一个必不可少的环节。这篇手记,匠人试着来整理一下日常调试过程中用到的技巧。

说到"技巧",这个词自从被所长批臭之后,匠人就吓得不敢再提,生怕一不小心就暴露了思想的浅薄和眼光的局限,呵呵。所以咱们不叫"技巧",干脆低调点,就叫"雕虫小技"吧。

这里所讨论的"调试"技巧,有些是必须结合开发工具本身的功能来实现,而有些可以通过烧录芯片来验证。

各种开发工具,提供的功能多少强弱也不尽相同,这些方法也未必都能套用。仅供参考吧。

最后说明一下,这是没有草稿的帖子,匠人仍然以不定期连载的方式,边写边发边改。可能结构会比较混乱。欢迎大家一起参与讨论。

二、磨刀不误砍柴功

在调试之前,需要掌握以下一些基本功:

(1) 熟悉当前的开发(调试)环境,比如:设置断点、单步运行、全速运行、终止运行,查看 RAM、查看堆栈、查看 IO 口状态……总之,要熟练掌握基本操作的方法,并深刻了解其中意义。

(2) 了解芯片本身的资源和特性。

(3) 了解一点汇编语言的知识。(本来匠人是准备写"精通"的,但考虑到现状,还是"放低"这方面的要求罢了。)

(4) 掌握基本的电路知识和排错能力。(软件调试有时也会牵涉到硬件原因。总不能连三极管的好坏都不能识别吧?)

(5) 万用表、示波器、信号发生器……这些工具总该会用吧?

（6）搜索、鉴别资料的能力。（内事问百度,外事问古狗,有事没事上21ic网。）

（7）与人沟通、描述问题的能力。（调试 36 计的最后一计——就是向他人讨教。当然,你得把话说明白才行。）

差不多了,如果上述 7 把砍柴刀磨好了,就可以开始调试了。接下来,请调入你的程序⋯⋯

——什么? 你说你程序还没写?

——匠人倒塌⋯⋯

三、优先调试人机界面

面对程序中的一大堆模块,无从下手是吗? 好吧,匠人告诉你,先调显示模块,然后是键盘。

为什么要先调显示模块? 道理很简单,我们说"眼睛是心灵的窗户",同样,"显示是程序的窗户"。一旦把显示模块调试好了,就可以通过这个窗口,偷窥(天呐,这两个居然是禁用字!)程序内部的数据和状态了。

然后紧接着,就是调试键盘模块。有了这个按键,我们就可以人工干预程序的运行了。

——什么,你的程序没有显示和按键?

——这位童鞋,你真不幸,请去检查一下自己的人品和星座运程先。谢谢。

实在是没显示? 再看看系统有蜂鸣器吗? 如果侥幸有的话,也能凑合着发发提示声音吧?

或者,有串口吗? 可以考虑借助 PC 端的串口调试软件来收发数据,这也是一个间接的人机交流方法。

总而言之,要尽快建立人机交流界面。

四、慢镜头的威力

2009 年春晚捧红了魔术师刘谦(这位老兄名"谦",其实一点都不谦虚——长的帅不是错,出来拽就是罪过了!),也勾起了大家对魔术的浓厚兴趣,如何识破那些快速的眼花缭乱的魔术手法呢? 很简单,用慢镜头回放即可。据说刘谦那个橡皮筋魔术的手法就是被人如此识破的。

回到我们单片机上来。我们知道,单片机的运行速度,一般都是在几 M 到几十 M(当然,也有为了节能而采用几十 K 的低速)。不管怎么样,这个速度都远远超出了我们人眼能够分辨的速度。眼睛一眨,也许几 M 条指令已经执行过去了。

比如说数码管显示(假设有 4 位数码管)。平时我们看到数码管同时点亮着,但是实际上,这 4 个数码管是逐个扫描的。在任意一个时刻,只有一位数码管被点亮。在微观上,我们可以进一步把每位数码管的扫描动作细分为以下几个步骤:

（1）关闭上一位数码管的位选信号;

(2) 输出当前位数码管的段选信号;

(3) 开启当前位数码管的位选信号;

(4) 启动 1 ms 延时;

(5) 延时结束后,指针移动到下一位数码管,并重复上述 4 个步骤,如此周而复始。

你看,这样是不是就像用一个慢镜头在分解显示扫描的动作了?

那么如何实现这个慢镜头呢?方法很多:

(1) 单步运行(需要仿真器支持);

(2) 在每一步分动作之后设立断点(需要仿真器支持);

(3) 在每一步分动作之后插入足够的延时,让我们肉眼可以看清楚这些分动作(不需要仿真器,适合烧片测试)。

通过慢镜头的反复回放,我们就可以发现,到底是哪一个分动作出现了问题。

这个技巧,不仅仅适用于调试显示程序,也适用于按键扫描或其他模块。只要一个功能可以被细分为若干的动作,那么这一招"慢镜头分解法"都是可以使用的。

五、快镜头的威力

前面已经讲过慢镜头,这回再讲快镜头。

慢镜头的作用的把程序的运行节奏降低,以便我们能够"一帧一帧"地观测程序的运行状态。而快镜头的作用,则相反,就是让程序的运行节奏变快,让我们验证一些原本需要消耗较多等待时间的功能。

比如说,一个定时功能,定时范围是可调的,为 1 ~ 24 小时。如果我们要去验证,总不能傻等 1 ~ 24 小时吧?

怎么办呢?快镜头来了。

我们知道程序中的时间,是靠一级一级的计时器累计上来的。比如一个程序中分别有"时、分、秒"三个计时器单元。依次计数,逢 60 进 1。"秒"计满 60 次了,则"分"+1;"分"计满 60 次了,则"时"+1;"时"计数超过设定值了,我们就可以判定定时结束。

那么我们只要修改一下"分"到"时"的进位关系。比如改成:"分"+1;"分"计满 1 次(原本是 60 次)了,则"时"+1。这样一来,整个定时系统速度就比原来提高 60 倍。测试起来就很省时间了。

当然,测试完成后,记得要把刚才做的测试代码改回原样哦。

举一反三,"快镜头"技巧,不仅仅用在定时方面,也可以用在计数方面。通过对数据的变化"加速",来加快我们的测试速度。

——什么,你喜欢磨洋工,愿意花 24 小时去测试那个定时功能?

——哈哈,放心,我不会告诉你的老板的——除非他使出美人计来对付我。欧耶!

六、程序中的黑匣子

　　某年某月的某一天，一架飞机以优美的抛物线形状，一头栽到海里去了……几天后，人们找到了飞机的黑匣子，里面记录了飞行员的最后一句话："天呐，我看到火星人了!……"

　　以上空难情节我们经常会通过新闻看到吧(当然，最后一句是匠人版的科幻情节)。看看，飞机的黑匣子可以记录并再现现场，多么神奇!欧耶!

　　我们在调试程序时，也可以借鉴这个方法，给程序安装一个黑匣子。程序中的黑匣子其实就是一个在内存中开辟的队列。队列的原理我们很清楚，先进先出，后进后出(与飞机黑匣子的特性相同)。

　　比如说吧，假设我们的系统在工作中，某个输入量的采样值经常受到不明原因的扰动。我们要摸清这种扰动的规律，以便对症下药。但是这种扰动稍纵即逝。

　　我们的困扰是：程序正常运行时看不出规律，单步走又难以捕捉扰动。怎么办?

　　有没有办法，把扰动记录下来?

　　当然可以。

　　我们可以利用系统里剩余的 RAM，开辟一块单元，做成队列，并写段测试程序，定时把新采样值压入队列。

　　然后我们让程序运行，在需要的(任意)时刻，让程序停下来。这时，队列里记录的就是最新一批采样数据。

　　只要队列的深度足够大，我们就可以找出扰动的规律来。

　　——什么，你问我什么叫队列?

　　——匠人曰"天呐，我看到火星人了!……"

七、设卡伏击，拦截流窜犯

　　警察抓流窜犯的场面我们都很熟悉了。一般的方法，就是以案发现场为中心，在犯罪分子逃窜的必经路口，设卡盘查。有道是天网恢恢疏而不漏，叫你插翅也飞不过去。

　　有时，程序中也会出现这样一个"流窜犯"，它就是 PC 指针。

　　对于一个未经调试的不成熟的程序来说，导致 PC 指针跑飞的因素很多，我们逐条列举并分析之：

　　(1) 电磁干扰(如果不是在现场，那么这一条可以暂时不考虑。因为在调试环境下一般不会有干扰)；

　　(2) 程序结构错乱(喜欢用 jmp 或 goto 类指令的尤其要注意这一点)；

　　(3) 堆栈溢出或错乱，导致 PC 指针出错；

　　(4) PC 指针被错误改写(有些芯片 PC 指针存储单元和其他 RAM 单元的访问方法是一样的，很容易被误写)；

89

（5）数据错误,导致程序没有按照预期路径运行;

（6）看门狗溢出(原因一般是因为看门狗设置不当、喂狗不及时、程序堵塞或者程序死循环);

（7）中断被意外触发;

（8）外部电路问题,比如电源不稳等;

（9）其他。

当我们开始怀疑 PC 指针时,我们首先要做的是确认 PC 指针是否跑飞了,其次要找到 PC 指针跑飞的证据。

我们可以在不同的分支路口,或者在我们怀疑的地方,设立断点,看程序是否走了不该经过的路径。

举个例子,比如我们怀疑程序运行中看门狗发生了溢出复位,那么很简单,我们只需要在初始化入口设立一个断点,让程序运行。正常情况下,程序只会经过一次该断点。如果再次经过该断点被拦截,那么我们就可以初步确诊"看门狗发生了溢出复位"。

再举个例子,比如程序中某个环节有 A、B 两个分支,正常时只走 A 分支,不正常时才走 B 分支。那么我们可以在 B 分支设立断点,程序一旦异常,走入 B 分支,就可以被拦截下来。

程序被拦截下来后,我们可以勘察现场,查看 RAM 区内容和程序刚走过的路径,从中分析导致程序 PC 指针错乱的原因。

当然,并不是每一次伏击守候都能一举擒获流窜犯(敌人是"狡猾"的,呵呵)。这就需要我们多一份耐心和技巧。通过不断调整断点位置来改变拦截地点。逐渐逼近并找到根源(流窜犯的老巢),然后一举拿下。

八、向猎人学习挖坑设陷阱的技术

上一回说到,在程序中设卡(断点),可以拦截流窜犯(程序流程错误)。实际上,断点的功能可强大了,不但可以拦截程序流程错误,也可以拦截数据错误。当然,这需要一些辅助手段。

还是以前面提到的一个例子来说。比如某个采样值(当然,也不一定是采样值,在这里也可以是 RAM 中任意单元中的值)受到未明因素影响,经常"乱跳"。这种数据出错的原因,可能如下:

（1）计算错误(比如溢出),导致结果出错;

（2）被其他程序段误改写;

（3）其他原因。

当数据出错后,我们希望能够在最短时间内,让程序停下来,这样才能有效查出是哪一段程序出了问题。

有些调试环境本身可以捕捉数据错误,并产生断点中断。这当然最好不过。但是如果调试环境本身不提供这种捕捉功能,那么就需要我们自己来制造机关了。

看看猎人是如何做的:他们会在猎物经过的地方,挖个坑,上面盖上浮土。当小型动物经过时,浮土不会塌陷。而当体重较大的动物经过时,它们的体重就会压垮浮土,掉进猎人的陷阱。

猎人的这个陷阱机关,妙就妙在是它"智能"的,会根据动物的体重进行筛选。

轻巧的小白兔来了——放过,笨重的大狗熊来了——捕获!欧耶!

好了,回到程序中来,假设我们要监控的那个 RAM 单元,正常值域为 0 ~ 9;那么我们可以写一段测试代码,判断数值是否>9,根据判断结果执行两个分支,并在那条错误的分支路径上设置断点。

如果数据没有出错,程序会一直运行(小白兔请放心过去);直到数据错误发生,断点会自动停下来(大狗熊给我拿下)。

我们可以把这段测试程序,插入在"狗熊出没"的地方,"守株待兔"(其实"守坑待熊")。

接下来的事情,就跟上回说的抓流窜犯原理差不多了。

——什么,你喜欢吃兔肉?不喜欢吃熊掌?

——你也太没有爱心了,唉……

九、程序中的窃听器

(1)你的定时中断频率是否等于设想的那个值?

(2)你的主程序循环一次花了多少时间?

(3)你的程序中某一次复杂计算需要耗费多少时间?

(4)你的程序里某个动作发生的具体时刻是什么时候?

(5)……

——也许你不关心这些时间,那么你就不必看这一回了。

但是——

(1)当我们的计时时钟发生偏差时,我们希望知道定时中断是否正常发生了;

(2)当我们的程序任务较多,并已经导致任务堵塞时,我们需要知道主程序运行一圈的时间是多少,以便我们合理分割任务,避免堵塞;

(3)同样,为了避免任务堵塞,我们要了解那些复杂计算所消耗的时间,并采取必要的措施(优化算法、分时间片执行、调整执行频率)来保证系统的实时性;

(4)当程序中某些动作与其他动作或状态存在时间上的关联时,我们必须严格控制它的执行时机,确保它在正确的时刻被执行到;

(5)……

我们如何才能从外部,对这些这些发生在程序内部的时间(时刻)进行精准的测量?

我们当然不能钻到芯片里面去监视每一条指令的运行情况。但是,我们可以学习一下克格勃,给程序安装个窃听器。

具体方法：

（1）首先，你需要一台示波器。没有的话，可以去偷、去抢、去骗。总之，最终你搞定了这台示波器，欧耶。

（2）其次，你的芯片上要有一个空余的输出口用作测试口。没有的话，就拆东墙补西墙吧，先把不相关功能的I/O口挪用一下啦。总之，最终你搞定了这个测试口，欧耶。

（3）接下来，你可以在你要"监听"的程序段中，写一小段程序，对那个测试口取反（或者输出一个脉冲）。

（4）最后让程序全速运行起来，你就可以用示波器来监听程序的运行状况了。

以本回开始举的几个例子来分析：

（1）如果要测试定时中断频率，只要在中断中对这个测试口取反，即可通过示波器观测中断频率；

（2）如果要测试主程序运行周期，只要把取反指令放在主程序循环圈中，即可；

（3）如果要测试一次复杂计算（或其他动作）需要消耗多少时间，我们只需在计算之前把测试口变为高电平，等到计算结束后立即把输出口恢复到低电平，这段高电平的时间长度，即为计算消耗时间；

（4）如果想知道两个动作之间的延时时间，我们也可以按照上一条方法一样，在两个动作发生前把测试口分别取一次反发，就可以通过示波器轻松测试出来。

（5）根据实际案例的具体情况，我们可以把这种窃听技术变换出更多花样。比如我们可以用两个I/O口做测试口，同步检测两个事件的发生时刻，并测量其相互时间关系，等等。

（6）引申开去，这个测试口不仅仅可以检测时间，也可以用来检测内部数据的变化。比如当某个数据的值发生"越界"时，输出一个高电平（平时为低电平）。

等到我们取得我们想要的测试数据，我们可以把这个临时的测试口功能撤销。同时，那些测试代码也可一并删除或屏蔽。

总结：把程序内在的、不直观的、快速的一些状态变化，通过I/O口传递出来，以便我们观测。——这就是我们这一回所讲的"窃听器"调试技巧的精髓。

——警告：请勿把"窃听器"安装在女生宿舍哦！

——那样的话，匠人岂不就成为教唆犯了。罪过，罪过……

十、别把手术刀遗忘在病人肚子里

曾经有个笑话，说的是一个粗心大意的医生，给病人做开膛破肚的手术，手术做得很成功，但是肚子缝上后的第2天又打开来——原来他把手术刀落在人家肚子里了。这事还没完，第3天又打开来——这回他忘记的是纱布！

这不是一个简单的笑话，这叫医疗事故。现实生活中也是会发生的，要不怎么医患关系那么紧张？

　　一个合格的程序员,就像一个合格的医生一样,在调试结束时,记得问问自己:我的"手术刀"在哪里?

　　就如前面介绍的一些方法,我们会在调试的过程中根据需要增加一些临时性的调试代码,或者屏蔽一些程序代码。这样做的目的无须多言,有经验的人都会这么做。

　　关键是做完之后,你恢复现场了吗?你是那个粗心的程序员吗?

　　有些调试代码是无害的,例如只是一些延时指令,或者是使用了一些系统闲置的资源(如多余的I/O口或定时器)。但另一些调试代码,与正式要求的程序功能是相冲突的。那么这些代码在完成调试之后就应该被删除或屏蔽掉。

　　那么,怎么才能保证调试代码不会被遗落在程序中呢?怎样保证被临时屏蔽的代码在调试之后全部恢复呢?

　　这里介绍一些有用的小技巧:

　　(1)让你的调试代码更加"醒目"一些,便于事后查找并撤除。

　　最常用的方法是调试代码顶格写。一般来说,程序中的每条指令前面都会插入一些缩进空格,这样让程序结构更加易于阅读和维护。但是对于调试代码,匠人建议让它顶格,也就是说前面不要有空格。

　　除了顶格写,还有其他一些方法,也可以让调试代码显得更加醒目。比如对于汇编语言,如果正常的指令都是采用大写格式,那么就把调试代码小写,反之亦然。

　　再比如在调试代码的上下留出足够多的空行,让测试指令显得非常"不合群"。

　　那位同学说,这样做不是显得太突兀了吗?——嘿嘿,这正是匠人要的效果,突兀的代码就像眼中钉肉中刺,任谁都恨不能除而后快!

　　这个方法基本上还是要靠程序员的眼力去查找测试代码,如果你对自己的眼神不太放心,不妨采用下面的方法。

　　(2)给测试代码加上包含特别字符串(比如"test code")的注释,等程序调试完毕后,只要在源程序文件中搜索关键字"test code",即可定位到每段测试代码上。

　　怎么?还是觉得不方便?好了,I服了U,调试代码的终极解决方案请看下节吧。

十一、拉闸睡觉! 统一管理调试代码

　　上一节讲到了调试结束后要把调试代码删除。

　　那么会不会出现意外,把本该删除的代码漏删了,或者把不该删除的代码错删了,结果埋下祸害?——如果调试代码少,出错的概率比较低,只要认真仔细点还好办;但是如果程序中的调试代码写得比较多,那么确实很担心会发生这种问题。

　　或者另一种情况,就是前脚把调试代码删除或屏蔽掉,后脚发现还需要再调试,又要重新输入或打开那些代码?

　　如何管理这些代码呢?这个我们要向宿舍管理员学习了。他们是这么做的,给所有房间安装一个总电闸。到了晚上 11 点就把总闸一拉,上网的、看书的、打牌的、喝酒的、胡侃的、泡妞的、夜游的、丫们都给我老老实实睡觉去吧!

程序中,这样的总闸也是可以通过条件编译的方式来实现的。就像这样:

```
//#define TEST_MD            //调试状态标志(在调试时打开,正式烧录芯片时屏蔽)
//在编写调试代码时,采用下面的形式:
#ifdef TEST_MD               //如果是调试状态,则编译这段代码
     ……
     ……
#else                        //如果不是调试状态,则编译这段代码
     ……
     ……
#endif
```

一个总闸,把管理简单化了。欧耶!

十二、删繁就简,从最小系统开始

这篇手记写到上一节,原本已经结束了,直到若干时间之后的某一天,看到网友问的一个问题:"我的程序调试都通过啦,为什么烧片后没有反应?"

匠人突然发现,这篇手记的一个缺陷,就是过于集中讨论了调试中的软件技巧,却疏忽了硬件方面的问题。所以特意补充这个小节的内容。这一节,名为"开始",却放在了最后,看似名不副实,其实大有道理。需知软件仿真调试的结束,也往往意味着整机测试的开始。

当你辛辛苦苦在仿真上完成了所有调试工作,却发现烧片后系统不工作,该怎么办?

到百脑汇去看看电脑修理工是怎么干活的:面对一台故障不明的电脑,修理工会把先不相关的部件拆掉,只留下电源、主板、CPU 三样基本核心部件,看能否启动;如果这一步通过了,他们会继续加上内存、显卡、显示器,看能否点亮;如果点亮了,接下来再加上:硬盘、键盘;最后才是鼠标、光驱、网卡、打印机、摄像头之类。

从最小系统开始,有条不紊地排查。这就是有经验的修理工们惯用的"最小系统法"!

所谓的最小系统法,是指构建一个可运行的系统,必不可少的、最基本的硬件和软件环境。而在这里,我们特指硬件方面。

如果要让一个单片机系统正常工作起来,需要哪些硬件条件,我们罗列一下:

(1)电源;

(2)复位信号;

(3)晶振信号。

OK! 无需多说了,这就是我们要优先排查的目标(也许你需要一个示波器!)。暂时忽视那些不相关的硬件。等单片机能够正常运行了,再去检查其他外围功能电

路吧。

如果上述 3 个方面都排查无误,系统还不能工作,那就是人品问题啦。赶紧找个牧师去忏悔,完了再回来继续查板子上有没有短路、开路等弱智问题。

最后再引申一下:在软件调试时,最小系统法也同样可以使用。先写一个只有最少的代码的系统,让程序跑起来,然后把模块一个个加入调试,不失为一种明智的方法。

手记 **7**

EMC 单片机指令应用的误区与技巧

一、前　言

　　作为日常使用最多的一种单片机,匠人对 EMC 还是有着深厚感情的。当初为了庆祝 21ICBBS 开设了"EMC 单片机"专栏,匠人专门写了这篇文章。虽然最终那个专栏沦落成了个广告专栏,但这篇文章还是得到了网友们的认可。这次还是修剪一番,收录进来吧。

　　EMC 的基本指令语法,其实也就 57 或 58 条,如何变化折腾,就看各位的修行造化了。但是,新手上路总容易进入一些误区,而老鸟们的一些技巧也值得借鉴。

　　废话少说,言归正传,且看匠人娓娓道来⋯⋯

二、减法指令的误区

1. 关于 ACC

EMC 的减法指令有 3 条,如下:

SUB A,R (R-A→A)

SUB R,A (R-A→R)

SUB A,K (K-A→A)

　　需要注意的是,不论 A 的位置在前面还是后面,A 都是减数,不是被减数。也就是说,如果我们想计算 A−2 的值,如果写成:"SUB A,@2",其实是执行 2−A。

　　解决的方法是写成这种格式:"ADD A,@256−2"或"ADD A,@254"。

2. 关于 C 标志位

　　一般来说,加/减法都会影响到进位标志 CY。在其他一些单片机指令系统中,当减法发生借位时,CY=1;未发生借位时,CY=0。

　　如果你以为 EMC 的减法也是如此,哈哈,你就要吃药了!

　　原来,在 EMC 的指令系统中。当减法发生借位时,CY=0;未发生借位时,CY=

1。如果不注意这点,很容易在一些运算或判断程序中留下 BUG。

三、查表(散转)指令的误区

1. 关于"ADD R2,A"指令

在 EMC153/156 的指令系统中,没有 TBL 指令(这一点要切记)。因此,当我们要查表时只好用"ADD R2,A"或"MOV R2,A"来代替。

但是在使用"ADD R2,A"或"MOV R2,A"时要注意,这两条指令都只能改变 PC 指针的低 8 位(即 256 字节),高于 8 位的其他位一律会被清零!

也就是说,为了保证程序不跳错,我们在使用"ADD R2,A"时必须将整个表格都放在每一页 ROM 的前 256 字节区间内(对于 153/156 来说,其 ROM 区只有一页)。

这样以来,大表格的使用就受到了极大的限制。另外,为了将表格"挤入"00H～FFH 的 ROM 空间,程序的结构也会受到破坏。

2. 关于"TBL"指令

刚才说到"ADD R2,A"指令使用的诸多不爽之处。为此,EMC 公司在 447/458 及后续新出芯片的指令系统中,增加了一条新的查表指令,这就是"TBL"指令。这条指令号称可以放在程序的任何位置,但是且慢——

TBL 指令的使用也要注意:首先,表格不能跨页(每 1 024 字节为一页(PAGE));其次,表格也不能跨"段"。

何为"段"?——"段"是匠人自定义的一个概念。将每一页 ROM 分为 4 段,每一段 256 个字节(如:00H～FFH 是一段,100H～1FFH 又是一段)。也就是说,每一个查表程序,除了 TBL 本身占用了 1 个字节以外,其表格长度必须≤255 字节;并且,整个查表程序必须在同一"段"内。

这个问题真是一个大大的陷阱!有时候,明明你的程序都已经调试好了,但是在你无意间调整了程序模块间的顺序,或增加/减少了几条指令后,程序就又不正常了。这种情况被匠人的同事戏称为"有妖气",嘿嘿!

其实,遇到这种情况时,赶快检查你的 LST 文件吧,八成是 TBL 在作怪!

关于这个问题的解决办法可以看匠人的另一篇关于宏的手记。那篇手记中介绍了如何通过宏来保护表格不溢出。

另外,TBL 还是没有解决大表格的查表问题。我们只好像切豆腐一样,将大表格切成一个个小于 255 字节的小表格去查了。一个好端端的程序,就这样被切成了"豆腐渣工程"。

四、关于"MOV R,R"指令

这是一条很奇特的指令。首先,阁下不要误会这条指令,以为它是将一个寄存器的数据送到另一个寄存器中去。匠人开始接触 EMC 单片机时,就曾经"中招"!后

经过高手指点,方得解脱。我佛慈悲,阿弥陀佛!

看清楚了:"MOV R,R"中的两个 R 是同一个寄存器,而它的动作是将寄存器的内容送到本身。

1. "MOV R,R"指令的作用

如果你认为这是无意义的动作,那就大错特错了。按匠人的经验,这条指令至少有以下两个用处。

(1) 用处之一:判零

此指令的用意在于它能影响 Zero Flag,辨别寄存器的内容是否为零。

如果要辨别某一个寄存器的值是否为零,一般我们会用:

```
MOV     A,R
JBS     STTS,Z          ; R3,Zero Flag
```

这两个指令,但是这会影响 ACC 原先的内容。若不要使用 ACC,可能写成:

```
INC     R
DEC     R
JBS     STTS,Z
```

这会用到三个指令。若使用"MOV R,R"的指令,不仅可实现相同功能,也可减少指令数目,可谓是一举两得。

```
MOV     R,R
JBS     STTS,Z
```

(2) 用处之二:将 I/O 口的外部电平状态存入锁存器

说到这里,要先介绍一下 EMC 的 I/O 口特性了。

EMC 的 I/O 口一般都是三态,可设置为输入状态(高阻态)或输出状态(0 或 1)。当 I/O 口被设置为输入状态时,只能"读",不能"写"。如果程序中执行了"写"的动作,数据并不会输出到 I/O 口上去,而是被存放到一个锁存器中,待到 I/O 口变成输出状态时,再将锁存器中的数据送到 I/O 口上。

假如有这么一条指令:"MOV R6,R6"。当这条指令被执行时,CPU 会先将 R6 口的外部电平状态读入,再送到 R6 的锁存器里。

在这里,源寄存器和目的寄存器虽然地址相同,但实质不是一回事了(相当于一个门牌号下住着两户人家)。

比如,R6 口作电平翻转唤醒功能时,必须先将其外部电平保存到锁存器中(这种"电平翻转唤醒"常常被我们用作键盘唤醒功能)。我们可以先执行"MOV R6,R6"指令,保存当前 R6 口的输入口电平状态,然后开启 R6 口的电平翻转唤醒功能。当 R6 口状态与锁存器中发生变化时,即可触发相应中断。

2. 如何实现"MOV R1,R2"

再次提醒,"MOV R,R"指令不能用作两个寄存器间送数用。如果真要实现"MOV R1,R2"功能,将一个寄存器的数送到另一个寄存器中去,那就要通过"中介公司"——ACC。如下:

```
MOV     A,REG2
MOV     REG1,A
```

这样写似乎挺累人。如果想减轻写程序的劳累,那就把下面这段宏插入到你的程序中去:

```
MOV    MACRO    REG1,REG2
    MOV      A,REG2
    MOV      REG1,A
ENDM
```

这样,当你写"MOV R1,R2"时,系统会自动帮你转化成前面那两条指令了。

——领悟了否?我佛慈悲,阿弥陀佛!

手记 **8**

EMC 单片机的伪指令与宏的应用

一、前　言

　　用了这么多年的汇编指令,确实也厌烦了那种逐条写代码的方式。而想用 C 语言吧,偏偏又有许多单片机没有完善的 C 语言编译环境。就拿匠人用的较多的 EMC 芯片来说,虽然其 C 编译器早已经推出来了,但是由于问题多多,还是没多少人敢用。

　　如何提高汇编程序的编程效率?除了在程序的模块化上做文章外,匠人把目光瞄向了常人不太注意的伪指令和宏上面。根据这些年的应用,也积累了一些经验,在此愿与大家分享。

二、伪指令与宏的优点

　　① 减少程序出错概率,提高可移植性。一次调试,终生受益。

　　② 降低编程劳累度,提高编程效率。让程序员把更多的精力投入在程序框架和算法上。

　　③ 提高可读性,便于后续修改维护。

　　下面,匠人将介绍一些常用的宏及其他伪指令的实例。

三、位操作类宏

　　EMC 芯片本身的汇编指令只支持对位清零/置位,功能过于单一。而下面的这组宏,可以支持对位取反,以及位传送。

```
;==================
; REG.BIT 取反
;==================
COMB    MACRO REG,BIT
    IF    BIT == 0
```

```
        XOR     REG,@0B00000001
    ELSEIF    BIT == 1
        XOR     REG,@0B00000010
    ELSEIF    BIT == 2
        XOR     REG,@0B00000100
    ELSEIF    BIT == 3
        XOR     REG,@0B00001000
    ELSEIF    BIT == 4
        XOR     REG,@0B00010000
    ELSEIF    BIT == 5
        XOR     REG,@0B00100000
    ELSEIF    BIT == 6
        XOR     REG,@0B01000000
    ELSEIF    BIT == 7
        XOR     REG,@0B10000000
    ELSE
        MESSAGE     "位选择错误!"
    ENDIF
ENDM
; ================
; 令 REG1.BIT1 = REG2.BIT2
; ================
MOVB    MACRO REG1,BIT1,REG2,BIT2
    JBS     REG2,BIT2
    BC .    REG1,BIT1
    JBC     REG2,BIT2
    BS      REG1,BIT1
ENDM
; ================
; 令 REG1.BIT1 = /REG2.BIT2
; ================
MOVBCPL    MACRO REG1,BIT1,REG2,BIT2
    JBS     REG2,BIT2
    BS      REG1,BIT1
    JBC     REG2,BIT2
    BC      REG1,BIT1
ENDM
; ================
; 多位元复制
; 将 REG2 中对应@LITERAL 中 = 1 的位移动到 REG1 中的对应位置
; ================
MOVNB    MACRO REG1,REG2,@LITERAL
```

```
        MOV     A,REG2
        XOR     A,REG1
        AND     A,@LITERAL
        XOR     REG1,A
    ENDM
```

四、条件分支结构类宏

　　假如我们要比较两个寄存器中的数值,并根据比较结果决定是否要跳转。一般的做法是先将两个数值作减法,然后判断进位标志和零标志。在程序中,这种条件分支结构很常见,但写起来非常繁琐,而且还容易写错。许多人(包括匠人自己)都有这种经历,即在做完减法后,判 C 标志时判反了,本该是 C=1 跳转,结果写成了 C=0 跳转。这种错误编译器是无法报错的,查起来很伤脑筋。因此,匠人将这类程序写成了宏指令,在程序中广泛应用并获得成功。

　　下面先介绍一下这组宏的速记方法。(参见图 8.1:条件分支结构类宏的速记方法。)

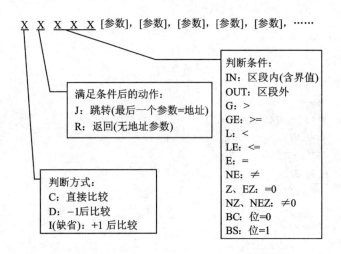

图 8.1　条件分支结构类宏的速记方法

　　下面给出其中部分最常用的宏:

```
; ==================
; DECREMENT REG AND JUMP WHEN NOT ZERO
; ==================
DJNZ    MACRO     REG,ADDRESS
        DJZ       REG
        JMP       ADDRESS
ENDM
; ==================
; INC REG AND JUMP WHEN NOT ZERO
; ==================
```

```
IJNZ    MACRO    REG,ADDRESS
    JZ      REG
    JMP     ADDRESS
ENDM
; =================
; INC REG AND JUMP WHEN NOT ZERO
; =================
JNZ     MACRO    REG,ADDRESS
    JZ      REG
    JMP     ADDRESS
ENDM
; =================
; COMPARE AND JUMP
;如果 REG1< REG2    跳到 ADD1,
;如果 REG1> REG2    跳到 ADD2
; =================
CJLJG   MACRO    REG1,REG2,ADD1,ADD2
    MOV     A,REG2
    SUB     A,REG1
    JBS     0X03,0
    JMP     ADD1
    JBS     0X03,2
    JMP     ADD2
ENDM
; =================
; COMPARE AND JUMP IF IN RANGE
;如果 @LITE1 <= REG <= @LITE2 跳到 ADDR
; =================
CJIN    MACRO    REG,@LITE1,@LITE2,ADDR
    MOV     A,REG
    ADD     A,@255-LITE2
    ADD     A,@LITE2-LITE1 + 1
    JBC     0X03,0
    JMP     ADDR
ENDM
; =================
; COMPARE AND JUMP IF OUT RANGE
;如果 REG > @LITE2 或 REG <@LITE1 跳到 ADDR
; =================
CJOUT   MACRO    REG,@LITE1,@LITE2,ADDR
    MOV     A,REG
    ADD     A,@255-LITE2
    ADD     A,@LITE2-LITE1 + 1
    JBS     0X03,0
    JMP     ADDR
ENDM
; =================
```

```
; COMPARE AND JUMP IF REG1＞REG2
; ==================
CJG     MACRO     REG1,REG2,ADDRESS
    MOV     A,REG1
    SUB     A,REG2
    JBS     0X03,0
    JMP     ADDRESS
ENDM
; ==================
; COMPARE AND JUMP IF REG1＞ = REG2
; ==================
CJGE    MACRO     REG1,REG2,ADDRESS
    MOV     A,REG2
    SUB     A,REG1
    JBC     0X03,0
    JMP     ADDRESS
ENDM
; ==================
; COMPARE AND JUMP IF REG1＜REG2
; ==================
CJL     MACRO     REG1,REG2,ADDRESS
    MOV     A,REG2
    SUB     A,REG1
    JBS     0X03,0
    JMP     ADDRESS
ENDM
; ==================
; COMPARE AND JUMP IF REG1＜ = REG2
; ==================
CJLE    MACRO     REG1,REG2,ADDRESS
    MOV     A,REG1
    SUB     A,REG2
    JBC     0X03,0
    JMP     ADDRESS
ENDM
; ==================
; COMPARE AND JUMP IF REG1 = REG2
; ==================
CJE     MACRO     REG1,REG2,ADDRESS
    MOV     A,REG2
    SUB     A,REG1
    JBC     0X03,2
    JMP     ADDRESS
ENDM
; ==================
; COMPARE AND JUMP IF REG1＜ ＞REG2
; ==================
```

```
CJNE     MACRO     REG1,REG2,ADDRESS
    MOV      A,REG2
    SUB      A,REG1
    JBS      0X03,2
    JMP      ADDRESS
ENDM
; ================
; COMPARE AND JUMP IF REG = 0
; ================
CJZ      MACRO     REG,ADDRESS
    MOV      REG,REG
    JBC      0X03,2
    JMP      ADDRESS
ENDM
; ================
; COMPARE AND JUMP IF REG< >0
; ================
CJNZ     MACRO     REG,ADDRESS
    MOV      REG,REG
    JBS      0X03,2
    JMP      ADDRESS
ENDM
; ================
; COMPARE AND JUMP IF REG.BIT = 0
; ================
CJBC     MACRO     REG,BIT,ADDRESS
    JBS      REG,BIT
    JMP      ADDRESS
ENDM
; ================
; COMPARE AND JUMP IF REG.BIT = 1
; ================
CJBS     MACRO     REG,BIT,ADDRESS
    JBC      REG,BIT
    JMP      ADDRESS
ENDM
```

五、中断压栈与出栈类宏

有了下面这两个宏，中断压栈和出栈就很轻松了。

```
; ================
;压栈程序
;说明：中断入口调用此程序，将 ACC,R3 压栈
; ================
PUSH     MACRO
    MOV      A_BUF,A
```

```
        SWAP    A_BUF
        SWAPA   STATUS
        MOV     R3_BUF,A
ENDM
; ==================
;出栈程序
;说明：离开中断程序前调用此程序,将 ACC,R3 出栈
; ==================
POP   MACRO
      SWAPA   R3_BUF
      MOV     STATUS,A
      SWAPA   A_BUF
ENDM
```

六、散转结构与表格的防溢保护方法

用下面这条宏取代"TBL"指令,可以防止表格出错。

```
; ==================
;智能散转
;说明：如果整个散转分支表格太大,或不在同一段中,则报警
;入口：NUM:散转数目(有效值:0~255)
; ==================
FTBL    MACRO   NUM
    IF      NUM > 255
            MESSAGE     "老兄:散转表格太大了! (必须在 0~255 之间)"
    ELSEIF  ( $ + 1)/0x100 != ( $ + NUM + 1)/0x100   ;当前地址与表格尾地址不同段?
            MESSAGE     "表格跨在两段之间了,请进行人工修正!"
    ELSE
    ENDIF
        ADD     0X02,A      ;散转
    ENDM
```

七、跨页调用与跳转类宏

EMC 芯片的 ROM 结构采用了分页技术。当程序超过 1K,在调用子程序或跳转时,必须考虑页面的切换问题。而这却是让新手望而生畏的一个瓶颈。下面这几个宏,可以让我们在写程序时免去许多烦恼。

```
; ==================
;选择程序页面
; ==================
PAGE    MACRO   NUM
    IF      NUM == 0
            BC      0X03,5
            BC      0X03,6
    ELSEIF  NUM == 1
```

```
        BS      0X03,5
        BC      0X03,6
    ELSEIF      NUM == 2
        BC      0X03,5
        BS      0X03,6
    ELSEIF      NUM == 3
        BS      0X03,5
        BS      0X03,6
    ELSE
        MESSAGE "WARRING: DON'T HAVE SPECIFY PAGE!"
    ENDIF
ENDM
; =================
;智能跨页调用
;说明：跨页调用子程序
; =================
FCALL   MACRO   ADDRESS
    IF    ADDRESS/0X400 == $/0X400      ;被调用地址页面 = 当前页面？
        CALL    ADDRESS
    ELSE
        PAGE    ADDRESS/0X400
        CALL    ADDRESS      % 0X400
        PAGE    $/0X400
    ENDIF
ENDM
; =================
;跨页调用
;说明：跨页调用子程序
;入口：NUM = 被调用程序页号，ADDRESS = 被调用程序地址
; =================
FCALL   MACRO   NUM,ADDRESS
    PAGE    NUM
    CALL    ADDRESS
    PAGE    $/0X400
ENDM
; =================
;智能跨页跳转
;说明：跨页跳转到新地址
; =================
FJMP    MACRO   ADDRESS
    IF    ADDRESS/0X400 == $/0X400      ;跳转地址页面 = 当前页面？
        JMP     ADDRESS
    ELSE
        PAGE    ADDRESS/0X400
        JMP     ADDRESS      % 0X400
    ENDIF
ENDM
```

```
; ==================
;跨页跳转
;说明：跨页跳转到新地址
;入口：NUM = 被调用程序页号,ADDRESS = 被调用程序地址
; ==================
FJMP    MACRO    NUM,ADDRESS
    PAGE    NUM
    JMP     ADDRESS
ENDM
```

八、显示段码表的的预定义方法

还在为每次计算显示段码而浪费脑细胞吗？看看匠人是如何偷懒的吧。

```
;----------------------------------------------------------
; 文件：EMC_DISP_SEG_01.INC
; 模块：LCD/LED 显示笔画代码表
; 设计：张俊（版权所有，引用者请保留原作者姓名）
;----------------------------------------------------------
/ *
使用方法：
1.在项目中，先定义以下 8 个参数：
    ; ****************************
    ;显示段定义
    ;定义每一段的位地址
    ;(说明：根据不同项目需要重新设置）
    ; ****************************
    ;bit_a        EQU      0
    ;bit_f        EQU      1
    ;bit_e        EQU      2
    ;bit_d        EQU      3
    ;bit_b        EQU      4
    ;bit_g        EQU      5
    ;bit_c        EQU      6
    ;bit_h        EQU      7
2.然后，插入以下语句：
    INCLUDE    "EMC_DISP_SEG_01.INC"              ;-- * --插入文件包-- * --
 * /
;----------------------------------------------------------
; ****************************
;字符笔画代码表：
;             A
;          -----
;          F | G | B
;          -----
```

```
;            E| D |C
;               -----
;               • H
;(说明:根据不同项目不需重新设置)
; ****************************
; ==== 段定义
s_a            EQU       1 << bit_a
s_b            EQU       1 << bit_b
s_c            EQU       1 << bit_c
s_d            EQU       1 << bit_d
s_e            EQU       1 << bit_e
s_f            EQU       1 << bit_f
s_g            EQU       1 << bit_g
s_h            EQU       1 << bit_h
; ==== 定义有效性判断
IF     s_a + s_b + s_c + s_d + s_e + s_f + s_g + s_h != 0XFF
       MESSAGE      "段码定义可能有误,请核查!"
       ;说明:     bit_a,bit_b.....bit_h的定义为 0~7,顺序可调,但不得重复
ENDIF
; ==== 字符定义
SEG_0          EQU       s_a + s_b + s_c + s_d + s_e + s_f          ;´0´
SEG_1          EQU       s_b + s_c                                 ;´1´
SEG_2          EQU       s_a + s_b + s_d + s_e + s_g               ;´2´
SEG_3          EQU       s_a + s_b + s_c + s_d + s_g               ;´3´
SEG_4          EQU       s_b + s_c + s_f + s_g                     ;´4´
SEG_5          EQU       s_a + s_c + s_d + s_f + s_g               ;´5´
SEG_6          EQU       s_a + s_c + s_d + s_e + s_f + s_g         ;´6´
SEG_7          EQU       s_a + s_b + s_c                           ;´7´
SEG_8          EQU       s_a + s_b + s_c + s_d + s_e + s_f + s_g   ;´8´
SEG_9          EQU       s_a + s_b + s_c + s_d + s_f + s_g         ;´9´
SEG_A          EQU       s_a + s_b + s_c + s_e + s_f + s_g         ;´A´大写
SEG_B          EQU       s_a + s_b + s_c + s_d + s_e + s_f + s_g   ;´B´大写
SEG_B_         EQU       s_c + s_d + s_e + s_f + s_g               ;´b´小写
SEG_C          EQU       s_a + s_d + s_e + s_f                     ;´C´大写
SEG_C_         EQU       s_d + s_e + s_g                           ;´c´小写
SEG_D_         EQU       s_b + s_c + s_d + s_e + s_g               ;´d´小写
SEG_E          EQU       s_a + s_d + s_e + s_f + s_g               ;´E´大写
SEG_F          EQU       s_a + s_e + s_f + s_g                     ;´F´大写
SEG_G          EQU       s_a + s_c + s_d + s_e + s_f + s_g         ;´G´大写
SEG_G_         EQU       s_a + s_b + s_c + s_d + s_f + s_g         ;´g´小写
SEG_H          EQU       s_b + s_c + s_e + s_f + s_g               ;´H´大写
SEG_H_         EQU       s_c + s_e + s_f + s_g                     ;´h´小写
SEG_I          EQU       s_b + s_c                                 ;´I´大写
SEG_I_         EQU       s_c                                       ;´i´小写
SEG_J          EQU       s_b + s_c + s_d                           ;´J´大写
```

109

SEG_J_	EQU	s_c + s_d	;'j'小写
SEG_K	EQU	s_b + s_d + s_e + s_f + s_g	;'K'大写
SEG_L	EQU	s_d + s_e + s_f	;'L'大写
SEG_M	EQU	s_a + s_c + s_e + s_g	;'M'大写
SEG_N	EQU	s_a + s_b + s_c + s_e + s_f	;'N'大写
SEG_N_	EQU	s_c + s_e + s_g	;'n'小写
SEG_O	EQU	s_a + s_b + s_c + s_d + s_e + s_f	;'O'大写
SEG_O_	EQU	s_c + s_d + s_e + s_g	;'o'小写
SEG_P	EQU	s_a + s_b + s_e + s_f + s_g	;'P'大写
SEG_Q_	EQU	s_a + s_b + s_c + s_f + s_g	;'q'小写
SEG_R_	EQU	s_e + s_g	;'r'小写
SEG_S	EQU	s_a + s_c + s_d + s_f + s_g	;'S'大写
SEG_T_	EQU	s_d + s_e + s_f + s_g	;'t'小写
SEG_U	EQU	s_b + s_c + s_d + s_e + s_f	;'U'大写
SEG_U_	EQU	s_c + s_d + s_e	;'u'小写
SEG_V	EQU	s_b + s_c + s_d + s_e + s_f	;'V'大写
SEG_V_	EQU	s_c + s_d + s_e	;'v'小写
SEG_W	EQU	s_b + s_d + s_f + s_g	;'W'大写
SEG_X	EQU	s_b + s_c + s_e + s_f + s_g	;'X'大写
SEG_Y_	EQU	s_b + s_c + s_d + s_f + s_g	;'y'小写
SEG_Z	EQU	s_a + s_b + s_d + s_e + s_g	;'Z'大写
SEG_O__	EQU	s_a + s_b + s_f + s_g	;'o'上半圈
SEG_	EQU	0	;' '空格
SEG__	EQU	s_d	;'_'下划线
SEG___	EQU	s_g	;'-'中划线
SEG____	EQU	s_a	;'‾'上划线

九、后　记

　　限于篇幅,匠人只是摘取了部分常用的宏和预定义方式,供大家参考。希望这些例子能够启迪并激发读者的创意,写出更多、更好、更实用的宏来。

　　如果您在此方面有心得,也欢迎登录匠人的博客——《匠人的百宝箱》(http://cxjr.21ic.org)与匠人交流。

第二部分　经验技巧

如果你的"芯"是一座作坊，
我愿做那不知疲倦的程序匠……
——程序匠人

《匠人手记》

《匠人手记》第2用——垫桌脚

手记 **9**

10 种软件滤波方法

一、前 言

匠人在网上发表的原创帖中,曾有许多帖子被各方转载。其中被转贴次数最多的当属本篇。这篇帖子的原名为《软件抗干扰经验之五——10 种软件滤波方法》,是匠人经过精心收集整理后,于 2002 年 9 月 29 日发表于 21ICBBS 之"侃单片机"板块。

在随后的不到 3 个月内,该帖就被"出口转内销"。热心的网友把该帖从其他论坛又转回到"侃单片机"版(转了还不止一次),并且每次的转帖都被版主加"酷"。而匠人的原帖倒因为没有及时穿上"裤子"反而随着 BBS 系统的升级而丢失了,呵呵。

从此后,这篇文章就像长了翅膀的精灵,飞向大大小小各家单片机技术类网站。生生不息,源远流长。由于流传太广,到最后连原作者是谁都不知道了。直到后来,匠人开设了自己的博客《匠人的百宝箱》后,才算把它接回家来。

虽然这篇帖子有着传奇的经历,但是需要声明的是,这 10 种软件滤波方法并不是匠人发明的。匠人只是尽自己微薄之力,把这些方法作了些整理,仅此而已。

这次收录的版本是在原始网络版本的基础上,首次做了进一步完善。删减了原先的"限幅消抖滤波法",增补了"递推中位值平均滤波法"。另外增加了一些滤波效果示意图(用以更直观地表现滤波效果)和 C 语言例程。在此要鸣谢匠人的同事潘志伟,因为这些程序的编写和测试工作大多数都是由他完成的。

下面奉献——匠人呕心沥血搜肠刮肚冥思苦想东拼西凑整理出来的 10 种软件滤波方法。

二、限幅滤波法

1. 方 法

限幅滤波法又称嵌位滤波法,或程序判断滤波法。这种滤波法的思路是:

先根据经验判断,确定两次采样允许的最大偏差值(设为 A)。

每次检测到新采样值时进行判断:

(1)如果本次新采样值与上次滤波结果之差≤A,则本次采样值有效,令本次滤波结果＝新采样值;

(2)如果本次采样值与上次滤波结果之差＞A,则本次采样值无效,放弃本次值,令本次滤波结果＝上次滤波结果。

限幅滤波效果图参见图9.1。在该图中,$A=5$。

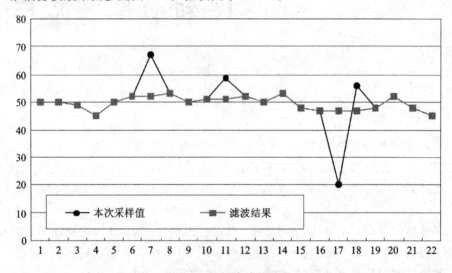

图 9.1 限幅滤波效果图

2. 优　点

能有效克服因偶然因素引起的脉冲干扰。

3. 缺　点

无法抑制那种周期性的干扰,且平滑度差。

4. 例　程

```
/*******************************************
* 函数名称:AmplitudeLimiterFilter()——限幅滤波法(又称程序判断滤波法)
* 说明:
    1. 调用函数
        GetAD(),该函数用来取得当前采样值
    2. 变量说明
        Value:最近一次有效采样的值,该变量为全局变量
        NewValue:当前采样的值
        ReturnValue:返回值
```

3. 常量说明

  A：两次采样的最大误差值，该值需要使用者根据实际情况设置

* 入口：Value，上一次有效的采样值，在主程序里赋值

* 出口：ReturnValue，返回值，本次滤波结果

**/

```
#define    A     10
unsigned char Value;
unsigned char AmplitudeLimiterFilter()
{
    unsigned char NewValue;
    unsigned char ReturnValue;

    NewValue = GetAD();
    if(((NewValue - Value)>A))||((Value - NewValue)>A)))
    ReturnValue = Value;
    else ReturnValue = NewValue;
    return(ReturnValue);
}
```

三、中位值滤波法

1. 方　法

连续采样 N 次（N 取奇数），把 N 次采样值按大小排列，取中间值为本次有效值。

可见，中位值滤波法体现了"中庸"的哲学思想精髓。

2. 优　点

能有效克服因偶然因素引起的波动干扰；对温度、液位等变化缓慢的被测参数有良好的滤波效果。

3. 缺　点

对流量、速度等快速变化的参数不宜。

4. 例　程

```
/*****************************************
* 函数名称：MiddleValueFilter()——中位值滤波法
*说明：

    1. 调用函数
        GetAD()，该函数用来取得当前采样值
        Delay()，基本延时函数
```

2. 变量说明

ArrDataBuffer[N],用来存放一次性采集的 N 组数据

Temp,完成冒泡法使用的临时寄存器

i,j,k,循环使用的参数值

3. 常量说明

N,数组长度

```
* 入口：
* 出口：ArrDataBuffer[(N-1)/2],返回值,本次滤波结果
*********************************************/
#define N 9
unsigned char MiddleValueFilter()
{
    unsigned char i,j,k;
    unsigned char Temp;
    unsigned char ArrDataBuffer[N];
    //一次采集 N 组数据,放入 ArrDataBuffer[]中
    for (i = 0;i < N;i ++ )
    {
        ArrDataBuffer[i] = GetAD();
        Delay();
    }

    //采样值由小到大排列,排序采用冒泡法
    for (j = 0;j<N-1;j ++ )
    {
        for (k = 0;k<N-j-1;k ++ )
        {
            if(ArrDataBuffer[k]>ArrDataBuffer[k + 1])
            {
                Temp = ArrDataBuffer[k];
                ArrDataBuffer[k] = ArrDataBuffer[k + 1];
                ArrDataBuffer[k + 1] = Temp;
            }
        }
    }
    return (ArrDataBuffer[(N-1)/2]);    //取中间值
}
```

四、算术平均滤波法

1. 方　法

连续取 N 个采样值进行算术平均运算。

N 值较大时，信号平滑度较高，但灵敏度较低；N 值较小时，信号平滑度较低，但灵敏度较高。

N 值的选取：对于一般流量，$N=12$；对于压力，$N=4$。

2. 优　点

适用于对一般具有随机干扰的信号进行滤波。这种信号的特点是有一个平均值，信号在某一数值范围附近上下波动。

3. 缺　点

对于测量速度较慢或要求数据计算速度较快的实时控制不适用。

由于需要开设队列存储历次采样数据，因此比较消耗 RAM。

4. 例　程

```
/******************************************************
* 函数名称：ArithmeticalAverageValueFilter()——算术平均滤波法
* 说明：
    1. 调用函数
       GetAD()，该函数用来取得当前采样值
       Delay()，基本延时函数
    2. 变量说明
       Value，平均值
       Sum，连续采样之和
       i，循环使用的参数值
    3. 常量说明
       N，数组长度
* 入口：
* 出口：Value，返回值，本次滤波结果
******************************************/
#define  N          12
unsigned char ArithmeticalAverageValueFilter()
{
    unsigned char i;
    unsigned char Value;
    unsigned short Sum;
    Sum = 0;
```

117

```
for(i = 0;i < N; i ++)
{
    Sum += GetAD();
    Delay();
}
Value = Sum/N;
return(Value);
}
```

五、递推平均滤波法

1. 方　法

递推平均滤波法又称滑动平均滤波法。

把连续 N 个采样值看成一个队列,队列的长度固定为 N。每次采样到一个新数据放入队尾,并扔掉原来队首的一次数据(先进先出原则)。把队列中的 N 个数据进行平均运算,即可获得新的滤波结果。

N 值的选取:流量,$N=12$;压力:$N=4$;液面,$N=4\sim12$;温度,$N=1\sim4$。

递推平均滤波法的滤波效果参见图 9.2。在该图中,$N=8$。

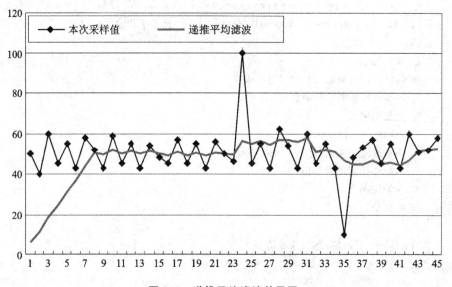

图 9.2　递推平均滤波效果图

2. 优　点

对周期性干扰有良好的抑制作用,平滑度高;适用于高频振荡的系统。

3. 缺　点

灵敏度低。

对偶然出现的脉冲性干扰的抑制作用较差；不易消除由脉冲干扰所引起的采样值偏差；不适用于脉冲干扰比较严重的场合。

由于需要开设队列存储历次采样数据，因此比较消耗 RAM。

4. 例　程

```
/ *********************************************
* 函数名称：GlideAverageValueFilter()——递推(滑动)平均滤波法
* 说明：
    1. 调用函数
        GetAD(),该函数用来取得当前采样值
        Delay(),基本延时函数
    2. 变量说明
        Data[],暂存数据的数组属于全局变量
        Value,平均值
        Sum,连续采样之和
        i,循环使用的参数值
    3. 常量说明
        N,数组长度
* 入口：
* 出口：Value,返回值,本次滤波结果
*********************************************/
#define        N    12
unsigned char Data[];
unsigned char GlideAverageValueFilter(Data[])
{
        unsigned char i;
        unsigned char Value;
        unsigned short Sum;
        Sum = 0;
        Data[N] = GetAD();              //采集数据放到数组最高位
        for(i = 0;i < N;i ++ )
        {
            Data[i] = Data[i + 1];      //所有数据左移,低位扔掉
            Sum += Data[i];             //求和
        }
        Value = Sum/N;                  //求平均
        return(Value);
}
```

119

六、中位值平均滤波法

1. 方　法

中位值平均滤波法又称防脉冲干扰平均滤波法。相当于"中位值滤波法"+"算术平均滤波法"。

具体方法是连续采样 N 个数据,去掉一个最大值和一个最小值;然后计算 $N-2$ 个数据的平均值。

N 值的选取:3~14。

其实,中位值滤波法在生活中也可以见到。比如在许多比赛中,统计评委的打分时,往往就是采用这种方法。我们经常在电视里听到主持人说:"去掉一个最高分,去掉一个最低分,某某选手平均得分 XXX 分……"

2. 优　点

融合了两种滤波法的优点。对于偶然出现的脉冲性干扰,可消除由其引起的采样值偏差。

对周期性干扰有良好的抑制作用,平滑度高,适用于高频振荡的系统。

3. 缺　点

和算术平均滤波法一样,测量速度较慢,比较浪费 RAM。

4. 例　程

```
/************************************************
* 函数名称:MiddleAverageValueFilter()——中位值平均滤波法
* 说明:
    1. 调用函数
       GetAD(),该函数用来取得当前采样值
       Delay(),基本延时函数
    2. 变量说明
       ArrDataBuffer[N],用来存放一次性采集的 N 组数据
       Temp,完成起泡法使用的临时寄存器
       i,j,k,循环使用的参数值
       Value,平均值
       Sum,连续采样之和
    3. 常量说明
       N,数组长度
* 入口:
* 出口:Value,返回值,本次滤波结果
************************************************/
#define      N      12
unsigned char MiddleAverageValueFilter()
```

```
{
    unsigned char i,j,k,l;
    unsigned char Temp;
    unsigned char ArrDataBuffer[N];
    unsigned short Sum;
    unsigned char Value;
    //一次采集 N 组数据,放入 ArrDataBuffer[]中
    for (i = 0;i < N;i ++ )
    {
        ArrDataBuffer[i] = GetAD();
        Delay();
    }
    //采样值由小到大排列,排序采用冒泡法
    for (j = 0;j<N-1;j ++ )
    {
        for (k = 0;k<N-j-1;k ++ )
        {
            if(ArrDataBuffer[k]>ArrDataBuffer[k + 1])
            {
                Temp = ArrDataBuffer[k];
                ArrDataBuffer[k] = ArrDataBuffer[k + 1];
                ArrDataBuffer[k + 1] = Temp;
            }
        }
    }
    for(l = 1;l < N-1;l ++ )
    {
        Sum += ArrDataBuffer[l];
    }
    Value = Sum/(N-2);
    return(Value);
}
```

七、递推中位值平均滤波法

1. 方　法

递推中位值平均滤波法,相当于"中位值滤波法"+"递推平均滤波法"。

这种方法是,把连续 N 个采样值看成一个队列,队列的长度固定为 N。每次采样到一个新数据放入队尾,并扔掉原来队首的一次数据(先进先出原则)。把队列中的 N 个数据先去掉一个最大值和一个最小值,然后计算 N−2 个数据的平均值。

递推中位值平均滤波法是一种比较实用的滤波方法。其滤波效果参见图 9.3:递推中位值平均滤波效果图。我们对照一下前面介绍的递推平均滤波法(参见图 9.2:递推平均滤波效果图),就会发现二者的不同。显然,在消除了最大值和最小值之

后,再取平均值,得到的滤波结果更趋于平滑、可信。

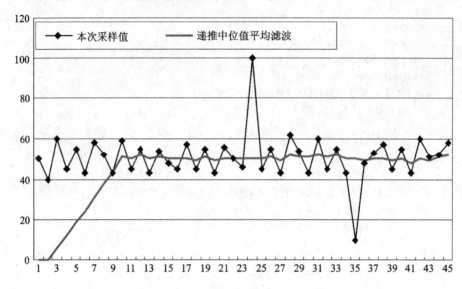

图 9.3　递推中位值平均滤波效果图

2. 优　点

融合了两种滤波法的优点。对于偶然出现的脉冲性干扰,可消除由其引起的采样值偏差。

3. 缺　点

由于需要开设队列存储历次采样数据,因此比较消耗 RAM。

4. 例　程

```
//------------------------------------------------
//单字节递推中位值平均滤波
//功能:1.将新采样值压入队列
//     2.将队列中数据减去最大值和最小值,然后求平均值(小数四舍五入)
//入口: NEW_DATA       =新采样值
//      QUEUE          =队列
//      n              =队列长度
//出口:                =滤波结果(平均值)
//------------------------------------------------
char filter1(char NEW_DATA,char QUEUE[],char n) {
    char max;
    char min;
    int sum;
    char i;
```

```
QUEUE[0] = NEW_DATA;                              //新采样值入队列
max = QUEUE[0];
min = QUEUE[0];
sum = QUEUE[0];
for(i = n-1;i!= 0;i--){
    if ( QUEUE[i]>max ) max = QUEUE[i];           //比较并更新最大值
    else if ( QUEUE[i] < min ) min = QUEUE[i];    //比较并更新最小值
    sum = sum + QUEUE[i];                         //追加到和值
    QUEUE[i] = QUEUE[i-1];                        //队列更新
}
    i = n - 2;
    sum = sum - max - min + i/2;
    sum = sum/i;               //平均值＝（和值－最大值－最小值＋n/2)/(队列长度-2)

                               //说明：＋(n－2)/2 的目的是为了四舍五入
return ((char) sum)  ;
}
```

八、限幅平均滤波法

1. 方　法

相当于"限幅滤波法"＋"递推平均滤波法"。每次采样到的新数据先进行限幅处理,再送入队列进行递推平均滤波处理。

2. 优　点

融合了两种滤波法的优点。对于偶然出现的脉冲性干扰,可消除由于脉冲干扰所引起的采样值偏差。

3. 缺　点

由于需要开设队列存储历次采样数据,因此比较消耗 RAM。

4. 例　程

```
/ *******************************************
* 函数名称:LimitRangeAverageValueFilter()——限幅平均滤波法
* 说明:
    1. 调用函数
       GetAD(),该函数用来取得当前采样值
       Delay(),基本延时函数
    2. 变量说明
       Data[],暂存数据的数组属于全局变量
       Value,平均值
```

　　　　Sum,连续采样之和

　　　　i,循环使用的参数值

　　3. 常量说明

　　　　N,数组长度

　　　　A：两次采样的最大误差值,该值需要使用者根据实际情况设置

* 入口：

* 出口：Value,返回值,本次滤波结果

* 创建日期：:2007-4-2 15:29

* 修改日期：

**/

```
#define    A    10
#define        N    12
unsigned char Data[];
unsigned char LimitRangeAverageValueFilter(Data[])
{
        unsigned char i;
        unsigned char Value;
        unsigned short Sum;
        Data[N] = GetAD();
        if(((Data[N] - Data[N-1])>A)||((Data[N-1] - Data[N])>A))
        Data[N] = Data[N-1];
        else Data[N] = NewValue;
        for(i = 0;i < N;i ++)
        {
            Data[i] = Data[i + 1];          //所有数据左移,低位扔掉
          Sum += Data[i];              //求和
        }
        Value = Sum/N;                  //求平均
        return(Value);

}
```

九、一阶滞后滤波法

1. 方　法

本次滤波结果＝a×本次采样值＋$(1-a)$×上次滤波结果。

a 代表滤波系数,$a=0\sim1$。

一阶滤波法也是一种比较实用的滤波方法。匠人后面将用一篇单独的手记来更深入地研究它。这里就不详细介绍了。

2. 优　点

对周期性干扰具有良好的抑制作用,适用于波动频率较高的场合。

相对于各类平均滤波的方法来说,一阶滤波法比较节省 RAM 空间。

3. 缺　点

相位滞后,灵敏度低。滞后程度取决于 a 值大小。另外,这种方法不能消除滤波频率高于 1/2 采样频率的干扰信号。

对于没有乘/除法运算指令的单片机来说。一阶滤波法的程序运算工作量较大。

4. 例　程

```
/**********************************************
* 函数名称：OneFactorialFilter()————一阶滞后滤波法
* 说明：
    1. 调用函数
       GetAD(),该函数用来取得当前采样值
       Delay(),基本延时函数
    2. 变量说明
       Value,上次滤波结果
       NewValue,本次采样结果
    3. 常量说明
       a,滤波系数
* 入口：
* 出口：ReturnValue,返回值,本次滤波结果
**********************************************/
#define    a          128
unsigned char Value;
OneFactorialFilter()
{
        unsigned char NewValue;
        unsigned char ReturnValue;
        NewValue = GetAD();
        ReturnValue = (255-a) * NewValue + a * Value;
        ReturnValue/= 255;
        return(ReturnValue);
}
```

十、加权递推平均滤波法

1. 方　法

加权递推平均滤波法是对递推平均滤波法的改进,即不同时刻的数据加以不同的权。通常是,越接近现时刻的数据,权取得越大。给予新采样值的权系数越大,则灵敏度越高,但信号平滑度越低。

125

2. 优 点

适用于有较大纯滞后时间常数的对象,和采样周期较短的系统。

3. 缺 点

对于纯滞后时间常数较小、采样周期较长、变化缓慢的信号,不能迅速反应系统当前所受干扰的严重程度,滤波效果差。

由于需要开设队列存储历次采样数据,因此比较消耗 RAM,而且运算的工作量也很大。

4. 例 程

```
/**********************************************
* 函数名称:AAGAFilter()—— 加权递推平均滤波法
          (AAGA:AddAuthorityGlideAverageValue)
* 说明:
    1. 调用函数
       GetAD(),该函数用来取得当前采样值
       Delay(),基本延时函数
    2. 变量说明
       Data[],暂存数据的数组属于全局变量
       Value,平均值
       Sum,连续采样之和
       i,循环使用的参数值
    3. 常量说明
       N,数组长度
       Coefficient[N],每一组数据的权(系数)
       CoeSum ,系数和
* 入口:
* 出口:Value,返回值,本次滤波结果
**********************************************/
#define    N       10
#define    CoeSum = 55
const    Coefficient[N] = {1,2,3,4,5,6,7,8,9,10};
unsigned char Data[];
unsigned char AAGAFilter()
{
    unsigned char i;
       unsigned char Value;
       unsigned short Sum;
       Sum = 0;
```

```
Data[N] = GetAD();                      //采集数据放到数组最高位
for(i = 0;i < N;i ++)
{
    Data[i] = Data[i + 1];              //所有数据左移,低位扔掉
    Sum += Data[i] * Coefficient[i];    //按权求和
}
Value = Sum/CoeSum;                     //求平均
return(Value);
}
```

十一、消抖滤波法

1. 方　法

设置一个滤波计数器。将每次采样值与当前有效值比较。如果采样值＝当前有效值,则计数器清零;如果采样值≠当前有效值,则计数器加1。然后,判断计数器是否≥上限 N(溢出)。如果计数器溢出,则将本次值替换当前有效值,并清计数器。

2. 优　点

对于变化缓慢的被测参数有较好的滤波效果。可避免在临界值附近控制器的反复开/关跳动或显示器上数值抖动。

3. 缺　点

对于快速变化的参数不宜。而且,如果在计数器溢出的那一次采样到的值恰好是干扰值,则会将干扰值当作有效值导入系统。

4. 例　程

```
/*********************************************
* 函数名称:AvoidDitheringFilter()——消抖滤波法
* 说明:
    1. 调用函数
    GetAD(),该函数用来取得当前采样值
    2. 变量说明
    Count,滤波计数器,该变量为全局变量
    Value,当前有效值,该变量为全局变量
    NewValue,当前采样值
    3. 常量说明
    N,滤波计数器阈值
* 入口:
* 出口:Value,返回值,本次滤波结果
*********************************************/
```

127

```
#define      N     20
unsigned char Count;
unsigned char Value;
unsigned char AvoidDitheringFilter()
{
    unsigned char NewValue;
    if(NewValue == Value) Count = 0;
    else
    {
        Count ++ ;
        if(Count> N)
        {
            Count = 0;
            Value = NewValue;
        }
    }
    return(Value);
}
```

十二、后　记

关于滤波方法,并不一定要拘泥于这些传统方法。有时可以根据个案进行适当的处理。下面举个例子说明。

我们知道递推平均滤波方法有滞后性特点。有时,被测量参数突然发生较大变化,并且这种变化是有效的。例如:在电子计价秤项目里,当衡器上被加载了负载时,其压力传感器的参数会突变。在这种情况下,递推滤波法要通过多次采样后,才能更新队列中全部的数据。这样一来,滤波结果就无法快速反应出实际被测量参数的变化。针对这种情况,我们可以结合程序进行判断处理。当数据跳跃,并且该跳跃不是干扰引起的时,用最新采样到的值对队列中的所有数据进行快速覆盖、更新。

其实,把滤波方法简单地归为 10 种,有凑数之嫌。里面的后几种滤波方法都是复合滤波方法,相当于进行两次滤波。按照这种思路还可以组合出更多的"杂交种类"来。

比如:把"限幅滤波法"和"消抖滤波法"相结合,又可以组合出"限幅消抖滤波法"。这种方法也就是先限幅,后消抖。它继承了"限幅"和"消抖"的优点,改进了"消抖滤波法"中的某些缺陷,避免将干扰值导入系统。例程如下:

```
/**********************************************
* 函数名称:LRADFilter()——限幅消抖滤波法( LRAD:LimitRangeAvoidDithering)
* 说明:
    1. 调用函数
```

　　GetAD(),该函数用来取得当前采样值
2. 变量说明
　　Value,当前有效值
　　Count,抖动计数器
　　NewValue,本次采样 AD 值
　　ReturnValue,返回值,用于输出
3. 常量说明
　　N,消抖计数器的门槛值,又来确定消抖时间
　　A,限幅设定值
* 入口:
* 出口: ReturnValue,返回值,本次滤波结果
***/

```c
#define        A        10
#define        N        20
unsigned char Value;
unsigned char Count;
unsigned char LRADFilter()
{
    unsigned char NewValue;
    unsigned char ReturnValue;

    NewValue = GetAD();
    if(((NewValue - Value)>A)||((Value - NewValue)>A))
    ReturnValue = Value;
    else ReturnValue = NewValue;

    if(returnValue == Value) Count = 0;
    else
    {
        Count ++ ;
        if(Count>N)
        {
            Count = 0;
            Value = returnValue;
        }
    }
    return(Value);
}
```

　　而根据匠人在实践中得到的经验,复合滤波确实比只采用单种滤波方法所取得的效果好。

手记 **10**

一阶滤波算法之深入研究

一、前　言

　　关于一阶滤波的软件算法,匠人原来已经在博客上发表过一次,文件名称为《一阶滤波方法》。但当时由于时间仓促,只是简单地给出了两个流程图,没有作深入描述。这次不但补充了源程序,还提供了实际应用的案例。

　　一阶滤波作为一种比较实用的软件滤波算法,匠人在许多实际的项目中都应用过。每应用一次,匠人对该算法的切身体会就变得更深刻一些。而这篇手记也就在反复的应用总结中,不断地得到补充和完善,并最终演变成现在您所看到的这个样子了。

二、原理与公式

　　一阶滤波,又叫一阶惯性滤波,或一阶低通滤波。是使用软件编程实现普通硬件 RC 低通滤波器的功能。

　　一阶低通滤波法采用本次采样值与上次滤波输出值进行加权,得到有效滤波值,使得输出对输入有反馈作用。

　　一阶低通滤波的算法公式参见公式 10-1。

$$Y_n = \alpha X_n + (1 - \alpha)Y_{n-1} \qquad\qquad (10-1)$$

　　在公式 10-1 中:α=滤波系数(取值范围为 0~1);X_n=新采样值;Y_{n-1}=上次滤波结果;Y_n=本次滤波结果。

　　说明:滤波系数决定新采样值在本次滤波结果中所占的权重。一阶滤波系数可以是固定的,也可以按一定算法在程序中自动计算。

　　为了便于单片机运算,我们将公式进行一些变化,参见公式 10-2。

$$Y_n = X_n \times \alpha \div 256 + Y_{n-1} \times (256 - \alpha) \div 256 \qquad\qquad (10-2)$$

　　在公式 10-2 中,α=滤波系数(取值范围为 0~255);X_n=新采样值;Y_{n-1}=上次滤波结果;Y_n=本次滤波结果。

通过公式 10-2 我们可以看到,在这个公式中一共进行了 4 次乘/除法运算。而对于一些没有乘/除法指令的单片机来说,乘/除法运算是用循环加/减法来实现的。过多次数乘/除法运算会降低系统的效率。我们要尽可能减少乘/除法运算的次数,以提高单片机的运算速度。因此,我们要对公式 10-2 进行运算优化。

具体优化办法是先将新采样值与上次滤波结果进行比较,然后根据比较结果采用不同的公式计算,参见公式 10-3 和 10-4。

$$Y_n = Y_{n-1} - (Y_{n-1} - X_n) \times \alpha \div 256 \qquad (\text{当 } x_n < Y_{n-1} \text{ 时}) \qquad (10-3)$$

$$Y_n = Y_{n-1} + (X_n - Y_{n-1}) \times \alpha \div 256 \qquad (\text{当 } x_n > Y_{n-1} \text{ 时}) \qquad (10-4)$$

经过上面的方法优化后,我们只需要进行 2 次乘/除法运算即可完成,效率提高了一倍。

三、源程序

现在,我们给出一个一阶滤波算法的 C 语言源程序及基本流程图(参见图 10.1:一阶滤波流程图)。

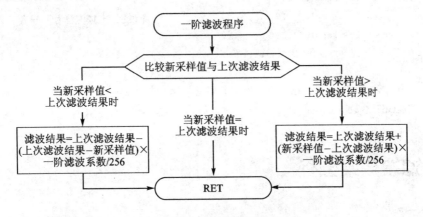

图 10.1 一阶滤波流程图

源程序如下:

```
//---------------------------------------------------------
//单字节一阶滤波程序
//入口: NEW_DATA    =新采样值
//     OLD_DATA    =上次滤波结果
//     k           =滤波系数(0~255)(代表新采样值在滤波结果中占的权重)
//出口:            =本次滤波结果
//公式原型:本次滤波结果 = 上次滤波结果 * (256-滤波系数)/256 + 新采样值 * 滤波系数/256
//公式变形:当新采样值<上次滤波结果时:滤波结果 = 上次滤波结果-(上次滤波结果-新采样值) * 一阶滤波系数/256
//当新采样值>上次滤波结果时:滤波结果 = 上次滤波结果 + (新采样值-上次滤波结果) *
```

一阶滤波系数/256

```
//---------------------------------------------------------
char filter_1st_1(char NEW_DATA,char OLD_DATA,char k) {
    int result;
    if ( NEW_DATA < OLD_DATA )
    {
        result = OLD_DATA - NEW_DATA;
        result = result * k;
        result = result + 128;                   //说明：+128 是为了四舍五入
        result = result/256;
        result = OLD_DATA - result;
    }
    else if( NEW_DATA>OLD_DATA )
    {    .
        result = NEW_DATA - OLD_DATA;
        result = result * k;
        result = result + 128;                   //说明：+128 是为了四舍五入
        result = result/256;
        result = OLD_DATA + result;
    }
    else result = OLD_DATA;
    return ((char) result);
}
```

四、滤波效果分析

1. 滤波效果

　　下面我们来看看计算机上的 Excel 软件模拟一阶滤波的效果。我们分别设置滤波系数为不同的数值，来看看滤波效果。注意：在图 10.2～图 10.4 所示的 3 张效果图中，细线（带数据点）代表采样数据，粗线代表滤波后的数据。

　　① 当滤波系数较小（等于 20）时（参见图 10.2：一阶滤波效果图 A），一阶滤波法可以滤除一些偶然的干扰，滤波结果非常平稳。但是灵敏度非常低，当输入数据发生真实的变化时，滤波结果要经过多次滤波才能逐渐跟上该变化。

　　② 当滤波系数取中间值（等于 128）时（参见图 10.3：一阶滤波效果图 B），滤波结果的平稳度和灵敏度都比较一般，滤波结果比采样数据更平滑一些，但不能消除干扰值的影响。

　　③ 当滤波系数较大（等于 200）时（参见图 10.4：一阶滤波效果图 C），滤波效果已经不明显了。

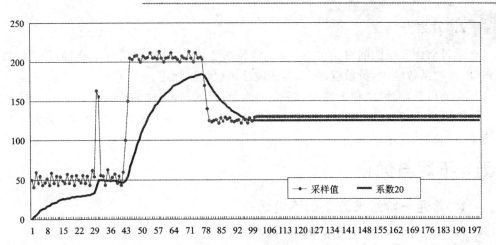

图 10.2　一阶滤波效果图 A

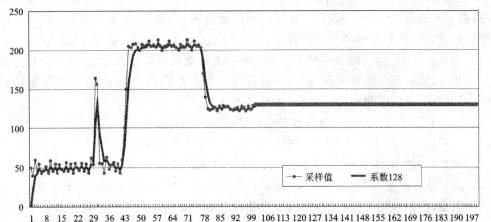

图 10.3　一阶滤波效果图 B

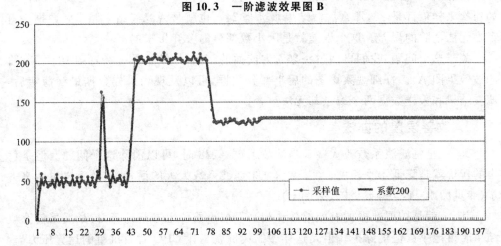

图 10.4　一阶滤波效果图 C

2. 效果分析

通过前面三幅图的对比可以看出：滤波系数越小，滤波结果越平稳，但是灵敏度越低；滤波系数越大，灵敏度越高，但滤波结果也越不稳定。

由此可见，灵敏度和平稳度似乎是一对矛盾。二者无法完全兼顾。

写到这里，我们已经将一阶滤波的算法讲述清楚，接下来就是如何进一步地玩转它了。

五、不足与优化

1. 普通一阶滤波算法的不足之处

（1）不足之一：关于灵敏度和平稳度的矛盾

前面已经讲到了，最基本的一阶滤波算法无法完美地兼顾灵敏度和平稳度。有时，我们只能寻找一个平衡，在可接受的灵敏度范围内取得尽可能好的平稳度。这也许就是程序中折射出来的生活哲理吧。

而在一些场合，我们希望拥有这样一种接近理想状态的滤波算法，即：当数据快速变化时，滤波结果能及时跟进（灵敏度优先）；而当数据趋于稳定，在一个固定的点上下振荡时，滤波结果能趋于平稳（平稳度优先）。

（2）不足之二：关于小数舍弃带来的误差

一阶滤波算法有一个鲜为人知的问题：小数舍弃带来的误差。

比如：本次采样值＝25，上次滤波结果＝24，滤波系数＝10。

根据滤波算法，本次滤波结果＝[25×10＋24×(256－10)]/256＝24.039 062 5

但是，我们在单片机运算中，很少采用浮点数。因此，运算后的小数部分要么舍弃，要么进行四舍五入运算。这样一来，本例中的结果 24.039 062 5 就变成了 24。假如每次采样值都是 25，那么滤波结果永远是 24。也就是说滤波结果和实际数据一直存在无法消除的误差。这个误差就是因小数部分的舍弃带来的。

关于这个问题，我们再回过头来看看前面的例图（滤波系数＝20）（图 10.2：一阶滤波效果图 A）。仔细观察该图的后半部分数据，可以发现当采样数据最终稳定后，滤波结果和采样数据两个线条却无法重合。

2. 改善误差的办法

其一，是将滤波系数改大些。当滤波系数＞128 时，可以消除这个问题。但是付出的代价就是降低了平稳度。实际上，如果滤波系数太大的话，滤波的意义也就丧失了（参见图 10.4：一阶滤波效果图 C）。

其二，就是扩展数据的有效位数。相当于把小数位也参与计算，待最后采信滤波结果时再把小数位消除掉。但是这样做的代价就是让 CPU 背负沉重的运算压力。

3. 算法的优化方法——动态调整滤波系数

提出问题的目的是为了分析问题,分析问题的目的是为了解决问题。

虽然这句废话听起来有点像绕口令,但既然我们已经知道了一阶滤波算法的种种不足,那么我们就可以尝试着去想办法解决。

也许我们可以设计一种算法,去动态地调整一阶滤波的系数。

动态调整一阶滤波系数的算法应该实现以下功能:

➤ 当数据快速变化时,滤波结果能及时跟进,并且数据的有效变化越快,灵敏度应该越高(灵敏度优先原则)。

➤ 当数据趋于稳定,并在一个范围内振荡时,滤波结果能趋于平稳(平稳度优先原则)。

➤ 当数据稳定后,滤波结果能逼近并最终等于采样数据(消除因小数舍弃带来的误差)。

4. 滤波系数调整前的判断

在进行一阶滤波系数的调整之前,我们需要先进行以下判断:

➤ 数据变化是否朝向同一个方向(比如,当连续两次的采样值都比其上次滤波结果大时,视为变化方向一致,否则视为不一致)。

➤ 数据变化是否较快(主要是判断采样值和上次滤波结果之间的差值)。

5. 调整滤波系数的原则

在搞清楚数据变化的特征之后,我们可以按下面的原则进行调整:

➤ 当两次数据变化方向不一致时,说明有抖动,将滤波系数清零,忽略本次新采样值。

➤ 当数据持续向一个方向变化时,逐渐提高滤波系数,提高本次新采样值的权。

➤ 当数据变化较快(差值>消抖计数加速反应阈值)时,要加速提高滤波系数。

6. 调整滤波系数后的滤波效果

让我们再次用 Excel 软件来模拟改进后一阶滤波的效果(参见图 10.5:一阶滤波效果图 D)。我们可以非常直观地发现,这次的滤波效果非常完美了。这种完美体现如下:

➤ 当采样数据偶然受到干扰,滤波结果中的干扰完全被滤除。

➤ 当采样数据在一个范围内振荡时,滤波结果曲线非常平滑,几乎是一根直线。

➤ 当采样数据发生真实的变化时,滤波结果也能比较及时地跟进。

➤ 当采样数据趋于稳定时,滤波结果逐渐逼近并最终等于采样数据。

7. 调整滤波系数的程序流程

现在,我们给出一个动态调整一阶滤波系数的流程图(参见图 10.6:调整一阶滤

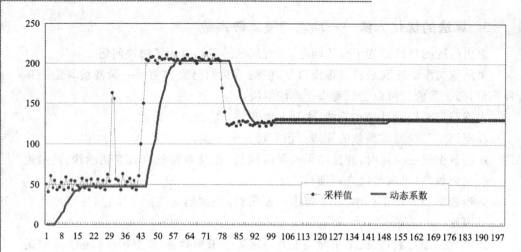

图 10.5　一阶滤波效果图 D

波系数流程图）。

在调用一阶滤波程序之前，先调用本程序对滤波系数进行即时调整。

说明： 在此程序中有几个常量参数，需要合理设计（不同的取值会影响滤波的灵敏度和稳定度）。下面给出这几个常量参数及其取值范围（这是匠人的经验参考值）：

① 消抖计数加速反应阈值，取值根据具体数据情况确定。

② 消抖计数最大值，一般取值 10。

③ 滤波系数增量，一般取值范围为 10～30。

④ 滤波系数最大值，一般取值 255。

经过改进后的一阶滤波算法，几乎已经达到完美的境界。这种算法兼顾了灵敏度和平稳度的要求。同时，又不太消耗系统的 RAM 资源。应用者唯一需要操心的事情，就是合理地调整几个常量参数，以使得该算法更适应实际的应用。

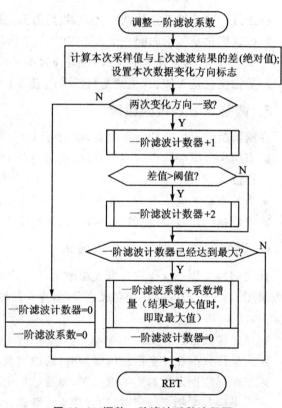

图 10.6　调整一阶滤波系数流程图

六、实例应用

这一节是本次成书时新增加的内容。在这一节中,匠人将要介绍一阶滤波算法在电子计价秤中的实例应用。

在这个项目中,我们采用双积分方法测量称重传感器的信号,获得采样值(内码),并计算被称物品的质量和金额。

在数字滤波方面,我们一开始采用的是复合滤波方法,即 16 次递推平均滤波方法＋消抖动滤波。但是我们发现,采样值在经过滤波后有一个主要的缺陷,就是反应较迟钝。鉴于此,匠人通过数据分析,试图找出一种更快速可靠的滤波方法。

1. 分析：采用 16 次递推平均 滤波算法的不足

为了便于分析,匠人和同事通过仿真器连接到目标板上,收集了多组连续的实际采样值(原始内码数据),这些采样值真实地反映了数据的变化。

首先我们测量的是零重时的内码,并将获得的采样值绘制成图(参见图 10.7：0 kg 时的采样数据示意图)。通过该图我们可以看到,当外部负重不变时,采样值会在一定范围内抖动。

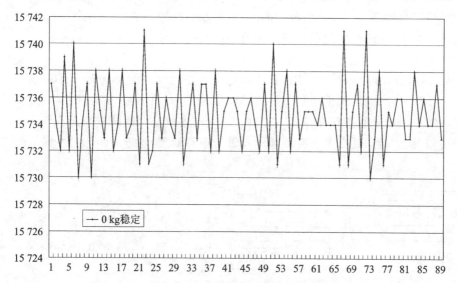

图 10.7　0 kg 时的采样数据示意图

接下来我们测量的是 15 kg 负载加载瞬间的数据(参见图 10.8：15 kg 重量加载瞬间的采样数据示意图)。通过该图我们可以看到,当加载 15 kg 后,采样值并不是立即稳定在新的数值上,而是会经历一个由宽到窄的阻尼振荡过程,最后趋于稳定。

为什么会产生阻尼振荡呢?不妨先看看计价秤的底盘结构(参见图 10.9：计价秤的结构图)。当托架受到压力时,会产生类似弹簧的阻尼振荡效应(参见图 10.10：

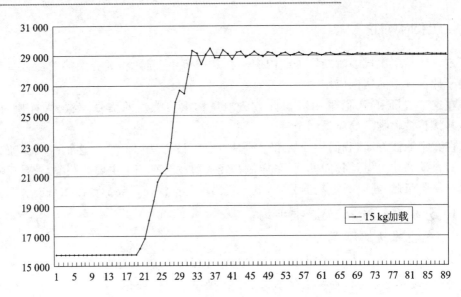

图 10.8　15 kg 重量加载瞬间的采样数据示意图

弹簧的阻尼振荡效果图）。

　　针对加载 15 kg 时的阻尼振荡，我们原先采用 16 次递推平均滤波方法，滤波结果的振幅被收缩到一个较窄的范围内了，但是滞后性较为明显（参见图 10.11：15 kg 加载时采样 16 次递推中位值平均滤波效果图）。

　　另外，在 0 kg 稳定时，16 次递推平均滤波方法也无法彻底避免抖动（参见图 10.12：0 kg 时采样 16 次递推中位值平均滤波效果图）。在该图中我们可以看到，经过滤波后的数据仍然有抖动存在。另外，由于 16 次递推平均滤波方法无法彻底消除阻尼振荡和抖动，所以还需要在实际显示时进行消抖处理，这进一步加剧了滞后效应。

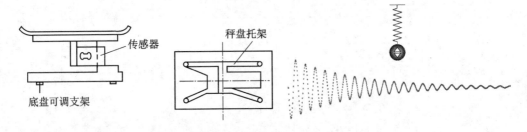

图 10.9　计价秤的结构图　　　　　　　图 10.10　弹簧的阻尼振荡效果图

2. 改进：采用一阶滤波算法后的效果

　　将 16 次递推平均滤波方法改为一阶滤波（带系数调整）方法（参见图 10.13：15 kg 加载时一阶滤波效果图）。

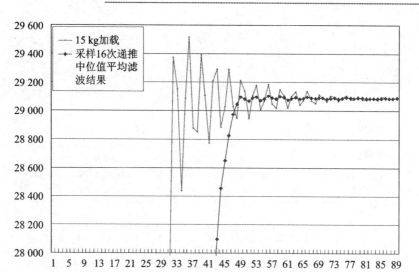

图 10.11　15 kg 加载时采样 16 次递推中位值平均滤波效果图

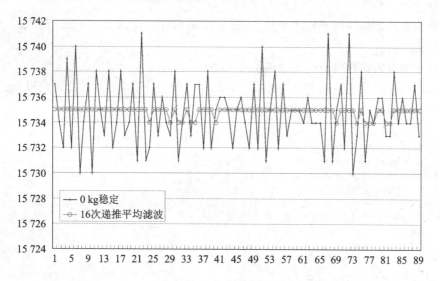

图 10.12　0 kg 时采样 16 次递推中位值平均滤波效果图

有关参数如下：

消抖计数加速反应阈值＝50；

消抖计数最大值＝5；

滤波系数最大值＝150；

滤波系数增量＝15。

通过效果图我们可以看到，这种一阶滤波方法的响应速度明显比递推滤波方法要快，并且在窄幅振荡期间，滤波结果非常稳定；但是在宽幅振荡期间，效果还是不够理想，滤波结果无法体现采样值的平均值。

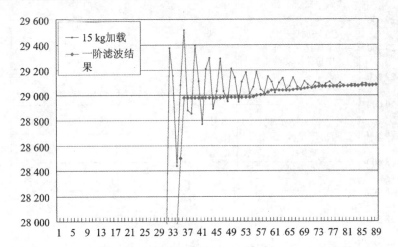

图 10.13 15 kg 加载时一阶滤波效果图

3. 进一步改进：采用复合滤波算法后的效果

为了改善宽幅振荡下的滤波效果，我们要考虑在一阶滤波方法之前再加一级滤波去收缩振幅。

第一种方法就是先进行 8 次递推平均滤波，再进行一阶滤波。

采用 8 次递推平均滤波后，振荡幅度被有效收缩了（参见图 10.14：15 kg 加载时采样 8 次递推中位值平均滤波效果图）。

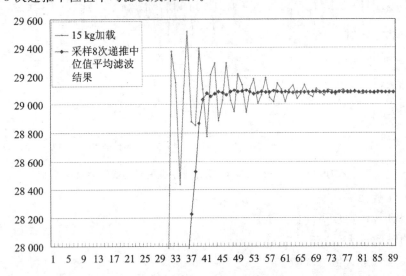

图 10.14 15 kg 加载时采样 8 次递推中位值平均滤波效果图

现在，我们把 8 次递推平均滤波结果再进行一次一阶滤波，看看最终的效果（参见图 10.15：15 kg 加载时 8 次递推平均滤波＋一阶滤波效果图）。

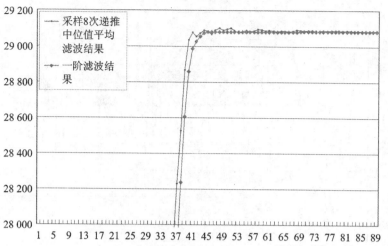

图 10.15　15 kg 加载时 8 次递推平均滤波 + 一阶滤波效果图

我们分别绘出 15 kg 加载及 0 kg 稳定时，"8 次递推平均滤波 + 一阶滤波"结果与"16 次递推平均滤波"结果的对比效果图（参见图 10.16：15 kg 加载时一阶滤波与16 次递推平均滤波效果对比图和图 10.17：0 kg 时一阶滤波与 16 次递推平均滤波效果对比图）。

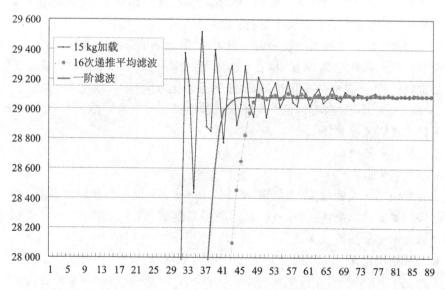

图 10.16　15 kg 加载时一阶滤波与 16 次递推平均滤波效果对比图

通过两张效果对比图可以很明显地看出，无论是在负载变化时期还是稳定时期，"8 次递推平均滤波 + 一阶滤波"的效果都比"16 次递推平均滤波"的效果好。并且，复合滤波比单纯采用一阶滤波更稳定。

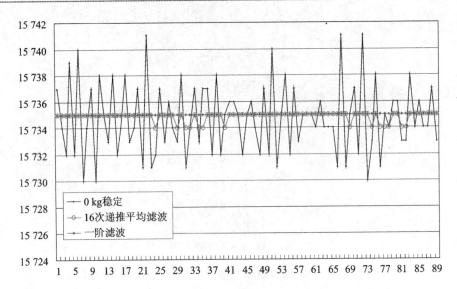

图 10.17　0 kg 时一阶滤波与 16 次递推平均滤波效果对比图

第二种方法就是先进行限幅滤波，再进行一阶滤波。

先介绍一下这里采用的限幅滤波的算法：

① 如果新采样值与上次滤波结果之差的绝对值（后面简称"差值"）大于"快速更新阈值"，且连续 N 次如此（为了消抖动），则：本次滤波结果＝（上次滤波结果＋本次采样值）/2。这是为了实现快速更新。

② 如果差值小于"快速更新阈值"，但大于"限幅阈值"；或者虽然差值大于"快速更新阈值"，但未达到连续 N 次，则：本次滤波结果＝上次滤波结果＋限幅阈值（具体是加限幅阈值，还是减限幅阈值，取决于数据变化方向）。

③ 如果差值小于"限幅阈值"，则本次滤波结果＝本次采样值。

限幅滤波有关参数如下：

快速更新阈值＝20；

限幅阈值＝2。

来看看限幅滤波的效果（参见图 10.18：15 kg 加载时限幅滤波效果图）。

把限幅滤波的结果再进行一阶滤波，看看最终效果（参见图 10.19：15 kg 加载时限幅滤波＋一阶滤波效果图）。

我们分别绘出 15 kg 加载及 0 kg 稳定时，"限幅滤波＋一阶滤波"结果与"16 次递推平均滤波"结果的对比效果图（参见图 10.20：15 kg 加载时一阶滤波与 16 次递推平均滤波效果对比图和图 10.21：0 kg 时一阶滤波与 16 次递推平均滤波效果对比图）：

通过两张对比图可以看出，无论是在负载变化时期还是稳定时期，"限幅滤波＋一阶滤波"的效果都比"16 次递推平均滤波"的效果好。

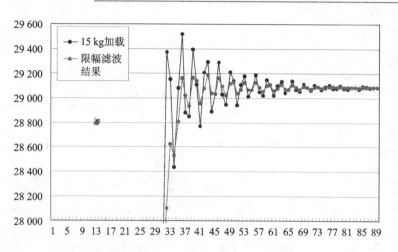

图 10.18   15 kg 加载时限幅滤波效果图

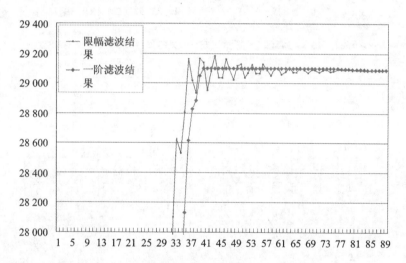

图 10.19   15 kg 加载时限幅滤波十一阶滤波效果图

但是将两种前级滤波的效果对比后可见,虽然限幅滤波算法比较节省 RAM 空间和执行时间,但从最终的效果来看,还是 8 次递推平均滤波算法更好。

4. 结   论

采用"8 次递推平均滤波＋一阶滤波"的复合滤波算法,能够有效地消除阻尼振荡和抖动,提高反应速度,和原来采用的 16 次递推平均滤波算法相比,效果显著改善。

在这一小节中,我们先在计算机上建立各种滤波算法的效果图模型,并导入真实的采样数据,然后通过大量的效果图对比、分析、筛选,最终找出最优的滤波算法。希望这种"理论指导实践"的分析方法本身,也能给各位花钱买本书的读者大人带来一些启示吧。

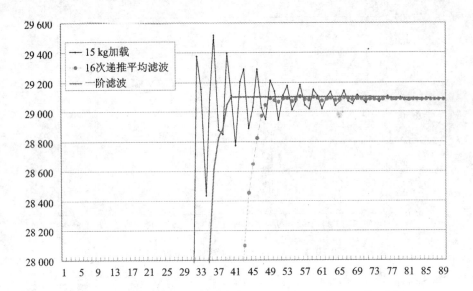

图 10.20　15 kg 加载时一阶滤波与 16 次递推平均滤波效果对比图

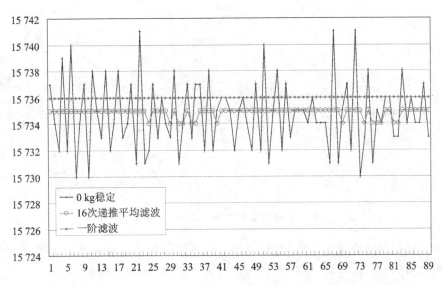

图 10.21　0 kg 时一阶滤波与 16 次递推平均滤波效果对比图

本手记到此,也该结束了。

分段线性插值算法之深入研究

一、前　言

　　这篇手记原本是网络版的《匠人手记》中的开张第一篇,这次也被一并收录到本书之中。为了能够对得起各位看官为买此书而花去的雪白银两,匠人特对本文重新进行整理,并修改和扩充了一些内容。

二、分段线性插值法的原理

　　分段线性插值法的思想精髓,是把曲线看作若干段首尾相连的直线段;根据每段直线的斜率来求算该线段所在区段内的数据值。

　　相邻两个线段的接点称为标定点。

　　分段线性插值法的一个典型应用是热电偶温度检测(控制)系统。该系统中,单片机需要根据实际检测到的热电偶电压值计算被测温度。这二者之间的关系为曲线。

　　由于被测温度范围较宽,且要求的精度又较高,因此我们无法通过逐点查表的方法来求算温度(那样做的话,需要在 ROM 中存储大量的表格,太消耗空间了)。

　　针对这种情况,我们可以先将该曲线划分为若干个区间,然后根据实测电压(u)所在区间的斜率来计算其温度值(t)。这样一来,我们只需要在 ROM 中存储少量标定点数据表格。(参见图 11.1:分段线性插值法在温度检测中的应用)。

　　假设我们已经知道一段曲线的两端坐标值为(X_1,Y_1)和(X_2,Y_2)。已知该曲线上的某一个点的 X 轴坐标值(X_n),那么我们就可以用线性插值法计算出该点的 Y 轴坐标值(Y_n)。这个计算值与实际值之间存在些许误差。但是,当标定点选择合理时,计算值可以非常接近实际值。(参见图 11.2:分段线性插值法示意图)。

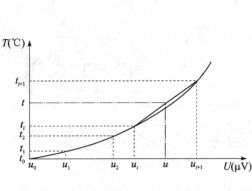

图 11.1　分段线性插值法在温度检测中的应用　　图 11.2　分段线性插值法示意图

三、分段线性插值法的公式

1. 公式原型

$$k = \frac{Y_n - Y_1}{X_n - X_1} = \frac{Y_2 - Y_1}{X_2 - X_1} \tag{11-1}$$

说明：分段线性插值算法的公式原型（公式 11-1）其实就是求斜率公式。在该公式中。k 为斜率，(X_1, Y_1) 和 (X_2, Y_2) 为两端的标定点坐标。X_n 为被求点的 X 轴坐标值。Y_n 为被求点的 Y 轴坐标值。

2. 公式变换

我们的最终目的并不是要去计算斜率，而是要以斜率为桥梁，计算出被求点的 Y 轴坐标值（Y_n）。因此有必要将公式 11-1 进行变换，最终得到公式 11-2 和 11-3。

$$Y_n = \frac{(Y_2 - Y_1) \times (X_n - X_1)}{X_2 - X_1} + Y_1 \quad （当 X_1 < X_n < X_2 时）\tag{11-2}$$

$$Y_n = \frac{(Y_2 - Y_1) \times (X_1 - X_n)}{X_1 - X_2} + Y_1 \quad （当 X_1 > X_n > X_2 时）\tag{11-3}$$

其实上述两个公式是一回事，之所以要搞出两个来，是为了让单片机在计算时避免产生负数（因为负数的计算涉及到符号运算，就比较麻烦了）。所以先对 X_1、X_n、X_2 这三者的关系进行预判，然后根据具体情况选择适用的公式。

四、分段线性插值法的应用步骤

1. 预备步骤：曲线区间划分（分段）

首先，我们将一根曲线划分成若干个首尾相连的线段，并确定每个端点（标定点）的 X 轴和 Y 轴坐标。我们可以将这些标定点坐标做成表格。存储的 ROM 中，供

CPU 在需要时查找。这一步属于准备工作,需要在编程时完成。

2. 第一步:区间查找

当输入一个被求点的 X 轴坐标值(X_n)后,将该值(X_n)与表格中的所有 X 坐标值进行比较,从而确定该点所在的区间。

3. 第二步:求 Y 轴坐标

用上一步中确定的区间两端标定点的坐标值(X_1,Y_1)和(X_2,Y_2)以及被求点的 X 轴坐标值(X_n),进行运算并求出被求点的 Y 轴坐标(Y_n)(参见图 11.3:分段线性插值法流程图)。

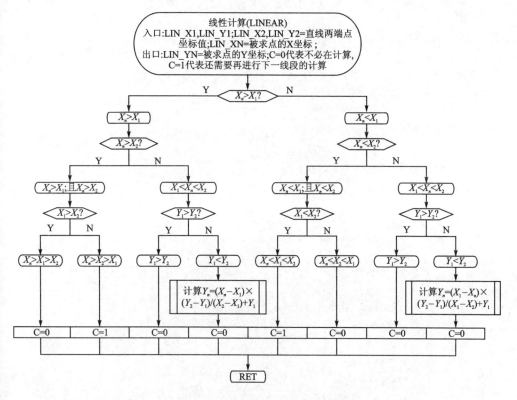

图 11.3　分段线性插值法流程图

五、分段线性插值法的程序

下面给出匠人实际使用中的线性插值法的 C 程序。其中包括 2 个函数。需要说明的是,该程序是应用于飞思卡尔的单片机。该程序已经编译通过,并在实际案例中被验证过了。

1. 单区间线性计算

```
//----------------------------------------------------------
//线性计算(x = 8-bit,y = 8-bit)
//条件:1. 已知一根直线段的两端端点坐标(x1,y1)和(x2,y2)
//      2. 已知 x1<= x2
//      3. 已知该线段上一点的 X 坐标值 xn
//功能:     求该点的 Y 坐标值 yn
//入口:      xn              = 被求点的 X 坐标
//          x1,y1,x2,y2     = 直线两端点坐标值
//出口:      yn              = 被求点的 Y 坐标
//----------------------------------------------------------
char linear_x8_y8(char xn,char x1,char x2,char y1,char y2) {
    int yn;
    char tmp;
    if ( xn < x1 )
    {
        yn = y1;
    }
    else if ( xn>x2 )
    {
        yn = y2;
    }
    else
    {
        if ( y1 < y2 )
        {
            //yn = y1 + (y2-y1) * (xn-x1)/(x2-x1);
            yn = y2-y1;
            tmp = xn-x1;
            yn = yn * tmp;
            tmp = x2-x1;
            yn = yn + (tmp/2);                      //四舍五入
            yn = yn/tmp;
            yn = y1 + yn;
        }
        else
        {
            //yn = y1-(y1-y2) * (xn-x1)/(x2-x1);
            yn = y1-y2;
            tmp = xn-x1;
            yn = yn * tmp;
```

```
        tmp = x2-x1;
        yn = yn + (tmp/2);                      //四舍五入
        yn = yn/tmp;
        yn = y1-yn;
    }
}
return ((char)yn);
}
```

2. 全程线性插值计算

```
//-----------------------------------------------------------
//线性插值计算(x = 8-bit,y = 8-bit)
//条件:    1.已知一根曲线的若干个标定点坐标(QUEUE_x,QUEUE_y)
//         2.已知所有标定点的 X 坐标按递增序列排列:x1<= x2<= x3<= x4<= ......
//         3.已知该曲线上一点的 X 坐标值 xn
//功能:    求该点的 Y 坐标值 yn(近似值)
//入口:    xn               = 被求点的 X 坐标
//         QUEUE_x          = 标定点 X 坐标序列
//         QUEUE_y          = 标定点 Y 坐标序列
//         n                = 序列长度
//出口:    yn               = 被求点的 Y 坐标
//-----------------------------------------------------------
char lin_clac_x8_y8( char xn,char QUEUE_x[],char QUEUE_y[],char n) {
    char i;
    char yn;
    //确定标定区域
    for( i = 1; i<(n-1); i ++ ){
        if ( xn <= QUEUE_x[i] ) break;
    }
    yn = linear_x8_y8 (xn,QUEUE_x[i-1],QUEUE_x[i],QUEUE_y[i-1],QUEUE_y[i])
;        //双字节线性计算
    return(yn);
}
//-----------------------------------------------------------
```

手记 12

移位法在乘除运算及数制转换中的妙用

一、前 言

单片机汇编指令集中的位移指令(包括左移指令和右移指令)主要是用来配合对字节数据中的每一位进行逐位处理。我们可以把一个(或多个)字节看作是一组"位"队列,然后用位移对这个队列中的元素(位)进行"先入先出,后入后出"的操作(参见图 12.1:位移指令操作示意图)。

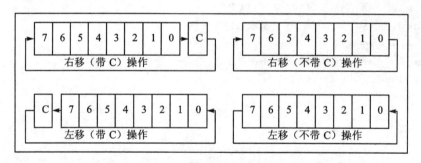

图 12.1 位移指令操作示意图

位移指令的用处是很广泛的。比如在串行通信中,我们要传输一个字节的数据,这个字节的每一位都必须按顺序逐位传输。这时我们就可以用到位移指令。在发送方,每进行一次位移操作,将新移出的位数据发送出去;在接收方,则每读取到一个新的数据位,就进行一次位移操作,将该位移入字节里。

下面匠人要介绍的,就是如何用位移指令去实现一些功能。匠人会根据每个具体的功能给出流程图,并提供一个用 EMC 芯片的汇编指令写的程序实例。读者大人也可以依葫芦画瓢地将其改写成其他类似单片机的汇编语言。

等等,你说什么? 你说你不知道什么叫位移指令? 晕,麻烦你赶快把这本书退了吧。

二、巧用移位法进行多字节乘除计算

现在的单片机体系这棵大树，早已经发展得枝繁叶茂了。MCS-51 一家独秀的局面一去不复返矣。单片机向着高性能和低成本两个方向深度进化。而在低成本这个方向，IC 厂商为了降低成本亦可谓是无所不用其极。这种单片机中，往往采用精简指令集，而且在硬件上取消了对乘/除法的支持。也就是说，如果要进行乘除运算，我们需要自己去写这方面的程序。

下面提供的这两个程序，就是匠人使用多年的一个相当成熟的四则运算模块。它只需要占用系统 17 个寄存器，就可以支持最大 4 字节乘以 4 字节的乘法运算，或 8 字节除以 4 字节的除法运算。

这个模块也支持 4 字节加 4 字节的加法，或 4 字节减 4 字节的减法。但这并不是匠人介绍的重点。

关于寄存器的分配，参见表 12.1：四则运算模块寄存器定义。

表 12.1　四则运算模块寄存器定义

寄存器		用　途			
区域	寄存器定义名称	加法	减法	乘法	除法
A 区	NUM_A0～NUM_A3	被加数、和	被减数、差	被乘数	被除数
B 区	NUM_B0～NUM_B3	加数	减数	乘数	除数
C 区	NUM_C0～NUM_C3	（未使用）	（未使用）	积（低 32 位）	商
D 区	NUM_D0～NUM_D3	（未使用）	（未使用）	积（高 32 位）	余数
计数器	COUNT_JSQ	循环计数			

1. 多字节乘法

在计算机中，如何实现乘法的运算？

比如说，我们要实现一个 3×4 的乘法，我们可以让计算机把 3 连续加 4 次，即：3×4＝3＋3＋3＋3＝12。如果我们要实现一个 33×44 的乘法，那就让计算机把 33 连续加 44 次。

那么，如果是 345678×876543 呢？难道要把 345678 连续加 876543 次吗？我们很快就发现了问题。当被乘数与乘数越大，计算机的运算负荷也就越大。尤其是当这类任务被交给计算机的小弟弟——单片机来实现时，CPU 更是会被累得连喘气的工夫也没有了。如果还想让 CPU 干点别的活，恐怕它就要罢工了。显然，这种方法非常没有效率。我们需要想个更快捷的算法来实现乘法。

想想看，我们人类是如何完成这类运算的？我们会列个竖式，把乘数的每一位与被乘数相乘，并把得到的积列于竖式下部，然后再把所有的积相加即可。（参见图 12.2：十进制的乘法竖式计算方法。）

刚才讲的是十进制乘法。其实,这个竖式在二进制数乘法中也同样适用。(参见图 12.3:二进制的乘法竖式计算方法。)

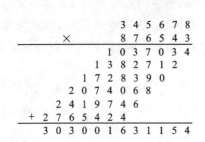

图 12.2　十进制的乘法竖式计算方法

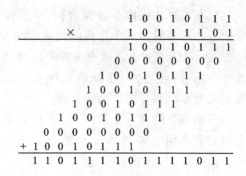

图 12.3　二进制的乘法竖式计算方法

也许有人会说,乘数的每一位与被乘数相乘,还是要用到乘法。其实在二进制中,每个位非"0"即"1"。任何数乘以"1"都等于它自身,而乘以"0"后都等于"0"。

这样一来,我们就把一个复杂的二进制数乘法运算,转变成了一些逻辑判断、加法和位移运算的集合了。

下面匠人给出一个实现多字节二进制数乘法运算的流程图(参见图 12.4:多字节二进制乘法计算流程图)。这个程序就是完全按照前面介绍的竖式的原理,巧妙地应用了位移指令。将乘数中的每一位右移到 C 标志中,再让 C 与被乘数相乘,然后累加到积中。

这个程序的入口参数和出口参数说明如下:

入口:被乘数、乘数;

出口:积(高位区+低位区)。

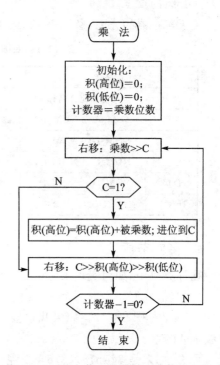

图 12.4　多字节二进制乘法计算流程图

另外要注意,在定义各寄存器组时,它们的位数应满足以下关系:

积(高位区)的位数=被乘数的位数;

积(低位区)的位数=乘数的位数。

下面给出一个实例(32 位乘法):

```
; ************************************
;32BIT 乘法
;功能:      32BIT * 32BIT = 64BIT
;入口:      被乘数  = NUM_A3,NUM_A2,NUM_A1,NUM_A0
;           乘数   = NUM_B3,NUM_B2,NUM_B1,NUM_B0
;出口:      积     = NUM_D3,NUM_D2,NUM_D1,NUM_D0,NUM_C3,NUM_C2,NUM_C1,NUM_C0
; ************************************
MUL_32_32:
    ALLCLR      NUM_D3,NUM_D2,NUM_D1,NUM_D0
    ALLCLR      NUM_C3,NUM_C2,NUM_C1,NUM_C0        ;积 = 0
    CLR         COUNT_JSQ
    BS          COUNT_JSQ,5                        ;循环计数器 = 32
MUL_32_32_LP:
    ALLRRC      NUM_B3,NUM_B2,NUM_B1,NUM_B0        ;乘数带 C 右移
    CJBC        R3,C,MUL_32_32_LP1                 ;C = 0,跳
    ADD         NUM_D0,NUM_A0
    ADDC        NUM_D1,NUM_A1
    ADDC        NUM_D2,NUM_A2
    ADDC        NUM_D3,NUM_A3                      ;积(高 32 位) = 积(高 32 位) + 被乘
数
MUL_32_32_LP1:
    ALLRRC      NUM_D3,NUM_D2,NUM_D1,NUM_D0
    ALLRRC      NUM_C3,NUM_C2,NUM_C1,NUM_C0        ;积带 C 右移
    DJNZ        COUNT_JSQ,MUL_32_32_LP             ;循环计数器 - 1,≠0 跳
    RET
```

2. 多字节除法

有了乘法的基础,就不难理解二进制除法的计算方法了。我们看看十进制除法,其实就是一个从被除数的高位到低位不断地试商的过程(参见图 12.5:十进制的除法竖式计算方法)。

同样的试商原理也适用于二进制的除法(参见图 12.6:二进制的除法竖式计算方法)。

按照这个原理,匠人给出多字节二进制数除法运算的流程图(参见图 12.7:多字节二进制除法计算流程图)。这个程序将被除数中的每一位逐位左移到余数寄存器组和 C 标志中,并试商,然后计算出结果——商。

这个程序的入口参数和出口参数说明如下:

入口:被除数、除数;

出口:商、余数、溢出标志 C。

另外要注意,在定义各寄存器组时,它们的位数应满足以下关系:

被除数的位数＝商的位数；

除数的位数＝余数的位数。

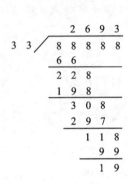

图 12.5　十进制的除法竖式计算方法

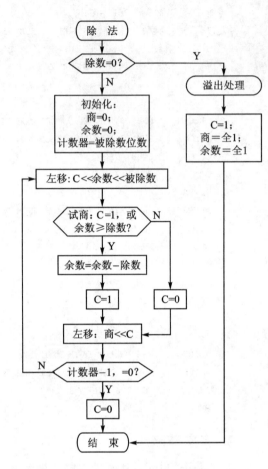

图 12.7　多字节二进制除法计算流程图

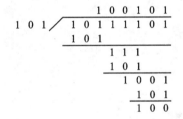

图 12.6　二进制的除法竖式计算方法

下面给出一个实例（32 位除法）：

```
;********************************
;32BIT 除法
;功能：    32BIT/32BIT = 32BIT ... 32BIT
;入口：    被除数        = NUM_A3,NUM_A2,NUM_A1,NUM_A0
;          除数          = NUM_B3,NUM_B2,NUM_B1,NUM_B0
;出口：    商            = NUM_C3,NUM_C2,NUM_C1,NUM_C0
;          余数          = NUM_D3,NUM_D2,NUM_D1,NUM_D0
```

```
;      溢出标志 = C(0 = 除数不为零,1 = 除数为零)
; ********************************
DIV_32_32:
    CJZ      NUM_B3,NUM_B2,NUM_B1,NUM_B0,DIV_ERR        ;除数 = 0,跳
; ==== 除数<>0 时
    ALLCLR     NUM_C3,NUM_C2,NUM_C1,NUM_C0             ;商 = 0
    ALLCLR     NUM_D3,NUM_D2,NUM_D1,NUM_D0             ;余数 = 0
    CLR     COUNT_JSQ
    BS      COUNT_JSQ,5                                ;循环计数器 = 32
DIV_32_32_LP:
    ALLRLC     NUM_A3,NUM_A2,NUM_A1,NUM_A0
    ALLRLC     NUM_D3,NUM_D2,NUM_D1,NUM_D0             ;左移:C<<余数<<被除数
; == 试商
    CJBS     R3,C,DIV_32_32_LP1                        ;C = 1,跳
    CJL      NUM_D3,NUM_D2,NUM_D1,NUM_D0,NUM_B3,NUM_B2,NUM_B1,NUM_B0,DIV_32_32_
LP2  ;余数<
     ;除数,跳
DIV_32_32_LP1:
    SUB      NUM_D0,NUM_B0
    SUBC     NUM_D1,NUM_B1
    SUBC     NUM_D2,NUM_B2
    SUBC     NUM_D3,NUM_B3                             ;余数 = 余数 - 除数
    BS       R3,C                                      ;商 1
DIV_32_32_LP2:
    ALLRLC     NUM_C3,NUM_C2,NUM_C1,NUM_C0            ;商带 C 左移
    DJNZ     COUNT_JSQ,DIV_32_32_LP                    ;循环计数器 - 1,≠0 跳
    BC       R3,C                                      ;C = 0
    RET

; ********************************
; ==== 溢出(除数 = 0)处理
; ********************************
DIV_ERR:
    MOV      NUM_C3,@0XFF
    MOV      NUM_C2,A
    MOV      NUM_C1,A
    MOV      NUM_C0,A                                  ;商 = 全 1

    MOV      NUM_D3,A
    MOV      NUM_D2,A
    MOV      NUM_D1,A
    MOV      NUM_D0,A                                  ;余数 = 全 1
    BS       R3,C                                      ;C = 1
    RET
```

三、巧用移位法进行数制转换

1. 数制的基本概念

在日常生活中,我们使用的数制都是十进制的。据说这是源于我们人类的十根手指。按这种逻辑来推断,如果当初我们的祖先不小心进化出 16 根手指头,则现在我们将用十六进制数来清点每个月老板发给我们的微薄薪水了。也许我们该庆幸我们的祖先不是八爪鱼、百足虫或三脚猫之类的怪物,嘿嘿!

同样的,我们很好理解计算机为什么会采用二进制。因为构成计算机的基本部件——逻辑门,只能拥有两种状态,非"0"即"1"。

数制中的两个基本要素是:"基数"和"位权"。

数制的进位规则是逢 N 进一,其中 N 是指该数制中所需要的数字字符的总数,称为基数。例如,十进制数用 0～9 等 10 个不同的符号来表示数值,这个 10 就是数字字符的总个数,也是十进制的基数,表示逢十进一。同样的,二进制数只需要 0 和 1 两个符号来表示数制,则二进制数的基数就是 2。

任何一种数制表示的数都可以写成按位权展开的多项式之和,位权是指一个数字在某个固定位置上所代表的值,处在不同位置上的数字符号所代表的值不同,每个数字的位置决定了它的值或者位权。

位权与基数的关系是:各进位制中位权的值是基数的若干次幂。如十进制数"123.4"可以表示为:

$$(123.4)_{10} = 1 \times 10^2 + 2 \times 10^1 + 3 \times 10^0 + 4 \times 10^{-1}$$

位权表示法的原则是数字的总个数等于基数;每个数字都要乘以基数的幂次,而该幂次是由每个数所在的位置所决定的。排列方式是以小数点为界,整数自右向左 0 次方、1 次方、2 次方、……,小数自左向右 -1 次方、-2 次方、-3 次方、……

2. 数制转换的原理

人类习惯于十进制数,而计算机中在进行数据运算、存储时,却是使用二进制更方便。因此,便需要在人机交流过程中进行数制转换。比如单片机中的一个计算结果,我们需要把它显示出来给操作者阅读,就需要将单片机内部的二进制形式,转换成人们所习惯的十进制(BCD 码)形式送显。

十进制数与非十进制数相互转换有以下几种情况:

(1) 非十进制转十进制

如果我们要将一个非十进制的数,转换成十进制。我们可以采用位权法,即"按权展开求和"。把该数从高位到低位,逐位取出并计算出该位的十进制值,然后乘以其基数的特定幂指数(位权),得出这一位数的十进制值,将所有各位的十进制值相加得出这个数的十进制值。

比如我们要把一个二进制数"10011100B"转换成十进制,方法如下:

$$10011100B = 1\times2^7 + 0\times2^6 + 0\times2^5 + 1\times2^4 + 1\times2^3 + 1\times2^2 + 0\times2^1 + 0\times2^0$$
$$=1\times128+0\times64+0\times32+1\times16+1\times8+1\times4+0\times2+0\times1$$
$$=156$$

（2）十进制整数转非十进制

如果我们要将一个十进制的整数，转换成非十进制。我们可以采用求余法进行，把该十进制整数除非十进制数的数基，连续求余，得出的余数由下而上排列组成新数，即得该整数的非十进制值。

比如我们要把一个十进制数"156"转换成二进制，根据求余法（参见图 12.8：十进制整数转二进制方法）计算结果为"10011100B"。

（3）十进制小数转非十进制

如果我们要将一个十进制的小数，转换成非十进制。我们可以采用进位法进行，把该十进制小数乘非十进制数的基数，当积值为 0 或达到所要求的精度时，将每次积值的整数部分由上而下排列组成新数，即得该整数的非十进制值。

比如我们要把一个十进制小数"0.8125"转换成二进制小数，根据进位法（参见图 12.9：十进制小数转二进制方法）计算结果为"0.1101B"。

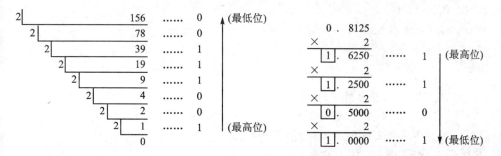

图 12.8　十进制整数转二进制方法　　图 12.9　十进制小数转二进制方法

前面讲的是十进制与二进制互相转换的一般方法。但是，这种方法在不支持乘除法指令的单片机中，效率太低了。如果真的按这种方法去写程序，恐怕写出来的程序也没有太多的实用价值。

因此，匠人将要隆重介绍的是一种更有效率的方法。在这种方法中，只需利用移位指令对被转换数进行逐位调整，即可完成二进制与十进制压缩 BCD 码的相互转换。调整的次数相等于二进制数的位数。也就是说，如果是想将 16 位二进制数转换成十进制数，或者是想将一个不大于 65535 的十进制数转换成 16 位二进制数，这样的调整只需要进行 16 次。这 16 次调整可以通过一个循环体来实现。巧妙的是，在整个程序中不需要运行任何乘法/除法运算。这也是这个方法的价值所在。

下面给出的实例来自匠人自己平时使用的模块，它只需要占用系统 7 个寄存器，就可以完成将 16 位二进制数与不大于 65535 的十进制数之间的转换。

关于寄存器的分配，参见表 12.2：数制转换模块寄存器定义。

匠人手记
第2版

158

表 12.2　数制转换模块寄存器定义

寄存器		用　途	
区域	寄存器定义名称	二进制转十进制程序	十进制转二进制程序
二进制数区	BIN_HI BIN_LO	入口参数	出口参数
十进制 BCD 码区	BCD_H BCD_M BCD_L	出口参数	入口参数
计数器	COUNT_JSQ	循环计数	
临时使用寄存器	DATA	临时使用寄存器	（未使用）

3. 二进制数转换十进制压缩 BCD 码

下面介绍的是将 16 位二进制数转换成十进制数的方法。

这个程序的入口参数和出口参数说明如下：

入口：BIN（16 位）；

出口：BCD（24 位）。

源程序如下：

```
;********************************
;16 位二进制数 ==＞十进制 BCD 码
;入口：    BIN_1,BIN_0 = 二进制数
;出口：    BCD_2,BCD_1,BCD_0 = 十进制 BCD 码
;中间：    COUNT_JSQ = 循环计数器
;         DATA = 临时使用寄存器
;********************************
BIN16_BCD：
    MOV    COUNT_JSQ,@16
    ALLCLR BCD_2,BCD_1,BCD_0
BIN16_BCD_LP：
    MOV    A,@BCD_0 + DATA_BANK
    CALL   ADJBCD1

    MOV    A,@BCD_1 + DATA_BANK
    CALL   ADJBCD1

    MOV    A,@BCD_2 + DATA_BANK
    CALL   ADJBCD1

    ALLRLC BIN_1,BIN_0
    ALLRLC BCD_2,BCD_1,BCD_0
```

```
DJNZ    COUNT_JSQ,BIN16_BCD_LP
RET

;=================
;二进制转十进制调整
;入口：     A＝待调整的十进制 BCD 码地址
;=================
ADJBCD1：
    MOV     R4,A

    MOV     A,@0X03
    ADD     A,R0
    MOV     DATA,A
    JBC     DATA,3
    MOV     R0,A

    MOV     A,@0X30
    ADD     A,R0
    MOV     DATA,A
    JBC     DATA,7
    MOV     R0,A
    RET
```

二进制转十进制压缩 BCD 码流程图参见图 12.10。

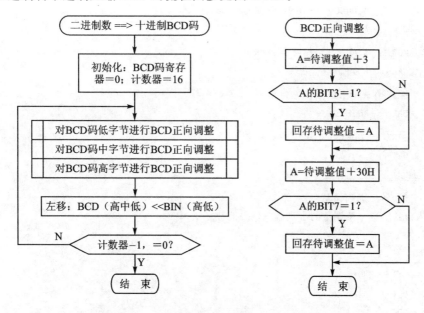

图 12.10　二进制转十进制压缩 BCD 码流程图

4. 十进制压缩 BCD 码转换二进制数

现在介绍的是将一个不大于 65 535 的十进制数转换成 16 位二进制数方法。
这个程序的入口参数和出口参数说明如下：

入口：BCD(24 位)；

出口：BIN(16 位)。

源程序如下：

```
;**********************************
;十进制 BCD 码 == >16 位二进制数
;入口：    BCD_2,BCD_1,BCD_0 = 十进制 BCD 码
;出口：    BIN_1,BIN_0 = 二进制数
;中间：    COUNT_JSQ = 循环计数器
;**********************************
BCD_BIN16：
    MOV     COUNT_JSQ,@16
    ALLCLR BIN_1,BIN_0

BCD_BIN16_LP：
    BC      R3,C
    ALLRRC BCD_2,BCD_1,BCD_0
    ALLRRC BIN_1,BIN_0

    MOV     A,@BCD_0 + DATA_BANK
    CALL    ADJBCD2

    MOV     A,@BCD_1 + DATA_BANK
    CALL    ADJBCD2

    MOV     A,@BCD_2 + DATA_BANK
    CALL    ADJBCD2

    DJNZ    COUNT_JSQ,BCD_BIN16_LP
    RET

;=================
;十进制转二进制调整
;入口：    A = 待调整的十进制 BCD 码地址
;=================
ADJBCD2：
    MOV     R4,A

    MOV     A,@0X03
    JBC     R0,3
    SUB     R0,A

    MOV     A,@0X30
```

```
JBC    R0,7
SUB    R0,A
RET
```

十进制压缩 BCD 码转二进制流程图参见图 12.11。

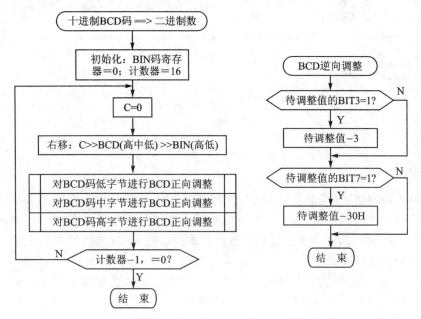

图 12.11　十进制压缩 BCD 码转二进制流程图

四、后　记

位移指令其实还有许多应用的场合。比如我们要采集某个 I/O 口上的电平状态,并需要对每次读入的状态进行消抖动,或者是需要作边沿监测。我们可以定时采集该 I/O 口上的电平状态,用位移方法将新电平状态"压入"I/O 口状态队列寄存器的低位,然后分析判断其最末两位,并根据其状态(参见表 12.3:I/O 口状态分析)去进行相关处理。

表 12.3　I/O 口状态分析

I/O 口状态队列寄存器	意　义
00	两次状态一致为低
01	监测到一个上升沿
10	监测到一个下降沿
11	两次状态一致为高

戏法人人会变,各有巧妙不同。多挖掘一些指令应用的技巧,有助于实际问题的有效解决。希望这篇手记能激发读者更多的激情。

手记 **13**

按键漫谈

一、前　言

　　在原先的网络版《按键漫谈》一文中，匠人介绍了一些常见的按键类型及判别方法。但当时由于时间不够充裕，没有进一步给出具体的程序或流程图。后来匠人又抽空写了一篇续集，名曰《多种击键类型的处理流程图》。在该续集中补充了多种按键类型的检测处理流程图。

　　像这种狗尾续貂的事情，匠人干得多了。在匠人看来也是迫不得已。谁叫咱不是专业的"坐在家里"的作家呢，只能是边写边发表了。

　　实际上，这两篇手记是无法独立存在的，故这次收录时，被合并成了一篇手记。

　　按键处理，可以说是做单片机的朋友必须掌握的一项基本功。在本文中，匠人将试着对各种按键类型的检测及处理做一些肤浅的分析，权当是给新手扫盲。如果您是高手，请跳过此文，谢谢！如果您自认为是高手，也请跳过此文，谢谢！☺

　　准备好了吗？那就请跟我来吧。（背景音乐响起来：我踩着不变的步伐，是为了等待你的到来……）（读者：别哼哼唧唧了，等待你个头啊！人都到齐了，快点开讲！）

二、按键时序分析

　　一次完整的按键过程，包含以下几个阶段（参见图 13.1：按键时序图）：

　　（1）等待阶段

　　此时按键尚未按下，处于空闲阶段。

　　（2）闭合抖动阶段

　　此时按键刚刚按下，但信号还处于抖动状态，系统在监测时应该有个消抖的延时。这个延时时间一般为 4～20 ms。

　　消抖动延时的另一个作用是可以剔除信号线上的干扰，防止误动作。

　　（3）有效闭合阶段

　　此时抖动已经结束，一个有效的按键动作已经产生。系统应该在此时执行按键

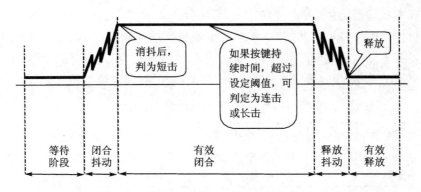

图 13.1　按键时序图

功能；或将按键所对应的编号（简称"键号"或"键值"）记录下来，待按键释放时再执行。

（4）释放抖动阶段

一般来说，考究一点的程序应该在这里做一次消抖延时，以防误动作。但是，如果前面"闭合抖动阶段"的消抖延时时间取值合适的话，可以忽略此阶段。

（5）有效释放阶段

如果按键是采用释放后再执行功能，则可以在这个阶段进行相关处理。处理完成后转到阶段 1（等待阶段）；如果按键是采用闭合时立即执行功能，则在这个阶段可以直接切换到阶段 1（等待阶段）。

三、常见按键类型分析

1. 按键类型的划分

按键类型，也就是用户按键的方式。

按键类型的划分有多种方式，比如：按照按键时间来划分，可以分为"短击"和"长击"；按照按键后执行的次数来划分，可以分为"单击"和"连击"。另外还用一些组合击键方法，如"双击"或"同击"等。

匠人将常用的按键类型总结了一下，并整理成表格（参见表 13.1：按键类型说明）。为了后面行文的方便，匠人在这张表格中给每种按键类型定义了一个名称。这些名称也许和其他书上讲的不同，这并不重要，一个代号而已。

2. 不同按键类型的按键响应时机

针对不同的按键类型，按键响应的时机也是不同的。

➤ 有些类型必须在按键闭合时立即响应，如：长击、连击。

➤ 而有些类型则需要等到按键释放后才执行，如：当某个按键同时支持"短击"和"长击"时，必须等到按键释放，排除了本次按键是"长击"后，才能执行"短击"功能。

➢ 还有些类型必须等到按键释放后再延时一段时间，才能确认。如：当某个按键同时支持"单击"和"双击"时，必须等到按键释放后，再延时一段时间，确信没有第二次按键动作，排除了"双击"后，才能执行"单击"功能。而对于"无击"类型的功能，也是要等到键盘停止触发后一段时间才能被响应。

表 13.1　按键类型说明

按键类型	类型说明	应用领域
单键单次短击 （简称"短击"或"单击"）	用户快速按下单个按键，然后立即释放	基本类型，应用非常广泛，大多数地方都有用到
单键单次长击 （简称"长击"）	用户按下按键并延时一定时间再释放	1. 用于按键的复用； 2. 某些隐藏功能； 3. 某些重要功能（如"总清"键或"复位"键），为了防止用户误操作，也会采取长击类型
单键连续按下 （简称"连击"或"连按"）	用户按下按键不放，此时系统要按一定的时间间隔连续响应	用于调节参数，达到连加或连减的效果（如 UP 键和 DOWN 键）
单键连按两次或多次 （简称"双击"或"多击"）	相当于在一定的时间间隔内两次或多次单击	1. 用于按键的复用； 2. 某些隐藏功能
双键或多键同时按下 （简称"同击"或"复合按键"）	用户同时按下两个按键，然后再同时释放	1. 用于按键的复用； 2. 某些隐藏功能
无键按下 （简称"无键"或"无击"）	当用户在一定时间内未按任何按键时需要执行某些特殊功能	1. 设置模式的"自动退出"功能； 2. 自动进待机或睡眠模式

四、常见按键类型的判别方法

1. 如何区别"短击"和"长击"

关于如何区别"短击"和"长击"，请读者参见图 13.2：短击/长击的区别示意图。

定义 1 个变量：KEY_JSQ＝按键闭合计数器。

定义 1 个常数：AN_CJ_DL＝按键长击时间常数。

定时检测按键，当按键闭合时，KEY_JSQ 按一定的频率递增。当 KEY_JSQ 被加到溢出（KEY_JSQ≥AN_CJ_DL）时，确认一次有效长击。

当按键释放时，再判一次 KEY_JSQ，如果 KEY_JSQ＜ AN_CJ_DL，则说明刚才释放的那次按键为"短击"。

当按键释放后，KEY_JSQ 应当被清零。

需要指出的是，当一个按键上同时支持"短击"和"长击"时，二者的执行时机是不同的。一般来说，"长击"一旦被检测到就立即执行。而对于"短击"来说，因为当按键刚被按下时，系统无法预知本次击键的时间长度，所以"短击"必须在释放后再执行。

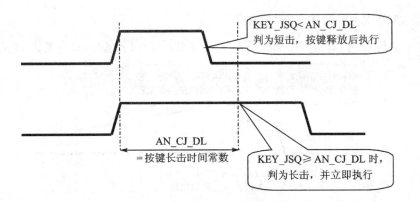

图 13.2　短击/长击的区别示意图

2. 如何识别"单击"和"连击"

关于如何区别"单击"和"连击",请读者参见图 13.3:单击/连击的识别示意图。

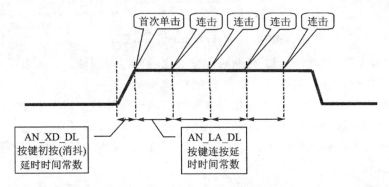

图 13.3　单击/连击的识别示意图

若一次按键被反复检测到,视为"连击"。一般来说,"连击"和"单击"是相伴随的。事实上,"连击"的本质就是多次"单击"。

定义 1 个变量:K_DELAY=按键响应延时时间寄存器。

定义 2 个常数:AN_XD_DL 和 AN_LA_DL。

AN_XD_DL=按键初按(消抖)延时(用来确定消抖时间,一般取 4~20 ms)。

AN_LA_DL=按键连按延时(用来确定连击的响应频率。比如,如果要每秒执行 10 次连击,则这个参数=100 ms)。

按键未闭合前,先令 K_DELAY=AN_XD_DL。当按键闭合时,K_DELAY 以一定的频率递减。当 K_DELAY 被减到 0 时,即可先执行一次按键功能(此为"首次单击")。

执行完按键后,令 K_DELAY=AN_LA_DL,并重新进行递减。

当 K_DELAY 再次被减到 0 时,即可再执行一次按键功能(此为"连击")。

如果按键一直闭合,就一直重复执行上面的步骤,直到按键释放。

3. 如何识别"双击"和"多击"

关于如何区别"双击"和"多击",请读者参见图 13.4:单击/双击的识别示意图。

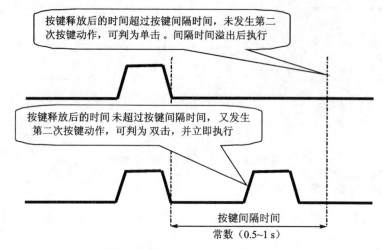

按键释放后的时间超过按键间隔时间,未发生第二次按键动作,可判为单击。间隔时间溢出后执行

按键释放后的时间未超过按键间隔时间,又发生第二次按键动作,可判为双击,并立即执行

按键间隔时间
常数(0.5~1 s)

图 13.4 单击/双击的识别示意图

识别"双击"的技巧,主要是判断两次按键之间的时间间隔。一般来说这个时间间隔定为 0.5~1 s。

每次按键释放后,启动一个计数器对释放时间进行计数。如果当计数时间>按键间隔时间常数(0.5~1 s),还没有发生第二次按键动作,则判为"单击"。反之,如果在计数器还没有到达按键间隔时间常数(0.5~1 s),又发生了一次按键行为,则判为"双击"。

需要强调的是:如果一个按键同时支持单击和双击功能,那么当检测到按键被按下或被释放时,不能立即响应。而是应该等待按键释放时间超过按键间隔时间常数(0.5~1 s)后,才能判定为单击,此时才能执行单击功能。

"多击"的判断技巧与"双击"类似,只需要增加一个按键次数计数器对按键进行计数即可。

4. 如何识别"同击"

关于如何区别"同击",请读者参见图 13.5:复合键(同击)的识别示意图。

"同击"是指两个或两个以上按键的同时被按下时,作为一个"复合键"来单独处理。

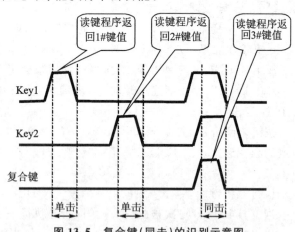

读键程序返回1#键值

读键程序返回2#键值

读键程序返回3#键值

Key1

Key2

复合键

单击　　单击　　同击

图 13.5 复合键(同击)的识别示意图

"同击"主要是通过按键扫描检测程序来识别。按键扫描程序(也称为"读键程序")为每个按键分配一个键号(或称为"键值"),而"复合键"也会被赋予一个键号。比如,有两个按键,当它们分别被触发时,返回的键号分别为 1♯ 和 2♯,当它们同时被触发时,则返回新的键号 3♯。

在键盘处理程序中,一旦收到键号,只需按不同的键号去分别处理即可。

5. 如何识别"无击"

关于如何识别"无击",请读者参见图 13.6:按键释放(无击)的识别示意图。

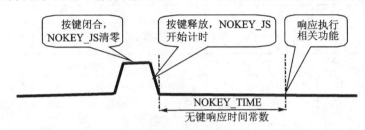

图 13.6   按键释放(无击)的识别示意图

"无击"指的是当按键连续一定时间未触发后,应该响应的功能。常见的应用如:自动退出设置状态、自动切换到待机模式等。

定义 1 个变量:NOKEY_JS=无键计时器。

定义 1 个常数:NOKEY_TIME=无键响应时间常数(一般为 5 s 或 10 s)。

当检测到按键释放时,NOKEY_JS 每 1 s 自动加 1。一旦 NOKEY_JS>=NOKEY_TIME,就执行相关功能。

当检测到按键闭合时,NOKEY_JS 清零。

五、多种按键类型的处理流程

现在,匠人要给出一些按键检测处理的流程图了。

又是流程图,怎么老是流程图? 为什么只给流程图,而不给源程序呢?

呵呵,因为匠人认为:授人以鱼,不如授人以渔。流程图描述的是程序的思想精髓。只要掌握了程序的流程(算法),不管采用何种语言,都可以很容易地实现。

(1) 变量和常量定义说明

关于流程图中提到的各种按键类型,其类型定义已经在前面中给出了。这里不再赘述。

在这里只介绍一下有关变量和常量的定义,如下:

➤ 寄存器定义参见表 13.2:按键检测程序寄存器定义。

➤ 标志定义参见表 13.3:按键检测程序标志位定义。

➤ 常量参数定义参见表 13.4:按键检测程序常量参数定义。

表 13.2　按键检测程序寄存器定义

寄存器(变量)	定　义	说　明
KEY_NUM	本次键号	给每个按键分配一个键号(0~255);当键号
KEY_BUF	备份键号	＝0(或 255)时,代表无键闭合
K_DELAY	按键响应延时时间(倒计时器)	服务于"连击"功能
NOKEY_JS	无键计时器(每 1 s 加 1)	服务于"无击"功能
KEY_JSQ	按键闭合计数器	服务于"长击"功能

表 13.3　按键检测程序标志位定义

标志位	定　义	说　明
KEY_DIS_T	按键禁止响应标志	如果按键闭合后还未执行过,或者按键支持"连击"功能,则该标志＝0;如果按键不支持"连击"功能,并且已经执行过一次了,则该标志＝1
KEY_SCAN_T	按键检测使能标志	在中断定时系统中,每过 10 ms 将该标志设置为有效

表 13.4　按键检测程序常量参数定义

常　量	值	定　义	说　明
AN_XD_DL	2	按键初按(消抖)延时	初按响应时间＝AN_XD_DL * 按键扫描周期
AN_LA_DL	15	按键连击延时	连按响应时间＝AN_LA_DL * 按键扫描周期
AN_CJ_DL	10	按键长击(时间)	长击响应时间＝AN_CJ_DL * AN_LA_DL * 按键扫描周期

(2) 简单的按键处理流程图

现在,我们先给出一个最简单的流程图(参见图 13.7:简单的按键检测处理流程图)。在这个程序中,可以识别正常的按键动作,完成消抖处理。该程序的实时性比较好,在其消抖的过程中,CPU 可以执行其他程序。

(3) 可以识别单击/连击、无击等按键类型的按键处理流程图

现在,我们在前一个流程图的基础上,增加对连击的识别以及按键释放后的"无击处理"(参见图 13.8:可识别单击/连击、无击等按键类型的按键检测处理流程图)。

(4) 可以识别单击/连击、短击/长击、无击等按键类型的按键处理流程图

现在,我们在前一个流程图的基础上,增加对长击的识别(参见图 13.9:可识别单击/连击、短击/长击、无击等按键类型的按键检测处理流程图)。

(5) 可以识别多种按键类型的按键处理流程图

读者请参见图 13.10:可识别多种按键类型的按键检测处理流程图。

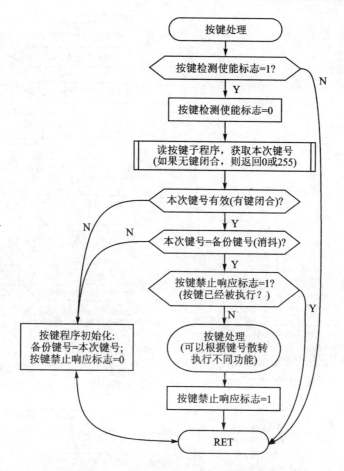

图 13.7　简单的按键检测处理流程图

六、后　记

　　前面给出的流程图基本上已经非常完善了。如果再进行适当的改造,完全可以识别更多的按键类型,如:同击(复合键)、双击(多击)。这就看各位看官的自行发挥了。

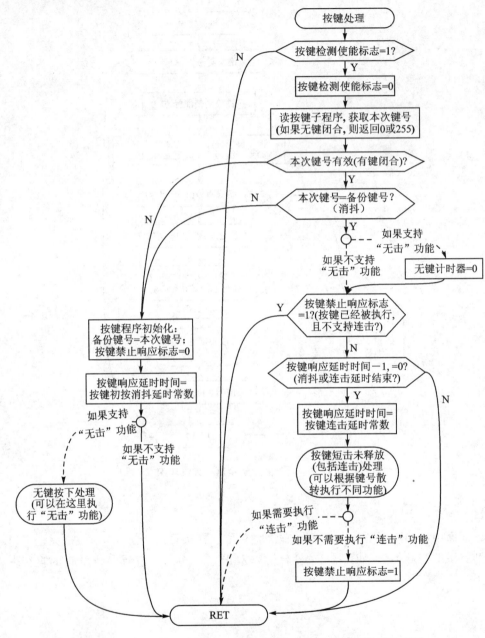

图 13.8 可识别单击/连击、无击等按键类型的按键检测处理流程图

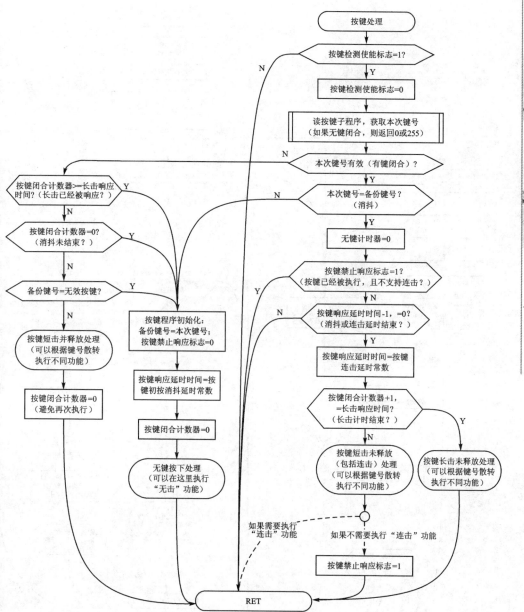

图 13.9　可识别单击/连击、短击/长击、无击等按键类型的按键检测处理流程图

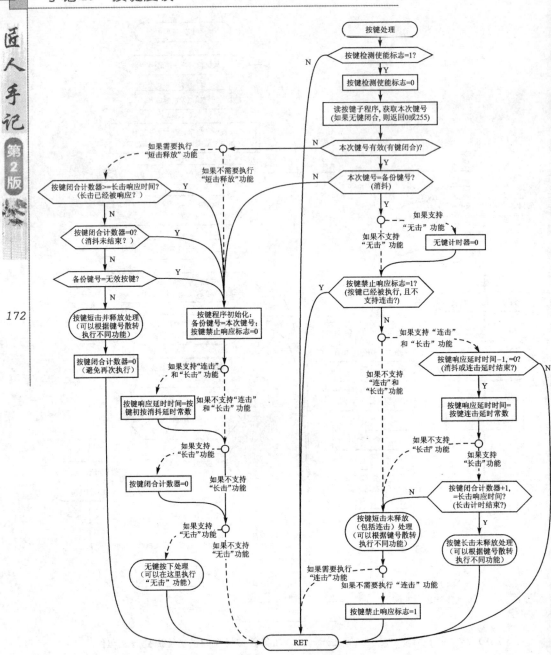

图 13.10　可识别多种按键类型的按键检测处理流程图

手记 **14**

单键多击的检测程序

一、前　言

在某些设计中,我们可能要用一个按键来输入多种信息,如:单击/双击/三击、短击/长击,还有各种组合按键方式。为了实现这种需要,匠人设计了这个读键子程序。

这篇手记同时也是对前篇有关按键的手记的进一步补充。根据前面提出的方法,给出一个特定的应用例程。

二、设计思路

在这个读键子程序中,定义了以下 3 个常数。

(1) 长击时间常数

"长击时间常数"=500 ms。该常数用于识别短击/长击。如果按键闭合时间<500 ms,则判断为一次短击(用"0"代表);如果按键闭合时间>500 ms,则判断为一次长击(用"1"代表)。

(2) 两次按键时间间隔常数

"两次按键时间间隔常数"=700 ms。该常数用于判别按键动作是否完成。如果按键释放后在 700 ms 内没有再次按下,则结束读键。

(3) 最多按键次数(ZHBIT)

"最多按键次数"代表程序中最多能够识别的按键次数。本程序可以识别的按键次数为 1~7 次。由于每次按键都可以是短击或长击,所以最多可以识别 254 种组合。但并非每个程序中用得上这么多次按键。在大多数程序中,能判断双击就可以了,这时可将程序中的 ZHBIT 常数定义为 2。同理,如果要判断 3 次按键,则将 ZHBIT 常数定义为 3 即可。

➤ 当 ZHBIT=1 时,程序仅能识别 1 次按键,那么就有 2 种不同的组合:短击、长击。

➤ 当 ZHBIT＝2 时,程序还能识别最多 2 次按键,那么就有 6(＝2＋4)种不同的组合:短击、长击、短击＋短击、短击＋长击、长击＋短击、长击＋长击。

➤ 当 ZHBIT＝3 时,程序能识别最多 3 次按键,包括 14(＝2＋4＋8)种组合。

以此类推,就可以得到这张表格(参见表 14.1:按键次数与最多能识别的按键组合方式对照表)。通过该表,我们可以看到这个子程序的潜力巨大,最多可以识别 254 种按键组合序列。

表 14.1　按键次数与最多能识别的按键组合方式对照表

最多按键次数(ZHBIT)	最多能识别的按键组合方式
1	2
2	2＋4＝6
3	2＋4＋8＝14
4	2＋4＋8＋16＝30
5	2＋4＋8＋16＋32＝62
6	2＋4＋8＋16＋32＋64＝126
7	2＋4＋8＋16＋32＋64＋128＝254

现在,我们来对这个序列进行编码。我们可以用一个键值来表示这些组合序列。这个键值的每一位代表一次按键,其中"0"代表短击,"1"代表长击。

为了在这个键值中体现本次操作中用户实际的按键次数,我们需要设立一个引导位"1"。

也就是说,在键值中左边第一个"1"之后的每一位代表一次按键。

我们这个子程序需要做的事情就是检测用户的按键序列,并在读键完毕返回一个键号值 KEY_NUM。每个键值序列代表一种按键组合方式(参见表 14.2:键值表)。该表中的 KEY_NUM 值的规律是,从左向右看,第一个"1"(引导位)后面的每一位代表一次按键;"0"代表短击,"1"代表长击。

掌握该规律后,我们可将任何一个 8 位的二进制数"翻译"成一种按键组合。例如:"01010101"代表的是:短＋长＋短＋长＋短＋长。这是一种非常有趣的编码。

表 14.2　键值表

键值(KEY_NUM)	意　　义
00000000	无键按下过
00000001	无意义
00000010	单次短击
00000011	单次长击
00000100	短击＋短击
00000101	短击 ＋长击
00000110	长击 ＋短击
00000111	长击 ＋长击
...	...
10000000	7 次短击
11111111	7 次长击

174

通过这种方法,信息被编成二进制代码输入系统,而所需要的仅仅是一个按键而已。这似乎有点像老式的发报机。☺

三、流程图

　　读者请参见图 14.1:单键多击检测流程图。

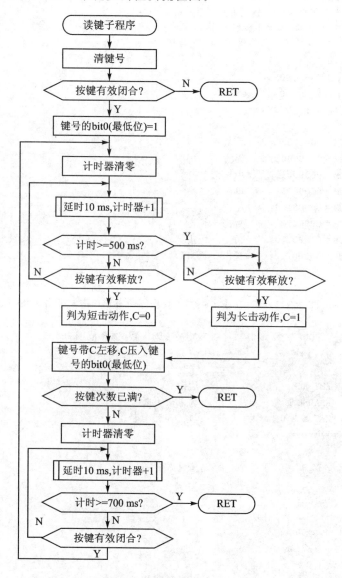

图 14.1　单键多击检测流程图

175

四、源程序

（用 EMC 的汇编指令实现）：
```
; **********************************
;读键子程序
;出口：      KEY_NUM      = 键号值
;中间：      KEY_DL       = 计数器
;说明：
/ *
短击：键按下时间＜500MS
长击：键按下时间＞500MS
两次按键间隔时间＜700MS
键号定义：
    KEY_NUM = 00000000：      无键按下
    KEY_NUM = 00000001：      无意义
    KEY_NUM = 00000010：      单次短击
    KEY_NUM = 00000011：      单次长击
    KEY_NUM = 00000100：      短击 + 短击
    KEY_NUM = 00000101：      短击 + 长击
    KEY_NUM = 00000110：      长击 + 短击
    KEY_NUM = 00000111：      长击 + 长击

    . . .
    KEY_NUM = 11111110：      长击 + 长击 + 长击 + 长击 + 长击 + 长击 + 短击
    KEY_NUM = 11111111：      长击 + 长击 + 长击 + 长击 + 长击 + 长击 + 长击
* /
    ZHBIT      EQU      2          ;最多按键次数（选择范围 1～7）
; **********************************
READKEY：
    CLR      KEY_NUM              ;清键号
    JKOFF    READKEYF             ;键未按下跳
    BS       KEY_NUM,0            ;"1" -> 键号低位
; ==================
READKEYA：
    CLR      KEY_DL               ;清计数器
READKEYB：
    CALL     DL10MS
    INC      KEY_DL
    MOV      A,@50
    SUB      A,KEY_DL
    JBC      R3,C
    JMP      READKEYC             ;计数器溢出跳
    JKON     READKEYB             ;键未释放跳
    BC       R3,C                 ;C = 0
    JMP      READKEYD
; ==================
```

```
READKEYC:
    WDTC                                ;喂狗
    JKON    READKEYC                    ;键未释放跳
    BS      R3,C                        ;C = 1
READKEYD:
    RLLC    KEY_NUM                     ;键号左移 1 位,C ->键号低位
    JBC     KEY_NUM,ZHBIT               ;按键检测未完成继续
    RET
; =================
    CLR     KEY_DL                      ;清计数器
READKEYE:
    CALL    DL10MS
    INC     KEY_DL
    MOV     A,@70
    SUB     A,KEY_DL
    JBC     R3,C
READKEYF:
    RET                                 ;计数器溢出返回
    JKOFF   READKEYE                    ;键未按下跳
    JMP     READKEYA                    ;再次检测
; =================
;键闭合跳(宏)
; =================
JKON    MACRO   ADDRESS
    JBS     R5,KEY                      ;键断开跳
    FJMP    ADDRESS                     ;键闭合跳
    CALL    DL10MS                      ;延时去抖动
    JBS     R5,KEY                      ;键断开跳
    FJMP    ADDRESS                     ;键闭合跳
ENDM
; =================
;键断开跳(宏)
; =================
JKOFF   MACRO   ADDRESS
    JBC     R5,KEY                      ;键闭合跳
    FJMP    ADDRESS                     ;键断开跳
    CALL    DL10MS                      ;延时去抖动
    JBC     R5,KEY                      ;键闭合跳
    FJMP    ADDRESS                     ;键断开跳
ENDM
```

手记 **15**

串口七日之创世纪篇

一、前　言

(1) 圣经创世纪篇

在宇宙天地尚未形成之前,黑暗笼罩着无边无际的空虚混沌,上帝那孕育着生命的灵运行其中,投入其中,施造化之工,展成就之初,使世界确立,使万物齐备。上帝用七天创造了天地万物。这创造的奇妙与神秘非形之笔墨所能写尽,非诉诸言语所能话透。

(2) 串口创世纪篇

话说匠人上次用飞思卡尔的 MCHC908 芯片做了一个汽车组合项目。为了便于调试,需要引入计算机控制。于是匠人开始了一段串口通信的工作历程。上帝用七天创造了天地万物,匠人用七天只能建立一个计算机串口控制平台。呵呵,可见还是上帝的能耐更大些,所以各位看官切莫把匠人和上帝相提并论。☺

二、第一日

1. 圣经创世纪篇之第一日

上帝说:"要有光!"便有了光。

上帝将光与暗分开,称光为昼,称暗为夜。

于是有了晚上,有了早晨。

2. 串口创世纪篇之第一日

匠人说:"要有通信协议!"便有了通信协议。

匠人将计算机与单片机分开,称计算机为上位机,称单片机为下位机。

于是便有了上位机软件,有了下位机软件。

该通信协议如下:

计算机(PC)与仪表(MCU)之间以帧为通信单位。MCU 不主动向计算机发送信息。PC 根据需要发送命令帧,MCU 完成相应功能后将发送应答帧。命令帧(PC →MCU)和应答帧(MCU→PC)的格式是相同的,二者帧内容有所不同。

　　① 帧格式:总字节数＋帧命令＋帧内容＋校验和

　　② 总字节数:该帧包含的字节总数(1 字节),不能超过 20 字节。

　　③ 帧命令:该帧的功能(1 字节)。

　　④ 帧内容:帧内容(n 字节)。

　　⑤ 校验和:总字节数、帧命令、帧内容所有字节校验和(1 字节)。

　　说明:表格中所指的帧内容长度不代表一个完整的帧的长度。实际上整个一帧中除了"帧内容"外,还包括"总字节数"、"帧命令"、"校验和"3 个字节。

　　⑥ 相关参数:

　　波特率＝9 600;

　　字节格式＝1 个启始位,8 个数据位,无校验位和 1 个停止位;

　　电平＝TTL 正逻辑;

　　帧间隔＞25 ms;

　　帧内字节间隔＝2～1000 ms;

　　仪表应答延时＝20～200 ms。

　　⑦ 具体的帧命令内容(参见表 15.1:汽车仪表串行通信协议)。

表 15.1　汽车仪表串行通信协议

功能描述			命令帧(PC→MCU)		应答帧(MCU→PC)		备　注
操作对象	读/写	帧命令	帧内容	长度	帧内容	长度	
软件版本	读	"00H"	N/A	0	项目编号(8 字节 ASC 码)＋版本编号(2 字节)	10	项目编号为 ASC 字符,版本编号为二进制数
密码登录		"01H"	密码字	4	N/A	0	其他操作前先进行密码登录;点火关闭后再次开启需要重新登录
外部 E²PROM	读	"02H"	地址(2 字节)＋字节数(N)	3	地址(2 字节)＋字节数(N)＋数据 1＋数据 2＋…＋数据 N	3＋N	一次读/写数据最多不要超过 8 个;避免页写时越界
	写	"03H"	地址(2 字节)＋字节数(N)＋数据 1＋数据 2＋…＋数据 N	3＋N			

功能描述			命令帧（PC→MCU）		应答帧（MCU→PC）		备　注
操作对象	读/写	帧命令	帧内容	长度	帧内容	长度	
参数（变量/常数）	读	"04H"	参数代码	1	参数代码＋参数内容（N 字节）	1＋N	参数代码：0＝总计值，1＝小计值 A，2＝小计值 B，3＝车速比率＝4，转速比率，5＝时分秒，6＝年月日……
	写	"05H"	参数代码＋参数内容（N 字节）	1＋N			
总清功能		"06H"	N/A	0	N/A	0	
参数初始化		"07H"	N/A	0	N/A	0	
车速标定值	读	"10H"	标定点编号	1	标定点编号（0～N）（1 字节）＋标定数量（1～N）（1 字节）＋标定 X 值（2 字节）＋标定 Y 值（2 字节）	6	当 PC 发送的编号溢出时，MCU 返回的 X 值和 Y 值＝"00H"
	写	"11H"	标定点编号（1 字节）＋标定 X 值（2 字节）＋标定 Y 值（2 字节）	5			
转速标定值	读	"12H"	同上				
	写	"13H"					
燃油标定值	读	"14H"	同上				
	写	"15H"					
水温标定值	读	"16H"	同上				
	写	"17H"					
油压标定值	读	"18H"	同上				
	写	"19H"					
气压 1 标定值	读	"1AH"	同上				
	写	"1BH"					
气压 2 标定值	读	"1CH"	同上				
	写	"1DH"					
电压标定值	读	"1EH"	同上				
	写	"1FH"					
错误报告		"FAH"	—		错误代码（1 字节）	1	错误代码：0＝帧长溢出，1＝帧长度小于等于 2 字节，2＝校验和错误，3＝命令错误，4＝参数或长度错误，5＝执行失败 6＝目标不存在，7＝密码错误

三、第二日

1. 圣经创世纪篇之第二日

上帝说:"诸水之间要有空气隔开。"上帝便造了空气,称它为天。

2. 串口创世纪篇之第二日

匠人说:"上、下位机之间要有串口电路转接。"

匠人便找了片 MAX232cp 和其他相关器件,搭了一个电路,匠人称它为 RS232—TTL 转接器。

MAX232 芯片的引脚示意图参见图 15.1。

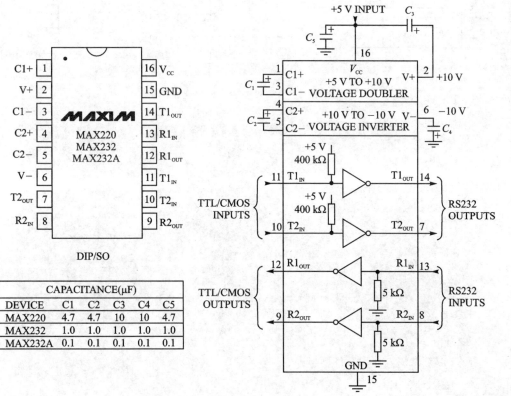

CAPACITANCE(μF)					
DEVICE	C1	C2	C3	C4	C5
MAX220	4.7	4.7	10	10	4.7
MAX232	1.0	1.0	1.0	1.0	1.0
MAX232A	0.1	0.1	0.1	0.1	0.1

图 15.1　MAX232 芯片引脚示意图

RS232—TTL 转接电路图参见图 15.2。

这个电路的好处是:无需外部提供电源,直接从串口取电工作。

以下是匠人自己 DIY 的转接板(参见图 15.3:自制 RS232—TTL 转接板)。

关于串口连接线的制作方法,匠人收集了一些网上的参考文章。各位可以到匠人的博客——《匠人的百宝箱》搜索。

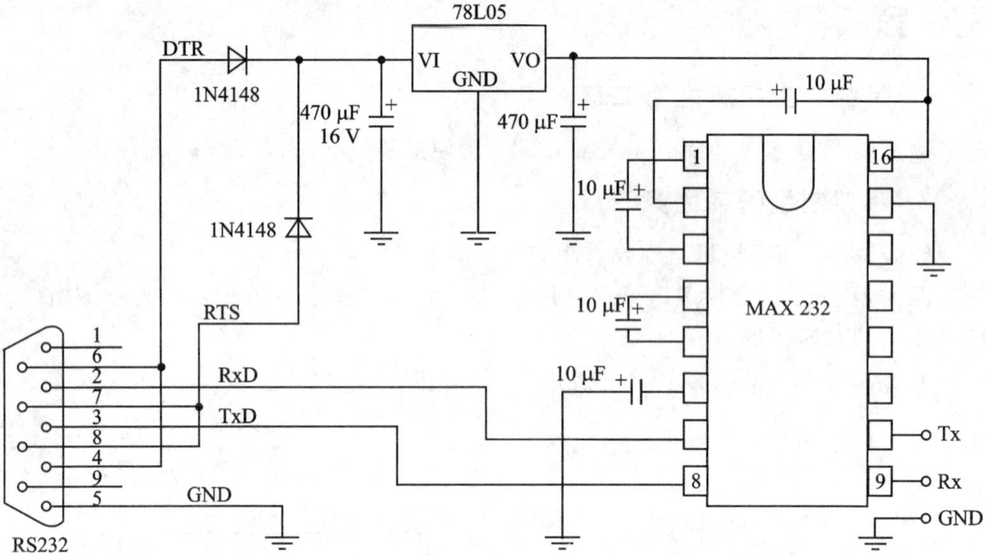

图 15.2　RS232—TTL 转接电路图

图 15.3　自制 RS232—TTL 转接板

四、第三日

1. 圣经创世纪篇之第三日

上帝说："普天之下的水要聚在一处,使旱地露出来。"

于是,水和旱地便分开。上帝称旱地为大陆,称众水聚积之处为海洋。

上帝又吩咐,地上要长出青草和各种各样开花结籽的蔬菜及结果子的树,果子都包着核。

世界便照上帝的话成就了。

2. 串口创世纪篇之第三日

匠人说："单片机串口底层驱动程序要聚在一处,使通信建立起来。"

于是,通信便照匠人的话建立起来了。

以下为 MCHC908 芯片串口底层驱动例程(请大伙注意,它的作者是程序匠人,不是上帝,哈哈):

```
//--------------------
//串行口初始化
//说明:    波特率为 9 600(设总线频率 = 8 003 584 Hz)
//--------------------
void SCI_Init(void)
{
    COMM_SEND_EN_T = 0 ;    //通信发送使能标志 = 0
    COMM_DELAY_JSQ = 0 ;    //通信延时计数器 = 0
    COMM_BUF[0] = 0 ;       //通信缓冲区首字节 = 0
    COMM_JSQ = 0 ;          //通信计数器(缓冲器指针) = 0
    SCBR = 0b10110010 ;     //通信时钟源 = 总线频率,定义波特率 Bt = 8 003 584 Hz/(64 *
                            //13 * 1) = 9 620
    SCC1 = 0b01000000 ;     //设置允许 SCI,正常码输出,8 位数据,无校验
    SCC2 = 0b00101100 ;     //允许接收中断,设置允许发送,允许接收,查询方式收发
}

//--------------------
//接收中断处理函数
//说明:    将本次接收的值保存到通信缓冲区
//         当缓冲器溢出时,通信缓冲区的第 1 个字节 = 0,将发送错误报告给计算机
//         当一帧数据接收完毕时,通信发送使能标志 = 1
//--------------------
interrupt IV_SCI_RX void int_SCI_RX (void)
{
    if (SCS1_SCRF)
```

```
        {
            COMM_DELAY_JSQ = 0 ;              //通信延时计数器 = 0
            COMM_BUF[COMM_JSQ] = SCDR ;       //保存本次接受到的值
            COMM_JSQ ++ ;                     //通信计数器（缓冲器指针）+ 1

            if ( COMM_JSQ>COMM_BUF_NUM )
            //当缓冲器溢出时
            {
                COMM_BUF[0] = 0 ;             //通信缓冲区首字节 = 0,将发送错误报告
                                              //给计算机
                COMM_JSQ = 1 ;                //接收计数器 = 1
                COMM_SEND_EN_T = 1 ;          //通信发送使能标志 = 1
            }

            //当缓冲器未溢出时
            else if ( COMM_JSQ > = COMM_BUF[0] )  //判断是否接收完一帧数据（说明:通信缓
                                              //冲区首字节代表本帧数据的字节数）

            //当一帧数据接收完毕
            {
                COMM_SEND_EN_T = 1 ;          //通信发送使能标志 = 1
            }
        }
    }
}

//----------------------
//串行发送 1 个字节
//功能:     串行发送 1 个字节
//入口:     buf = 要发送的数据
//----------------------
void SCI_Send_1(tU08 buf)
{
    for(;;)
    {
        if (SCS1_SCTE)                        //当 SCDR 为空时
        {
            SCDR = buf;
            break;
        }
    }
    delay_n_ms(3);                            //延时 3 ms
```

```
}
//--------------------
//串行发送 N 个字节
//功能：      发送通信缓冲区中的 N 个字节数据
//入口：      COMM_BUF[COMM_BUF_NUM] = 通信缓冲区,通信缓冲区首字节 = 帧长(N)
//--------------------
void SCI_Send_N(void)
{
    for(COMM_JSQ = 0 ; COMM_JSQ < COMM_BUF[0] ; COMM_JSQ ++ )
    {
        SCI_Send_1(COMM_BUF[COMM_JSQ]);
    }
}
```

五、第四日

1. 圣经创世纪篇之第四日

上帝说:"天上要有光体,可以分管昼夜,作记号,定节令、日子、年岁,并要发光普照全地。"

于是,上帝造就了两个光体,给它们分工,让大的那个管理昼,小的那个管理夜。

上帝又造就了无数的星斗,把它们嵌列在天幕之中。

2. 串口创世纪篇之第四日

匠人说:"底层驱动程序上要有具体功能模块,可以对计算机发过来的命令进行解析和执行。"

于是,匠人写了一些子模块,给它们分工,让大的那个负责对计算机发送过来的命令进行解析,让小的那些负责执行具体功能。

匠人把它们嵌入了整个项目中。

```
//--------------------
//串行通信处理
//--------------------
void COMM_CNT(void)
{
    COMM_DELAY_JSQ ++ ;
    if (COMM_DELAY_JSQ > = 100)
    {
        SCI_Init();                          //串行口初始化
    }
    if ( COMM_SEND_EN_T && ( COMM_DELAY_JSQ > = 3)) //通信发送使能标志 = 1,且通信延
                                             //时计数器 > = 3,才能执行本模块
```

```
    {
        SCC2_RE = 0;                                      //禁止接收
        //通信错误检测
        if (COMM_BUF[0] == 0) COMM_err(0);                //通信缓冲区首字节 = 0?
        else if (COMM_JSQ <= 2) COMM_err(1);              //接收计数器＜2?
        else if (count_CKSUM(COMM_BUF,COMM_JSQ-1) != COMM_BUF[COMM_JSQ-1]) COMM_err(2);
                                                          //校验和错误?

        //分析命令字,并执行相关功能
        else
        {
            switch( COMM_BUF[1] )                         //根据命令字跳转
            {
            case 0X00 :
                if (PASSWORD_OK_T) COMM_CNT_READ_VER();   //读软件版本信息
                else COMM_err(7);                         //密码未登录
                break;
            case 0X01 :
                COMM_CNT_PASSWORD();                      //密码登录
                break;
            case 0X02 :
                if (PASSWORD_OK_T) COMM_CNT_READ_E2PROM();   //读 E² PROM
                else COMM_err(7);                         //密码未登录
                break;
            case 0X03 :
                if (PASSWORD_OK_T) COMM_CNT_WRITE_E2PROM();  //写 E² PROM
                else COMM_err(7);                         //密码未登录
                break;
            default :
                COMM_err(3);                              //命令错误
            }
            //SCI_Send_N();                                //数据回传//for TEST
        }
        SCI_Init();                                       //串行口初始化
    }
}
```

六、第五日

1. 圣经创世纪篇之第五日

上帝说,"水要多多滋生有生命之物,要有雀鸟在天空中飞翔。"

　　上帝就造出大鱼和各种水中的生命,使它们各从其类;上帝又造出各样的飞鸟,使它们各从其类。

　　上帝看到自己的造物,非常喜悦,就赐福这一切,使它们滋生繁衍,普及江海湖汊、平原空谷。

2. 串口创世纪篇之第五日

　　匠人说:"计算机要有个通信调试程序,要能和单片机进行通信调试。"

　　匠人就上网找了一大堆通信调试器,来调试单片机端软件。根据实际使用,觉得有一款文件名为"comdebug.exe"的串口调试器最好用。该软件小巧玲珑,并且是绿色软件,无需安装。

　　匠人看到自己找来的这款软件,非常喜悦,就介绍给大家,使它能广泛流传,滋生繁衍,普及江海湖汊、平原空谷。

　　该软件的下载地址:http://emouze.com。

　　该软件界面参见图 15.4。

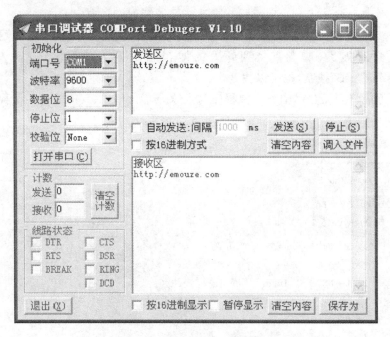

图 15.4　COMDEBUG 软件界面

七、第六日

1. 圣经创世纪篇之第六日

　　上帝说:"地要生出活物来,牲畜、昆虫、野兽各从其类。"于是,上帝造出了这些生灵,使它们各从其类。

187

　　上帝看到万物并作,生灭有继,就说:"我要照着我的形象,按着我的样式造人,派他们管理海里的鱼、空中的鸟、地上的牲畜和地上爬行的一切昆虫。"上帝就照着自己的形象创造了人。

　　上帝本意让人成为万物之灵,就赐福给他们,对他们说:"要生养众多,遍满地面,治理地上的一切,也要管理海里的鱼、空中的鸟和地上各样活物。"按《圣经》的说法,人类是这个世界的管理者和支配者。

2. 串口创世纪篇之第六日

　　匠人说:"计算机上要编个平台程序来,让其控制单片机"。于是,匠人将丢下多日的 VB 重新拾起来,开始打造自己的计算机通信控制平台。

　　匠人看到用串口调试器进行调试太麻烦了,就说:"我要仿造这个软件的功能,按照我的实际要求编个平台程序,让它管理单片机,进行调试和标定校正。"匠人就照着 comdebug.exe 的功能打造了"汽车仪表通信平台"。

　　匠人本意让这个软件成为平台,于是就给它添加功能。按匠人制定的《通信协议》的说法,这个软件将成为后续所有同类产品的管理者和支配者。

　　VB 编程主要是要用到一个 Mscomm 控件。关于这个控件,网上有详尽的资料,各位可以自行搜索;或者直接到匠人的博客——《匠人的百宝箱》键入关键字"Mscomm"或"VB"搜索,也可以找到。

　　抱歉不能将匠人自己的整个源程序与大家分享,特提供其中的一个子程序:

```
'------------------------
'发送数据
'------------------------
Private Sub SEND_CNT()

    Dim buf1 $ , Buf2 $
    Dim OutByte(1 To 1) As Byte

    If MSComm1.PortOpen = True Then
        receive_t = False
        buf1 = MSComm1.Input      '清空输入缓冲区

        send_Buf1 = ""
        If send_Buf <>"" Then
            Text 提示信息.Text = Text 提示信息.Text & "发送数据:"
            Text 提示信息.SelStart = Len(Text 提示信息.Text)
            While send_Buf <>""
                    If InStr(send_Buf, Chr(32)) <>0 Then
                        buf1 = Left(send_Buf, (InStr(send_Buf, Chr(32)) - 1))
                        send_Buf = Trim(Right(send_Buf, (Len(send_Buf) - InStr(send_
Buf, Chr(32)) + 1)))
```

```
        Else
            buf1 = send_Buf
            send_Buf = ""
        End If
        If Len(buf1) = 0 Then
            buf1 = "00"
        ElseIf Len(buf1) = 1 Then
            buf1 = "0" & buf1
        ElseIf Len(buf1)>2 Then
            buf1 = Right(buf1, 2)
        End If
        OutByte(1) = CSCommTestDlg(Right(buf1, 1)) + CSCommTestDlg(Left
                (buf1, 1)) * 16 转换
        If Len(Hex(OutByte(1))) = 1 Then
            send_Buf1 = send_Buf1 & "0" ´当高位 = 0 时，添加一个 0
        End If
        send_Buf1 = send_Buf1 & Hex(OutByte(1)) & Chr(32) ´备份发送数据
        MSComm1.Output = OutByte     ´送出数据（注意，这里就是关键的发送
                命令了）

    Wend
    send_Buf1 = Trim(send_Buf1)
    Text 提示信息.Text = Text 提示信息.Text & send_Buf1 & vbCrLf
    Text 提示信息.SelStart = Len(Text 提示信息.Text)
    Timer 应答延时.Enabled = True
    Else
        Text 提示信息.Text = Text 提示信息.Text & "没有可发送的数据!" & vbCrLf
                & vbCrLf
        Text 提示信息.SelStart = Len(Text 提示信息.Text)
    End If
    Else

        Text 提示信息.Text = Text 提示信息.Text & "串行端口尚未开启，无法发送数据!"
                & vbCrLf & vbCrLf
        Text 提示信息.SelStart = Len(Text 提示信息.Text)
    End If
End Sub
```

另外，展示一下匠人做的界面（参见图 15.5：汽车仪表串行通信平台软件界面）。

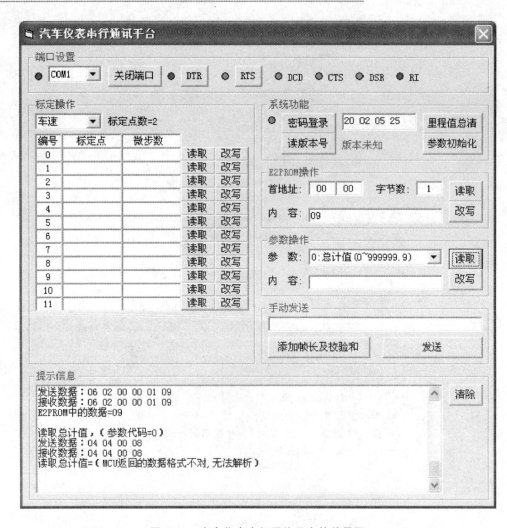

图 15.5　汽车仪表串行通信平台软件界面

八、第七日

1. 圣经创世纪篇之第七日

天地万物都造齐了,上帝完成了创世之功。

在这一天里,他歇息了,并赐福给第七天,圣化那一天为特别的日子,因为他在那一天完成了创造,歇工休息。

就这样星期日也成为人类休息的日子。"造化钟神秀,阴阳割分晓。"上帝就是这样开辟鸿蒙,创造宇宙万物的。

2. 串口创世纪篇之第七日

下位机和上位机程序都完成了,匠人完成了串口通信之功能。

在这一天里,上帝歇息了,匠人却没有歇息,而是将本次工作的历程整理成文,并传播于网络。

实际上,这件事情干了不止七天,尤其是计算机上位机部分的程序,更不是一天完成的。只是为了和上帝较劲,匠人才谎称为七日之功。愿上帝在天之灵宽恕吧……

匠人完成此文,也该歇工休息了,这可是上帝赐予的权利啊,哈哈!

手记 16

《串口猎人》V31 使用指南

一、功能简介

《串口猎人》是一款面向单片机及嵌入式系统开发者的串口调试辅助软件。

匠人在实际工作中,常常会遇到这种情况:单片机没有显示,为了辅助调试,观测实时数据(比如温度、压力、角度、加速度等),需要把数据通过串口传到电脑上。网上有一些串口调试软件,但是那些软件的功能要么太简单,不足以满足匠人的要求,要么就是太专业,使用起来不够方便。为了工作的便利,匠人用 VB 开发了这款《串口猎人》。

在这款软件的开发过程中,匠人曾经在 21ic 论坛上广泛征求网友们的意见和建议,并获取了不少的灵感。考虑到许多工程师都有同样的需求,好的东西要让大家分享,所以匠人把《串口猎人》放在网上,供网友们免费使用,并欢迎大家传播和交流使用心得。

1. 基本功能

(1) 支持 16 个 COM 口、自动/手动搜索串口、串口参数的设置和查看。

(2) 支持查看或修改串口控制线(DTR、RTS、DCD 等)的状态。

(3) 支持基本的收、发、查看、保存、载入、清除等功能。

(4) 两种收发格式:HEX 码/字符串,支持中文字符串。(英文＝ASCII 码,中文＝ANSI(GBK)码。)

(5) 大容量的收码区,为了加快显示速度会把超过 10K 的数据自动隐藏(可以单击【全显】钮查看)。

(6) 收码区的显示方式可以灵活设置:原始接收数据、按帧换行、通道数据、发送数据。

(7) 可以为收到的数据标注时间和来源。

（8）可以自动比对发码区和收码区的数据是否一致（用于自发自收测试模式）。

（9）收码区的内容，可以单击【转发】钮转到发码区。

（10）可以在每次发码之前自动清除收码区。

2. 高级发码功能

（1）自动发列表功能：支持多组（最多 16 组）数据的轮流发送。

（2）自动发文件功能：支持文件逐行发送。

（3）轮发规则可以灵活设置，比如可以定时发，也可以收到应答后立即发。

（4）轮发的间隔、无应答重发次数和循环次数均可灵活设置。

（5）灵活的帧格式设置。支持自动添加帧头、帧尾、帧长、校验、回车换行符。

（6）帧头、帧尾、帧长、校验，是否要参与校验或计入帧长，皆可灵活设置。

（7）支持 3 种校验方式：SC（累加和校验）、LRC（纵向冗余校验）、BBC（异或和校验）。

（8）校验码和帧长的长度，可以选择单/双字节。

3. 高级收码功能

（1）支持按帧接收数据。

（2）能自动进行帧结束判定（方式非常灵活，可以按帧头、帧尾、帧长或时间）。

（3）即时显示最新一帧内容。

（4）拥有 8 个独立接收通道，可以自动从指定帧中指定位置收取有效数据。

（5）每个通道的数据，可以独自显示、保存、清除。也可以送到收码区去显示。

（6）可以设置通道收取数据的首地址、字节长度（单字节或多字节）、码制（HEX/BCD）、符号位形式。

（7）示波器功能，可把收取的数据用波形方式显示。示波器的通道数、倍率、偏移、周期、颜色和线宽等可调。

（8）码表功能，可把收取的数据用码表方式显示（可以设置码表的最大/最小值和报警值）。

（9）柱状图功能，可把收取的数据用柱状图方式显示（也可以设置最大/最小值和报警值）。

（10）可以把实施绘制的图形保存为图片。

4. 其他贴心设计

（1）用户的设置内容，可以保存/载入或恢复默认值。可以选择启动时载入默认值还是上次设置值。

（2）可以通过提示区和状态指示了解软件当前工作状态。

（3）当鼠标停留在按钮、文本框或其他控件上，会获得必要的提示。

（4）右下角的图钉按钮，可以把窗口钉在最前面，避免被其他窗口覆盖。

（5）附送串口电路、协议、码表等参考资料。

（6）在【版权信息】标签页有匠人的联系方式，欢迎交流。

二、快速上手

1. 安装软件

《串口猎人》可在 Windows XP 下使用，支持虚拟串口。安装步骤很简单，为傻瓜式安装，就不多说了。

如果在安装过程中遇到防毒软件的报警，请关闭防火墙，或者把《串口猎人》设为白名单即可。

2. 启动软件

单击桌面上的 图标，启动《串口猎人》（参见图 16.1：启动之后的软件界面）。

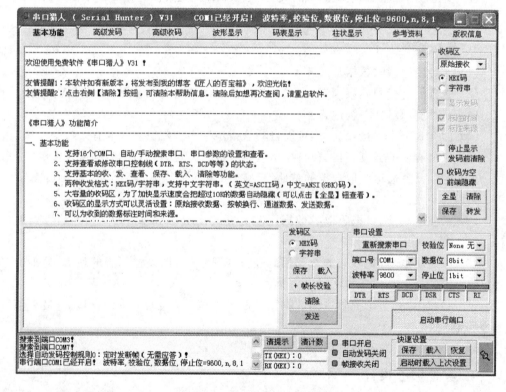

图 16.1 启动之后的软件界面

3. 启动串口

单击【基本功能】标签右下角的【 启动串行端口 】按钮，就可以发送或接收数据了。如果串口已经启动，再次单击【 启动串行端口 】按钮则为关闭串口。

194

三、基本功能

1. 参数设置

串口设置区位于【基本功能】标签页的右下侧,其中可以设置串口参数,包括:端口号、波特率、校验位、数据位、停止位、DTR 和 RTS 口输出电平(参见图 16.2:串口设置区)。

当串口数量发生变化(针对虚拟串口)后,可以单击【 重新搜索串口 】按钮,重新搜索串口。

【快速设置】区在《串口猎人》界面的最下端右侧,为了避免每次启动《串口猎人》时都要频繁进行参数设置,可以使用快速设置功能(参见图 16.3:快速设置区)。

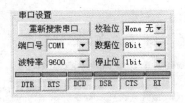

图 16.2 串口设置区

图 16.3 快速设置区

当电脑上打开的软件较多时,为了避免其他软件遮挡,可以单击【 】按钮,让《串口猎人》窗口总是显示在最前面。

2. 快捷发码

发码区位于【基本功能】标签页的左下侧(参见图 16.4:发码区)。

图 16.4 发码区

(1) 发码步骤

首先选择发码格式(如图:)。然后在发码文本框中输入待发数据。最后单击【 发送 】按钮,数据即被发送出去。

(2) 注意事项与技巧

● 如果选择的格式是 HEX 码,每个 HEX 码之间要用空格隔开;如果是字符串格式,则空格也会当作字符串的一部分发送出去。

- 字符串格式下,可以发送中文。(英文＝ASCII 码,中文＝ANSI(GBK)码。)

- 清除功能:可以单击【 清除 】按钮清除待发数据。

- 保存和载入功能:可以单击【 保存 载入 】按钮保存或载入待发数据。

- 自动添加帧长和校验和功能:可以单击【 ＋帧长校验 】按钮,自动计算并添加待 发数据帧的帧长和校验和(参见图 16.5:为待发数据添加帧长和校验和。)

图 16.5　为待发数据添加帧长和校验和

3. 快捷收码

收码区位于【基本功能】标签页的上半区(参见图 16.6:收码区)。

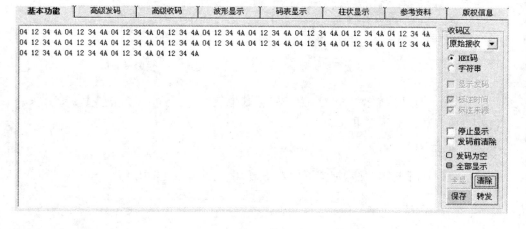

图 16.6　收码区

(1) 收码步骤

设置收码数据来源(如图: 收码区 原始接收)和收码格式(如图: HEX码 字符串)。当收到数据后,会 显示在收码文本框中。(更多的设置参见图 16.7:收码设置。)

(2) 注意事项与技巧

- 字符串格式下,可以接收中文。(英文＝ASCII 码,中文＝ANSI(GBK)码)。

- 停止显示功能:如果收到的数据频率过快,影响了对接收数据的查看,可以勾 选【 □ 停止显示 】暂停数据的显示刷新。停止显示后,接收进程不会停止,收 到的数据会被保存在接收缓冲区中,如果需要查看新接收的数据,可以单击 【 全显 】按钮查看。

- 停止接收功能:如果是想停止接收,而不是停止显示,请将数据源设为关闭

（参见表 16.2：收码数据说明）。

- 当接收数据过多时，为了加快显示速度，《串口猎人》会自动隐藏前端的数据，并在收码区右侧做出提示（如图：□ 前端隐藏 ），此时前端数据并没有删除，仍在接收缓冲区中，如果想要查看全部数据，可以单击【全显】按钮查看（提示会变更为：□ 全部显示 ）。

- 《串口猎人》会根据收码和发码的情况分别给出不同的提示（参见表 16.1：收码与发码提示信息说明）。

- 清除功能：可以单击【清除】按钮清除收到的数据。

- 保存功能：可以单击【保存】按钮保存收到的数据，以便进一步分析。

图 16.7　收码设置

- 转发功能：可以单击【转发】按钮，将收到的数据转移到发码，然后再单击发码区的【发送】按钮再次转发出去。

表 16.1　收码与发码提示信息说明

提示文字	说明
□ 收码为空	收码缓冲区为空
□ 发码为空	发码区为空
■ 收发一致	收码与发码比对结果一致
■ 收发不同	收码与发码比对结果不一致
□ 前端隐藏	收码缓冲区部分数据被隐藏
■ 全部显示	收码缓冲区全部数据被显示

- 数据源选择：单击收码区右上角的数据源下拉列表，可以选择不同的数据源（参见表 16.2：收码数据源说明）。

表 16.2　收码数据源说明

示意图	数据源	说明	
收码区 接收帧 原始接收 接收帧 全通道 通道0 通道1 通道2 通道3 通道4	原始接收	显示实际接收到的原始数据	
	接收帧	按帧显示，每帧自动换行	1. 必须先启动高级收码（后面会详细介绍） 2. 此时可以进一步选择为接收数据添加附属标注信息： □ 显示发码 ☑ 标注时间 ☑ 标注来源
	全通道	显示全部通道的数据	
	通道 0~通道 7	显示单个通道的数据	
	关闭	停止接收数据	

197

4. 提示信息

提示区位于《串口猎人》界面的最下端左侧(参见图 16.8:提示区)。该区域会显示当前的一些状态信息,包括:串口状态、发送和接收数据的内容和字节计数等。

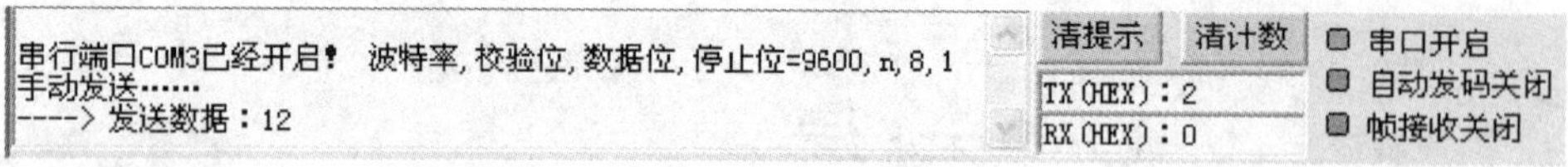

串行端口COM3已经开启! 波特率,校验位,数据位,停止位=9600, n, 8, 1 手动发送…… ---->发送数据:12	清提示 清计数	☐ 串口开启 ☐ 自动发码关闭 ☐ 帧接收关闭
	TX(HEX):2	
	RX(HEX):0	

图 16.8   提示区

提示区的一些列控件说明如下(参见表 16.3:提示区控件说明)。

表 16.3   提示区控件说明

提示区控件	显示内容	单击后执行的功能
清提示	—	清除提示框中的内容
清计数	—	清除发送和接收计数器
TX(HEX):2	发码格式、发送计数器	切换发码格式
RX(HEX):0	收码格式、接受计数器	切换收码格式
☐ 串口开启	串口的开关状态	启动或关闭串口
☐ 自动发码关闭	高级发码状态	启动或关闭高级发码功能
☐ 帧接收关闭	高级收码状态	启动或关闭高级收码功能

四、高级发码

单击【高级发码】标签,即可进入高级发码功能页(参见图 16.9:高级发码)。在这个页面下,可以实现多组(帧)数据的自动轮发。

1. 帧格式设置

(1) 帧格式代码

一般来说,一帧数据往往会由几个部分构成,如帧头、数据、帧尾等。所以,在首次启动自动发码前,需要对帧的格式进行设置(参见图 16.10:帧格式设置区)。该区域位于【高级发码】标签页的左侧上部。

首先,单击【快速设置】按钮,打开一个对话框(参见图 16.11:帧格式快速设置对话框),在这个对话框中,选择你想采纳的帧格式。(如果找不到需要的帧格式,参见下一段文字。)

选择完毕后,回到【高级发码】标签页,可以看到刚才的选择已经被转换成格式代码字,并自动填入在格式代码框中(参见图 16.12:帧格式代码框)。

请注意,这个代码框内的代码字也可以手工填写。

比如:填写成"DLC",即代表"帧数据+帧长+校验";

又如:填写成"LD",即代表"帧长+帧数据"。

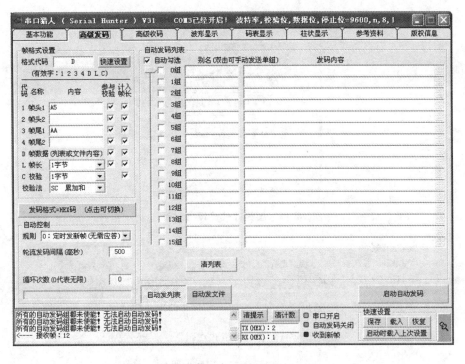

图 16.9 高级发码

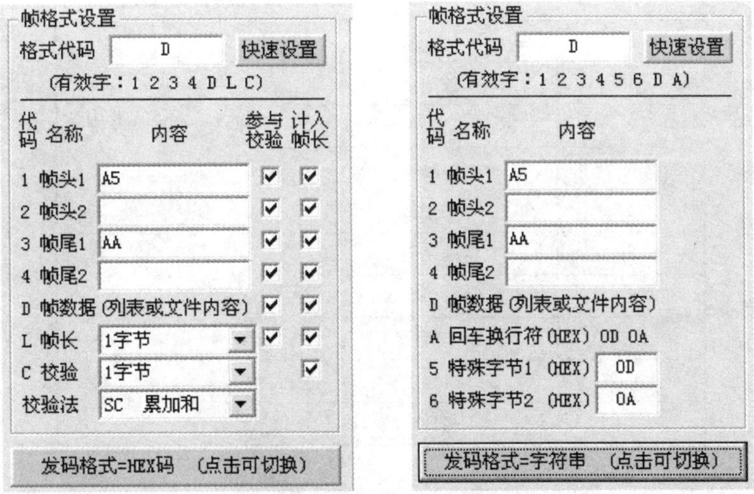

图 16.10 帧格式设置区

总之,只要是有效的格式代码字,都可以被任意组合。需要注意的是,在不同的发码格式下,有些格式代码字是无效的。关于格式代码字的代表意义如表 16.4 所列。

图 16.11 帧格式快速设置对话框

帧格式设置		
格式代码	D	快速设置

（有效字：1 2 3 4 D L C）

发码格式=HEX码

帧格式设置		
格式代码	D	快速设置

（有效字：1 2 3 4 5 6 D A）

发码格式=字符串联

图 16.12 帧格式代码框

表 16.4 格式代码字说明

格式代码字	意义	发码格式说明
D	帧数据	两种格式都可以设置
1	帧头 1	
2	帧头 2	
3	帧尾 1	
4	帧尾 2	
5	特殊字节 1	仅限字符串格式
6	特殊字节 2	
A	回车换行符	
C	校验字	仅限 HEX 码格式
L	帧长	

（2）帧头、帧尾、帧长和校验字

设置了格式代码字之后,则需要对被选择的部分,进行进一步的设置。

举例说明:

假如选择了帧头 1,则需要对(1 帧头1 A5 ☑ ☑)中的内容进行设置;

假如选择了校验字,则需要对(C 校验 1字节 校验法 SC 累加和 ☑)中的内容进行设置。

2. 自动发码规则

在自动发码前,还需要对发码规则进行设置,该区域位于【高级发码】标签页的左侧下部。有关自动发码规则如表 16.5 所列。

表 16.5 自动发码规则说明

规则	规则说明	示意图	规则参数
0	定时发送新的数据帧,无需对方应答。	自动控制 规则 [0:定时发新帧(无需应答)▼] 轮流发码间隔(毫秒) 500 循环次数(0代表无限) 0	(1) 轮流发码间隔时间 (2) 循环发码的次数
1	定时发送新的数据帧,并等待对方应答。(定时溢出后,如果有应答则继续发下一帧,否则重复发当前帧。)	自动控制 规则 [1:定时发新帧(需要应答)▼] 轮流发码间隔(毫秒) 500 无应答重发次数(0代表一直) 5 循环次数(0代表无限) 0	(1) 轮流发码间隔时间 (2) 无应答重发次数 (3) 循环发码的次数
2	每次发完当前帧之后开始等待对方应答(如果有应答,则立即发送下一帧,如果无应答并且定时溢出,则重复发送当前帧。)	自动控制 规则 [2:收到应答立即发新帧▼] 超时重发时间(毫秒) 500 无应答重发次数(0代表一直) 5 循环次数(0代表无限) 0	(1) 超时重发时间 (2) 无应答重发次数 (3) 和循环发码的次数

3. 发码内容

完成了前面的设置之后,就可以准备待发送的数据内容了。

自动发码分为两种模式,分别为列表模式和文件模式,可以通过【 自动发列表 】和【 自动发文件 】按钮切换。该按钮位于【高级发码】标签页的下端中部。

(1) 列表模式

列表模式(参见 16.13:自动发码(列表模式))下,最多可以设置 16 组(帧)数据。每组(帧)可以设置别名。每组数据视为一帧,每次单独发送一组(帧)。

如果不想让某组数据参与循环发送,只需把该组数据前面的勾号(如:✔ 0组)去掉即可。

如果想单独(手动)发送某组数据,可以双击该组数据的别名框(如:开机命令),则该组数据即会被发送出去。这个功能的作用类似于基本功能中的【发送】按钮的功能。

单击【 清列表 】按钮,可以清除数据内容。

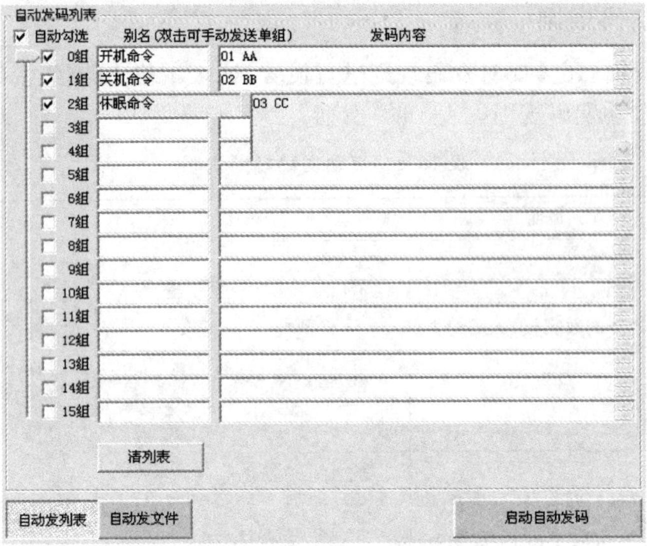

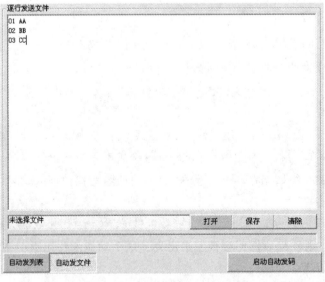

图 16.13 自动发码（列表模式）

所有的设置（包括列表中的数据）都是可以保存的，以免下次启动《串口猎人》时重新设置。有关保存和载入的方法前面已经有提过（参见图 16.3：快速设置区）。

（2）文件模式

上述的列表模式只能发送 16 组（帧）数据。如果需要发送的数据超过了 16 组（帧）怎么办？别急，《串口猎人》提供了另一种模式——文件模式。

文件模式（参见图 16.14：自动发码（文件模式））下，每次发送一行（每行相当于一帧）。行数几乎不限（只受文本框本身的容量限制），甚至可以包括空行。

图 16.14 自动发码（文件模式）

待发送文件可以直接在文本框中编辑,编辑的内容可以清除,也可以保存到文件中,以便下次再打开(参见图 16.15:自动发码的文件操作区)。

| 未选择文件 | 打开 | 保存 | 清除 |

图 16.15 自动发码的文件操作区

4. 启动自动发码

完成了之前一系列的设置之后,单击右下角的

【启动自动发码】按钮即可按规则循环发送数据了。

在发送数据时,提示区会有相应的文字提示,另外还会有一些图形化的进度指示(参见图 16.16:自动发列表时的当前帧位置指示和图 16.17:自动发文件时的进度条指示)。

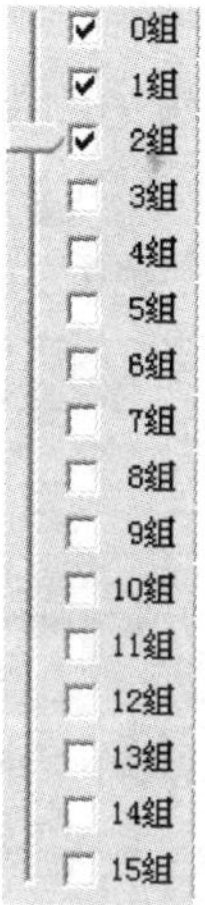

图 16.17 自动发文件时的进度条指示

五、高级收码

单击【高级收码】标签,即可进入高级发码功能页。

图 16.16 自动发列表时的当前帧位置指示

(参见图 16.18:高级收码)在这个页面下,可以实现对接收到的帧数据的自动提取功能。

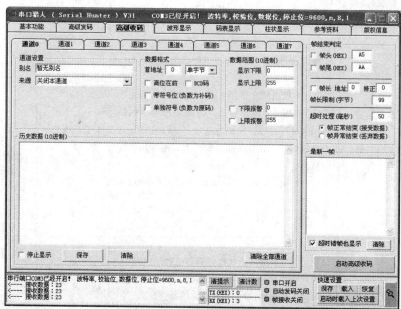

图 16.18 高级收码

203

1. 接收帧结束的判断规则

要从接收帧中提取数据,首先要能够正确识别出每一帧数据,即要能够正确判断帧的结束,因此,需要先设置帧结束判断的规则。该区域位于【高级收码】标签页的由侧上部(参见图 16.19:帧结束判断规则设置区)。

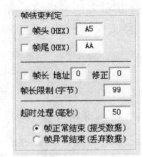

图 16.19 帧结束判断规则设置区

帧结束的判断规则归纳起来,一共有 5 种(参见表 16.6:帧结束判断规则说明),用户可根据具体情况勾选,并设置相关参数。规则可以复选,被选中的规则同时起效。

表 16.6 帧结束判断规则说明

序	帧结束判断规则	说明	如何生效(可复选)	可设置内容
1	根据帧头判断	当接收的数据为某个特定字符(帧头),视为新的一帧开始	勾选后生效	帧头(引导符)(单字节)
2	根据帧尾判断	当接收的数据为某个特定字符(帧尾),视为当前帧结束	勾选后生效	帧尾(结束符)(单字节)
3	根据固定帧长判断	当接收的数据字节数等于预设的帧长时,视为当前帧结束。如果不想让此规则起作用,可以把范围设置得比实际的帧长更大(比如 99)	不需勾选,自动生效	帧长(一帧的字节数)(范围:1~99)
4	根据帧中提供的帧长信息判断	(1)在一些不定长的帧格式中,包含了自身的总长度信息(帧长),此时可以根据该信息判断当前帧是否结束; (2)有些帧虽然没有直接给出总的帧长,但包含了数据长度(未统计帧长本身或者校验字的长度),这时可在数据长度的基础上,通过修正(加上除数据之外的其他部分的长度),推算出真实的帧长。 比如帧格式为:数长(1字节)+数据(N字节)+校验(1字节) 则:帧长 = 数长(N)+ 2	勾选后生效	(1)帧长信息(在接收帧中的)地址 (2)修正值
5	根据时间间隔判断	如果过了一段时间没有接收到新的数据(超时),可以把当前帧视为已经正常结束,予以接受;或者视为残缺帧(异常结束),并予以丢弃	不需勾选,自动生效	(1)超时时间(单位:ms) (2)处理策略(接受或丢弃)

2. 接收数据通道设置

获得了帧数据后,还需要进行通道的设置。最多一共可以设置 8 个通道,也就是说可以同时追踪分析 8 路数据。每个通道占用一个标签页,可通过单击相应编号的标签切换。

通道的设置区域位于【高级收码】标签页的右侧上部(参见图 16.20:接收数据通道设置区)。每个通道可以单独设置,其设置界面都是一样的。

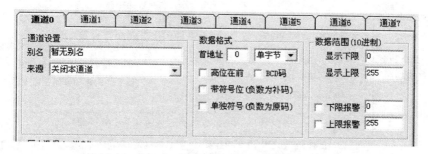

图 16.20　接收数据通道设置区

(1) 通道的别名和来源

在每个通道标签页的左上部,可以设置通道的别名和来源(参见图 16.21:接收数据通道的别名和帧来源设置区)。

每个通道的别名不是必需的,仅仅是为了便于识别。

用户需要为每个通道选择帧来源,通道的帧来源选项一共有 5 种(参见表 16.7:通道帧来源选项说明)。如果不使用当前通道,请选择"关闭本通道"。

(2) 通道的数据格式

接下来要设置待接收数据的格式,该区域位于每个通道标签页的中上部(参见图 16.22:接收数据格式设置区),具体的选项说明如下(参见表 16.8:接收数据格式设置说明)。

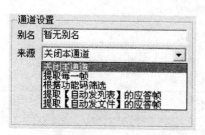

图 16.21　接收数据通道的别名和帧来源设置区

图 16.22　接收数据格式设置区

205

表 16.7 通道帧来源选项说明

序	通道来源选项	示意图	说明	
1	关闭本通道	来源 关闭本通道 ▼	关闭本通道	
2	提取每一帧	来源 提取每一帧 ▼	提取每个接收帧中的数据 一般用于简单的通讯协议之下	
3	根据功能码筛选	来源 根据功能码筛选 ▼ 功能码地址 0 功能码(HEX) A5	只有当接收帧中指定地址的字节内容（功能码）相符时，才进行提取 可以设置功能码和该码在帧中的地址	
4	提取【自动发列表】的应答帧	来源 提取【自动发列表】的应答帧 ▼ 自动发送列表组号 0 ▼	只有当《串口猎人》发出列表中某个特定的命令帧后，才对接收到的首个应答帧进行提取	这两个选项都是为了服务于轮询模式。 所谓"轮询模式"是指：PC 端（《串口猎人》）为查询发起方（采用自动发码方式），MCU 端为应答方。双方一问一答
5	提取【自动发文件】的应答帧	来源 提取【自动发文件】的应答帧 ▼ 自动发送文件行号(1~9999) 1	只有当《串口猎人》发出命令文本中某个特定的命令行后，才对接收到的首个应答帧进行提取	

表 16.8 接收数据格式设置说明

示意图	说明
首地址 0	待提取数据在接收帧中的首地址
单字节 ▼	待提取数据的长度（字节数）
□ 高位在前	如果是多字节，则高位字节在前时勾选，反之不勾选； 如果是单字节，则此选项无意义
□ BCD码	如果是 BCD 码则勾选
□ 带符号位（负数为补码）	如果是带符号数（负数为补码形式）则勾选
☑ 单独符号（负数为原码） 符号位地址 0 b0 ▼	如果是不带符号数，但是帧中另有地方定义了此数的符号，则勾选此项。并且需要进一步设置该符号位所在的字节地址和位地址。这种格式下，负数的数值部分为原码，符号位=0 代表正数，=1 代表负数

(3) 数据范围

待接收数据的范围设置区域位于每个通道标签页的右上部(参见图 16.23:接收数据范围设置区),这部分的设置是为了服务于后续的图形化显示功能(码表和柱状图)。这个功能后续会专门介绍,此处从简。

3. 启动高级收码

完成了之前一系列的设置之后,单击右下角的【 启动高级收码 】按钮即可按规则自动接收数据了。

(1) 查看最新帧

接收到的每一帧,会被显示在右侧下部的最新一帧显示区(参见图 16.24:最新一帧显示区)。

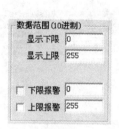

图 16.23 接收数据范围设置区   图 16.24 最新一帧显示区

(2) 查看通道历史数据

如果要查阅某个通道的数据,请先切换到该通道标签页,然后查看下部的历史数据显示区(参见图 16.25:通道历史数据显示区)。

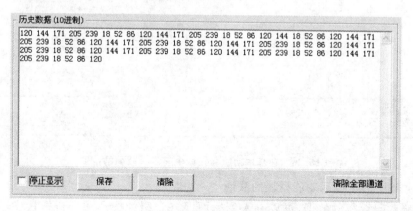

图 16.25 通道历史数据显示区

每个通道的历史数据可以单独进行保存或清除,也可以直接单击【 清除全部通道 】

207

按钮清除所有通道的数据。如果数据滚动太快,影响观看,可以单击勾选【☐ 停止显示】控件,停止数据的更新,再次单击该控件恢复。

通道历史数据没有提供保存按钮,如果有需要,用户可以执行选中该区域内的数据,并复制到其他地方,以便进一步分析。

(3) 与基本收码功能的联动

前面我们在介绍基本功能标签页中的收码区时,已经提到过该收码区的数据源选择(参见表 16.2:收码数据源说明)。利用该选择框,可以实现高级收码与基本收码的联动。

也就是说,如果我们启动了高级收码,并且回到基本功能标签页,把收码区数据源选为接收帧的数据(参见表 16.2:收码数据源说明),则可以在基本功能标签页中的收码区的文本框中看到按高级收码规则接收的的数据(参见图 16.26:在基本功能标签页中显示接收帧的范例)。

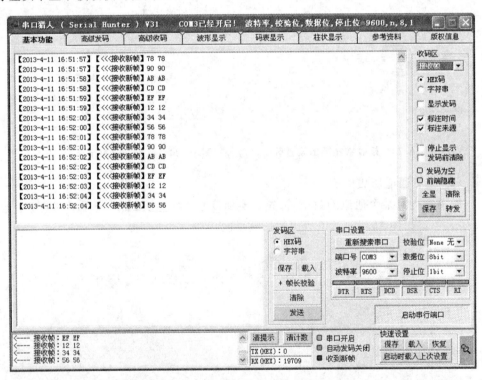

图 16.26 在基本功能标签页中显示接收帧的范例

(4) 与图形化显示功能模块的联动

高级收码获得的数据,可以导入到后面即将介绍的图形化分析模块中,以波形(示波器)、柱状图或码表的形式展现出来。这也正是《串口猎人》的最大的一个亮点。接下来我们将介绍图形化分析模块。

六、图形分析

在启动了高级收码之后，可以利用《串口猎人》的图形分析工具，对收到的数据进行一些图形化分析。

《串口猎人》一共有三个图形工具，分别是：示波器（波形）显示、码表显示和柱状图显示。单击每个图形工具对应的标签，即可进入各自的界面（参见图 16.27：三种图形工具）。

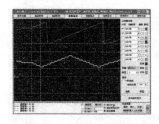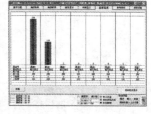

图 16.27　三种图形工具

三种图形工具，各有各的优势。示波器适合观测数据在一定周期中随时间而产生的变化；码表适合用来指示数据在整个检测量程中大概的比例位置；柱状图则适合把各个通道的数据放在一起做横向比较。用户可以根据实际情况选择合适的图形工具。

1. 示波器

单击【波形显示】标签，进入示波器显示界面，再单击右下角的【　启动波形显示　】按钮，即可启动示波器（参见图 16.28：示波器启动后界面）。

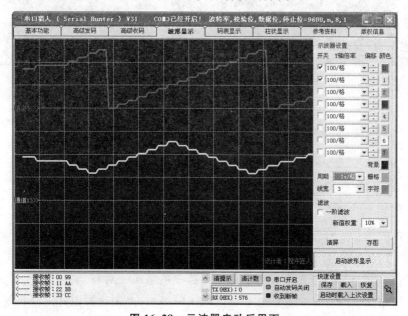

图 16.28　示波器启动后界面

在示波器界面右侧,有个示波器设置区(参见图 16.29:示波器设置区)。在这个区域中,可以调节每个通道的开关、Y轴倍率和位置偏移量、通道颜色,以及背景、栅格和字符颜色,还有显示周期和线宽等。

示波器一共有 8 个波形显示通道,与高级收码区的 8 个接收通道一一对应。默认情况下,只开启了通道 0 和通道 1 的波形显示。用户可以根据需要,勾选启动新的波形显示通道。

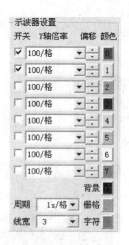

图 16.29 示波器设置区

图 16.30 一阶滤波模块

在示波器设置区下方,有个一阶滤波处理模块(参见图 16.30:一阶滤波模块),勾选之后会对波形做平滑处理,但是有可能导致波形的失真(参见图 16.31:示波器滤波效果对比),请根据需要决定是否选用。

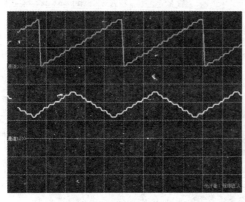
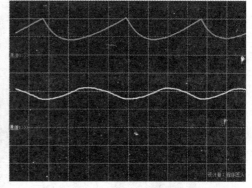

滤波前 滤波后

图 16.31 示波器滤波效果对比

可以单击【 清屏 】按钮,清除屏幕内容。

可以单击【 存图 】按钮,把屏幕内容导出为图片文件(图 16.31 中的两张图即为保存效果图)。

2. 指针式码表

单击【码表显示】标签,进入码表显示界面,再单击右下角的【 启动码表显示 】按钮,即可启动码表(参见图 16.32:码表启动后界面)。

一共有 8 个码表,与高级收码区的 8 个接收通道一一对应。

每个码表的量程(最小刻度值和最大刻度值)以及下限报警值和上限报警值可以在【高级收码】标签中设置(参见图 16.23:接收数据范围设置区)。

请注意：最小刻度值和最大刻度值一旦改变，码表指针的刻度位置会随之变化。例如在图 16.33：改变码表量程导致的结果对比中，三个通道收到的数据都是 187，但因为各自的量程不一样，所以指针指向了不同的刻度位置。

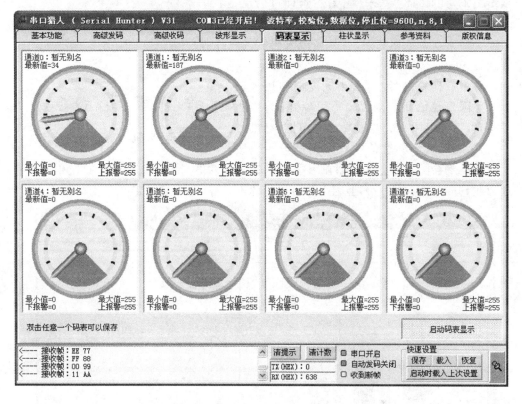

图 16.32 码表启动后界面

双击某个码表，可以把该码表当前的状态导出为图片文件（参见图 16.34：通道 0 码表存图）。

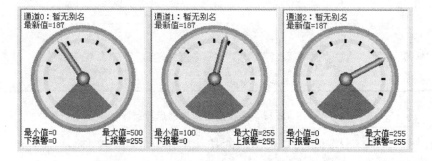

图 16.33 改变码表量程导致的结果对比

3. 柱状图

单击【柱状显示】标签,进入柱状图显示界面,再单击右下角的【 启动柏状显示 】按钮,即可启动柱状图显示(参见图 16.35:柱状图显示启动后界面)。

一共有 8 根数据柱图形,与高级收码区的 8 个接收通道一一对应。

每根数据柱的量程(最小刻度值和最大刻度值)以及下限报警值和上限报警值可以在【高级收码】标签中设置(参见图 16.23:接收数据范围设置区)。

请注意:最小刻度值和最大刻度值一旦改变,数据柱的高度会随之变化。例如在图 16.36:改变柱状图量程导致的结果对比中,三个通道收到的数据都是 170,但因为各自的量程不一样,所以显示高度也各不相同。

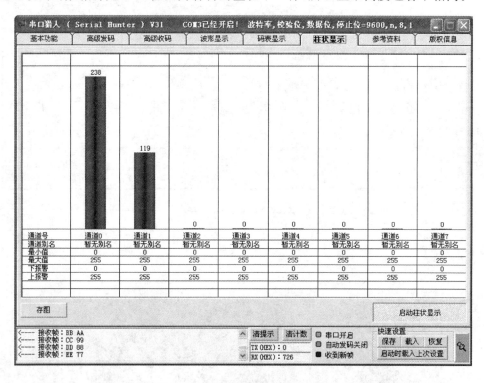

图 16.34 通道 0 码表存图

图 16.35 柱状图显示启动后界面

单击【 存图 】按钮,可以把当前的柱状图导出为图片文件(图 16.36 即为保存效果图)。

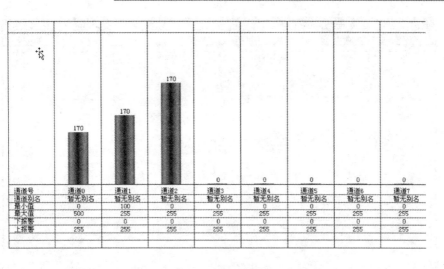

通道号	通道0	通道1	通道2	通道3	通道4	通道5	通道6	通道7
通道别名	暂无别名	暂无别名	暂无别名	暂无别名	暂无别名	暂无别名	暂无别名	暂无别名
最小值	0	100	0	0	0	0	0	0
最大值	500	255	255	255	255	255	255	255
下报警	0	0	0	0	0	0	0	0
上报警	255	255	255	255	255	255	255	255

图 16.36 改变柱状图量程导致的结果对比

七、获取帮助

1. 参考资料

单击【参考资料】标签,可以找到一些串口相关的资料,详见图 16.37:串口电路、图 16.38:串口协议、图 16.39:ASCII 表和图 16.40:汉字内码表。

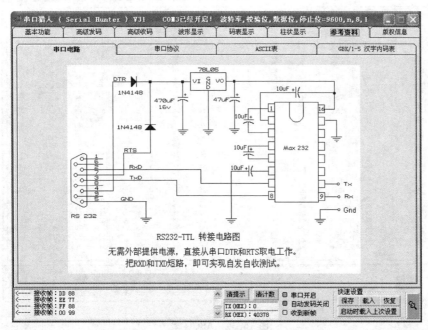

图 16.37 串口电路

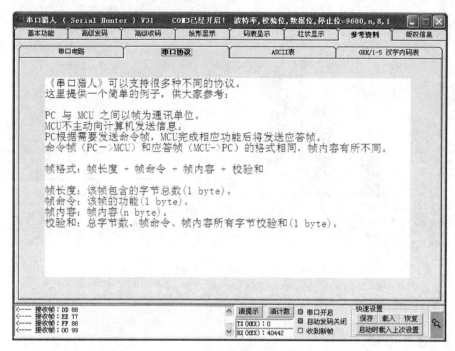

图 16.38 串口协议

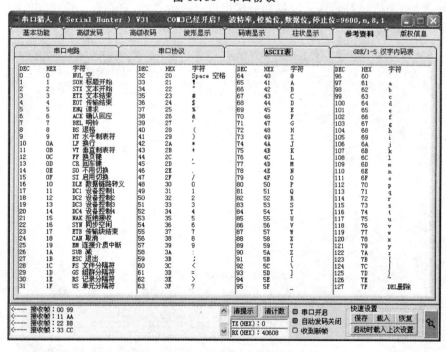

图 16.39 ASCII 表

214

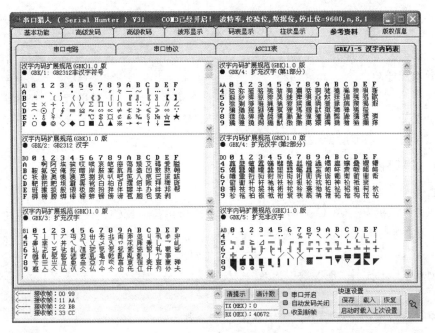

图 16.40 汉字内码表

2. 联系匠人

如果您还有问题或好的建议,可以单击【版权信息】标签下的【 给帅哥程序匠人发邮件 】按钮,给匠人发邮件(参见图 16.41:版权信息)。

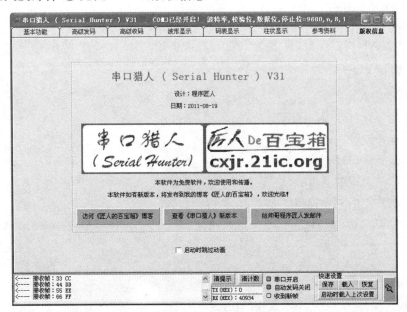

图 16.41 版权信息

八、实战演练——《串口猎人》在自平衡小车项目中的应用

前面已经完整地介绍了《串口猎人》的功能,接下来匠人提供一个实际范例,帮助使用者加深印象。

这是一个关于自平衡小车的 DIY 项目。在这个项目的调试过程中,开发者需要掌握小车的实时姿态等数据,并以此作为校准依据。为此,匠人设计了一个串口协议,通过计算机来辅助调试。

1. 串口协议简介

自平衡小车的串口协议如下:

PC(计算机)与 MCU(小车)之间以帧为通信单位。MCU 不主动向计算机发送信息。PC 根据不同的需要发送命令帧,MCU 完成相应功能后发送应答帧。命令帧(PC→MCU)和应答帧(MCU→PC)的格式相同,帧内容有所不同。

帧格式:帧长 + 命令 + 数据 + 校验

其中:

- 帧长:占用 1 个字节。为该帧的字节总数。
- 命令:占用 1 个字节。为该帧的功能码(比如:0X50 代表读取加速度计 X 轴 AD 值)。
- 数据:占用 n 个字节(n＝0～2)。当数据是多字节数时,低字节先发,高字节后发。如果没有数据则省略(比如:PC 发送参数初始化命令 0X0A,无需传递参数)。
- 校验:占用 1 个字节。为该帧所有字节的校验和。

关于命令和数据部分,见表 16.9:《自平衡小车》串口调试命令详解。

2. 调试目标

假设我们需要实时监控以下几个数据:

(1) 加速度计 X 轴 AD 值;

(2) 加速度计 Y 轴 AD 值;

(3) 陀螺仪 AD 值;

(4) 滤波之后的角度;

(5) 滤波之后的角速度。

根据调试目标,我们把表 16.9 适当简化,见表 16.10:《自平衡小车》串口调试命令简表。

表 16.9 《自平衡小车》串口命令详解

功能描述		命令帧(PC→MCU)			应答帧(MCU→PC)		
功能	对象	1	2	3	1	2	3
		命令	数据		命令	数据	
特殊	读软件版本	0X05	—		0X05	版本	—
	参数初始化	0X0A			0X0A		
读参数	加速度计 X 轴 AD 值	0X50	—		0X50	低字节	高字节
	加速度计 Y 轴 AD 值	0X51	—		0X51	低字节	高字节
	陀螺仪 AD 值	0X52	—		0X52	低字节	高字节
	加速度传感器计算角度	0X53	—		0X53	符号位	角度
	陀螺仪计算角速度	0X54	—		0X54	符号位	角速度
	滤波之后的角度	0X55	—		0X55	符号位	角度
	滤波之后的角速度	0X56	—		0X56	符号位	角速度
	滤波之后的角速度偏差	0X57	—		0X57	符号位	角速度偏差
	滤波之后的车速	0X58	—		0X58	符号位	车速
	滤波之后的车位移	0X59	—		0X59	符号位	车位移
	PWM 占空	0X5A	—		0X5A	符号位	占空
	X 轴基准	0X60	—		0X60	低字节	高字节
	X 轴比例	0X61	—		0X61	低字节	高字节
	Y 轴基准	0X62	—		0X62	低字节	高字节
	Y 轴比例	0X63	—		0X63	低字节	高字节
	陀螺仪基准	0X64	—		0X64	低字节	高字节
	调试电位器 1AD 结果	0X70	—		0X70	低字节	高字节
	调试电位器 2AD 结果	0X71	—		0X71	低字节	高字节
	调试电位器 3AD 结果	0X72	—		0X72	低字节	高字节
	调试电位器 4AD 结果	0X73	—		0X73	低字节	高字节
写参数	X 轴基准	0XA0	低字节	高字节	0XA0		—
	X 轴比例	0XA1	低字节	高字节	0XA1		—
	Y 轴基准	0XA2	低字节	高字节	0XA2		—
	Y 轴比例	0XA3	低字节	高字节	0XA3		—
	陀螺仪基准	0XA4	低字节	高字节	0XA4		—
标定	小车站立(0 度)标定	0XB0	—		0XB0		—
	小车前倾(90 度)标定	0XB1	—		0XB1		—
报错	错误报告	—			0XFA	错代码	—

表 16.10 《自平衡小车》串口调试命令简表

功能	命令帧(PC→MCU)	应答帧(MCU→PC)
读加速度计 X 轴 AD 值	帧长(0X03) + 命令(0X50) + 校验	帧长(0X05) + 命令(0X50) + 数据(低字节) + 数据(高字节) + 校验
读加速度计 Y 轴 AD 值	帧长(0X03) + 命令(0X51) + 校验	帧长(0X05) + 命令(0X51) + 数据(低字节) + 数据(高字节) + 校验
读陀螺仪 AD 值	帧长(0X03) + 命令(0X52) + 校验	帧长(0X05) + 命令(0X52) + 数据(低字节) + 数据(高字节) + 校验

续表 16.10

功能	命令帧(PC→MCU)	应答帧(MCU→PC)
读滤波之后的角度	帧长(0X03) ＋ 命令(0X55) ＋ 校验	帧长(0X05) ＋ 命令(0X55) ＋ 数据(符号位) ＋ 数据 ＋ 校验
读滤波之后的角速度	帧长(0X03) ＋ 命令(0X56) ＋ 校验	帧长(0X05) ＋ 命令(0X56) ＋ 数据(符号位) ＋ 数据 ＋ 校验

举个例子,假设我们需要监控小车当前的角度姿态,该怎么做? 很简单,只需要 PC 发送一个 3 字节的命令帧"03 55 58"给 MCU,MCU 即会应答一个 5 字节的应答帧"05 55 xx xx cc",其中的"xx xx"就是角度数据。

接下来,看《串口猎人》如何实现这些功能。

3. 手动查询

根据前面所举的例子,假如我们要手动查询角度,只需按以下步骤操作:

(1) 先切换到《串口猎人》的【基本功能】标签页,完成串口设置,并启动串口(参见图 16. 42:完成串口设置)。

(2) 在发码区内填入代表读角度的命令字"55"(参见图 16.43:填写命令字)。

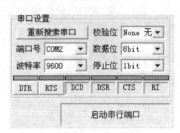

图 16.42　完成串口设置

图 16.43　填写命令字

(3) 单击发码区的【 ＋帧长校验 】按钮,自动计算并添加帧长和校验和(参见图 16. 44 添加帧长和校验和)。

(4) 单击发码区的【 发送 】按钮,命令帧即被发送出去。

(5) 如果一切正常,PC 会立即收到 MCU 的应答帧,并显示在《串口猎人》的收码区(参见图 16.45:收到应答帧)。

同样的方式,也可以用于查询其他数据。

4. 自动查询

继续前面的例子,假如我们希望不断获得新的角度,可以让《串口猎人》定时发出

图 16.44　添加帧长和校验和

图 16.45　收到应答帧

查询命令。只需按以下步骤操作：

　　（1）先切换到《串口猎人》的【高级发码】标签页，把帧格式代码设置为"LDC"（代表"帧长＋数据＋校验"）（参见图 16.46：设置帧格式代码）。

图 16.46　设置帧格式代码

　　（2）全部勾选帧数据、帧长、校验等选项后面的选项框（如图：✓，分别代表参与校验或计入帧长），并把帧长和校验分别设置为"1 字节"，校验法选择"SC　累加和"，发码格式选择为 HEX 码（参见图 16.47：设置帧格式）。

　　（3）选择自动控制规则为规则 0，并把轮流发码间隔设置为 100 毫秒（这个值可以根据需要调整，最小 10 毫秒），循环次数设置为 0（无限次）（参见图 16.48：设置控制规则）。

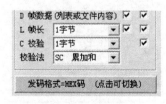

图 16.47　设置帧格式

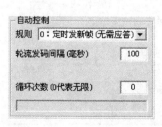

图 16.48　设置控制规则

(4) 选择"自动发列表"模式（如图：<kbd>自动发列表</kbd> <kbd>自动发文件</kbd>），并在列表第 0 组的发码内容框中填写代表读角度的命令字"55"。请注意，这里只需要填写命令字，不需要填写帧长和校验，因为之前已经设置了帧格式代码为"LDC"，意味着《串口猎人》会自动添加帧长和校验。另外需要确保该组数据前面的勾选框一定要在选中状态（如图：<kbd>☑ 0组</kbd>）。为了便于识别，我们可以给该命令设置一个别名"查询角度"，这个在命令较多时尤其有必要（参见图 16.49：填写发码内容）。

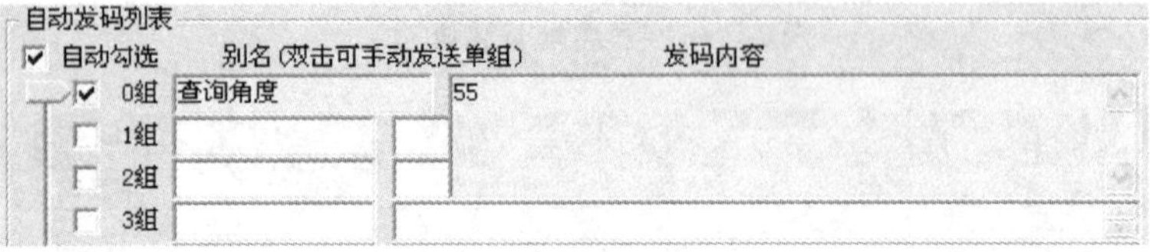

图 16.49　填写发码内容

(5) 完成了之前一系列的设置之后，单击右下角的【<kbd>启动自动发码</kbd>】按钮，启动高级收码，完整的高级发码界面见（图 16.50：完整的高级发码界面）。请注意界面左下角的提示区，正在显示当前发码的状态。

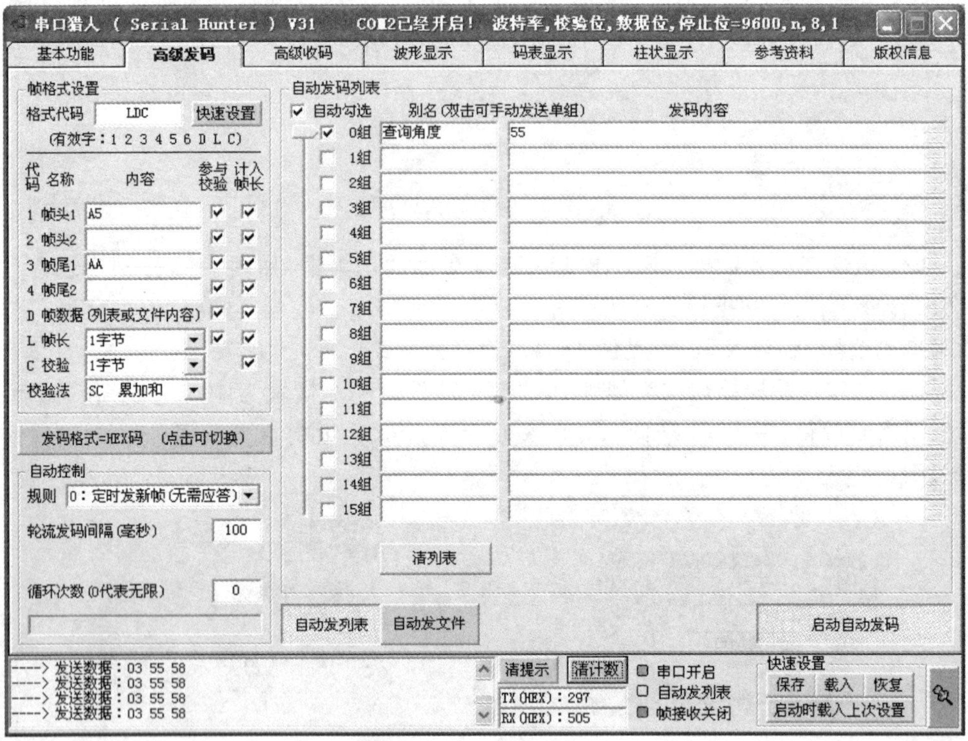

图 16.50　完整的高级发码界面

（6）回到【基本功能】标签页，查看从收码区，可以看到来自 MCU 的源源不断的数据流（当然，前提是 MCU 要处于工作状态）。仔细观测该数据，可以发现每 5 个字节为一个应答帧，（参见图 16.51：收到的应答数据流）。

基本功能	高级发码	高级收码	波形显示	码表显示

```
05 55 00 23 7D 05 55 00 24 7E 05 55 00 25 7F 05 55 00 25 7F 05 55 00 24 7E 05
55 00 25 7F 05 55 00 24 7E 05 55 00 23 7D 05 55 00 24 7E 05 55 00 25 7F 05 55
00 23 7D 05 55 00 24 7E 05 55 00 23 7D 05 55 00 24 7E 05 55 00 25 7F 05 55 00
```

图 16.51 收到的应答数据流

说明：这里只介绍了一个命令（查询角度）的设置方法，用到了列表中的第 0 组；如果还想发送其他命令（比如同时要查询角速度），可以继续设置列表的第 1 组。在自动发列表模式下，《串口猎人》最多支持 16 组命令（采取轮询方式）。如果还嫌不够用，可以用自动发文件模式。

5. 自动识别应答帧

到上一步，我们已经收到了来自 MCU 的数据应答帧。但是面对源源不断的应答帧，仅凭人工识别里面的数据，还是显得非常不方便。这时《串口猎人》的高级收码功能终于可以派上用处了。方法并不复杂，只需按以下步骤操作：

（1）先切换到《串口猎人》的【高级收码】标签页，在帧结束判断规则设置区中，勾选按帧长判定规则，同时设帧长地址为 0，修正值为 0（如图：☑ 帧长 地址 0 修正 0 ）。这条规则的意义是：应答帧中第 0 地址上的数据代表帧长，且修正值为 0。

（2）另外可以把帧长限制设为 5 个字节（如图：帧长限制(字节) 5 ）。因为已经有了上一条规则，所以这条规则不是必须的，也可以设为默认值（99）（参见图 16.52：帧结束判断规则设置）。

（3）单击右下角的【 启动高级收码 】按钮，启动高级收码，即可在【最新一帧】文本框中看到新接收到的且正在不断更新的应答帧（参见图 16.53：最新一帧）。

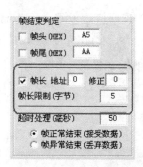

图 16.52 帧结束判断规则设置

图 16.53 最新一帧

（4）再次回到【基本功能】标签页，选择收码区的数据源为接收帧（如图：
收码区 [接收帧▼]），并勾选标注时间和标准来源（如图：☑标注时间 ☑标注来源）。此时就可发现，所有来自 MCU 的应答帧都是按照逐条排列的方式显示，比原来的方式清晰多了（参见图 16.54：逐行显示接收帧）。

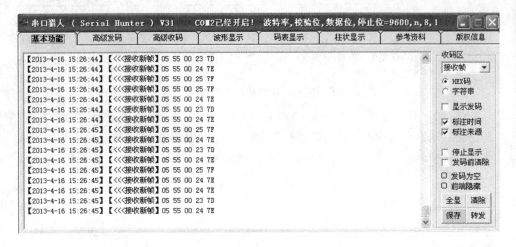

图 16.54　逐行显示接收帧

6. 自动提取数据

收到了应答帧之后，我们需要进一步从帧中提取角度值（其实我们并不需要关心帧长、命令字和校验和）。让《串口猎人》来帮助我们。继续设置高级发码模块，可以达到我们的目的。步骤如下：

（1）切换到【高级收码】标签页，前面我们已经设置了帧结束判断规则，现在我们要进一步设置接收通道。让我们选择通道 0，设置别名为角度（可以不设）。选择通道来源为"根据功能码筛选"。并且设置功能码地址为 1，功能码为 55（参见图 16.55：通道 0 来源选择）。这里所指的功能码，其实就是我们的帧格式中定义的命令字。说明一下：经过这番设置之后，只有当接收帧中地址 1 处的内容＝0X55 时，才会视为有效的帧。

（2）接着设置数据格式（参见图 16.56：通道 0 数据格式设置）。首地址设为 3，字节数为单字节，勾选单独符号，并设置符号位地址为 2-b0（☐ 前端隐藏）。这个设置的意义代表，在接收帧的地址 3 处取数据，并在地址 2 处的 b0 位上取符号位。

图 16.55 通道 0 来源选择

图 16.56 通道 0 数据格式设置

（3）完成以上设置后，即可看到，每个接收帧中的有效数据（这这里即为角度值），会出现在通道 0 的历史数据框中（参见图 16.57：通道 0 历史数据）。

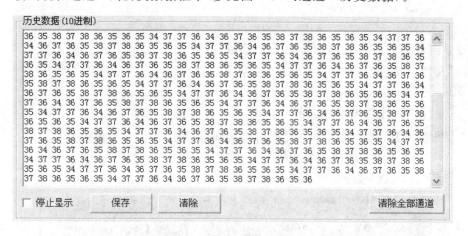

图 16.57 通道 0 历史数据

（4）如果想在收码区显示，只需要回到【基本功能】标签页，在右上角选择收码区的来源为"通道 0"就可以了（参见图 16.58：通道 0 数据在收码区显示）。

说明：这里只介绍了一个数据通道的设置方法，用到了高级收码中的通道 0；如果还想接收其他数据（比如同时要接收角速度），可以继续设置通道 1。《串口猎人》最多支持 8 个数据输入通道。

7. 图形化监控

数据提取出来了，接下来就是如何让它更易于观测。

（1）首先，在【高级收码】标签页中，设置通道 0 的数据范围。因为本案例中的这个值是角度，范围为 $-180°\sim180°$，所以就按这个范围填入即可（参见图 16.59：通道 0 数据范围设置）。

（2）切换到【波形显示】标签页，单击右下角的【 启动波形显示 】按钮，启动示波器（参见图 16.60：通道 0 数据以示波器方式显示）。根据需要，可以适当调整示波器

223

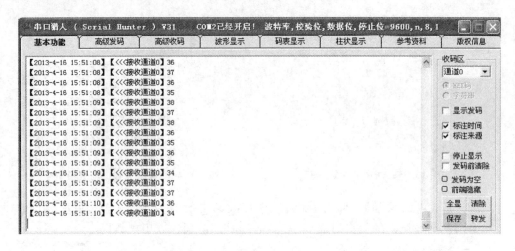

图 16.58　通道 0 数据在收码区显示

的设置参数（包括：Y 轴倍率和位置偏移量、通道颜色，以及背景、栅格和字符颜色，还有显示周期和线宽等）。

　　（3）切换到【码表显示】标签页，单击右下角的【启动码表显示】按钮，启动码表。这时可以看到通道 0 的码表指针已经动态指向了最新的刻度（参见图 16.61:通道 0 数据以码表方式显示）。

图 16.59　通道 0 数据范围设置

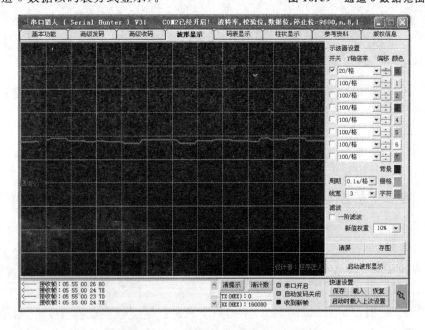

图 16.60　通道 0 数据以示波器方式显示

（4）切换到【柱状显示】标签，单击右下角的【 启动柱状显示 】按钮，启动柱状图显示。这时可以看到通道 0 的数据柱（参见图 16.62：通道 0 数据以数据柱方式显示）。

8. 多组数据的轮询

到上一步为止，针对一个数据的串口监控已经讲解完毕。如果有多个数据同时要监控，怎么办？这个问题的答案很简单，因为《串口猎人》支持 16 组列表发码输出，

图 16.61　通道 0 数据以码表方式显示

而前面只用了其中的第 0 组，还有 15 组都没用到呢。同样，在收码模块中有 8 个输入通道，前面也只用了其中的通道 0，还有 7 个通道没有使用。因此，如果有多个数据需要监控，只要按照前面介绍的步骤依次进行设置即可。

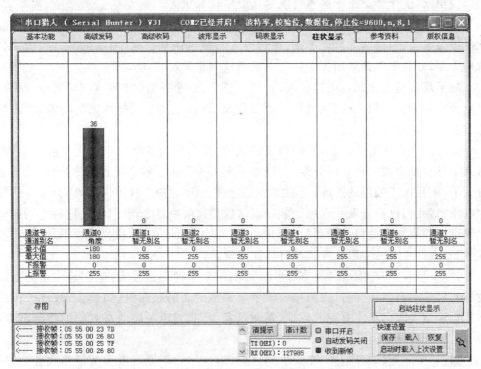

图 16.62　通道 0 数据以数据柱方式显示

9. 保存设置

辛辛苦苦设置了半天，那么下次启动《串口猎人》时，是不是又要再重新设置一遍？别担心，匠人已经考虑到了这个问题。请找到《串口猎人》最下端的【快速设置】

区，单击按下【启动时载入上次设置】按钮，退出《串口猎人》时会自动保存当前的所有设置，以便下次重启《串口猎人》时加载。

九、后　记

自从《串口猎人》发布后，经常有人来问匠人：这玩意怎么用？匠人知道，为《串口猎人》写一份详细的使用指南，这件事不能再拖了。

匠人写下这篇文字，不仅仅是想教会那些不耻下问（这里差点写成了"无耻下流"）的同学如何使用《串口猎人》，更大的目的是想让新人们对"串口调试"这件事本身有更深刻的感悟。

使用串口辅助调试 MCU 项目，是开发过程中一个有趣的环节。但如果你的方法不当，或者说使用的工具不趁手，那么这个环节就会变得枯燥无味，耗费你大量宝贵的时间和精力。匠人开发这款免费软件的初衷，就是为了把人从低级的重复劳动中解脱出来，能让计算机干的事情就尽量交给计算机去干。

写到这里，总算可以轻松一下了，不妨说几句题外话，权当是花絮。为什么这款软件被命名为《串口猎人》，而不是《串烤匠人》，或别的什么名字？答案是：因为同类软件太多，好名字都让猪用掉了！——当然这只是句玩笑，呵呵！

除了那些基本功能，《串口猎人》有两大特色，一个是自动轮发数据（高级发码）；另一个是自动抓取数据（高级收码＋图形化显示）。尤其自动抓数据的功能，在实际调试过程中是非常实用的。

面对一个格式复杂的帧，我们传统的做法，是用普通的串口软件把它收下来，然后人工寻找帧里面隐藏着的数据，并记录下来再去分析。整个过程无比繁琐，效率非常低下，而且人工处理的速度还往往跟不上数据的实时刷新速度。当然，为了一些特定的项目，我们也会开发些专用的辅助调试软件来解决这个问题，但是这种专用的串口调试软件往往有着极强的项目针对性。等到项目做完了，下次换个项目，串口协议发生变化后，原来的专用软件就没有用武之地了。

《串口猎人》的功能也许没有那些专用的串口软件那么强大，但它是广谱的。通过一些灵活的设置，它能过滤掉接收帧里面那些附属的东西（比如帧头、帧尾和校验字等），从中提取出真正有用的数据（在调试程中，我们更关心的是真实的检测数据，而不是帧头帧尾之类）。

当然，实际上《串口猎人》能做的比这更多，比如它不但可以被动地接收数据，还可以结合自动轮发功能，定时地主动发送查询命令帧。另外，它还能把收到数据以直观的图形方式展现在用户面前等。

这款软件，就像一个高明的猎人，总是能排除外界纷杂的干扰，一心一意地狩猎他的猎物（有用数据）。——这也就是《串口猎人》名称的来历。你明白了吗？

拜托，下次可别把《串口猎人》误读为《串烤匠人》了啊……

手记 **17**

用普通 I/O 口实现单线单工通信

一、前　言

许多便宜的单片机都没有标准的串行通信口。因此,我们常用单片机的普通 I/O 口来模拟串行通信。下面,匠人给出一个简单的通信方案。

在这个方案中,从机平时处于睡眠状态。主机处于工作状态。在需要的时候,由主机通过通信口唤醒从机。从机被唤醒后接收通信数据并进行解读,执行相关功能。然后再次进入睡眠,等待下次唤醒。

图 17.1　硬件连接图

先看看硬件连接示意图(参见图 17.1:硬件连接图)。

二、单线单工通信协议

通信线平时空闲时处于低电平,由一个 100 ms 的高电平作为引导码来唤醒从机。然后发送 1 个字节串行数据。完毕后,通信线恢复到空闲状态的低电平。对于从机来说,接收完 8 位数据,或检测到一个连续 $5t$ 的低电平(结束码)即可认为通信结束(参见图 17.2:通信波形图)。

三、关于波特率自适应的处理

在本例中,从机的振荡源是 RC。因此,存在一个频率误差的问题,当系统频率变化时,可能无法正确识别“t”值。为了能够消除该误差,可以考虑采用波特率自适应技术。

实现方法:在引导码之后,数据码之前,增加一位波特率校准位。该校准位由一个低电平和高电平构成,低电平和高电平分别=$1t$。在从机被唤醒,并检测到引导码结束后,先对校准位进行时间测量。该测量值为后续数据码的识别提供标准时间(“t”值)(参见图 17.3:改进后的通信波形图)。

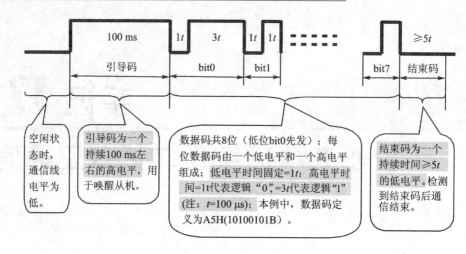

空闲状态时，通信线电平为低。

引导码为一个持续100 ms左右的高电平，用于唤醒从机。

数据码共8位（低位bit0先发）；每位数据码由一个低电平和一个高电平组成；低电平时间固定=1t；高电平时间=1t代表逻辑"0"=3t代表逻辑"1"（注：t=100 μs）；本例中，数据码定义为A5H(10100101B)。

结束码为一个持续时间≥5t的低电平。检测到结束码后通信结束。

图 17.2　通信波形图

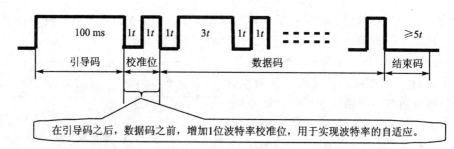

在引导码之后，数据码之前，增加1位波特率校准位，用于实现波特率的自适应。

图 17.3　改进后的通信波形图

四、从机通信接收程序的流程图及说明

从机在被高电平唤醒后，调用接收程序（参见图 17.4：通信流程图）。

1. 通信接收程序包括以下几个部分

➢ 等待引导码结束；

➢ 检测校准位，求 t 值；

➢ 检测数据位；

➢ 检测结束码，退出。

2. 当发生以下情况时，判为通信失败

➢ 除引导码之外的任何一个低电平或高电平计时超时；

➢ 数据位的高电平计时值 $\neq 1t$，且 $\neq 3t$；

➢ 8 位数据位接收完毕后，再次检测到高电平。

通信完毕后，接收到的数据被存储在接收寄存器中，供上级程序使用。当通信失败时，接收寄存器＝0。

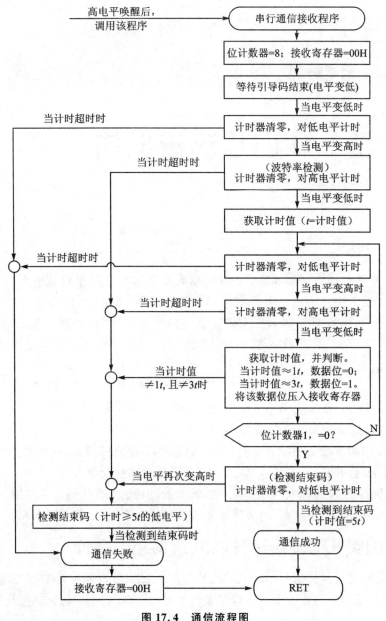

图 17.4　通信流程图

五、后　记

　　最后再谈谈关于实时性的问题。在本例中，从机的功能比较单一，所以没有考虑实时性的问题。当通信失败时，必须等通信线释放后才会退出接收程序。如果从机还需要执行其他功能，则这种程序安排会导致系统"假死"（当机）。这将是致命的错误。在这种情况下，应该考虑更合理的方式。

手记 **18**

用普通 I/O 口检测模拟值

一、前　言

现在,单片机的内部集成度已经越来越高了。ADC 就是最早被整合到芯片上的一项功能。这种整合为设计者带来便利。但在价格上,带 ADC 功能的单片机和普通单片机相比,毕竟要贵那么一点点。也许只贵 1 元钱,似乎毫不起眼,但是乘以 100K 就是 10 万元,乘以 1KK 就是 100 万元(用匠人的一个客户的话来说,那可就是一辆奔驰了)。

而这"一点点"价格上的支出,早已被精明的老板或客户算计到了。市场的激烈竞争,让我们想尽办法去节省、节省、再节省⋯⋯用不带 ADC 功能的单片机实现 ADC 功能,就这么被市场逼迫着"发明"出来了。

以下介绍的方法是用没有 ADC 功能的芯片来检测模拟量,这些模拟量包括电阻(如温度电阻的阻值)、电压以及电容(如触摸按键的按键电容值)。

这些方法,并不是匠人的原创,不过,匠人通过对这些方法的灵活应用,已经为客户取得了够买奔驰车的效益了(可惜那个买奔驰的却不是匠人啊,呵呵)。

二、电阻类模拟信号的检测(温度的检测)

对于电阻类的模拟信号(如 NTC 温度电阻),我们可以通过对电容充电,把电阻值转化为时间值,并对该时间值进行测量和计算,从而获得电阻值或其他我们需要的结果。

匠人在这里介绍一个检测温度的实际例子。

1. 测量原理

我们知道,当我们对 RC 电路进行充电(参见图 18.1:电容充电曲线)时,如果电压、电容都不变化,而且 RC 的时间常数又足够大,那么我们就可以认为电阻之比等于充电时间之比(参见公式 18 - 1)。

$$k = \frac{R_1}{R_2} = \frac{T_1}{T_2} \tag{18-1}$$

在公式 18-1 中,k 代表电阻比率。让我们记住这个参数,因为后面还会用到。
我们没有必要去推导公式 18-1,那已经超出了《匠人手记》的讲解范畴。

这个公式就是我们测量电阻的理论基础了。在该公式中有 4 个参数,其中 T_1
和 T_2 是可以通过单片机的计时器测量出来的。剩下两个电阻值参数,我们假设其
中一个为参考电阻(阻值已知),就可以很容易地求出另一个被测电阻的阻值。

2. 电路说明

为了实现这个电阻测量的功能,我们需要使用单片机的 3 个三态 I/O 口。我们
要求这些 I/O 口在作为输出口时,能够提供足够的充/放电电流;而在作为输入口
时,能够对外表现出高阻特性(漏电流越小越好)。许多单片机都能满足这些要求,典
型的如 PIC、EMC 等等。

另外,我们还需要一个 CPU 内部的计时器,用于对充电时间计时。

温度检测电路图参见图 18.2。

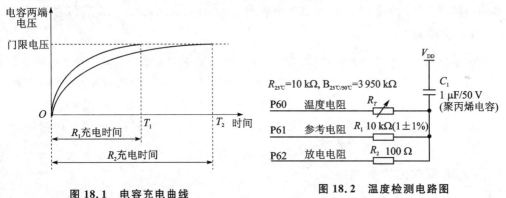

图 18.1　电容充电曲线

图 18.2　温度检测电路图

图中器件说明如下:

➤ R_T:NTC 负温度系数热敏电阻($R_{25℃} = 10$ kΩ)。这正是我们要测量的被测
电阻。

➤ R_1:参考电阻。为了尽量提高测量精度,建议该电阻采用精密电阻。参考电
阻的阻值一般选择被测电阻最大值的一半左右。

➤ R_2:放电回路限流电阻。阻值不需要太大,100~200 Ω 即可。精度亦无
要求。

➤ C_1:充/放电电容。建议采用容量稳定、介质损耗低、温度特性好的聚丙烯电
容(CBB)。如果对被测温度的误差要求不高,也可用普通瓷片电容代替。

3. 电容的参数选择

电容值可以按照固定公式计算,参见公式 18-2。另外,实际选用的电容值应该

比计算结果稍微小一些。确保在测量最大电阻时,计时器不会溢出。

$$C = \frac{-T}{R_{\mathrm{m}} \times \ln\left(1 - \dfrac{U_{\mathrm{t}}}{U_{\mathrm{r}}}\right)} \tag{18-2}$$

关于公式 18-2 的说明如下:

➢ T 为完成额定位数的 A/D 转换所需的时间;

➢ R_{m} 为最大可能的测量电阻;

➢ U_{t} 为 I/O 口门限电压;

➢ U_{r} 为参考电压。

在本例中:

$T = 30\ \mu\mathrm{s} \times 2^{12} = 122880\ \mu\mathrm{s}$;

$R_{\mathrm{m}} = 35\ \mathrm{k}\Omega$(0 ℃时的温度电阻阻值);

$U_{\mathrm{t}} = (4.7 - 0.8) = 3.9\ \mathrm{V}$;

$U_{\mathrm{r}} = 4.7\ \mathrm{V}$。

将以上参数代入公式 18-2,经过一番"七荤八素"的运算(其实可以让计算机去算的),结果 $C = 1.983\ \mu\mathrm{F}$。实际上在本例中,为了保险起见,匠人取电容值为 1 $\mu\mathrm{F}$。

4. 电路性能

该电路可以消除失调、增益、电容、电源电压和温度等因素带来的误差。

该电路无法消除因参考电阻、电阻和电容非线性度、I/O 引脚漏电、I/O 引脚输入门限不定度和单片机定时测量不定度等因素造成的误差。

整个 ADC 结果的精度,可以控制在 ±1% 以内。这在一些日常的温度检测功能应用中,已经可以满足人们的要求了。

5. 温度检测步骤

(1) 第一步:放电

P60 和 P61 设置为输入态(高阻态),P62 设置为输出态,输出"1"。电容上的残余电荷通过 P62 泄放(参见图 18.3:放电回路)。放电的时间可以由定时器定时。为了确保电容上的电荷释放干净,该定时时间应该设置得比实际放电时间稍微长些。

(2) 第二步:测量参考电阻回路上的充电时间

P60 和 P62 设置为输入态(高阻态),P61 设置为输出态,输出"0",电容充电,并对充电时间计时(参见图 18.4:参考电阻充电回路)。

在充电的过程中,通过 P62 输入口检测 C1 的充电状态。当 P62 口电平变为"0"时,视为充电结束,停止计时。

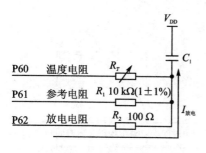

图 18.3　放电回路

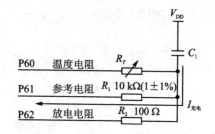

图 18.4　参考电阻充电回路

(3) 第三步：放电

P60 和 P61 设置为输入态（高阻态），P62 设置为输出态，输出"1"。电容上的残余电荷通过 P62 释放（同第一步）。

(4) 第四步：测温度电阻回路上的充电时间

P61 和 P62 设置为输入态（高阻态），P60 设置为输出态，输出"0"。电容充电，并对充电时间计时（参见图 18.5：温度电阻充电回路）。

在充电的过程中，通过 P62 输入口检测 C1 的充电状态。当 P62 口电平变为"0"时，视为充电结束，停止计时。

经过以上 4 个步骤，完成了针对两路电阻的 RC 充电时间的测量工作（参见图 18.6：电容充/放电波形）。接下来就是数据处理了。

图 18.5　温度电阻充电回路

(5) 第五步：计算电阻比率

前面我们已经测出了参考电阻充电时间和温度电阻充电时间。另外，参考电阻又是已知的（在本例中，为 10 kΩ），因此我们就可以根据公式 18-1 求出温度电阻的阻值。

如果仅仅是测量电阻，那么到这一步就结束了。而在本例中，我们要测量的是温度值，因此，还需要根据电阻值去查表求温度。

既然电阻值不是我们的最终目的，那么我们也可以为了简化后面的运算，不去计算热敏电阻的阻值，而是只要计算电阻比率即可。我们将公式 18-1 稍作变化，得到公式 18-3。

$$电阻比率(k) = \frac{温度电阻}{标准电阻} = \frac{温度电阻充电时间}{标准电阻充电时间} \tag{18-3}$$

(6) 第六步：查表求温度

根据电阻比率查表求温度值。

整个表格，可以用 Excel 软件来建立。我们只要将原始的分度表通过 Excel 的内建公式，即可导出我们需要的数据。匠人用一张图表来形象地表示温度电阻的阻值、电阻比率以及温度这三者之间的关系（参见图 18.7：阻值—比率—温度分度图）。

233

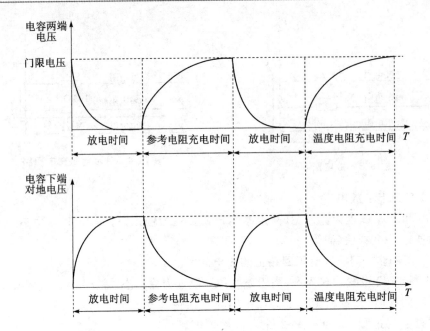

图 18.6　电容充/放电波形

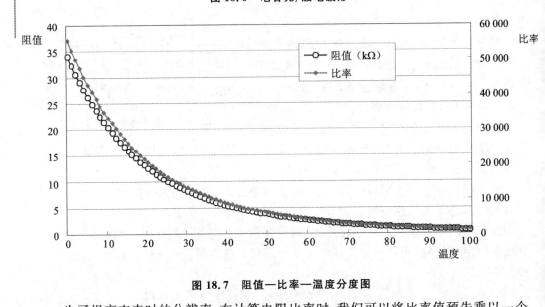

图 18.7　阻值—比率—温度分度图

为了提高查表时的分辨率,在计算电阻比率时,我们可以将比率值预先乘以一个系数(在本例中,该系数=16 384)。在表格中的数据也应该同步乘以该系数。

(7) 第七步:温度单位转换

如果是被测温度只按一种默认的单位(比如:摄氏温度值)送显及处理,那么本步骤就不是必需的。如果被测温度单位还要进行单位转换,那么可以按照公式 18-4 和 18-5 进行温度转换。

$$华氏温度值 = 摄氏温度值 \times 1.8 + 32 \qquad (18-4)$$
$$摄氏温度值 = (华氏温度值 - 32) \div 1.8 \qquad (18-5)$$

为了加快单片机的执行速度,温度转换也可以通过查表方式来实现。事实上,在本例中,匠人就是那么做的。

(8) 第八步: 软件滤波

为了得到更加稳定的数据,我们可以对采样结果再做一些软件滤波的处理。在本例中,我们采用了递推中位平均滤波方法:保留最新 10 个采样值,去掉一个最大值,去掉一个最小值,剩余 8 个采样值取平均数。

软件滤波在前面的手记中已经讲过许多了,这里就不必多费笔墨了吧。

6. 温度检测程序说明

温度检测程序的流程图参见图 18.8。

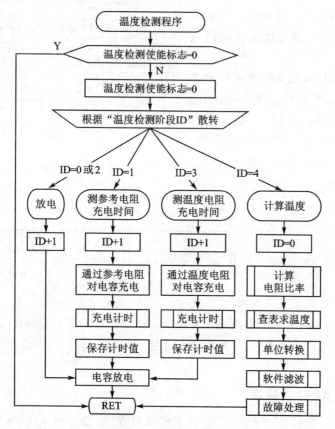

图 18.8　温度检测程序

每过 250 ms,中断计时程序会将"温度检测使能标志"设置为"1"。温度检测程序由主程序负责调度。每次进入温度检测程序,先判断该标志是否被置位,如果未置位,则返回;一旦检测到该使能标志等于"1"(每 250 ms 发生一次),就执行温度检测过程的某一个阶段。

　　匠人将整个温度检测过程分成 5 个阶段,并通过"温度检测阶段 ID"变量(范围值 0～4)来标识这些阶段。每次执行完一个阶段后,该 ID 就被切换到下一个阶段。执行一次完整的温度检测过程,需要 1.25 s(=250 ms×5)。

　　之所以要分阶段进行检测,是为了避免任务堵塞。匠人习惯于将一些费时的任务分成多个阶段来处理,中间留出空暇时间,让系统去处理其他任务(如按键、显示、温度控制等)。关于这种多任务并行运行的程序设计思路,匠人已经在前面的一篇手记《编程思路漫谈》中专门讲述过了。

7. 充电计时功能说明

　　在前面介绍的温度检测程序中,需要调用两次计时程序(参见图 18.9:电容充电计时子程序)。计时程序用来测量参考电阻回路及温度电阻回路的电容充电时间。

　　在本例中,计时最小时基被设定为 30 μs,用定时器中断来实现。每 30 μs 计数 1 次,充电计时器加 1。充电计时器由两个字节构成,总位数为 16 位。

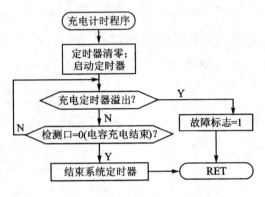

图 18.9　电容充电计时子程序

但在本例的实际应用中,有效位数仅为 12 位,多余的 4 位代表溢出位(参见表 18.1:充电计时器分配表)。

表 18.1　充电计时器分配表

高字节								低字节							
b7	b6	b5	b4	b3	b2	b1	b0	b7	b6	b5	b4	b3	b2	b1	b0
溢出位								充电计时器有效位(12 位)							

　　正常情况下,充电计时器是不会发生溢出的。该计时器一旦溢出,说明可能是电阻开路,或者电容短路/漏电,导致电容无法完成正常充电。这种情况可作为故障来处理。

8. 关于 ADC 的速度

　　在这个例子中,执行一次完整的温度检测过程,需要花费 1.25 s 的时间。这是因为被测温度的变化比较缓慢,在降低了 A/D 转换的速度后,可以获得更稳定的转换结果。另外,匠人在程序中采用了多任务并行的编程思路,为了留出时间去执行其他任务,特意把 A/D 转换节拍控制在一个可接受的较低的速度上。

　　如果需要的话,我们也可以选择更小的电容值,加快每次充/放电的节奏,提高

A/D 转换的速度。这样做的代价就是会适当降低 A/D 转换结果的精度。

我们要做的就是在矛盾中妥协,并求得平衡。

三、电压类模拟信号的检测

前面介绍的是电阻类信号的检测方法,接下来介绍电压类信号的检测方法。

1. 用"PWM＋比较器"的方法实现电压检测

在图 18.10 所示的用比较器实现 ADC 功能的电路中,我们利用的单片机的 PWM 口,输出一个占空比可变的 PWM 信号,经过 RC 阻容滤波后,变成一个 0～5 V 的直流电压。该电压与输入被测模拟电压(范围为 0～5 V)作比较,并反馈给单片机的 TEST 口。单片机定时检测 TEST 口的电压并动态调节 PWM 的占空比(见图 18.11:PWM 占空值调节流程图)。

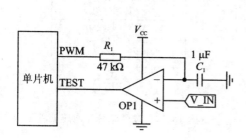

图 18.10　用比较器实现 ADC 功能的电路

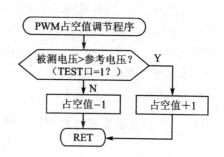

图 18.11　PWM 占空值调节流程图

经过一段时间稳定后,PWM 的占空即反映了被测电压的大小。当被测电压发生变化后,PWM 的占空会随之发生变化。

采用这种方法,PWM 的分辨率也就代表了 ADC 的分辨率。但是事实上,分辨率并不能代表精度。影响精度的因素包括:电阻和电容非线性度、I/O 引脚漏电、I/O 引脚输入门限不定度等等。因此,如果 PWM 的分辨度过高的话,我们可以舍弃一些低位的数值,从而降低后续数据处理的复杂程度。

需要注意的是,如果被测电压的最大值超过了 5 V(PWM 高电平电压值),则需要先进行电压调制(可以用电阻分压的方法),降低被测电压的范围,使其满足测量条件。

另外,如果被测电压非常微弱,我们就需要增加前级放大电路,以取得更好的测量结果。

2. 用积分法取代 PWM 的方法

如果单片机没有 PWM 功能,我们也有办法,那就是用积分法来取代 PWM。电路基本不变,将软件略作修改即可。具体的实现方法如下:

单片机定时检测 TEST 口的电平状态。每次检测后同步调整原 PWM 口的输出电平,从而间接调整电容上的电压,使电容上的电压与被测电压保持相等。

　　在作同步调整的同时,我们还要对每次检测到的 TEST 口上的高电平状态进行计数。在一定周期内,该计数值即代表了被测电压的 A/D 转换结果。

　　采用这种方法,要求系统有比较高的工作频率,以便频繁地调用 ADC 检测处理程序。在匠人的实际应用中,一般选择采用定时器中断,每间隔 25 μs 处理一次。具体流程图参见图 18.12:软件积分测电压流程图。

　　采取积分的方法,可以通过扩充计数器位数的办法来提高采样的分辨率。并且,通过适当舍弃低位数据,可以获得相当稳定的 ADC 结果,不必再做平均值滤波了。

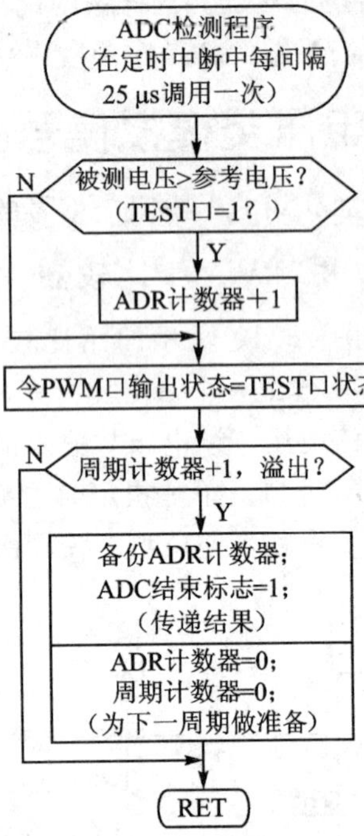

3. 硬件电路的变化

(1) 用内置比较器取代外部比较器

　　对于那些内部集成了比较器的单片机而言,电路的设计可以进一步简化(参见图 18.13:利用单片机内置比较器实现 ADC 功能的电路)。

　　上述电路软件处理流程和外置比较器的电路基本一致。

　　如果允许配置内部参考电压,并将该电压作为比较器的输入信号,那么我们就可以将电路作一些改进,从而获得更好的测量精度(参见图 18.14:利用单片机内置比较器实现 ADC 功能的改进电路)。

　　采取这种电路后,软件的处理也需要随之有所变化,留待读者自己去思考吧。

(2) 直接用 I/O 口代替比较器的方法

　　如果没有内置比较器,又想省钱,不用外部比较器。那么可以考虑用 I/O 口的门槛电压判断来代替比较器,实现更廉价的方案(参见图 18.15:利用单片机 I/O 口取代比较器实现 ADC 功能的电路)。

　　这样做的缺点是,ADC 精度和产品一致性被降低了不少。没办法,在性能和价

图 18.12　软件积分测电压流程图

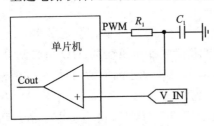

**图 18.13　利用单片机内置比较器
实现 ADC 功能的电路**

格之间,总是要有所取舍的。

通过一些简单的变换,我们可以用本节中的办法去检测电流,并根据电压和电流求算功率。

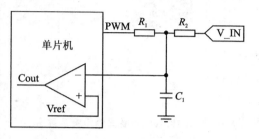

图 18.14　利用单片机内置比较器实现
ADC 功能的改进电路

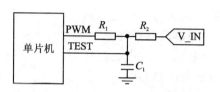

图 18.15　利用单片机 I/O 口取代
比较器实现 ADC 功能的电路

四、电容类模拟信号的检测(电容式触摸键的检测)

239

根据前面的一些讲述,我们知道可以用积分的方法,对电容充放电,去测量电压或电阻等参数。同样,我们也可以用一个已知的电压,通过一个已知的电阻通道,去对未知的电容进行充/放电,并计算其时间,从而求得其电容值。

做一个粗糙的电容测试仪是没有太大前途的(或者说没有"钱图")。不过,如果这个电容是时下流行的电容式触摸按键的话,那就另当别论了。

好吧,那么我们就来看看,普通 I/O 口如何实现电容式触摸键的检测。

1. 电容式触摸键的原理

电容式触摸键的关键部件,就是一块金属材质的感应电极(传感器)。当人体未接触该电极上的面板时,该电极对地电容为 C_1。当人体接触面板时,导入一个新的人体到地电容 C_2,这个新增加的电容约为 0.5~5 pF。这时,整块电极到地的电容会被增加,变成了 C_1+C_2(参见图 18.16:电容式触摸键示意图)。

单片机通过检测电容值的变化,可以检测到这个微小的改变。

目前,电容式触摸键已经在越来越多的电子产品中得到了应用。相对于传统的机械式按键,电容式按键具备以下诸多优越性:

➤ 电容式触摸键可以直接在 PCB 上实现,传感器件的成本就是 PCB 的成本;

➤ 传感器件的尺寸和形状可以灵活设置,外观设计更加自由;

➤ 由于没有了机械动作,按键具有无限寿命成为可能;

➤ 外壳可以做成全密封,防水防潮性能优越;

➤ 新颖的零压力触控方式,给用户带来全新体验,从而提升产品的品位。

2. 硬件电路

我们采取充/放电的方式来检测触摸键(感应电极)上的电容值变化。电容式触摸键的检测电路参见图 18.17。在该电路中,我们选择单片机的一个具有三态可控的 I/O 口作为电容式按键检测口。同时,该 I/O 口上还要接一个放电电阻到地。

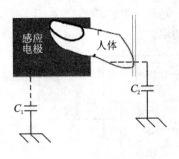

我们先将 I/O 口设置为输出高电平状态,对电容式按键进行充电;然后将 I/O 口设置为高阻态,让电容式触摸键上积聚的电荷通过放电电阻对地释放。在放电的过程中,我们要检测放电的时间。I/O 口波形参见图 18.18:充/放电方式检测波形。

图 18.16　电容式触摸键示意图

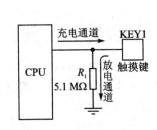

图 18.17　电容式触摸键的检测电路

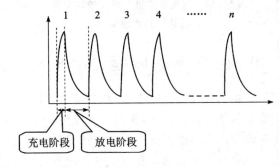

图 18.18　充/放电方式检测波形

我们知道,随着电容值的变化,放电的时间将有所变化。也就是说,当手指触摸到按键面板时,电容变大,放电的时间将变长。利用这一原理,我们可以检测到手指对按键的触摸。

3. 软件流程

为了获得稳定的数据,我们要采取软件上的许多措施,来消除抖动和干扰。这些措施包括:多次采样取平均值、软件判断采取施密特触发、消除干扰抖动、自动校正、动态追零等等。

下面我们来详细介绍一下按键检测的软件流程(参见图 18.19:电容式触摸键的检测流程)。这个流程中包括以下 4 个步骤。

(1) 步骤一:检测本次放电时间

先通过 I/O 口输出高电平,对电容充电。充满后,将 I/O 口切换为输入态(高阻态),让电容通过电阻对地放电,测量放电的时间。

为了获得更高的分辨率,我们可以在一次检测过程中,进行多次充电—放电的循环,并将放电时间累加,求得一个总的放电时间。

(2) 步骤二:动态更新无键放电时间

如果系统是刚上电,则应该先计算无键时的放电时间,作为后续按键识别的参考

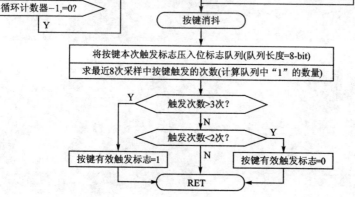

图 18.19　电容式触摸键的检测流程

基准值。

　　另外,为了修正电路因温漂等因素而导致的误差,无键放电时间还需要作动态的调整。

(3) 步骤三：按键本次触发识别

　　当本次放电时间大于无键放电时间,并且其差值超过设定阈值时,判为按键被触发;

　　当差值缩小到阈值的一半以下时,判为按键释放。

　　在这里,按键的触发和释放两个判断值之间有一个回差,用于减少抖动现象。

(4) 步骤四：按键消抖

按键检测完毕后，要进一步消除抖动。我们将最近 8 次检测的结果压入队列，并判断。

如果按键被触发 3 次以上，我们就认为按键触发有效；

反之，如果只有 2 次以下，我们就认为按键触发无效；

如果被触发次数介于这两个数值之间，我们就维持原先的判断。

以上介绍的只是一个按键的处理流程。我们可以通过轮流检测的方法，来实现对多个触摸键的检测。

4. 应用实例

在这里，"秀"一下匠人制作的一个低成本的 4 键电容式触控板方案（参见图 18.20：一款 4 键电容式触摸键 DEMO 板实际操作效果图）。

图 18.20　一款 4 键电容式触摸键 DEMO 板实际操作效果图

通过该方案的操作效果图，我们可以看到，手指触摸不同的按键，对应 LED 点亮；手指离开后，对应 LED 熄灭。

该方案具有以下特点：

➤ 芯片性价比高，电路简单（每路按键仅需要一个普通电阻），可以用单面板实现，方案成本极低；

➤ 工作电压 3～5 V；

➤ 输出信号为经过滤波、消抖处理后的平稳的电平信号，可以用于触发控制相关电路；或直接代替原来的机械式按键接入系统，无须修改主控芯片的程序；

➤ 上电时自动校正；

➤ 自动修正温度漂移及其他因素导致的漂移；

➤ 可通过跳线调节灵敏度（8 级）；

➤ 可通过跳线调节输出电平；

➤ 可以根据用户需求定制附加功能。

当然，要做好电容式触摸键的检测功能，我们要走得更远些。在防水、防油污、抗干扰方面，还有许多问题值得我们去探索。

五、后　记

通过这篇手记，我们可以知道，原来单片机普普通通的 I/O 口，居然能实现这么多奇妙的功能。

其实，单片机 I/O 口还可以有更多的妙用，等待我们去挖掘。

愿这篇手记，能够开拓读者的思维。

手记 19

功率调节与过零检测

一、前　言

在基于单片机的控制系统中,我们经常需要采用可控硅进行功率方面的调节。常见的被控制对象包括加热温度、电机(风扇)速度、灯光亮度等等。

在这些应用中,对可控硅的触发方式一般分为两种:

➤ 移相触发;

➤ 过零触发。

二、移相触发

1. 移相触发的方法

移相触发方式,也称为调相,就是通过控制可控硅的导通角(也就是改变电压波形的导通角)达到调节功率的目的(参见图 19.1:移相触发控制波形图)。

2. 移相触发的优点

首先,移相触发的输出相对地连续、均匀,调节精细,适合于对功率调节精度要求较高的场合。

其次,调相输出的波形正、负半周对称,无直流成分,适用于感性负载。

3. 移相触发的缺点

移相触发最大的缺点是容易造成电磁干扰。在可控硅导通的瞬间,大电流的切入会造成对电网的冲击,其产生的谐波分量引起电网电压出现畸变、功率因素下降,对其他用电设备产生中频干扰。

移相触发的另一个缺点是输出的线性范围窄,线性度差。

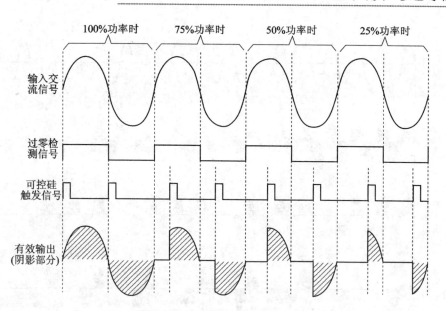

图 19.1　移相触发控制波形图

245

三、过零触发

1. 过零触发的方法

过零触发是不改变输出电压的波形,而改变其电压波出现的次数,又称为脉冲调功(参见图 19.2:过零触发控制波形图)。

2. 过零触发的优点

➤ 由于过零触发把可控硅导通的起始点限制在电源电压过零的地方,从而大大降低了谐波分量,不会对电网造成严重污染或是干扰其他用电设备。尤其是在负载功率较大时,这一优点更加明显。

➤ 另外,过零触发输出的线性也比较好。即使不引入反馈,也能比较准确地控制输出功率的百分比。

➤ 过零触发的第三个优点是,软件上更好实现。因为我们只需要对过零信号进行脉冲计数,即可实现功率比的控制。而若采用移相触发,则还需要占用一个计时器用于精确计时。

鉴于过零触发具有以上优点,我们在设计过程中,能用过零触发,就尽量不要用移相触发。

3. 过零触发的缺点

过零触发在调节的精细程度和抗电源扰动方面,不如移相触发。

另一方面,过零触发的输出电压峰值不可变,有时也是一个缺点,限制了它的使

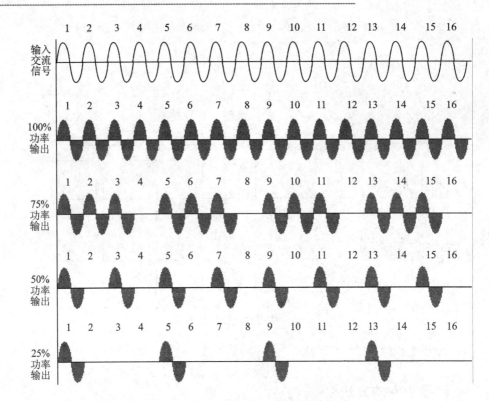

图 19.2　过零触发控制波形图

用范围。

四、过零信号检测

在功率调节过程中,无论我们采用的是移相触发还是过零触发的方式,都需要检测交流电源过零信号。

1. 一些常见的过零信号检测电路

① 正半波和负半波分别检测的电路参见图 19.3:过零检测电路 A。

这个电路同时将正半波和负半波的过零信号分别检测,并通过 2 个通道分别送出。

② 只检测正半波、忽略负半波的电路参见图 19.4:过零检测电路 B。

这个电路其实相当于上一电路的一半。为了省钱,光耦后面用三极管代替了比较器,其他没什么好说的。

③ 同时检测正半波和负半波的电路参见图 19.5:过零检测电路 C。

这个电路与图 19.3 所示电路在功能上有点类似,也是检测正半波和负半波的过零信号,区别在于它是通过一个通道送出的。

另外还有一个区别是,在这个电路中,先通过变压器(图中未画出)将市电降压成

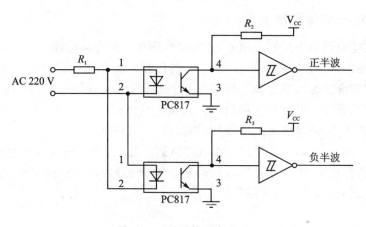

图 19.3　过零检测电路 A

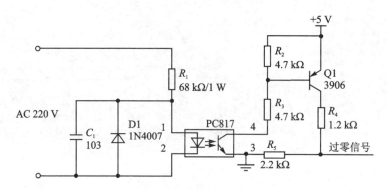

图 19.4　过零检测电路 B

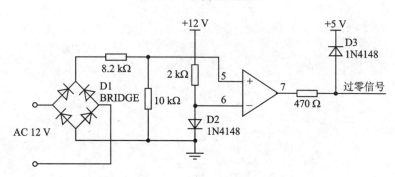

图 19.5　过零检测电路 C

12 V 的交流电,经过桥式整流器整流后,送入比较器进行检测。

　　需要注意的是,桥式整流器后面不能接电容,否则变成了直流电就无法检测过零信号了。如果需要变成直流电,应该在桥式整流器与电容中间串联一个隔离二极管。

2. 过零检测信号的另类妙用

除了在功率调节中发挥作用外,过零信号还有一些特殊的妙用。

比如,在以 RC 为振荡源的系统中,当我们需要一个精确的计时基准,而 RC 振荡源的频率精度又无法满足这一要求时,我们可以考虑利用过零信号来进行计时。过零信号也就是我们常说的工频信号。我国和欧洲的工频信号的频率为 50 Hz,美国为 60 Hz。它的频率精度比起那 RC 振荡源,要高许多呢!

过零信号的另一妙用是可以当作市电监测信号,用来判断变压器的初级电源是否掉电;或者在市电/电池双重供电的系统中,用来监测市电是否已经接通。

这些是题外话,匠人就不展开说了。

第三部分　设计案例

天分决定速度，勤奋决定高度。

——程序匠人

《匠人手记》第4用——糊墙

手记 **20**

梦幻时钟摇摇棒大揭秘

一、前 言

摇摇棒,是一种利用视觉暂留效应制作的"高科技"玩具。所谓"静如处子,动如脱兔"。也就是说,你不去摇动,它只是几个 LED 而已;而一旦你按照一定的频率去摇晃它,则 LED 就会随着位置的变化而变化(亮或灭),最终构成一幅图片或字符串。

前一段时间,匠人闲来没事,拿 MSP430 练手。因为纯粹是学习,没有合适的项目可做。当时灵机一动,心想何不做个摇摇棒时钟呢,既实用又有趣。于是便有了此次 DIY 的历程,在此与您来分享。

此文中,匠人将把此次学习项目中的原理图、流程图、甚至源程序,全部毫无保留地展现。为什么呢?(音乐响起来)因为——我的爱,赤裸裸! 我的爱呀赤裸裸!(掌声响起来☺)

二、硬件电路的制作

1. 原理图

原理图非常简单(参见图 20.1:摇摇棒原理图):7 个 LED、2 个按键、1 个惯性开关、1 个蜂鸣器。此外,还有一些外围器件。由于 MSP430F2031 只有 10 个 I/O口,还被晶振用去了两个,因此按键与 LED 的复用是不可避免的了。

为什么要选用"MSP430F2013"呢? 呵呵,因为匠人手头只有这颗芯片啊,那天本想向×××公司申请几颗其他型号的样片。结果电话打通后,人家一听说咱是做了玩儿的,就非常义正言辞地"婉拒"了咱。商人嘴脸由此可见一斑啊(开个玩笑),呵呵。

2. 实物与效果图

下面就是根据原理图制作的摇摇棒(参见图 20.2:摇摇棒整体外形)。平时手握摇摇棒的下部(参见图 20.3:摇摇棒静止状态),挥动时顶端的 LED 发光显示出当前时间或其他内容(参见图 20.4:摇摇棒挥动时的显示效果)。

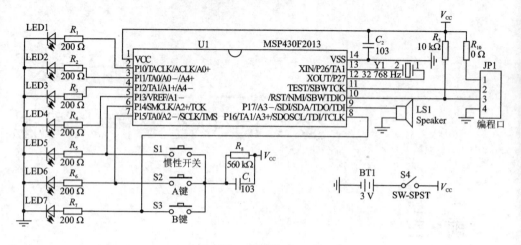

图 20.1　摇摇棒原理图

图 20.2　摇摇棒整体外形

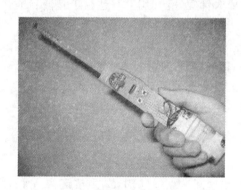

图 20.3　摇摇棒静止状态

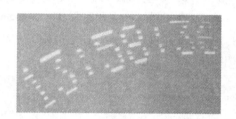

图 20.4　摇摇棒挥动时的显示效果

3. 惯性开关的制作

　　这个玩具中的关键部件就是惯性开关,它的作用是用来监测 LED 的行程。相当于行程开关了。本着 DIY 的精神,匠人用了些电阻脚完成了这个部件的制作(参见图 20.5:惯性开关示意图和图 20.6:惯性开关实物解析图)。

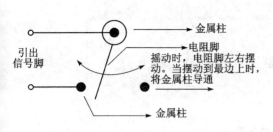

图 20.5 惯性开关示意图

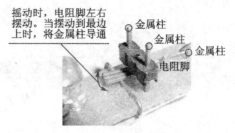

图 20.6 惯性开关实物解析图

三、字库的制作

由于我们的目标是制作一款时钟,因此需要一些 5×7 的点阵字库。这么简单的事情,当然不需要劳驾专业的字库软件。用 Excel 表格软件三两下就能搞定。以下就是匠人设计的一个 Excel 表格(参见图 20.7:Excel 字码表)。

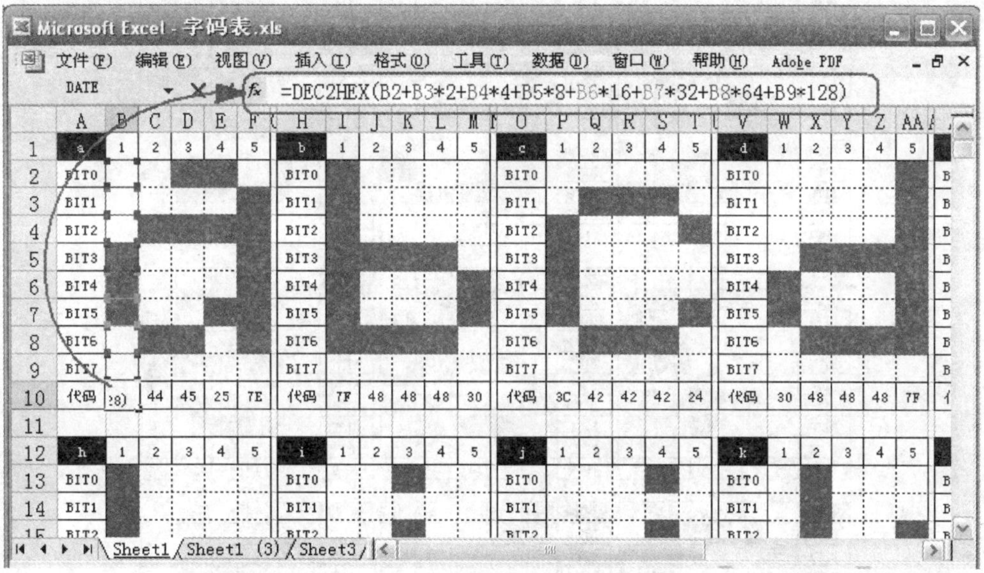

图 20.7 Excel 字码表

在这个字码表中,每个小格子代表点阵中的一个点。如果该点需要显示,就在该格子中填入数字"1",否则就留空。

为了让表格自动计算点阵代码,需要将每一列的每个点按权相加,求出和值。然后应用 Excel 的自带函数 DEC2HEX(),将和值由十进制转化为十六进制。

为了让表格中的字符更醒目,我们可以设置条件格式。自动将所有填入内容为"1"的格子显示为红色。选择"格式"菜单下的"条件格式"选项命令,即可进入条件格式对话框(参见图 20.8:条件格式的设置)。

253

图 20.8　条件格式的设置

下面展示部分字符的效果(参见图 20.9：部分字符效果)。

1	代码: 0, 42, 7F, 40, 0
2	代码: 42, 61, 51, 49, 46
3	代码: 21, 41, 45, 4B, 31
4	代码: 18, 14, 12, 7F, 10
5	代码: 27, 45, 45, 45, 39
6	代码: 3C, 4A, 49, 49, 30
7	代码: 1, 1, 71, D, 3
8	代码: 36, 49, 49, 49, 36
9	代码: 6, 49, 49, 29, 1E
0	代码: 3E, 41, 41, 41, 3E
*	代码: 0, 8, 1C, 8, 0
.	代码: 0, 0, 36, 0, 0

图 20.9　部分字符效果

以上只是展示了部分字符,其实如果需要更多,只需如法炮制即可,非常方便。说句题外话,其实 Excel 是功能非常强大的一件法宝,万般变化,全看应用者的感悟了,呵呵。

254

四、按键功能说明

该摇摇棒可以通过 A、B 两个按键来设置有关参数。

设置方法为：使用者先挥动几下摇摇棒，查看当前的状态；然后暂停挥动的动作，按动按键、执行有关功能；然后再次挥动摇摇棒，查看按键执行后的显示状态……通过"挥动动作"和"按键动作"交叉进行，完成设置任务。

下面介绍按键的功能（参见图 20.10：摇摇棒按键功能图）。

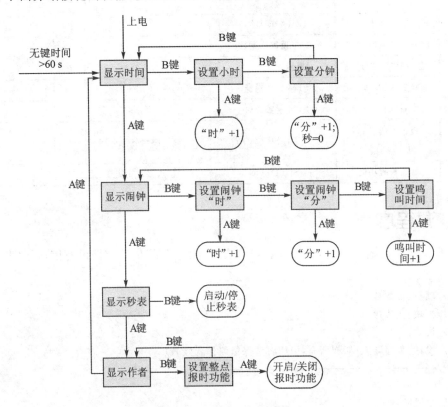

图 20.10　摇摇棒按键功能图

通过按键功能图，我们可以看到，整个系统被划分为若干个基本状态。按键作为事件被触发后，根据不同的状态（现态），决定执行何种具体功能，或是切换到新的状态（次态）（参见表 20.1：摇摇棒状态迁移表）。

这是一种基于状态机思路的程序调度机制。这种设计思路在匠人前面的一篇手记《编程思路漫谈》中已经介绍过了。

表 20.1　摇摇棒状态迁移表

工作状态		显　示	A　键		B　键	
编号	说明		次态	功能	次态	功能
0	显示时间	时：分：秒(12：00：00)	4	—	7	—
4	显示闹钟	时.分(TM 08：00)	5	—	12	—
5	显示秒表	时.分.秒(00.00.00)	6	—	—	启动(秒表先清零)/停止
6	显示作者	(ZHANGJUN)	0	—	15	—
7	设置当前时间"时"	(12：■■：■■)	—	时+1	8	—
8	设置当前时间"分/秒"	(■■：00：00)	—	分+1；秒=0	0	—
12	设置闹钟"时"	(TM 08：■■)	—	时+1	13	—
13	设置闹钟"分"	(TM ■■：00)	—	分+1	14	—
14	设置鸣叫时间(0～99分钟)	(TM SP：00)	—	鸣叫分钟+1	4	—
15	整点报时功能	SET1—ON	—	整点报时功能开/关	6	—

五、源程序

有了前面的诸多铺垫,各位看官再来看这个源程序,估计应该没有困难了吧。

```
//---------------------------------------------------
//项目:摇摇棒
//模块:主程序
//说明:
//设计:程序匠人(版权所有,引用者请保留原作者姓名)
//---------------------------------------------------
/*
版本说明:
2006-08-20    v01.08
    1.完成整点报时功能,每次整点鸣叫 2 声
    2.取消分钟提示功能(因为程序空间不够了)
    3.完善秒表功能
    4.增加一个延时自动退出功能,60 s 内未按键,也未触发惯性开关,则返回模式 0
    5.当无键计时＞60 s,则禁止按键唤醒,必须通过惯性开关唤醒
        经过这样改动后,待机电流由 16 μA 下降到了 6 μA
*/
//---------------------------------------------------------
//插入文件包
//---------------------------------------------------------
```

```
#include    <msp430x20x3.h>
//-----------------------------------------------------------
//-----------------------------------------------------------
//重新命名数据类型
//-----------------------------------------------------------
typedef unsigned char    tU08;        //unsigned 8-bit definition
typedef unsigned char    tU8;         //unsigned 8-bit definition
typedef unsigned int     tU16;        //unsigned 16-bit definition
typedef unsigned long    tU32;        //unsigned 32-bit definition
typedef signed char      tS08;        //signed 8-bit definition
typedef signed char      tS8;         //signed 8-bit definition
typedef signed int       tS16;        //signed 16-bit definition
typedef signed long      tS32;        //signed 32-bit definition
typedef float            tF32;
typedef double           tF64;
//-----------------------------------------------------------
//显示段码表(A类代码)
//-----------------------------------------------------------
const tU08 LCD_TAB_A[] =
{                                  //编号        字符
    0x3E,    0x41,    0x41,    0x41,    0x3E,        //0        0
    0x00,    0x42,    0x7F,    0x40,    0x00,        //1        1
    0x42,    0x61,    0x51,    0x49,    0x46,        //2        2
    0x21,    0x41,    0x45,    0x4B,    0x31,        //3        3
    0x18,    0x14,    0x12,    0x7F,    0x10,        //4        4
    0x27,    0x45,    0x45,    0x45,    0x39,        //5        5
    0x3C,    0x4A,    0x49,    0x49,    0x30,        //6        6
    0x01,    0x01,    0x71,    0x0D,    0x03,        //7        7
    0x36,    0x49,    0x49,    0x49,    0x36,        //8        8
    0x06,    0x49,    0x49,    0x29,    0x1E,        //9        9
    0x7C,    0x12,    0x11,    0x12,    0x7C,        //10       A
    0x7F,    0x49,    0x49,    0x49,    0x36,        //11       B
    0x3E,    0x41,    0x41,    0x41,    0x22,        //12       C
    0x7F,    0x41,    0x41,    0x22,    0x1C,        //13       D
    0x7F,    0x49,    0x49,    0x49,    0x41,        //14       E
    0x7F,    0x09,    0x09,    0x09,    0x01,        //15       F
    0x3E,    0x41,    0x49,    0x49,    0x3A,        //16       G
    0x7F,    0x08,    0x08,    0x08,    0x7F,        //17       H
    0x00,    0x41,    0x7F,    0x41,    0x00,        //18       I
    0x00,    0x21,    0x41,    0x3F,    0x01,        //19       J
    0x7F,    0x08,    0x14,    0x22,    0x41,        //20       K
    0x7F,    0x40,    0x40,    0x40,    0x40,        //21       L
```

0x7F,	0x02,	0x0C,	0x02,	0x7F,	//22	M
0x7F,	0x04,	0x08,	0x10,	0x7F,	//23	N
0x3E,	0x41,	0x41,	0x41,	0x3E,	//24	O
0x7F,	0x09,	0x09,	0x09,	0x06,	//25	P
0x3E,	0x41,	0x51,	0x21,	0x5E,	//26	Q
0x7F,	0x09,	0x19,	0x29,	0x46,	//27	R
0x26,	0x49,	0x49,	0x49,	0x32,	//28	S
0x01,	0x01,	0x7F,	0x01,	0x01,	//29	T
0x3F,	0x40,	0x40,	0x40,	0x3F,	//30	U
0x1F,	0x20,	0x40,	0x20,	0x1F,	//31	V
0x3F,	0x40,	0x30,	0x40,	0x3F,	//32	W
0x63,	0x14,	0x08,	0x14,	0x63,	//33	X
0x03,	0x04,	0x78,	0x04,	0x03,	//34	Y
0x61,	0x51,	0x49,	0x45,	0x43,	//35	Z
0x00,	0x00,	0x00,	0x00,	0x00,	//36	空格
0x7F,	0x7F,	0x7F,	0x7F,	0x7F,	//37	全亮■
0x00,	0x00,	0x36,	0x00,	0x00,	//38	比号:
0x00,	0x08,	0x1C,	0x08,	0x00,	//39	点.
0x08,	0x08,	0x08,	0x08,	0x08	//40	中划线-

```
};
//显缓区
#define      disp_queue_sum    8            //待显示字符串队列长度
tU08      disp_queue[disp_queue_sum];        //待显示字符串队列
//时间系统
tU08 TIME_H;                                 //当前时间"时"(0~23)
tU08 TIME_M;                                 //当前时间"分"(0~59)
tU08 TIME_S;                                 //当前时间"秒"(0~59)
//无键计时器
tU08 NOKEY_JSQ;                              //无键计时器(每秒＋1)
//秒表系统
tU08 RUN_H;                                  //秒表时间"时"(0~99)
tU08 RUN_M;                                  //秒表时间"分"(0~59)
tU08 RUN_S;                                  //秒表时间"秒"(0~59)
tU08 RUN_MD;                                 //秒表状态(0＝停止,1＝运行)
//定时系统
tU08 TIMER_H;                                //定时时间"时"(0~23)
tU08 TIMER_M;                                //定时时间"分"(0~59)
tU08 SP_M;                                   //蜂鸣器鸣叫时间设置值(0~99分)
                                             //(说明:0＝定时关闭)
tU08 SP_RUN;                                 //蜂鸣器鸣叫时间运行值(0~99分)
                                             //(说明:0＝定时关闭)
//工作模式
```

```
tU08 WK_MODE;                                       //工作模式
//附加功能
tU08 FUN_ZDBS;                                      //整点报时(0 = 禁止,1 = 使能)
//----------------------------------------------------------
//延时若干时间
//入口：延时时间 = i * 基本时间
//----------------------------------------------------------
void delay_n(tU16 i)
{
    for ( ; i!= 0 ; i-- )
    {
        asm ("nop");
    }
}
//----------------------------------------------------------
//显示当前时间时
//----------------------------------------------------------
void display_TIME_H()
{
    disp_queue[0] = TIME_H/10;                      //时
    disp_queue[1] = TIME_H % 10;
}
//----------------------------------------------------------
//显示当前时间分
//----------------------------------------------------------
void display_TIME_M()
{
    disp_queue[3] = TIME_M/10;                      //分
    disp_queue[4] = TIME_M % 10;
}
//----------------------------------------------------------
//显示当前时间秒
//----------------------------------------------------------
void display_TIME_S()
{
    disp_queue[6] = TIME_S/10;                      //秒
    disp_queue[7] = TIME_S % 10;
}


//----------------------------------------------------------
//显示闹钟 TM
//----------------------------------------------------------
```

259

```
void display_TM()
{
    disp_queue[0] = 29;                          //"T"
    disp_queue[1] = 22;                          //"M"
}
//---------------------------------------------------------
//显示闹钟时
//---------------------------------------------------------
void display_TIMER_H()
{
    disp_queue[3] = TIMER_H/10;                  //时
    disp_queue[4] = TIMER_H % 10;
}
//---------------------------------------------------------
//显示闹钟分
//---------------------------------------------------------
void display_TIMER_M()
{
    disp_queue[6] = TIMER_M/10;                  //分
    disp_queue[7] = TIMER_M % 10;
}


//---------------------------------------------------------
//显示闹钟"■■"
//---------------------------------------------------------
void display_ALL1()
{
    disp_queue[0] = 37;                          //"■"
    disp_queue[1] = 37;                          //"■"
}
//---------------------------------------------------------
//显示闹钟"■■"
//---------------------------------------------------------
void display_ALL2()
{
    disp_queue[3] = 37;                          //"■"
    disp_queue[4] = 37;                          //"■"
}
//---------------------------------------------------------
//显示闹钟"■■"
//---------------------------------------------------------
void display_ALL3()
```

```
{
    disp_queue[6] = 37;                        //"■"
    disp_queue[7] = 37;                        //"■"
}
//------------------------------------------------------------
//显示分隔符号":  :"
//------------------------------------------------------------
void display_COL()
{
    disp_queue[2] = 38;                        //":"
    disp_queue[5] = 38;                        //":"
}
//------------------------------------------------------------
//显示分隔符号"-  -"
//------------------------------------------------------------
void display_LINE()
{
    disp_queue[2] = 40;                        //"-"
    disp_queue[5] = 40;                        //"-"
}
//------------------------------------------------------------
//显示"SET -0"
//------------------------------------------------------------
void display_SET()
{
    disp_queue[0] = 28;                        //"S"
    disp_queue[1] = 14;                        //"E"
    disp_queue[2] = 29;                        //"T"
    disp_queue[4] = 40;                        //"-"
    disp_queue[5] = 24;                        //"0"
}
//------------------------------------------------------------
//刷新待显示字符串
//出口: disp_queue[] = 待显示字符串队列
//------------------------------------------------------------
void new_display()
{
    // ==== 根据工作模式判断
    switch( WK_MODE )                          //根据工作模式判断
    {
        case  4;                               //显示闹钟时间
            display_TM();                      //"TM"
```

```
            disp_queue[2] = 36;                  //" "
            display_TIMER_H();                   //"定时时间"时""
            disp_queue[5] = 38;                  //":"
            display_TIMER_M();                   //定时时间"分"
            break;
        case   5：                                //显示秒表时间
            disp_queue[0] = RUN_H/10;            //时
            disp_queue[1] = RUN_H % 10;
            disp_queue[2] = 39;                  //"."
            disp_queue[3] = RUN_M/10;            //分
            disp_queue[4] = RUN_M % 10;
            disp_queue[5] = 39;                  //"."
            disp_queue[6] = RUN_S/10;            //秒
            disp_queue[7] = RUN_S % 10;
            break;
        case   6：                                //显示作者信息"zhangjun"
            disp_queue[0] = 35;                  //"Z"
            disp_queue[1] = 17;                  //"H"
            disp_queue[2] = 10;                  //"A"
            disp_queue[3] = 23;                  //"N"
            disp_queue[4] = 16;                  //"G"
            disp_queue[5] = 19;                  //"J"
            disp_queue[6] = 30;                  //"U"
            disp_queue[7] = 23;                  //"N"
            break;
        case   7：                                //显示当前时间"时"
            display_TIME_H();                    //时
            display_ALL2();                      //"■■"
            display_ALL3();                      //"■■"
            display_COL();                       //":  :"
            break;
        case   8：                                //显示当前时间"分""秒"
            display_ALL1();                      //"■■"
            display_TIME_M();                    //分
            display_TIME_S();                    //秒
            display_COL();                       //":  :"
            break;
        case   12：                               //显示定时时间"时"
            display_TM();                        //"TM"
            disp_queue[2] = 36;                  //" "
            display_TIMER_H();                   //"定时时间"时""
            disp_queue[5] = 38;                  //":"
```

```
        display_ALL3();                     //"■■"
        break;
    case   13:                              //显示定时时间"分"
        display_TM();                       //"TM"
        disp_queue[2] = 36;                 //" "
        display_ALL2();                     //"■■"
        disp_queue[5] = 38;                 //":"
        display_TIMER_M();                  //定时时间"分"
        break;
    case   14:                              //显示蜂鸣器鸣叫时间
        display_TM();                       //"TM"
        disp_queue[2] = 36;                 //" "
        disp_queue[3] = 28;                 //"S"
        disp_queue[4] = 25;                 //"P"
        disp_queue[5] = 38;                 //":"
        disp_queue[6] = SP_M/10;            //蜂鸣器鸣叫时间
        disp_queue[7] = SP_M % 10;
        break;
    case   15:                              //显示整点报时功能
        display_SET();                      //"SET -O"
        disp_queue[3] = 1;                  //"1"
        if ( FUN_ZDBS != 0 )
        {
            disp_queue[6] = 23;             //"N"
            disp_queue[7] = 36;             //" "
        }
        else
        {
            disp_queue[6] = 15;             //"F"
            disp_queue[7] = 15;             //"F"
        }
        break;
    default:                                //以上条件都不满足时,显示当前时间
        display_TIME_H();                   //时
        display_TIME_M();                   //分
        display_TIME_S();                   //秒
        display_COL();                      //":  :"
        break;
    }
}
//----------------------------------------------------------
//显示扫描程序
```

263

```
//入口: disp_queue[] = 待显示字符串队列
//----------------------------------------------------------
void display_cnt()
{
    tU08 i;
    tU08 j;
    // ==== 延时等待
    P1OUT &= 0x80;                               //清除显示
    delay_n(15000);

    // ==== 扫描显示队列中的字符
    for (i = 0; i<disp_queue_sum; i ++ )          //i = 字符串队列指针
    {
        // ==== 显示当前字符
        for (j = 0; j<5; j ++ )                    //j = 列号(0~4)
        {
            P1OUT |= LCD_TAB_A[ disp_queue[i] * 5 + j];    //送显当前字符的当前列
            delay_n(150);                         //列显示延时
            P1OUT &= 0x80;                        //清除显示
            delay_n(10);                          //列间隔延时
        }
        // ==== 字符间隔延时
        delay_n(250);
    }
}
//----------------------------------------------------------
//I/O初始化程序(复用口配置给 key)
//----------------------------------------------------------
void IO_init_key()
{
    if (NOKEY_JSQ>= 60)                          //当无键计时>60 s时,禁止按键唤醒,
                                                 //必须通过惯性开关唤醒
    {
        P1OUT = 0x10;                            //P1 口输出状态
        P1DIR = 0xEF;                            //P1 口 I/O状态(0 = 输入,1 = 输出)
        P1IE |= 0x10;                            //P14 中断使能

    }
    else
    {
        P1OUT = 0x70;                            //P1 口输出状态
        P1DIR = 0x8F;                            //P1 口 I/O状态(0 = 输入,1 = 输出)
```

```
        P1IE|= 0x70;                            //P16～P14 中断使能
    }
    P1IES|= 0x00;                               //P1 口触发边沿选择（0 = 上升沿
                                                //有效,1 = 下降沿有效）
    P1IFG = 0x00;                               //IFG cleared
}
//-----------------------------------------------------------
//IO 初始化程序（复用口配置给 led）
//-----------------------------------------------------------
void IO_init_led()
{
    P1OUT = 0x00;                               //P1 口输出状态
    P1DIR = 0xFF;                               //P1 口 I/O状态（0 = 输入,1 = 输出）
}
//-----------------------------------------------------------
//参数初始化程序
//-----------------------------------------------------------
void parameter_init()
{
    TIME_H = 12;                                //当前时间"时"(0～23)
    TIME_M = 0;                                 //当前时间"分"(0～59)
    TIME_S = 0;                                 //当前时间"秒"(0～119)
    RUN_H = 0;                                  //秒表时间"时"(0～23)
    RUN_M = 0;                                  //秒表时间"分"(0～59)
    RUN_S = 0;                                  //秒表时间"秒"(0～119)
    RUN_MD = 0;                                 //秒表状态(0 = 停止,1 = 运行)
    TIMER_H = 7;                                //定时时间"时"(0～23)
    TIMER_M = 15;                               //定时时间"分"(0～59)
    SP_M = 10;                                  //蜂鸣器鸣叫时间设置值(0～99 分)
                                                //(说明:0 = 定时关闭)
    WK_MODE = 0;                                //工作模式
    FUN_ZDBS = 1;                               //整点报时(0 = 禁止,1 = 使能)
}
//-----------------------------------------------------------
//初始化程序
//-----------------------------------------------------------
void init()
{
    WDTCTL = WDTPW + WDTHOLD;                    //停止 WDT
    IO_init_key();                              //I/O初始化程序（复用口配置给 key）
    parameter_init();                           //参数初始化程序
```

265

```
        //定时器中断设置
        CCTL0 = CCIE;                               //CCR0 中断使能
        CCR0 = 32768-1;                             //定时器计数上限
        TACTL = TASSEL_1 + MC_1;                    //ACLK, contmode
                                                    //定时器 A 时钟源选择：1 - ACLK
                                                    //定时器 A 计数模式：1 - Up to CCR0

}
//------------------------------------------------------------
//主程序
//------------------------------------------------------------
void main(void)
{
    init();                                         // ==== 初始化
    _BIS_SR(LPM3_bits + GIE);                       //Enter LPM3 w/interrupt
}


//------------------------------------------------------------
//蜂鸣器控制程序
//------------------------------------------------------------
void SP_CNT()
{
        P1OUT |= 0x80;                              //开蜂鸣器
        delay_n(20000);                             //鸣叫延时
        P1OUT &= 0x7F;                              //关蜂鸣器
}
//------------------------------------------------------------
//Timer_A3 Interrupt Vector (TAIV) handler
//Timer_A3 中断服务程序
//说明：根据 TAIV 寄存器判断，执行不同的中断响应
//中断频率 = 32 768/(32 768) = 1 Hz
//------------------------------------------------------------
//Timer A0 interrupt service routine
#pragma vector = TIMERA0_VECTOR
__interrupt void Timer_A (void)
{
//时钟系统计时
    TIME_S ++ ;
    if ( TIME_S > 59 )
    {
        TIME_S = 0 ;
        //蜂鸣器鸣叫时间运行值!= 0 时，运行值 - 1
        if ( SP_RUN != 0 )
```

```
                {
                    SP_RUN--;
                }
            TIME_M ++ ;
            if ( TIME_M > 59 )
            {
                TIME_M = 0 ;
                if ( FUN_ZDBS != 0 )                //整点报时功能
                {
                    //SP_RUN = SP_RUN + 1;           //鸣叫一分钟
                    SP_CNT();                        //鸣叫一声
                    delay_n(60000);                  //鸣叫延时
                    SP_CNT();                        //鸣叫一声
                }
                TIME_H ++ ;
                if ( TIME_H > 23 )
                {
                    TIME_H = 0 ;
                }
            }
        }
//当当前时间 = 定时时间时,开始鸣叫
    if (( TIME_H == TIMER_H ) && ( TIME_M == TIMER_M) && ( TIME_S < 10))
    {
        SP_RUN = SP_M;
    }
//蜂鸣器鸣叫时间运行值 != 0 时,鸣叫
    if ( SP_RUN != 0 )
    {
        SP_CNT();                                    //鸣叫一声
    }
//秒表系统计时
    if (RUN_MD != 0 )
    {
        RUN_S ++ ;
        if ( RUN_S > 59 )
        {
            RUN_S = 0 ;
            RUN_M ++ ;
            if ( RUN_M > 59 )
            {
                RUN_M = 0 ;
```

```
                    RUN_H ++ ;
                    if ( RUN_H > 99 )
                    {
                        RUN_H = 0 ;
                    }
                }
            }
        }
    //无键计时
        if ( NOKEY_JSQ >= 60)                       //当无键计时>60 s 时,执行
        {
            WK_MODE = 0 ;                           //切换工作模式

        }
        else
        {
            NOKEY_JSQ ++ ;                          //无键计时器(每秒 + 1)
        }
    //
        IO_init_key();                              //I/O 初始化程序(复用口配置给 key)
    }
    //-------------------------------------------------------
    //位置信号处理功能
    //-------------------------------------------------------
    void wz_fun()
    {
        SP_RUN = 0;                                 //蜂鸣器鸣叫时间运行值 = 0,取消鸣叫
        NOKEY_JSQ = 0 ;                             //无键计时器 = 0

        IO_init_led();                              //I/O 初始化程序(复用口配置给 led)
        new_display();                              //刷新待显示字符串
        display_cnt();                              //显示扫描程序
    }
    //-------------------------------------------------------
    //按键 A 信号处理功能
    //-------------------------------------------------------
    void key_a_fun()
    {
        SP_CNT();                                   //鸣叫一声
        NOKEY_JSQ = 0 ;                             //无键计时器 = 0
        // ==== 根据工作模式判断
        switch( WK_MODE )                           //根据工作模式判断
```

```
{
    case  0：                            //显示当前时间
        WK_MODE = 4 ;                    //切换工作模式
        break;
    case  6：                            //显示作者信息
        WK_MODE = 0 ;                    //切换工作模式
        break;
    case  7：                            //显示当前时间"时"
        if ( TIME_H < 23 )               //时 + 1(0~23)
        {
            TIME_H ++ ;
        }
        else
        {
            TIME_H = 0 ;
        }
        break;
    case  8：                            //显示当前时间"分""秒"
        TIME_S = 0;                      //秒 = 0
        if ( TIME_M < 59 )               //分 + 1(0~59)
        {
            TIME_M ++ ;
        }
        else
        {
            TIME_M = 0 ;
        }
        break;
    case  12：                           //显示定时时间"时"
        if ( TIMER_H < 23 )              //时 + 1(0~23)
        {
            TIMER_H ++ ;
        }
        else
        {
            TIMER_H = 0 ;
        }
        break;
    case  13：                           //显示定时时间"分"
        if ( TIMER_M < 59 )              //分 + 1(0~59)
        {
            TIMER_M ++ ;
```

```
                }
                else
                {
                    TIMER_M = 0 ;
                }
                break;
            case  14:                          //显示蜂鸣器鸣叫时间
                if ( SP_M < 99 )               //蜂鸣器鸣叫时间 + 1(0~59)
                {
                    SP_M ++ ;
                }
                else
                {
                    SP_M = 0 ;
                }
                break;
            case  15:                          //显示整点报时功能
                FUN_ZDBS ^= 0x01;              //整点报时功能取反
                FUN_ZDBS &= 0X01;
                break;
            default:                           //以上条件都不满足时,显示当前时间
                WK_MODE ++ ;                   //切换工作模式
                break;
        }
    }
//----------------------------------------------------------
//按键 B 信号处理功能
//----------------------------------------------------------
void key_b_fun()
{
    SP_CNT();                                  //鸣叫一声
    NOKEY_JSQ = 0 ;                            //无键计时器 = 0
    // ==== 根据工作模式判断
    switch( WK_MODE )                          //根据工作模式判断
    {
        case  0:                               //显示当前时间
            WK_MODE = 7 ;                      //切换工作模式
            break;
        case  4:                               //显示闹钟时间
            WK_MODE = 12 ;                     //切换工作模式
            break;
        case  5:                               //显示秒表时间
```

```
        //RUN_MD ^= 0x01;                        //秒表状态取反(0 = 停止,1 = 运行)
        //RUN_MD & = 0X01;
        if ( RUN_MD != 0 )
        {
            RUN_MD = 0 ;
        }
        else
        {
            RUN_S = 0 ;                           //秒表时间"秒"(0~59)
            RUN_M = 0 ;                           //秒表时间"分"(0~59)
            RUN_H = 0 ;                           //秒表时间"时"(0~23)
            RUN_MD = 1 ;
        }

        break;
    case   6:                                     //显示作者信息
        WK_MODE = 15 ;                            //切换工作模式
        break;
    case   8:                                     //显示当前时间"分""秒"
        WK_MODE = 0 ;                             //切换工作模式
        break;
    case   14:                                    //显示蜂鸣器鸣叫时间
        WK_MODE = 4 ;                             //切换工作模式
        break;
    case   15:                                    //显示整点报时功能
        WK_MODE = 6 ;                             //切换工作模式
        break;
     default:                                     //以上条件都不满足时,显示当前时间
        WK_MODE ++ ;                              //切换工作模式
        break;
    }
}
//-----------------------------------------------------------
//P1 口中断程序
//-----------------------------------------------------------
# pragma vector = PORT1_VECTOR
__interrupt void Port_1(void)
{

    // ==== 根据中断标志判断执行
    switch( P1IFG )                               //根据中断标志判断执行
    {
```

```
        case    0x01:                              //P10 中断,未使用
            break;
        case    0x02:                              //P11 中断,未使用
            break;
        case    0x04:                              //P12 中断,未使用
            break;
        case    0x08:                              //P13 中断,未使用
            break;
        case    0x10:                              //P14 中断
            // ==== 位置信号触发,执行显示功能
            wz_fun();                              //位置信号处理功能
            break;
        case    0x20:                              //P15 中断
            // ==== A 键触发,执行按键功能
            key_a_fun();
            break;
        case    0x40:                              //P16 中断
            // ==== B 键触发,执行按键功能
            key_b_fun();
            break;
        case    0x80:                              //P17 中断,未使用
            break;
    }
    IO_init_key();                                 //I/O初始化程序(复用口配置给 key)
}
```

汽车组合仪表开发手记

一、前 言

看过网络版《MC68HC908 匠人应用手记》和《串口七日》的网友也许会关心，匠人在那两篇手记中隐隐约约提到的项目究竟是什么？现在，就让本篇来揭示答案吧。

二、项目概述

1. 功能简介

该汽车组合仪表采用飞思卡尔的 MC68HC908LK24 芯片作为主控制芯片。共有 8 个采用步进电机驱动的指针表头，分别指示：行车速度、发动机转速、燃油量、水温、油压、气压（两路）和电瓶电压。采用带背光的 LCD，配合按键可以切换显示行车里程（包括总计值和小计值）、时钟和档位。另外，还有各种声光报警指示。

2. 系统框图

汽车组合仪表系统框图参见图 21.1。

3. 原理简介

该组合仪表的基本原理是对车速传感器和发动机转速传感器输出的脉冲信号进行采样，根据采样频率计算出车速和转速，然后驱动相应的步进电机转动到指示刻度盘对应的位置。

行车里程值则是对车速脉冲进行计数，再除以每公里的脉冲数获得，并通过液晶显示。

对于档位，是检测档位信号的频率和占空，并通过液晶显示。

对于燃油量、水温、油压、气压和电压，是通过单片机 A/D 口对其信号进行采样计算，根据得到的电压值，驱动相应的步进电机转动到指示刻度盘对应的位置。

当某个参数数值超出设定阈值时，单片机控制对应的 LED 灯报警，同时让蜂鸣

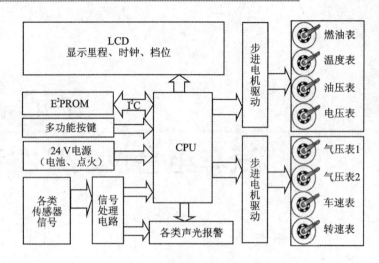

图 21.1　汽车组合仪表系统框图

器鸣叫。

各类数据保存在 E^2PROM 中,确保断电后不会丢失。

有关参数可以通过串口和计算机进行通信。

4. 输入信号介绍

本系统主要处理的输入信号有以下几大类:

➤ 数字脉冲类信号。包括车速信号和转速信号,这种脉冲信号的频率与车速及转速成正比。因此,只要测量出该脉冲信号的周期即可根据一定的公式推算出车速或转速。而里程值是通过对车速脉冲进行累计实现的。另外还有一个档位信号,该信号的频率固定,通过占空变化来区分不同的档位。因此只要测量出脉冲周期和高电平宽度即可判定当前档位。这类信号特性相似,都是通过单片机的脉冲捕获口来采样脉冲的周期或高电平宽度,经过转换后获得采样值。

➤ 模拟信号。包括燃油量、水温、油压、气压(两路)和电瓶电压信号。这类信号是通过信号调制后变换成 0~5 V 范围的电压信号送到单片机的 A/D 口,供单片机采用处理。正巧 MC68HC908LK24 芯片拥有 6 个 A/D 口,可谓"多一个浪费,少一个不够"啊。

➤ 按键信号。这将在按键处理部分谈到。

由于相同类型信号的处理方式比较接近,所以在本手记中,只选取具有代表性的信号,针对其信号特征及处理方式进行详细解剖。其他信号处理的内容从简。

三、仪表电机原理与控制

本组合仪表中的主要指示部件,是步进电机。

下面先对电机进行介绍。

1. 步进电机的结构与工作原理

我们选用的是型号为 MS29-XX/MS29-XXP 的仪表电机。这是一种精密的微型步进电机,内置减速比 180/1 的齿轮系。主要应用于车辆的仪表指示盘,也可以用于其他仪器仪表装置中,将数字信号直接准确地转为模拟的显示输出。

该仪表电机需要两路逻辑脉冲信号驱动,可以工作于 5～10 V 的脉冲下,输出轴的步距角最小可以达到 1/12°,最大角速度 600°/s。可用分步模式或微步模式驱动。该仪表电机在设计上选用高级铁磁材料和特种耐磨塑料,同时兼顾到防火等安全性能,采用具有消声和耐磨效果的特殊齿形,保证了电机的长期运转寿命和性能。

该仪表电机是两相步进电机,经三级齿轮减速转动,并带动指针转动。电机的结构示意图参见图 21.2。电机的驱动波形图参见图 21.3。

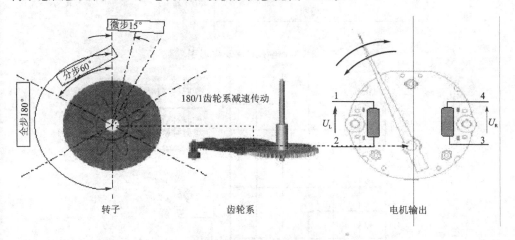

图 21.2　电机的结构示意图

(1) 分步驱动模式

用标准的 5 V 逻辑电路电压,可以分步驱动模式直接驱动电机,电流需求为 20 mA。在分步模式下,每个脉冲可以驱动电机转子转动 60°(即输出轴转动 1/3°)。电机转动的方向取决于施加在电机左右线圈上的周期性脉冲序列的相位差。左线圈电压 U_L 相位超前于右线圈电压 U_R 时(相位差为 π/3),MS29-XXP 系列的马达输出轴将顺时针旋转,而 MS29-XX 系列的马达转向相反,将逆时针旋转(参见图 21.4:分步驱动模式脉冲序列)。

(2) 微步驱动模式

为了使电机运转更平稳,减小电机噪声,可以采用细分技术,用更精密、更接近正弦波的脉冲波序列来驱动电机,使电机获得 15°的微步步进(参见图 21.5:脉冲细分)。

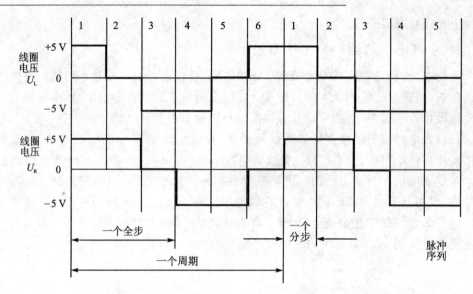

图 21.3 电机的驱动波形图

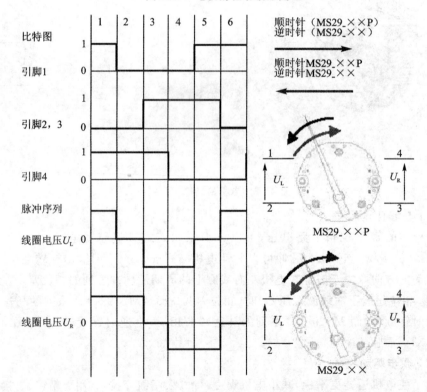

图 21.4 分步驱动模式脉冲序列

梯度脉冲序列经过细分后,产生接近正弦波的驱动信号,可以使电机工作在微步模式下,每一个微步驱动转子转动 15°(输出轴转动 1/12°)。在微步模式下,电机能

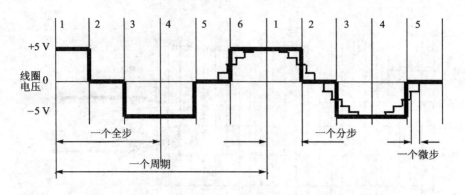

图 21.5 脉冲细分

更连续、平稳地运转。

梯度脉冲序列电流按公式 21-1 和 21-2 计算。

$$左线圈电流：I_L = I_m \times \sin\left[\frac{2 \times (i-1) \times \pi}{24} + \frac{\pi}{3}\right] \tag{21-1}$$

$$右线圈电流：I_R = I_m \times \sin\left[\frac{2 \times (i-1) \times \pi}{24}\right] \tag{21-2}$$

注：在公式 21-1 和 21-2 中，$i=1,2,24$（代表微步节拍）；I_m 代表最大电流。也就是说，一个完整的正弦波是由 24 个微步（节拍 0～23）组成。每正转一个微步，节拍序号加 1，当节拍序号 >23 时清零；每反转一个微步，节拍序号减 1，当节拍序号 <0 时回到 23（参见图 21.6：微步驱动模式脉冲序列）。

(3) 指针的归零控制

由于无法预知指针的原始位置在哪里，所以在每次冷启动时，都要让指针回转 300°，保证指针能归零。

同样的，在每次点火时，所有指针也要归零，比如反转 15°（180 微步），这主要是为了消除一些偶然的失步所造成的误差。

说明：指针归零过程的速度较快，为了避免启动时力矩不够，所以需要采用先慢速启动，再切换到高速运行状态。

(4) 电机的电气特性

默认条件为：$T_{amb} = 25\ ℃$，$U_b = 5\ V$。

电机的电气特性如表 21.1 所列。

277

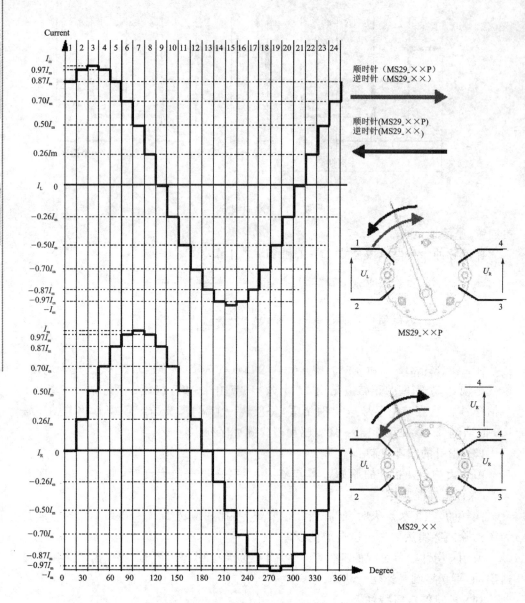

图 21.6　微步驱动模式脉冲序列

表 21.1 电机的电气特性

参　数	符　号	测试条件	最小值	典型值	最大值	单　位
工作环境温度	T_a		-40		105	℃
线圈电阻	R_b		225	250	275	Ω
消耗电流	I_m	$f_a=200$ Hz		20	25	mA
磁饱和电压	U_{bs}			9		V
启动频率	f_{ss}	JL$=0.2\times10^{-6}$ kg·m²		180		Hz
最大驱动频率	f_{mm}	JL$=0.2\times10^{-6}$ kg·m²		600		Hz
输出动态力矩	M_{200}	$fa=200$ Hz	1.0	1.2	1.3	mNm
	M_{500}	$fa=500$ Hz	0.7	0.8	0.9	mNm
输出静态力矩	M_s	$U_b=5$ V	3.5	4.0		mNm
齿隙				0.3	0.8	度
输出轴 轴向力允许（推）	F_a				150	N
轴向力允许（拉）	F_a				100	N
径向力允许	F_q				12	N
角加速度	a_p				1000	rad/s²
噪声	SPL			45	50	dBA
输出转角	f_1	具有内部止停的电机			315	度

279

2. 电机驱动电路

步进电机采用四路驱动电路 STI6606 芯片进行控制。该芯片是一个 CMOS 驱动集成电路，用以简化微型步进马达驱动接口电路。在同一芯片上包含 4 个同样的驱动器，电路允许使用者驱动 4 个步进电机。驱动电路把脉冲列转换成一个电流等级序列送到电机的线圈。序列用来产生电机微步运动。

在本项目中，需要控制的电机共有 8 个，因此需要两颗这样的芯片。这两颗芯片的外部接线电路图是一样的，我们只要给出一个就行了（参见图 21.7：电机驱动电路）。

电路说明如下：

➤ 输入信号：F_{scx} 信号，该信号的每个的上升沿，驱动转子一个微步。

➤ 输入信号：CW/CCW（顺时针/逆时针）信号，控制电机的转动方向。

➤ 输入信号：RESET 信号，在低电平时将输出驱动序列复位。

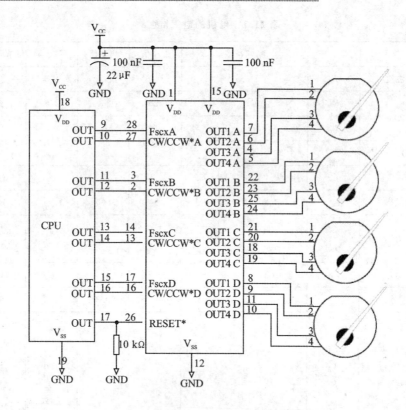

图 21.7 电机驱动电路

四、程序概述

这一节里主要介绍一下程序的整体框架,以及主程序、初始化程序、中断程序的结构。

该程序采用 C 语言,多文件模块化编程方式。

模块之间通过参数传递信息。

由于程序功能较多,为了保证程序的实时性,匠人根据不同任务的实时性要求,分配执行时间。

1. 程序模块的框架与组织

对于这种比较大的程序,如果将所有程序都放在一个文件中,将显得非常臃肿,不便于调试、维护和移植。因此,匠人采用了多文档(模块)的组织结构,将相关的功能函数写在各自的源程序文件中。

下面介绍一下每个文件的功能(参见表 21.2:项目文件功能介绍)。

表 21.2　项目文件功能介绍

序	源程序 文件名称	匹配的头 文件名称	功能说明
1	—	hidef.h MC68HC908LK24.h ……	这些文件是由系统自动生成的。提供一些底层支持
2	Start08.c	—	这个文件也是由系统自动生成的。里面放置了一些系统初始化程序。当这个程序执行完后,会跳到以"main"为标号的用户程序段。需要说明的是,用户需要根据自己的工程编写属于本工程的初始化函数并在"main"函数中调用。这一部分的工作,系统不会代劳
3	—	common.h	这是公共头文件。里面放置了本工程项目中定义的各种常量、变量、IO 口定义以及一些宏定义等等。这个文件同时还负责引用其他头文件。因此,本工程中所有模块文件(C 程序文件)都要(并且只需要)引用本文件
4	main.c	main.h	里面主要包含了主函数、初始化函数、中断服务函数以及其他一些子函数
5	显示处理.c	显示处理.h	
6	按键处理.c	按键处理.h	
7	24CXX_01.C	24CXX_01.h	
8	车速处理.c	车速处理.h	
9	转速处理.c	转速处理.h	
10	档位处理.c	档位处理.h	
11	里程处理.c	里程处理.h	这是各个具体的功能模块,其代表的功能已经在文件名中得到体现了,无须多费口舌
12	AD 处理.c	AD 处理.h	
13	滤波.c	滤波.h	
14	线性计算.c	线性计算.h	
15	串行通信.c	串行通信.h	
16	故障处理.c	故障处理.h	
17	待机处理.c	待机处理.h	

2. 主程序的结构

主程序包含两个部分,一部分为初始化段,另一部分为循环主体段。在主程序循环体中,并不是直接执行程序,而是去调用一个个任务模块。

每个任务都是一个子函数,这些任务的调度机制为轮询机制。即:这些子函数功能的执行与否取决于其条件标志是否满足。比如:当某个子函数被主程序调用时,会先判断其执行条件是否成立(标志位是否有效),如果有效则执行实际功能语句,否则不执行任何动作直接返回。

为了避免各个任务为了抢占系统时钟资源,造成时间冲突,匠人采取以下一些措施:

① 根据任务的轻重缓急分别予以不同的时间调度。比如 LCD 显示屏刷新处理只需要 500 ms 调用一次即可;按键处理则为 10 ms 调用一次;有些实时性要求较高的任务如里程更新则每循环一次都要调用一次。

② 为了避免因某些任务的单次执行过长影响到其他任务的及时执行,进而导致系统实时性下降。必要时,要将一个任务分为多个时间片来执行。比如:在按键处理程序中,当首次检测到按键闭合时,本来需要 10 ms 左右的延时时间来进行消除抖动。这 10 ms 如果用延时程序来实现,则会影响其他任务的执行。应该把这个等待的时间让给其他任务程序去执行。具体方法是可以先设置个标志后退出,待下次(过了 10 ms 后)再次进入按键处理程序时,再做一次闭合检测,结合上次设置的标志位则可判定按键是否有效触发。

③ 对于实时性要求更高的任务,采用这种主程序轮询方式往往还是显得不够及时。那么就干脆放在中断函数中去执行。不过,为了不影响后台程序执行,中断程序必须简练,能不在中断中做的事情就不要在中断程序中做。对于实时性不是很强的功能,可以先在中断中设置标志,然后让后台程序根据标志再去执行具体功能。

3. 流程图

下面给出主程序及有关的时间调度程序的流程图:

图 21.8:主程序;

图 21.9:1 ms 定时处理程序;

图 21.10:10 ms 定时处理程序;

图 21.11:100 ms 定时处理程序;

图 21.12:500 ms 定时处理程序。

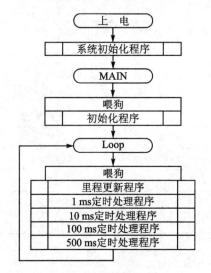

图 21.8　主程序流程图

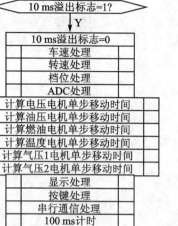

图 21.10　10 ms 定时处理程序流程图

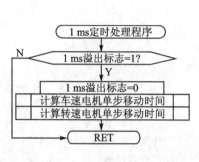

图 21.9　1 ms 定时处理程序流程图

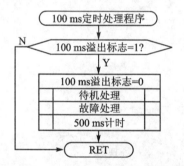

图 21.11　100 ms 定时处理程序流程图

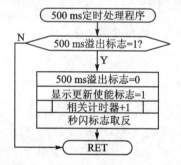

图 21.12　500 ms 定时处理程序流程图

4. 源程序

```
//--------------------------------------------------------
//主程序
//--------------------------------------------------------
void main(void)
{
// ==== 初始化
    __RESET_WATCHDOG();                    //喂狗
    init();                                //初始化程序
// ==== 循环主体
    for(;;)
```

```
    {
        __RESET_WATCHDOG();                        //喂狗
        odo_update();                              //里程更新
        DS1MS_CNT();                               //1 ms 定时处理
        DS10MS_CNT();                              //10 ms 定时处理
        DS100MS_CNT();                             //100 ms 定时处理
        DS500MS_CNT();                             //500 ms 定时处理
    }
}
//----------------------------------------------------------
//1 ms 定时处理
//----------------------------------------------------------
void DS1MS_CNT (void)
{
    if ( JS1MS_T )
    {
        JS1MS_T = 0;                               //1 ms 计时溢出标志 = 0
        spd_motor_speed();                         //计算车速电机单步移动时间
        tac_motor_speed();                         //计算转速电机单步移动时间
    }
}
//----------------------------------------------------------
//10 ms 定时处理
//----------------------------------------------------------
void DS10MS_CNT (void)
{
    if ( JS10MS_T )
    {
        JS10MS_T = 0;                              //10 ms 计时溢出标志 = 0
        spd_calculate();                           //车速处理
        tac_calculate();                           //转速处理
        prnd_calculate();                          //档位处理
        ADC_CNT();                                 //ADC 处理
        volt_motor_speed();                        //计算电压电机单步移动时间
        oil_motor_speed();                         //计算油压电机单步移动时间
        fuel_motor_speed();                        //计算燃油电机单步移动时间
        temp_motor_speed();                        //计算温度电机单步移动时间
        air1_motor_speed();                        //计算气压 1 电机单步移动时间
        air2_motor_speed();                        //计算气压 2 电机单步移动时间
        display();                                 //显示处理
        KEY_SCAN_T = 1 ;                           //按键扫描标志 = 1
        KEY_CNT();                                 //按键处理
        COMM_CNT();                                //串行通信处理
                                                   //100 ms 计时器 + 1
        JSQ_100MS ++ ;                             //100 ms 计时器
```

284

```
        if ( JSQ_100MS >= 10 )
        {
            JSQ_100MS = 0;
            JS100MS_T = 1;                      //100 ms 计时溢出标志 = 1
        }
    }
}
//------------------------------------------------------------
//100 ms 定时处理
//------------------------------------------------------------
void DS100MS_CNT (void)
{
    if ( JS100MS_T )
    {
        JS100MS_T = 0;                          //100 ms 计时溢出标志 = 0
        STANDBY_MODE();                         //待机处理
        ERR_CNT();                              //故障处理
                                                //500 ms 计时器 + 1
        JSQ_500MS ++;                           //500 ms 计时器
        if ( JSQ_500MS >= 5 )
        {
            JSQ_500MS = 0;
            JS500MS_T = 1;                      //500 ms 计时溢出标志 = 1
        }
    }
}
//------------------------------------------------------------
//500 ms 定时处理
//------------------------------------------------------------
void DS500MS_CNT (void)
{
    if (JS500MS_T)
    {
        JS500MS_T = 0;
        DISP_EN_T = 1 ;                         //显示更新使能标志 = 1
        //相关计时器 + 1
        if ( PRND_XD_JSQ <= 250 ) PRND_XD_JSQ ++ ; //档位检测消抖计数器 + 1
        if ( RST_JSQ <= 250 ) RST_JSQ ++ ;      //冷启动计时器 + 1
        if ( IGN_JSQ <= 250 ) IGN_JSQ ++ ;      //点火钥匙开启计时器 + 1
        if ( NOKEY_JS <= 250 ) NOKEY_JS ++ ;    //无键计时器 + 1
        MS_TT = ~ MS_TT ;                       //秒闪标志取反
    }
}
```

5. 初始化程序说明

初始化程序中包含以下部分：

① I/O 口初始化；

② 内存初始化；

③ 参数初始化；

④ LCD 初始化；

⑤ 电机指针初始化；

⑥ ADC 初始化；

⑦ 串行口初始化；

⑧ 定时器中断初始化；

⑨ 蜂鸣器开机鸣叫。

6. 中断程序说明

MC68HC908LK24 芯片的中断资源是非常丰富的。不过在本项目中，并不是所有中断都会用到。因此，在初始化程序中，我们要对中断进行相关的设置，开启有用的中断，屏蔽无用的中断。现在简单介绍以下被用到的中断（参见表 21.3：中断资源分配表）。

表 21.3　中断资源分配表

中断资源	说　明	功能与用途
实时时钟 RTC 中断	中断频率＝8 Hz	当系统处于待机状态时，用于定时唤醒系统
定时器 1 溢出中断	中断频率＝8 Hz	用于对车速和转速脉冲宽度计数
定时器 1 的通道 0 中断	下降沿捕获	转速脉宽检测
定时器 1 的通道 1 中断	下降沿捕获	车速脉宽检测
定时器 2 溢出中断	中断频率＝1 kHz	① 提供 1 ms 计时时基； ② 燃油电机定时控制
定时器 2 的通道 0 中断	上升沿/下降沿捕获	档位信号（周期、占空）检测
定时器 2 的通道 1 中断	输出比较，中断频率＝5 kHz	① 车速电机定时控制； ② 转速电机定时控制； ③ 电压电机定时控制； ④ 油压电机定时控制； ⑤ 温度电机定时控制； ⑥ 气压 1 电机定时控制； ⑦ 气压 2 电机定时控制； ⑧ 档位检测计数

五、计程处理

1. 计程处理概述

汽车行驶里程关系到汽车的使用寿命和性能(安全性、燃料经济性、操纵性、平顺性等)。有经验的驾驶员还可以通过行使里程来推算下次保养时间、出发地到目的地的燃油消耗等等。由此可见,里程值是一个非常重要的参数。

汽车行驶里程是根据对来自车速传感器的脉冲个数进行累计得到的。为了让CPU 能够正确识别该脉冲信号,需要对传感器信号进行调制(参见图 21.13:车速脉冲信号调制电路)。

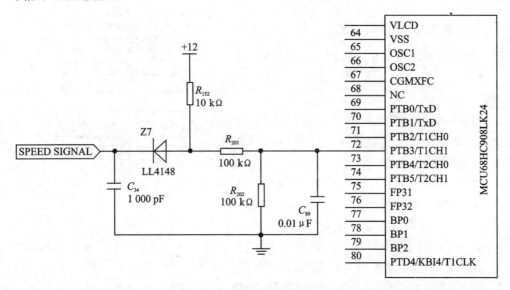

图 21.13　车速脉冲信号调制电路

里程值分为小计值和总计值(或称为"累计值")。

小计值是指单次行驶里程。该值可以通过按键清零。当系统断电后重新上电,小计值会清零。总计值是指该车从出厂后总共行驶的里程,是不允许用户清零的。由于总计值非常重要,因此要将每次更新后的总计值保存在 E^2PROM 中,以防掉电后丢失。在第一次上电时,要将总计值和小计值都清零。

在本案中,匠人使用定时器 1 的通道 1 的捕获功能来检测车速脉冲,每当检测到一个车速脉冲(下降沿有效),其中断服务程序就会调用一个脉冲计数子程序。在脉冲计数子程序中,当计数值大于或等于 100 m(0.1 km)的脉冲个数时,使能"里程更新使能标志"(设置为"1")。

接下来的事情由后台程序完成。在主程序中调用"里程更新子程序"。该程序的任务就是不断查询"里程更新使能标志"是否有效(等于"1")。一旦有效,就将小计值

287

和总计值在原有的基础上加1(代表 0.1 km)。另外,还需要执行保存和更新显示等功能。

小计值的处理比较简单,从简略过。鉴于总计值的重要性,对其的处理比较谨慎。因此,总计值处理子程序也相对要复杂些(参见图 21.14:总计值处理程序流程图)。

在总计值的更新过程中,涉及到对 E^2PROM 中总计数据的读/写操作程序(参见图 21.15:从 E^2PROM 中读总计值程序流程图和图 21.16:向 E^2PROM 中写总计值程序流程图)。

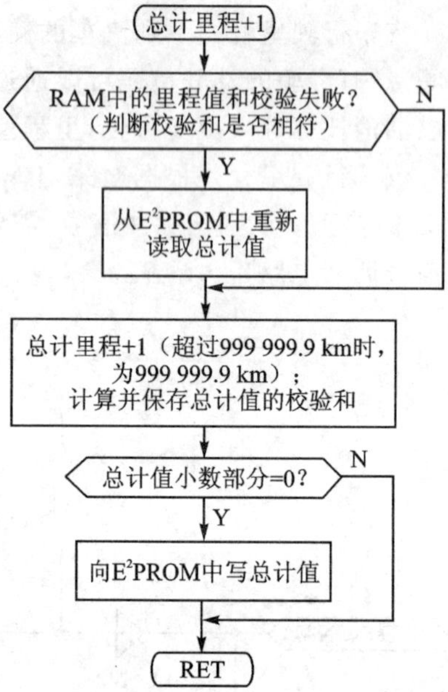

2. 数据的可靠性处理

总计值是如此重要。防止总计值数据的丢失或错乱,是设计一款里程表的重中之重。这关系到一款仪表开发的最终成败结局。

因此,匠人采取了诸多手段来保证总计值的可靠性。这些手段包括数据校验、数据冗余备份以及数据修复机制(数据表决)。

对总计值的校验采用了多种方式:

图 21.14　总计值处理程序流程图

➤ 和校验。在 RAM 中专门定义了一个变量,用于存储当前总计值的校验和值。在每次更新 RAM 中的总计值之前,先对总计值进行和校验。如果校验失败,则从外部 E^2PROM 中重新载入正确值。在每次更新总计值之后,要重新计算并同步更新校验和变量。

➤ 冗余校验。在 E^2PROM 中,为总计值开辟了 3 组冗余备份区域。每次读取 E^2PROM 中的数据时,要判别 3 组备份中的数据是否完全一致。如果不一致,则要通过数据表决的办法进行数据修复。数据表决遵循少数服从多数的原则。比如,A 组数据等于 B 组数据,但是 A 组数据不等于 C 组数据,则采信 A 组数据和 B 组数据,舍弃 C 组数据。如果 A、B、C 3 组数据都不相同,则只好将总计值清零了。

➤ 极值校验。总计里程值的最大值是 999 999.9 km。如果超出了该范围,则可以认为数据已经出错了,需要作进一步的修复或清零处理。

➤ 读/写一致性校验。为了防止 E^2PROM 的读/写错误,在每次写入数据后,要立即读出来和写入值作一致性对比校验。如果发现有误,就要重新写入数据。

通过以上介绍的数据校验和修复方法,可以有效地保障总计值的可靠性了。

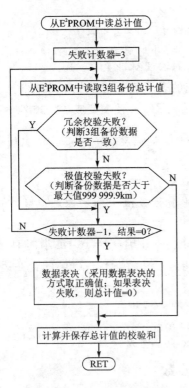
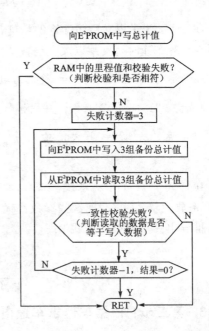

图 21.15 从 E² PROM 中读总计值程序流程图 **图 21.16 向 E² PROM 中写总计值程序流程图**

六、车速处理

车速是汽车行驶过程中的一个重要参数。我们通过对车速传感器的脉冲宽度的测量来得到车速值,并通过指针来进行指示。

前面一节中,匠人已经介绍了车速信号的调制电路(参见图 21.13:车速脉冲信号调制电路)。下面匠人将根据车速处理的大致流程来逐步讲解。

1. 第一步:测量车速脉冲宽度

首先说明一点,这里所说的脉冲宽度,其实是指脉冲周期。只是为了照顾日常表述的习惯,所以在行文中还是称之为脉宽。

在本案中,匠人使用定时器 1 的通道 1 的捕获功能来检测车速脉冲(下降沿有效)。将连续两次捕获到的定时器计时值相减,便可以获取一个完整脉冲的计时时间(脉宽)。为了加快中断进程,避免中断占用系统太多时间,在中断程序只是先将两次的捕获值分别保存,并通过标志位(收到新车速脉冲标志)去通知后台程序进行处理。

2. 第二步:根据脉宽求车速

测量到输入的脉冲宽度后,我们不难根据公式 21 - 3 和 21 - 4 来计算即时车速。

$$脉冲频率 = \frac{计数频率}{脉宽计数值} = \frac{总线频率}{分频因子 \times 脉宽计数值} \qquad (21-3)$$

$$车速(km/h) = 脉冲频率 \times \frac{每小时秒数}{每公里脉冲数} \qquad (21-4)$$

实际上：为了提高后面计算的精度，系统车速的表示值为实际车速的 8 倍。也就是说在计算车速时还要乘以放大倍数(8)。因此，公式 21-4 便演变成了公式 21-5。

$$车速(km/h) = 放大倍数 \times 脉冲频率 \times \frac{每小时秒数}{每公里脉冲数} \qquad (21-5)$$

将公式 21-3 和 21-5 合并后推导出公式 21-6。

$$车速(km/h) = 放大倍数 \times \frac{总线频率}{分频因子 \times 脉宽计数值} \times \frac{每小时秒数}{每公里脉冲数}$$

$$(21-6)$$

在公式 21-6 中：总线频率 = 2 457 600 Hz；分频因子 = 16；每小时秒数 = 3 600 s；放大倍数 = 8。把这些参数都代入公式，再经过一番"七荤八素"的合并运算。最后推导出一个简单的公式 21-7。

$$车速(km/h) = \frac{4\,423\,680\,000}{脉宽计数值 \times 每公里脉冲数} \qquad (21-7)$$

3. 第三步：根据车速求车速电机目标步数

这一步其实就是计算步进电机的指针在表盘上的目标角度。因为该角度与电机步数的关系已经明确(1° = 12 个微步)，所以问题就演变为根据速度求电机的目标步数。

这里所说的目标步数，就是指指针最终要移动到的相对于零点的位置。比如，目标步数 = 1200，就要把指针相对于零点位置移动 1200 个微步，即 100°(1200/12 = 100°)。

由于速度表盘上的刻度有时是非线性的，无法直接根据速度求角度，所以采用分段线性插值法。在表盘上划分出若干个区间，并假设每个区间内的角度与速度是成线性关系的。根据速度所在的区间，计算其对应的目标步数。

表 21.4：车速与电机指针目标步数对应表列出了每个区间分隔点(标定点)。其示意图参见图 21.17：车速指示线性插值法图。

表 21.4　车速与电机指针目标步数对应表

项　目	标定点					
实际速度(km/h)	0	20	40	100	180	240
程序中的速度表示值(=实际速度×8)	0	160	320	800	1280	1920
对应角度	2.5°	18.5°	39°	99°	160.5°	241.5°
对应目标步数	30	222	468	1188	1926	2898

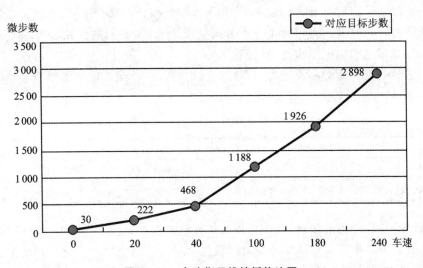

图 21.17　车速指示线性插值法图

在本项目的 8 个表头控制中,都应用了分段线性插值法。关于标定和分段线性插值法,本书中有专门的手记进行详细介绍,这里就不展开了。让匠人偷个懒先,呵呵。

到这里为止,程序已经计算出了电机新的目标步数值(即角度值)。这部分功能是由一个叫"车速处理"的子程序来实现的(参见图 21.18:车速计算程序流程图)。通过这个程序,我们每过 10 ms 的时间便可以获得一个最新的目标步数。

在车速处理子程序中,除了在计算目标步数时调用了线性插值算法程序外,还调用了滤波(包括递推平均滤波和一阶滤波)算法程序,用来对脉宽和目标步数进行滤波。虽然这些滤波是非常重要的,但在本书前面的几篇手记中已经用了大量笔墨来介绍滤波算法,因此这里就不再重复了。

4. 第四步:指针的平滑运动控制

车速电机指针的控制,包含了三个层次。

① 第一个层次,是位置的控制。

在计算出目标步数后,我们要控制车速表的步进电机转动,驱动指针从当前步数向目标步数移动。当目标步数稳定不变时,当前步数最终会与目标步数一致。

② 第二个层次,是速度的控制。

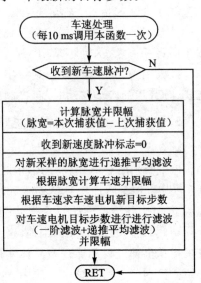

图 21.18　车速计算程序流程图

为了保证让指针运动得比较平滑,必须控制好指针的移动速度,也就是步进电机的转动速度。而速度又是与单步移动时间成反比的,因此问题的核心就演变成了如何实时计算车速电机的单步移动时间。

由于我们把中断时基设定为 $200\ \mu s$,所以在程序中,车速电机的单步移动时间是 $200\ \mu s$ 的倍数。单步移动时间与电机转速之间的关系参见表 21.5。

表 21.5　电机的单步移动时间与电机转速范围

	单步移动时间	电机转速	
最小值	$2 \times 200\ \mu s = 400\ \mu s$	2500 微步/s	208.33°/s
最大值	$40 \times 200\ \mu s = 8\,000\ \mu s$	125 微步/s	10.42°/s

当目标步数与当前步数一致时,说明指针已经运动到位了。此时,指针不再需要运动。我们可以把指针的单步移动时间设置为最大值,免得频繁打搅 CPU 的运行。

当目标步数与当前步数不一致时,我们先求出二者的差值(绝对值)。然后根据差值的大小来控制指针速度(即单步移动时间),差值较小时,指针速度较慢(单步移动时间较长);反之,指针速度较快(单步移动时间较短)。

③ 第三个层次,是加速度的控制。

前面我们已经介绍了如何调节指针的单步移动时间,但是那个移动时间(或指针速度)只是个"目标值"。有的时候,指针移动的"目标速度"与"当前速度"会有很大的差距。如果直接把"目标速度"代入到"当前速度"中去,可能会影响指针的平滑运行,严重时还会造成指针"失步"现象。

这就引出了加速度的控制。我们要让单步移动时间的当前值用"渐变"的方式,逐步向目标值靠拢,而不是用"突变"的方式一步到位。

匠人用一个子程序来实现对指针单步移动时间的实时运算,参见图 21.19:车速电机速度(指针微步移动时间)控制程序流程图。

5. 第五步:指针的微步控制

计算出了指针单步移动时间后,我们通过定时器 2 的通道 1 中断来控制指针的移动。该中断采用输出比较方式,中断频率 $= 5\ kHz$,也就是说每过 $200\ \mu s$ 发生一次中断。在中断服务程序中对单步移动时间进行计时。当单步移动时间计满后,调用电机控制子程序,让指针移动一微步(参见图 21.20:车速电机移动一微步程序流程图)。

到此为止,匠人已经详细地、毫无保留地描述了整个车速信号的从检测、处理到电机指示全部过程的原理及具体实现细节。其中,关于电机指针的控制部分也已经介绍得很到位了。在整个系统中,这样的电机一共有 8 个,它们的控制算法都是大同小异的,后面匠人就不会再做赘述了。

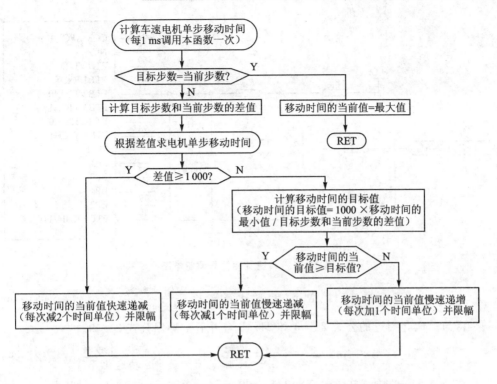

图 21.19　车速电机速度(指针微步移动时间)控制程序流程图

七、转速处理

发动机转速反映了发动机的当前工作状况。司机一般会根据当前的转速来确定换档的时机。另外,转速表还反映了燃油量的消耗速度。

在汽车组合仪表中,转速表的地位和车速表是一样的。而且二者的处理方式也非常相似。整个一对双胞胎!

在这里,匠人仅介绍一下转速的计算公式及其推导过程。其他与车速表相同或相近的地方就不再重复了。

先介绍一下转速信号的调制电路(参见图 21.21:转速脉冲信号调制电路)。

转速的计算公式原形见公式 21-8。

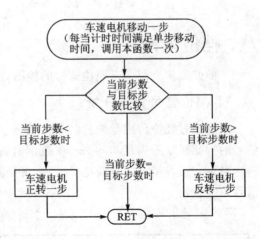

图 21.20　车速电机移动一微步程序流程图

293

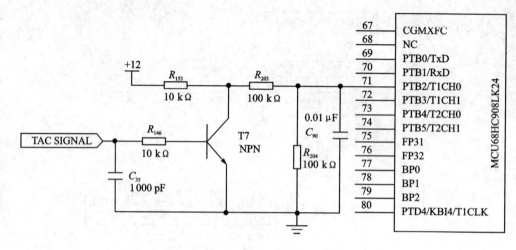

图 21.21　转速脉冲信号调制电路

$$转速（转/Min）= 脉冲频率 \times \frac{每分钟秒数}{转速比率} \tag{21-8}$$

将与前面介绍过的公式 21-3 和 21-8 合并后推导出公式 21-9。

$$转速（转/Min）= \frac{总线频率}{分频因子 \times 脉宽计数值} \times \frac{每分钟秒数}{转速比率} \tag{21-9}$$

在公式 21-9 中：总线频率＝2 457 600 Hz；分频因子＝16；每分钟秒数＝60 s。把这些参数都代入公式，经过合并运算后推导出一个简单的公式 21-10。

$$转速（转/Min）= \frac{9 216 000}{脉宽计数值 \times 转速比率} \tag{21-10}$$

八、档位处理

下面匠人将介绍一下档位信号的检测以及档位指示的处理方法。

1. 档位信号特征分析

系统通过档位传感器来检测档位信号。档位信号的中心频率为 50 Hz，当输入信号的特征频率不满足 45～55 Hz 范围时，视为无效。

当输入信号特征频率满足要求时，根据其占空比来识别档位（参见表 21.6：档位信号占空表）。

表 21.6　档位信号占空表

档位代码	档位名称	占空比	档位代码	档位名称	占空比
P	停车挡	0%～22%	3	3 挡	56%～68%
R	倒挡	22%～34%	2	2 挡	68%～80%
N	空挡	34%～45%	1	1 挡	80%～100%
D	前进挡	45%～56%			

2. 如何根据档位信号的周期和占空来计算档位

档位信号包含两个有用的信息,分别是周期和占空,这两个参数都要进行检测。

在程序中,通过定时器 2 的通道 0 来检测(捕获)其边沿;通过定时器 2 的通道 1 来对周期和占空进行计数(每 200 μs 加 1)。

3. 档位检测的 4 个步骤

① 先用定时器 2 的通道 0 来检测(捕获)档位信号的上升沿。当检测到上升沿后开始计数,并转入下一步骤;

② 再用定时器 2 的通道 0 来检测(捕获)档位信号的下降沿。当检测到下降沿后,保存计数值(占空),并转入下一步骤;

③ 再次检测(捕获)上升沿。当检测到上升沿后,保存计数值(周期),并转入下一步骤;

④ 数据处理。处理完毕后,回到步骤①开始新一轮检测。

4. 档位的显示

档位检测完毕(要先经过一次消抖动滤波,获取稳定数据)后,被传递给 LCD 显示程序,通过 LCD(液晶屏)显示出来。

九、模拟信号的 A/D 转化处理

1. A/D 转换通道的分配

本系统中需要处理的模拟信号,包括燃油量、水温、油压、气压(两路)和电瓶电压信号,共 6 个信号。这些信号通过调制后统一变换成 0~5 V 范围的电压信号送到单片机的 A/D 口,供单片机采用处理。

MC68HC908LK24 芯片拥有 6 个 A/D 口(又称为"通道"),正好分配给上述的 6 路模拟信号检测使用(参见表 21.7:ADC 通道分配表)。

表 21.7　ADC 通道分配表

通道号	功　能	通道号	功　能
ADC0	气压 1	ADC3	油压
ADC1	气压 2	ADC4	燃油
ADC2	电压	ADC5	水温

2. A/D 处理子程序

在系统中每 10 ms 调用一次 A/D 处理子程序(参见图 21.10:10 ms 定时处理程序流程图)。每调用一次完成一个 A/D 通道的处理。也就是说,每 60 ms 即可完成一个处理周期。

ADC 处理子程序每调用一次，将执行以下动作（功能）：

① 如果上次 ADC 转化未结束，则退出，否则继续执行下面的程序；

② 采用散转分支结构（"switch/case"语句），对当前通道的 A/D 转换结果进行处理。主要是先滤波，然后采用线性插值算法计算对应的电机的目标步数；

③ 切换到下一个通道，重新开始启动下一次 ADC（不必等待 ADC 结束，即可退出程序）。

3. 步进电机的控制

计算出这 6 路模拟量的电机目标步数后，我们也要去计算其对应得电机指针单步移动时间，并进一步去控制 6 个对应的步进电机表头工作。这部分与车速表相似，略过。

十、按键处理

1. 按键功能说明

该组合仪表虽然只有一个按键，但是该按键的功能倒有不少呢。根据不同的显示状态（工作模式 0～3），配合不同的按键方式（短击/长击/连击/无击），就可以执行不同的功能（参见表 21.8：按键功能真值表）。该按键的功能描述如下：

➤ 切换显示内容：通过短击，可以切换 LCD 的显示内容（时钟/小计里程值）。

➤ 设定时钟：在 LCD 显示时钟的时候（工作模式＝0），按住按键连续 3 s（长击），就可以进入调节"小时"状态（工作模式＝1）；在模式 1，如果连续 5 s 内不按键，则进入调节"分钟"状态（工作模式＝2）；在模式 2，如果连续 5 s 内不按键，则返回模式 0；在模式 1 或模式 2，按住按键不放（无击），则可调节时间。

➤ 小计清零：在显示小计里程值的时候（工作模式＝3），按住按键连续 3 s（长击），就可以清除小计值。

表 21.8　按键功能真值表

模式号（现态）	WK_MODE 工作模式	短击（单击）		长击 3 s		连击 0.5 s		无键 5 s	
		模式次态	功能	模式次态	功能	模式次态	功能	模式次态	功能
0	显示时钟	3	—	1	—		—		—
1	调节"时"						时＋1	2	—
2	调节"分"						分＋1	0	—
3	显示小计	0	—		小计清零		—		—

关于按键检测处理的方式，以及有关按键方式的定义，匠人前面已经写了一篇手

记进行专题论述,这里就不再废话了。直接给出源程序,读者大人可以结合表 21.8 研究一下。

2. 按键处理源程序

```
//----------------------------------------------------------
//执行短击键功能
//----------------------------------------------------------
void DO_KEY_A(void){
    DISP_EN_T = 1 ;                      //显示更新使能
    if ( WK_MODE == 0 )
    {
        WK_MODE = 3 ;
    }
    else if ( WK_MODE == 3 )
    {
        WK_MODE = 0 ;
    }
}
//----------------------------------------------------------
//执行连按键功能
//----------------------------------------------------------
void DO_KEY_B(void){
    DISP_EN_T = 1 ;                      //显示更新使能
    if ( WK_MODE == 1 )
    {
        if ( TIME_H >= 23 ) TIME_H = 0 ;  //时 >= 23 时清零
        else TIME_H ++ ;                  //时 + 1
    }
    else if ( WK_MODE == 2 )
    {
        TIME_S = 0 ;                      //秒 = 0
        if ( TIME_M >= 59 ) TIME_M = 0 ;  //分 >= 59 时清零
        else TIME_M ++ ;                  //分 + 1
    }
}
//----------------------------------------------------------
//执行长击键功能
//----------------------------------------------------------
void DO_KEY_C(void){
    DISP_EN_T = 1 ;                      //显示更新使能
    if ( WK_MODE == 0 )
```

```
        {
            WK_MODE = 1 ;
        }
        else if ( WK_MODE == 3 )
        {
            trip_value = 0 ;                          //小计值 = 0
        }
    }
    //--------------------------------------------------------------
    //执行无键功能
    //--------------------------------------------------------------
    void DO_KEY_D(void){
        DISP_EN_T = 1 ;                               //显示更新使能
        NOKEY_JS = 0 ;
        if ( WK_MODE == 1 )
        {
            WK_MODE = 2 ;
        }
        else if ( WK_MODE == 2 )
        {
            WK_MODE = 0 ;
        }
    }
    //--------------------------------------------------------------
    //按键处理
    //说明:    本程序支持 4 种不同的按键方式
    //    按键方式            判定条件
    //    短击:          当按键闭合时间 >= 消抖时间
    //    连按:          当按键闭合时间 = 连按响应时间(或连按间隔时间)
    //    长击:          当按键闭合时间 = 长击响应时间
    //    无键:          当按键释放时间 >= 无键响应时间
    //--------------------------------------------------------------
    void KEY_CNT(void){
        if ( KEY_SCAN_T )
        {
            KEY_SCAN_T = 0 ;                          //按键扫描标志 = 0
            if ( PORT_KEY )                           //检测按键口
            //按键未闭合
            {
                if ( ( KEY_MODE == 1 ) )
                //按键检测状态 = 1(短击),判为短击键
                {
```

298

```
        DO_KEY_A() ;                      //执行短击键功能
    }
    KEY_MODE = 0 ;                        //切换到无键状态
    KEY_JSQ = 0 ;                         //按键闭合计数器 = 0
    if ( NOKEY_JS>= AN_NO_DL )
    {
        DO_KEY_D();                       //执行无键功能
    }
}
//按键闭合
else
{
    NOKEY_JS = 0 ;                        //无键计时器 = 0
    if ( KEY_JSQ < 255 ) KEY_JSQ ++ ;    //按键闭合计数器 + 1
    switch(KEY_MODE)                      //根据按键检测状态散转
    {
        case 0 :                         //无键状态时
            if ( KEY_JSQ>= AN_XD_DL )    //按键闭合计数器>消抖时间？
            {
                KEY_JSQ = 0;
                KEY_MODE = 1;            //切换到短击状态
            }
            break;
        case 1 :                         //短击状态时
            if ( ( WK_MODE == 1 )|( WK_MODE == 2 ) )
            //模式 1 或模式 2 支持连按键
            {
                if ( KEY_JSQ>= AN_LA_DL )//按键闭合计数器>连按响应时间？
                {
                    KEY_JSQ = 0;
                    KEY_MODE = 2;       //切换到连按状态
                    DO_KEY_B();         //执行连按键功能
                }
            }
            //模式 0 或模式 3 支持长击键
            else
            {
                if ( KEY_JSQ>= AN_CJ_DL )//按键闭合计数器>长击响应时间？
                {
                    KEY_MODE = 3;       //切换到长击状态
                    DO_KEY_C();         //执行长击键功能
                }
```

```
                }
            break;
        case 2 :
            if（KEY_JSQ>= AN_JG_DL）  //按键闭合计数器>连按间隔时间？
            {
                KEY_JSQ = 0;
                KEY_MODE = 2;           //切换到连按状态
                DO_KEY_B();             //执行连按键功能
            }
            break;
        case 3 :                        //长击状态时
            break;
        }
    }
}
```

十一、LCD 显示处理

该组合仪表除了有 8 个基于步进电机驱动的表头指示机构外,还有一个 LCD 显示器,用于显示档位、时钟、小计和总计里程值。

1. LCD 屏介绍

(1) LCD 显示布局

其中,档位值和总计值都是单独显示,而时钟和小计值是共用同一组字符显示,用户可以通过按键进行切换(参见图 21.22：LCD 显示示意图)。

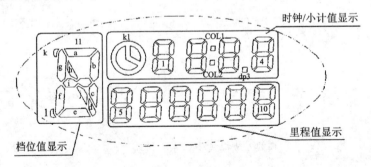

图 21.22　LCD 显示示意图

在整个 LCD 屏幕上,其他字符都是由标准的七段笔画构成。而唯独有档位字符与众不同,它是由 12 段笔画构成的。档位字符可以显示 1、2、3、D、N、R、P 共 7 个不同的字符(参见图 21.23：不同档位的显示段码示意图)。

图 21.23 不同档位的显示段码示意图

(2) LCD 电光参数

这款 LCD 的几个比较重要的电光参数为：V_{op}（工作电压）＝5.0 V；DUTY（占空）＝1/4；BIAS（偏压）＝1/3；视角＝12 点钟方向。其他有关参数参见表 21.9。

表 21.9 LCD 参数表

参　数	符　号	最小值	典型值	最大值	单　位
工作温度范围	T_{op}	－35		85	℃
储存温度范围	T_{st}	－40		90	℃
工作电压	V_{op}		5.0		V
直流分量	V_{dc}			50	mV
工作频率	F	30			Hz
电流消耗(全显示)	I_{ac}			3.9	μA
开启时间	T_r			120	ms
关闭时间	T_d			150	ms
对比度	C_r		5∶1		
预期寿命		50 000			hr

(3) LCD 驱动波形

该款 LCD 的驱动波形图参见图 21.24。

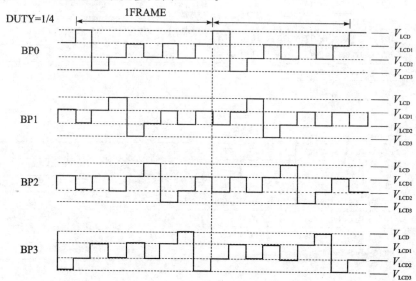

图 21.24 LCD 驱动波形图

2. 显示真值表

为了清晰地表示显示 RAM 区、显示缓冲区、显示端口（COM 和 SEG）以及 LCD 笔画相互之间的对应关系，匠人特意制作了一张显示真值表（参见表 21.10：显示真值表）。

表 21.10　显示真值表

显示 RAM 区			BIT7 / BIT3 / COM3 / BP3	BIT6 / BIT2 / COM2 / BP2	BIT5 / BIT1 / COM1 / BP1	BIT4 / BIT0 / COM0 / BP0	说明	显示缓冲区	
LDAT1	BIT3~BIT0	FP0					未使用		
	BIT7~BIT4	FP1	11K	11G	11F	11L	档位值	DISP_BUF[10]	BIT7~BIT4
LDAT2	BIT3~BIT0	FP2	11H	11I	11J	11E			BIT3~BIT0
	BIT7~BIT4	FP3	5D	5E	5G	5F	总计值最高位	DISP_BUF[5]	BIT7~BIT4
LDAT3	BIT3~BIT0	FP4		5C	5B	5A			BIT3~BIT0
	BIT7~BIT4	FP5	6D	6E	6G	6F	总计值	DISP_BUF[4]	BIT7~BIT4
LDAT4	BIT3~BIT0	FP6		6C	6B	6A			BIT3~BIT0
	BIT7~BIT4	FP7	7D	7E	7G	7F	总计值	DISP_BUF[3]	BIT7~BIT4
LDAT5	BIT3~BIT0	FP8		7C	7B	7A			BIT3~BIT0
	BIT7~BIT4	FP9	8D	8E	8G	8F	总计值	DISP_BUF[2]	BIT7~BIT4
LDAT6	BIT3~BIT0	FP10		8C	8B	8A			BIT3~BIT0
	BIT7~BIT4	FP11	9D	9E	9G	9F	总计值	DISP_BUF[1]	BIT7~BIT4
LDAT7	BIT3~BIT0	FP12		9C	9B	9A			BIT3~BIT0
	BIT7~BIT4	FP13	10D	10E	10G	10F	总计值最低位	DISP_BUF[0]	BIT7~BIT4
LDAT8	BIT3~BIT0	FP14		10C	10B	10A			BIT3~BIT0
	BIT7~BIT4	FP15	11A	11B	11C	11D	档位值	DISP_BUF[11]	BIT7~BIT4
LDAT9	BIT3~BIT0	FP16		COL1	COL2	K1	标志位	DISP_BUF[12]	BIT3~BIT0
	BIT7~BIT4	FP17	1F	1G	1E	1D	小计值最高位	DISP_BUF[9]	BIT7~BIT4
LDAT10	BIT3~BIT0	FP18	1A	1B	1C				BIT3~BIT0
	BIT7~BIT4	FP19							
LDAT11 ~ LDAT13		FP20 ~ FP25					未使用		
LDAT14	BIT3~BIT0	FP26							
	BIT7~BIT4	FP27	2F	2G	2E	2D	小计值	DISP_BUF[8]	BIT7~BIT4
LDAT15	BIT3~BIT0	FP28	2A	2B	2C				BIT3~BIT0
	BIT7~BIT4	FP29	3F	3G	3E	3D	小计值	DISP_BUF[7]	BIT7~BIT4
LDAT16	BIT3~BIT0	FP30	3A	3B	3C	DP3			BIT3~BIT0
	BIT7~BIT4	FP31	4F	4G	4E	4D	小计值最低位	DISP_BUF[6]	BIT7~BIT4
LDAT17	BIT3~BIT0	FP32	4A	4B	4C				BIT3~BIT0
	BIT7~BIT4						未使用		

3. 显示处理程序概述

现在介绍一下显示处理程序。

MC68HC908LJ24 芯片内部集成了一个 LCD 模块,用于驱动 LCD。在显示之前,需要先对 LCD 模块进行初始化(参见图 21.25:显示初始化流程图)。这个初始化动作在系统上电初始化时一并完成。LCD 初始化步骤如下:

① 首先是显示端口的分配。由于 LCD 端口与普通 I/O 口是复用的,因此要对相关端口的功能进行设置。

② 然后设置显示参数(包括 DUTY、频率等等)。

③ 接着将显示缓冲区全部清零。

④ 最后使能 LCD 模块。

完成了 LCD 的初始化后,便可以开始显示了。CPU 为 LCD 模块开辟了一个专门的显示 RAM 区(LDAT1～LDAT17),具体显示内容便存放在其中。该 RAM 区中的每一位数据对应了 LCD 屏幕上的一段笔画。当位数据为"0"时,笔画不显示;反之,当位数据为"1"时,笔画显示。因此,只要修改显示 RAM 区,即可修改 LCD 上的显示画面。

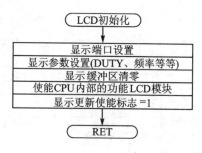

图 21.25 显示初始化流程图

但是,直接去修改显示 RAM 区的内容是不明智的。匠人采取的方法是,在 RAM 中自行定义一个独立的显示缓冲区(DISP_BUF 数组)。如果读者大人对计算机中显卡上的"显存"有所了解的话,应该不难理解这里所讲的"显缓区"的原理和作用。

程序中每 10 ms 执行一次显示处理子程序,在该程序中先查询"显示更新使能标志"。如果该标志为"0",则说明不需要更新显示,直接退出子程序;如果该标志为"1"时,则先对显缓区进行刷新,再将刷新后的显缓区内容复制到 LCD 模块的专用 RAM 区中去(参见图 21.26:显示流程图)。

这个"显示更新使能标志"是由其他子程序根据实际情况来进行设置的。细心的读者可以发现,本案中许多子程序都采取了这种基于"使能标志"或"入口参数"的控制方法。这种方法将一个大的系统分割成了一个个相对独立的功能模块。各个模块之间通过各种变量或标志来实现信息的传递。这是一种比较有效的结构化编程思路。

4. LCD 段码表

说明:本项目的 LCD 中有 3 种不同的段码表,分别是:

A 类代码:累计窗区域;

B 类代码:小计窗区域;

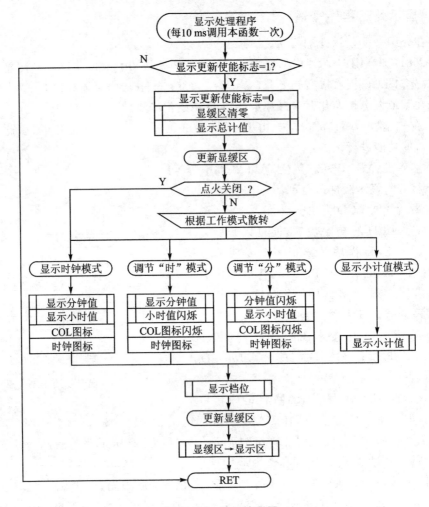

图 21.26 显示流程图

C 类代码：档位显示区域。

由于三类代码内容比较类似，这里就只提供 A 类段码表。

```
// *****************************
//字符笔画代码表:(A类代码)
//            A
//          -----
//         F | G | B
//          -----
//         E | D | C
//          -----
//              • H
// *****************************
```

```
//段定义                              degfhcba
# define        sA_a        0b00000001
# define        sA_b        0b00000010
# define        sA_c        0b00000100
# define        sA_d        0b10000000
# define        sA_e        0b01000000
# define        sA_f        0b00010000
# define        sA_g        0b00100000
# define        sA_h        0b00001000
//字符定义
# define    SEGA_0    sA_a + sA_b + sA_c + sA_d + sA_e + sA_f              //'0'
# define    SEGA_1    sA_b + sA_c                                          //'1'
# define    SEGA_2    sA_a + sA_b + sA_d + sA_e + sA_g                     //'2'
# define    SEGA_3    sA_a + sA_b + sA_c + sA_d + sA_g                     //'3'
# define    SEGA_4    sA_b + sA_c + sA_f + sA_g                            //'4'
# define    SEGA_5    sA_a + sA_c + sA_d + sA_f + sA_g                     //'5'
# define    SEGA_6    sA_a + sA_c + sA_d + sA_e + sA_f + sA_g              //'6'
# define    SEGA_7    sA_a + sA_b + sA_c                                   //'7'
# define    SEGA_8    sA_a + sA_b + sA_c + sA_d + sA_e + sA_f + sA_g       //'8'
# define    SEGA_9    sA_a + sA_b + sA_c + sA_d + sA_f + sA_g              //'9'
# define    SEGA_A    sA_a + sA_b + sA_c + sA_e + sA_f + sA_g              //'A'大写
# define    SEGA_B    sA_a + sA_b + sA_c + sA_d + sA_e + sA_f + sA_g       //'B'大写
# define    SEGA_B_   sA_c + sA_d + sA_e + sA_f + sA_g                     //'b'小写
# define    SEGA_C    sA_a + sA_d + sA_e + sA_f                            //'C'大写
# define    SEGA_C_   sA_d + sA_e + sA_g                                   //'c'小写
# define    SEGA_D_   sA_b + sA_c + sA_d + sA_e + sA_g                     //'d'小写
# define    SEGA_E    sA_a + sA_d + sA_e + sA_f + sA_g                     //'E'大写
# define    SEGA_F    sA_a + sA_e + sA_f + sA_g                            //'F'大写
# define    SEGA_G    sA_a + sA_c + sA_d + sA_e + sA_f + sA_g              //'G'大写
# define    SEGA_G_   sA_a + sA_b + sA_c + sA_d + sA_f + sA_g              //'g'小写
# define    SEGA_H    sA_b + sA_c + sA_e + sA_f + sA_g                     //'H'大写
# define    SEGA_H_   sA_c + sA_e + sA_f + sA_g                            //'h'小写
# define    SEGA_I    sA_b + sA_c                                          //'I'大写
# define    SEGA_I_   sA_c                                                 //'i'小写
# define    SEGA_J    sA_b + sA_c + sA_d                                   //'J'大写
# define    SEGA_J_   sA_c + sA_d                                          //'j'小写
# define    SEGA_K    sA_b + sA_d + sA_e + sA_f + sA_g                     //'K'大写
# define    SEGA_L    sA_d + sA_e + sA_f                                   //'L'大写
# define    SEGA_M    sA_a + sA_c + sA_e + sA_g                            //'M'大写
# define    SEGA_N    sA_a + sA_b + sA_c + sA_e + sA_f                     //'N'大写
# define    SEGA_N_   sA_c + sA_e + sA_g                                   //'n'小写
# define    SEGA_O    sA_a + sA_b + sA_c + sA_d + sA_e + sA_f              //'O'大写
```

```
#define     SEGA_O_      sA_c+sA_d+sA_e+sA_g            //'o'小写
#define     SEGA_P       sA_a+sA_b+sA_e+sA_f+sA_g       //'P'大写
#define     SEGA_Q       sA_a+sA_b+sA_c+sA_f+sA_g       //'q'小写
#define     SEGA_R       sA_e+sA_g                      //'r'小写
#define     SEGA_S       sA_a+sA_c+sA_d+sA_f+sA_g       //'S'大写
#define     SEGA_T_      sA_d+sA_e+sA_f+sA_g            //'t'小写
#define     SEGA_U       sA_b+sA_c+sA_d+sA_e+sA_f       //'U'大写
#define     SEGA_U_      sA_c+sA_d+sA_e                 //'u'小写
#define     SEGA_V       sA_b+sA_c+sA_d+sA_e+sA_f       //'V'大写
#define     SEGA_V_      sA_c+sA_d+sA_e                 //'v'小写
#define     SEGA_W       sA_b+sA_d+sA_f+sA_g            //'W'大写
#define     SEGA_X       sA_b+sA_c+sA_e+sA_f+sA_g       //'X'大写
#define     SEGA_Y_      sA_b+sA_c+sA_d+sA_f+sA_g       //'y'小写
#define     SEGA_Z       sA_a+sA_b+sA_d+sA_e+sA_g       //'Z'大写
#define     SEGA_O__     sA_a+sA_b+sA_f+sA_g            //'o'上半圈
#define     SEGA_        0                              //' '空格
#define     SEGA__       sA_d                           //'_'下划线
#define     SEGA___      sA_g                           //'-'中划线
#define     SEGA____     sA_a                           //'-'上划线
// ***************************
//显示段码表（A 类代码）
// ***************************
const tU08 LCD_TAB_A[] =
{       //代码                    //地址
    SEGA_0,                     //0
    SEGA_1,                     //1
    SEGA_2,                     //2
    SEGA_3,                     //3
    SEGA_4,                     //4
    SEGA_5,                     //5
    SEGA_6,                     //6
    SEGA_7,                     //7
    SEGA_8,                     //8
    SEGA_9,                     //9
    SEGA_A,                     //10
    SEGA_B_,                    //11
    SEGA_C,                     //12
    SEGA_D_,                    //13
    SEGA_E,                     //14
    SEGA_F,                     //15
    SEGA_G_,                    //16
    SEGA_H_,                    //17
```

```
    SEGA_I_,                    //18
    SEGA_J_ ,                   //19
    SEGA_K,                     //20
    SEGA_L,                     //21
    SEGA_M ,                    //22
    SEGA_N,                     //23
    SEGA_O,                     //24
    SEGA_P,                     //25
    SEGA_Q_ ,                   //26
    SEGA_R_ ,                   //27
    SEGA_S,                     //28
    SEGA_T_ ,                   //29
    SEGA_U,                     //30
    SEGA_V,                     //31
    SEGA_W ,                    //32
    SEGA_X,                     //33
    SEGA_Y_ ,                   //34
    SEGA_Z,                     //35
    SEGA_O__,                   //36
    SEGA_ ,                     //37
    SEGA__,                     //38
    SEGA___ ,                   //39
    SEGA____                    //40
};
```

5. 显示源程序

```
//--------------------------------------------------------
//LCD 初始化
//--------------------------------------------------------
void LCD_init(void){
    CONFIG2_PEE = 1 ;           //portE 口作 LCD 驱动口
    CONFIG2_PCEL = 0 ;          //portC 口低 4 位作 IO 口
    CONFIG2_PCEH = 0 ;          //portC 口高 4 位作 IO 口
    LCDCLK = LCD_CTL_INIT ;     //Static Duty//values are 30Hz to 100Hz to avoid display
                                //flicker and ghosting)
LCDCR_LC = 1 ;
LCDCR_FC = 1 ;                  //Fast Charge Mode
    LDAT1 = 0;
    LDAT2 = 0;
    LDAT3 = 0;
    LDAT4 = 0;
    LDAT5 = 0;
```

```
        LDAT6 = 0;
        LDAT7 = 0;
        LDAT8 = 0;
        LDAT9 = 0;
        LDAT10 = 0;
        LDAT11 = 0;
        LDAT12 = 0;
        LDAT13 = 0;
        LDAT14 = 0;
        LDAT15 = 0;
        LDAT16 = 0;
        LDAT17 = 0;
        LCDCR_LCDE = 1;             //LCD enable
        DISP_EN_T = 1 ;
}
//----------------------------------------------------------
//显示总计值
//----------------------------------------------------------
void display_odo(void){
        tU32 buf1;                                          //
        tU08 i;                                             //
        buf1 = odometer_value/10;                           //载入总计值
        for ( i = 0 ; i<6 ; i++ )
        {
            DISP_BUF[i].BYTE = buf1 % 10;                   //分解成十进制数字
            DISP_BUF[i].BYTE = LCD_TAB_A[DISP_BUF[i].BYTE]; //查表(A 类段码)
            buf1/= 10;
            if ( buf1 == 0 ) break;                         //高位 0 消隐
        }
}
//----------------------------------------------------------
//显示小计值
//----------------------------------------------------------
void display_trip(void){
        tU32 buf1;                                          //
        tU08 i;                                             //
        buf1 = trip_value;                                  //载入小计值
        i = 6 ;
        DISP_BUF[i].BYTE = buf1 % 10;                       //分解成十进制数字
        DISP_BUF[i].BYTE = LCD_TAB_B[DISP_BUF[i].BYTE];     //查表(B 类段码)
        buf1/= 10;
        i ++ ;
        for ( ; i<10 ; i++ )
        {
            DISP_BUF[i].BYTE = buf1 % 10;                   //分解成十进制数字
```

```
        DISP_BUF[i].BYTE = LCD_TAB_B[DISP_BUF[i].BYTE];        //查表(B类段码)
        buf1/= 10;
        if ( buf1 == 0 ) break;                                //高位 0 消隐
    }
    DISP_DP_T = 1;                                             //DP 标志
}
//----------------------------------------------------------
//显示档位
//----------------------------------------------------------
void display_PRND321(void){
    tU16 buf1;
    buf1 = LCD_TAB_C[PRND321];                                 //根据档位,查表求段码
    DISP_BUF10 = (tU08)buf1 ;
    DISP_BUF11 = buf1>>8 ;
    //DISP_1D_T = DISP_1D_BUF_T;                               //1D 标志
}
//----------------------------------------------------------
//显示小时值
//----------------------------------------------------------
void display_hour(void){
    tU32 buf1;
    tU08 i;
    buf1 = TIME_H;                                             //载入北京时间"时"
    for ( i = 8 ; i<10 ; i ++ )
    {
        DISP_BUF[i].BYTE = buf1 % 10;                          //分解成十进制数字
        DISP_BUF[i].BYTE = LCD_TAB_B[DISP_BUF[i].BYTE];        //查表(B类段码)
        buf1/= 10;
        if ( buf1 == 0 ) break;                                //高位 0 消隐
    }
}
//----------------------------------------------------------
//显示分钟值
//----------------------------------------------------------
void display_minute(void){
    tU32 buf1;
    tU08 i;
    buf1 = TIME_M;                                             //载入北京时间"分"
    for ( i = 6 ; i<8 ; i ++ )
    {
        DISP_BUF[i].BYTE = buf1 % 10;                          //分解成十进制数字
        DISP_BUF[i].BYTE = LCD_TAB_B[DISP_BUF[i].BYTE];        //查表(B类段码)
        buf1/= 10;
    }
}
```

```
//-------------------------------------------------------
//显示处理
//-------------------------------------------------------
void display(void){
    tU08 i;
    if ( DISP_EN_T )
    {
        DISP_EN_T = 0 ;
//显缓区清零
        for ( i = 0 ; i<13 ; i++ ) DISP_BUF[i].BYTE = 0; //显缓区清零
//显示总计值
        display_odo() ;                          //显示总计值
//判断点火状态
        if ( IGN_OFF_T ) i = 0;                  //点火关闭时,按工作
                                                 //模式 0 的方式显示(时钟)

        else i = WK_MODE;                        //点火开启时,按实际工作
                                                 //模式来显示

//显示时钟/小计值
        switch(i)                                //根据工作模式散转
        {
            case 0 :
                //显示时钟模式
                display_minute();                //显示分钟值
                display_hour();                  //显示小时值
                DISP_COL1_T = 1;                 //COL1 标志
                DISP_COL2_T = 1;                 //COL2 标志
                DISP_K_T = 1;                    //时钟标志
                break;
            case 1 :
                //调节"时"模式
                display_minute();                //显示分钟值
                if ( MS_TT|( KEY_MODE == 1 )|( KEY_MODE == 2 ) ) display_hour();
                                                 //秒闪控制显示小时值
                if ( MS_TT )
                {
                    DISP_COL1_T = 1;             //秒闪控制 COL1 标志
                    DISP_COL2_T = 1;             //秒闪控制 COL2 标志
                }
                DISP_K_T = 1;                    //时钟标志
                break;
            case 2 ://调节"分"模式
                display_hour();                  //显示小时值
                if ( MS_TT|( KEY_MODE != 0 ) ) display_minute();
                                                 //秒闪控制 显示分钟值
                if ( MS_TT )
```

```
        {
            DISP_COL1_T = 1;                        //秒闪控制 COL1 标志
            DISP_COL2_T = 1;                        //秒闪控制 COL2 标志
        }
        DISP_K_T = 1;                               //时钟标志
        break;
    case 3 :
        //显示小计值模式
        display_trip();                             //显示小计值
        break;
    }
//显示档位
    display_PRND321();                              //显示档位
//显缓区--＞显示区
    LDAT1 = ( DISP_BUF10 & 0xf0 );
    LDAT2 = ( DISP_BUF5 & 0xf0 )|( DISP_BUF10 & 0x0f );
    LDAT3 = ( DISP_BUF4 & 0xf0 )|( DISP_BUF5 & 0x0f );
    LDAT4 = ( DISP_BUF3 & 0xf0 )|( DISP_BUF4 & 0x0f );
    LDAT5 = ( DISP_BUF2 & 0xf0 )|( DISP_BUF3 & 0x0f );
    LDAT6 = ( DISP_BUF1 & 0xf0 )|( DISP_BUF2 & 0x0f );
    LDAT7 = ( DISP_BUF0 & 0xf0 )|( DISP_BUF1 & 0x0f );
    LDAT8 = ( DISP_BUF11 & 0xf0 )|( DISP_BUF0 & 0x0f );
    LDAT9 = ( DISP_BUF9 & 0xf0 )|( DISP_BUF12 & 0x0f );
    LDAT10 = ( DISP_BUF9 & 0x0f );
    LDAT14 = ( DISP_BUF8 & 0xf0 );
    LDAT15 = ( DISP_BUF7& 0xf0 )|( DISP_BUF8 & 0x0f );
    LDAT16 = ( DISP_BUF6 & 0xf0 )|( DISP_BUF7 & 0x0f );
    LDAT17 = ( DISP_BUF6 & 0x0f );
    }
}
```

十二、故障报警与指示

1. 概　述

整个组合仪表提供了二十多种声光报警与指示功能。其中,部分故障报警与指示功能是直接通过硬件(信号线)控制的,如:刹车尾灯、双跳灯、远光灯、近光灯、制动、发动机低速、车门未关、安全带未系等等指示。

另有部分故障指示,需要 CPU 软件来进行检测并处理(参见表 21.11:声光报警功能一览表)。在这里,匠人着重介绍这部分的功能。

表 21.11　声光报警功能一览表

报警类型	判断参数	报警阈值	报警延时	解报阈值	解报延时	LED	蜂鸣器
转速	输入频率（Hz）	≥771	0.3 s	≤757	0.3 s	—	长鸣
	转速值（1/Min）	≥2 570		≤2 523			
水温	阻值	≤44	0.3 s	≥52	0.3 s	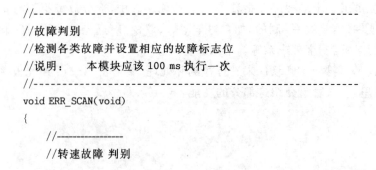 闪烁，$f=1$ Hz；注：不报警时长亮	—
	A/D值	≤57		≥66			
气压 1	阻值	≤109	14 s	≥114	14 s	长亮	4 声，$f=1$ Hz
	A/D值	≤88		≥92			
气压 2	阻值	≤109	14 s	≥114	14 s	长亮	4 声，$f=1$ Hz
	A/D值	≤88		≥92			
电压	电压（V）	≤23，或≥30.5	0.8 s	≥23.5，且≤30	0.3 s	长亮	2 声，$f=2$ Hz
	A/D值	≤164，或≥217		≥167，且≤213			
燃油	阻值	≤29	14 s	≥35	24 s	长亮	—
	A/D值	≤39		≥46			
油压	阻值	≤40	20 s	≥46	20 s	长亮	4 声，$f=1$ Hz
	A/D值	≤52		≥59			

　　系统每 100 ms 调用一次故障处理子程序。在故障处理子程序中，先进行故障检测，即判断各个输入参数是否超出正常范围。如果检测到故障，则进行相应的声光报警。为了避免误报，需要做延时消抖处理。当故障消除时，解除报警。

2. 故障处理源程序

```
//------------------------------------------------------------
//故障判别
//检测各类故障并设置相应的故障标志位
//说明：    本模块应该 100 ms 执行一次
//------------------------------------------------------------
void ERR_SCAN(void)
{
    //----------------
    //转速故障 判别
```

```
//----------------
if ( !ERR_TAC_T )
{
    if ( TAC_VALUE >= TAC_ERR_VALUE )
    {
        ERR_TAC_JSQ ++ ;                    //转速故障计数器 + 1
        if ( ERR_TAC_JSQ >= TAC_ERR_DELAY )
        {
            ERR_TAC_T = 1 ;                 //转速故障标志 = 1
            ERR_TAC_JSQ = 0 ;               //转速故障计数器 = 0

            SP_JSQ = 2 ;                    //蜂鸣器鸣叫计时器( * 100 ms)
            SP_MODE = 0 ;                   //蜂鸣器鸣叫模式 = 0 = 长鸣
        }
    }
    else ERR_TAC_JSQ = 0 ;                  //转速故障计数器 = 0
}
else
{
    SP_JSQ = 2 ;                            //蜂鸣器鸣叫计时器( * 100 ms)
    SP_MODE = 0 ;                           //蜂鸣器鸣叫模式 = 0 = 长鸣

    if ( TAC_VALUE < = TAC_OK_VALUE )
    {
        ERR_TAC_JSQ ++ ;                    //转速故障计数器 + 1
        if ( ERR_TAC_JSQ >= TAC_OK_DELAY )
        {
            ERR_TAC_T = 0 ;                 //转速故障标志 = 0
            ERR_TAC_JSQ = 0 ;               //转速故障计数器 = 0
        }
    }
    else ERR_TAC_JSQ = 0 ;                  //转速故障计数器 = 0
}
//----------------
//水温故障判别
//----------------
if ( !ERR_TEMP_T )
{
    if ( ADR_TEMP < = TEMP_ERR_VALUE )
    {
        ERR_TEMP_JSQ ++ ;                   //温度故障计数器 + 1
        if ( ERR_TEMP_JSQ >= TEMP_ERR_DELAY )
```

313

```
            {
                ERR_TEMP_T = 1;                //温度故障标志 = 1
                ERR_TEMP_JSQ = 0;              //温度故障计数器 = 0
            }
        }
        else ERR_TEMP_JSQ = 0 ;                //温度故障计数器 = 0
    }
    else
    {
        if ( ADR_TEMP >= TEMP_OK_VALUE )
        {
            ERR_TEMP_JSQ ++ ;                  //温度故障计数器 + 1
            if ( ERR_TEMP_JSQ >= TEMP_OK_DELAY )
            {
                ERR_TEMP_T = 0;                //温度故障标志 = 0
                ERR_TEMP_JSQ = 0;              //温度故障计数器 = 0
            }
        }
        else ERR_TEMP_JSQ = 0 ;                //温度故障计数器 = 0
    }
    //-----------------
    //燃油故障判别
    //-----------------
    if ( !ERR_FUEL_T )
    {
        if ( ADR_FUEL < = FUEL_ERR_VALUE )
        {
            ERR_FUEL_JSQ ++ ;                  //燃油故障计数器 + 1
            if ( ERR_FUEL_JSQ >= FUEL_ERR_DELAY )
            {
                ERR_FUEL_T = 1;                //燃油故障标志 = 1
                ERR_FUEL_JSQ = 0 ;             //燃油故障计数器 = 0
            }
        }
        else ERR_FUEL_JSQ = 0 ;                //燃油故障计数器 = 0

    }
    else
    {
        if ( ADR_FUEL >= FUEL_OK_VALUE )
        {
            ERR_FUEL_JSQ ++ ;                  //燃油故障计数器 + 1
```

314

```
        if ( ERR_FUEL_JSQ >= FUEL_OK_DELAY )
        {
            ERR_FUEL_T = 0;              //燃油故障标志 = 0
            ERR_FUEL_JSQ = 0 ;           //燃油故障计数器 = 0
        }
    }
    else ERR_FUEL_JSQ = 0 ;              //燃油故障计数器 = 0

}
//----------------
//电压故障判别
//----------------
if ( !ERR_VOLT_T )
{
    if ( ( ADR_VOLT <= V_L_ERR_VALUE ) || ( ADR_VOLT >= V_H_ERR_VALUE ) )
    {
        ERR_VOLT_JSQ ++ ;                //电压故障计数器 + 1
        if ( ERR_VOLT_JSQ >= VOLT_ERR_DELAY )
        {
            ERR_VOLT_T = 1 ;             //电压故障标志 = 1
            ERR_VOLT_JSQ = 0 ;           //电压故障计数器 = 0

            SP_JSQ = 40 ;                //蜂鸣器鸣叫计时器( * 100 ms)
            SP_MODE = 2 ;                //蜂鸣器鸣叫模式 = 2 = 长声(2 Hz)
        }
    }
    else ERR_VOLT_JSQ = 0 ;              //电压故障计数器 = 0
}
else
{
    if ( ( ADR_VOLT >= V_L_OK_VALUE ) && ( ADR_VOLT <= V_H_OK_VALUE )  )
    {
        ERR_VOLT_JSQ ++ ;                //电压故障计数器 + 1
        if ( ERR_VOLT_JSQ >= VOLT_OK_DELAY )
        {
            ERR_VOLT_T = 0;              //电压故障标志 = 0
            ERR_VOLT_JSQ = 0 ;           //电压故障计数器 = 0
        }
    }
    else ERR_VOLT_JSQ = 0 ;              //电压故障计数器 = 0
}
//----------------
```

```
//油压故障判别
//---------------
if (!ERR_OIL_T)
{
    if ( ADR_OIL <= ADR_ERR_VALUE )
    {
        ERR_OIL_JSQ ++ ;                //油压故障计数器 + 1
        if (ERR_OIL_JSQ >= ADR_ERR_DELAY )
        {
            ERR_OIL_T = 1 ;             //油压故障标志 = 1
            ERR_OIL_JSQ = 0 ;           //油压故障计数器 = 0
            SP_JSQ = 40 ;               //蜂鸣器鸣叫计时器( * 100 ms)
            SP_MODE = 1 ;               //蜂鸣器鸣叫模式 = 1 = 短声(1 Hz)
        }
    }
    else ERR_OIL_JSQ = 0 ;              //油压故障计数器 = 0
}
else
{
    if ( ADR_OIL >= ADR_OK_VALUE )
    {
        ERR_OIL_JSQ ++ ;                //油压故障计数器 + 1
        if (ERR_OIL_JSQ >= ADR_OK_DELAY )
        {
            ERR_OIL_T = 0 ;             //油压故障标志 = 0
            ERR_OIL_JSQ = 0 ;           //油压故障计数器 = 0
        }
    }
    else ERR_OIL_JSQ = 0 ;              //油压故障计数器 = 0
}
//---------------
//气压 1 故障判别
//---------------
if (!ERR_AIR1_T)
{
    if ( ADR_AIR1 <= AIR1_ERR_VALUE )
    {
        ERR_AIR1_JSQ ++ ;               //气压 1 故障计数器 + 1
        if ( ERR_AIR1_JSQ >= AIR1_ERR_DELAY )
        {
            ERR_AIR1_T = 1;             //气压 1 故障标志 = 1
            ERR_AIR1_JSQ = 0 ;          //气压 1 故障计数器 = 0
```

316

```
            SP_JSQ = 40 ;                    //蜂鸣器鸣叫计时器( * 100 ms)
            SP_MODE = 1 ;                    //蜂鸣器鸣叫模式 = 1 = 短声(1 Hz)
        }
    }
    else ERR_AIR1_JSQ = 0 ;                  //气压 1 故障计数器 = 0
}
else
{
    if ( ADR_AIR1 >= AIR1_OK_VALUE )
    {
        ERR_AIR1_JSQ ++ ;                    //气压 1 故障计数器 + 1
        if ( ERR_AIR1_JSQ >= AIR1_OK_DELAY )
        {
            ERR_AIR1_T = 0;                  //气压 1 故障标志 = 0
            ERR_AIR1_JSQ = 0 ;               //气压 1 故障计数器 = 0
        }
    }
    else ERR_AIR1_JSQ = 0 ;                  //气压 1 故障计数器 = 0
}
//----------------
//气压 2 故障判别
//----------------
if (!ERR_AIR2_T)
{
    if ( ADR_AIR2 <= AIR2_ERR_VALUE )
    {
        ERR_AIR2_JSQ ++ ;                    //气压 2 故障计数器 + 1
        if ( ERR_AIR2_JSQ >= AIR2_ERR_DELAY )
        {
            ERR_AIR2_T = 1;                  //气压 2 故障标志 = 1
            ERR_AIR2_JSQ = 0 ;               //气压 2 故障计数器 = 0
            SP_JSQ = 40 ;                    //蜂鸣器鸣叫计时器( * 100 ms)
            SP_MODE = 1 ;                    //蜂鸣器鸣叫模式 = 1 = 短声(1 Hz)
        }
    }
    else ERR_AIR2_JSQ = 0 ;                  //气压 2 故障计数器 = 0
}
else
{
    if ( ADR_AIR2 >= AIR2_OK_VALUE )
    {
        ERR_AIR2_JSQ ++ ;                    //气压 2 故障计数器 + 1
```

```
                    if ( ERR_AIR2_JSQ >= AIR2_OK_DELAY )
                    {
                        ERR_AIR2_T = 0 ;                              //气压 2 故障标志 = 0
                        ERR_AIR2_JSQ = 0 ;                           //气压 2 故障计数器 = 0
                    }
                }
                else ERR_AIR2_JSQ = 0 ;                             //气压 2 故障计数器 = 0
            }
    }


    //------------------------------------------------------------
    //故障处理
    //说明：1.本模块应该 100 ms 执行一次
    //       2.在启动前 5 s 不判断故障
    //------------------------------------------------------------
    void ERR_CNT(void)
    {
        if ( IGN_JSQ >= 10 )                       //点火钥匙开启计时器 >= 10 * 0.5 s,执行
        {
            //==== 故障判断
            ERR_SCAN();
        }
        //==== LED 控制
        LED_TEMP = ( ERR_TEMP_T & MS_TT ) | ( ~ ERR_TEMP_T ) ;      //温度报警
        LED_FUEL = ERR_FUEL_T ;                                      //燃油报警
        LED_OIL  = ERR_OIL_T ;                                       //油压报警
        LED_VOLT = ERR_VOLT_T ;                                      //电压报警
        LED_AIR1 = ERR_AIR1_T ;                                      //气压 1 报警
        LED_AIR2 = ERR_AIR2_T ;                                      //气压 2 报警
        //=== 蜂鸣器控制
        if ( SP_JSQ != 0 )
        {
            SP_JSQ-- ;
            switch( SP_MODE )                          //根据蜂鸣器鸣叫模式散转
            {
                case 0 :                                                //长鸣
                    PORT_SP = 1 ;                                       //开蜂鸣器
                    break;
                case 1 :                                                //短声(1 Hz)
                    if ( ( ( SP_JSQ/5 ) % 2 ) == 1 ) PORT_SP = 1;      //开蜂鸣器 0.5 s

                    else PORT_SP = 0 ;                                  //关蜂鸣器 0.5 s
```

```
                break;
        case 2 ：     //长声(2HZ)
                if（（（SP_JSQ/10）% 2）== 1）PORT_SP = 1;   //开蜂鸣器 1 s
                else PORT_SP = 0 ;                         //关蜂鸣器 1 s
                break;
            }
        }
        else    PORT_SP = 0;                                    //关蜂鸣器
    }
```

十三、点火器开关控制与低功耗处理

当点火器开启时仪表处于工作状态,此时系统由电瓶电压和点火电压双重供电。当点火器关闭时仪表处于待机状态,此时整个系统由电瓶供电。为了降低待机时的功耗,必须作低功耗处理。

在工作状态,系统每 100 ms 检测一次点火器电压值。整个待机处理是由一个子函数实现的(参见图 21.27:待机处理程序流程图)。

当电瓶连接正常,而点火电压下降到"点火关闭阈值"时,判为点火关闭。这时,CPU 进待机模式,以降低功耗。在待机模式,只保留实时时钟 RTC 中断功能(用于唤醒系统,其中断频率为 8 Hz),其他功能全部关闭。

在待机模式下,实时时钟 RTC 中断每 125 ms 唤醒一次系统。唤醒后再次检测点火电压,当点火电压上升到"点火开启阈值"时,退出待机模式,返回主函数。否则继续待机,等待下次唤醒。

从整个系统的低功耗设计来考虑,并不是仅仅将 CPU 的待机电流降下来就万事大吉了。这还涉及到对外围所有电路的耗电控制。因此,需要对一些在待机状态下不工作的电路模块增加电源控制口线,当系统进入待机状态时,CPU 会关闭这部分电路的电源,以降低整体的功耗。根据实测,该仪表的待机电流在 7.5 mA 左右。实际上,这个指标还有进一步改善的空间。对于汽车电瓶来说,7.5 mA 的待机电流已经可以接受了。

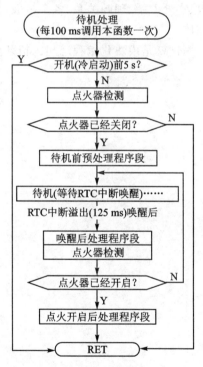

图 21.27　待机处理程序流程图

十四、其他程序模块

到此为止,匠人已经用了大量的笔墨,以庖丁解牛的精神来介绍汽车组合仪表的各个技术细节。在这个项目中,还有一些辅助的或底层的程序模块,包括:

① E^2 PROM 数据存储处理模块;

② 线性计算;

③ 滤波运算;

④ 串行通信模块。

这些模块已经在本书的其他手记中有过较为详细的讲述。这里就不再啰唆了。

十五、后　记

一个完整的程序,就像一个系统的工程。其内部的相互关联,总是千头万绪、千丝万缕、千言万语。面对这样一个局面,千万不要被吓倒。我们要做的就是大处着眼、小处着手、理顺关系、各个击破。最终一气呵成、珠联璧合,成为一个有机结合的整体。

这就是模块化编程思想的精髓罢。

空调遥控器开发手记

一、前 言

在早几年的时候,匠人曾经使用 EMC 的 4 位机来开发空调遥控器。那真是一段"痛苦"的经历啊。幸亏后来,EMC 面向空调遥控器市场,又专门推出了一颗 8 位机的 EM78P468N 芯片。于是匠人终于得以解脱,可以用 8 位机来开发空调遥控器了。

具有搞笑意味的是,这颗原本为了空调遥控器而开发的芯片,最终并没有在空调遥控器市场形成气候,倒是在其他一些带 LCD 的产品领域(比如电子密码锁)中得到铺天盖地的大量应用。真是有心栽花花不开,无意插柳柳成荫。此乃后话,暂且不提。

这篇手记介绍的就是用 EM78P468N 来量身打造的一款空调遥控器实例。

二、项目概述

1. 功能简介

空调遥控器的主要功能,就是把人通过键盘输入的命令"翻译"成遥控命令,发射给空调主机。围绕这一功能,单片机要处理三项主要任务,分别是:按键处理、显示处理、发码处理。

下面这张图就是本次项目实物图(参见图 22.1:空调遥控器实物图)。

2. 硬件模块

空调遥控器系统框图参见图 22.2。

3. 软件模块

软件方面,仍旧采用前面的手记中介绍过的模块化的编程结构("搭积木"方式)。空调遥控器的软件主要由以下若干部分组成:

① 初始化程序;

② 主程序;

③ 显示处理模块;

④ 按键处理模块;

⑤ 发码处理模块;

⑥ 计时中断模块;

⑦ 其他辅助模块。

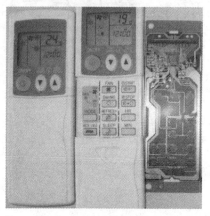

图 22.1　空调遥控器实物图

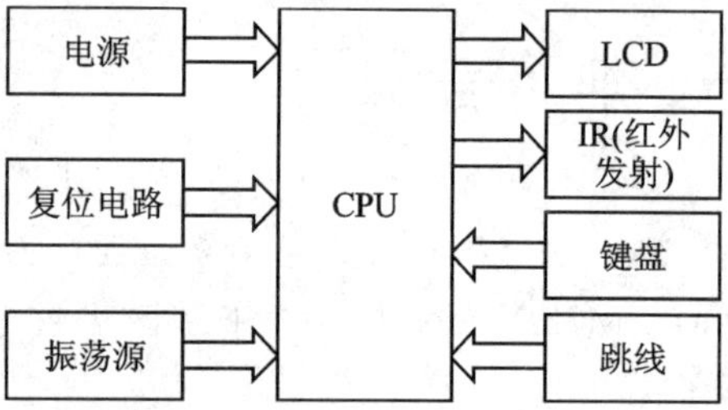

图 22.2　空调遥控器系统框图

以下为空调遥控器的程序框图(参见图 22.3:空调遥控器程序框图)。

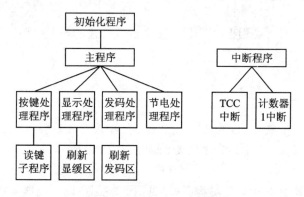

图 22.3　空调遥控器程序框图

4. CPU 的工作模式

EM78P468N 共有 4 种工作模式,分别为:

① NORMAL 模式;

② GREEN 模式;

③ IDLE 模式;

④ SLEEP 模式。

在以上 4 种不同的模式下,系统的功耗和工作速度都是不一样的。为了在高效率和低功耗之间取得最佳平衡,在本项目中我们使用到了 CPU 的 3 种工作模式,并根据不同的任务进行切换。另外,由于在 SLEEP 模式下 LCD 和时钟无法工作,所以这种模式在本项目中未被使用。

为了节省系统的耗电,在待机时,匠人让空调遥控器处于 IDLE 模式。在 IDLE 模式下,系统指令停止执行,只有内部时钟和 LCD 仍然坚持工作(可怜的加班族啊,呵呵!)。这时的整机消耗电流可以降到 12 μA 左右。

在 IDLE 模式下,匠人设定了两种唤醒方式,可以将系统唤醒,进入 GREEN 模式,并执行相应的任务。这两种唤醒方式,其一是定时器(0.5 s)唤醒,目的是为了定时进行计时和刷新 LCD 显示等处理;其二是 I/O 口翻转唤醒,其目的是检测处理按键的触发。在 GREEN 模式下,系统以 32 768 Hz 的频率工作,这时整机消耗电流为 20 μA 左右。当唤醒后的任务执行完毕,系统重新回到 IDLE 模式。

另外,由于发码时需要较高的工作速度,所以在发码时,我们把系统切换到 NORMAL 模式。在 NORMAL 模式下,系统通过锁相环模块(PLL)将工作频率升到 4.26 MHz,满足发码时的速度要求。在 NORMAL 模式下,系统的耗电主要取决于红外发射管的工作耗电。当红外遥控码发完,立即返回 GREEN 模式。

以下是 CPU 的 3 种工作模式之间的迁移过程(参见图 22.4:空调遥控器 CPU 工作模式迁移示意图)。

图 22.4 空调遥控器 CPU 工作模式迁移示意图

5. CPU 的系统时钟资源分配情况

① TCC 计时中断:在 GREEN 模式和 NORMAL 下有效,中断周期 = 64 Hz。用于提供作为按键扫描的时钟。进 IDLE 模式后,TCC 中断关闭,以免打扰 CPU 的"睡眠"。

② 计数器 1 中断:在所有模式下都有效。用于提供一个 0.5 s 的时基给计时/定时等系统。

③ 计数器 2 中断:用在 NORMAL 模式。为红外遥控提供一个 38 kHz 的载波频率。

④ 高/低脉宽计时器:都用作红外遥控发码计时。

三、按键处理

1. 按键电路概述

空调遥控器采用行列矩阵式键盘。共占用单片机的 8 个 I/O 口。其中，P64～P67口为输出口，P60～P63 口为输入口。为了避免输入口悬空，导致读入错误数据，P60～P63 口要开启 CPU 内部上拉电阻功能。这个键盘最大可容纳 16（即 4×4）个按键，在实际应用中只使用了 14 个按键（参见图 22.5：空调遥控器按键检测原理图）。

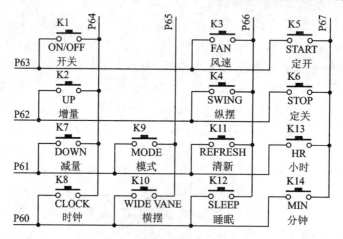

图 22.5　空调遥控器按键检测原理图

2. 按键处理软件概述

读键采取逐列扫描方式进行，每次将 P64～P67 口中的某一列设置为低电平，其他三列暂时未被扫描到的列则设置为高电平，并读取 P60～P63 口上的状态。如果某一行输入口的输入电平被拉低，则代表该行列交叉点上对应的按键处于闭合状态。

为了便于识别及处理，我们给每个按键设置一个编号。这个编号称为"键值"或"键号"（由数字 1～14 分别代表这 14 个按键；另外，0 代表无键闭合）。在按键处理程序里，专门有一个"读键"子程序来负责扫描键盘，并获取键值。

读键子程序仅仅只是负责扫描按键的闭合状态，而对于按键的消抖及解析执行，则依赖其上级模块——"按键处理"程序来完成（参见图 22.6：空调遥控器按键处理流程图）。

这个流程图仅仅反映了按键程序的大框架，而其中关于每个按键的具体功能，还有待于进一步分析。

3. 系统状态的多维结构

空调遥控器的系统状态（模式），采取了多维的状态结构。不同的状态下，按键功能、显示内容以及发码内容都是不一样的。

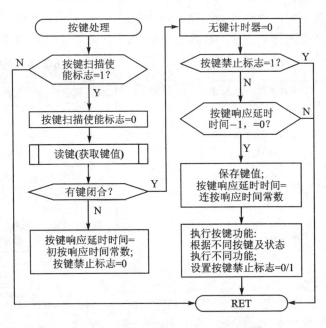

图 22.6 空调遥控器按键处理流程图

关于多维状态结构,匠人已经在前面的手记《编程思路漫谈》中介绍过。现在正好以此项目为契机,让各位读者大人加深理解。

以下就是在空调遥控器中,从不同的维度(角度),对系统状态进行划分的情况:

① 按照空调操作模式来划分,参见表 22.1:空调操作模式表。

② 按照空调时间设置模式来划分,参见表 22.2:时间设置模式表。

表 22.1 空调操作模式表

编 号	空调操作模式
0	自动 AUTO
1	制冷 COOL
2	除湿 DRY
3	通风 FAN
4	制热 WARM

表 22.2 时间设置模式表

编 号	时间设置模式
0	不设置时间
1	设置当前时间
2	设置定时开时间
3	设置定时关时间

③ 按照空调定时模式来划分,参见表 22.3:定时模式表。

④ 按照空调风速模式来划分,参见表 22.4:风速模式表。

表 22.3 定时模式表

定时开标志	定时关标志	定时模式
0	0	不定时
1	0	定时开
0	1	定时关
1	1	定时开＋定时关

表 22.4 风速模式表

编 号	风速模式
0	自动
1	低速
2	中速
3	高速

⑤ 按照空调纵向摆动叶片的位置来划分,参见表22.5:纵摆模式表。
⑥ 按照空调横向摆动叶片的位置来划分,参见表22.6:横摆模式表。

表 22.5　纵摆模式表

编　号	纵摆模式
0	摆动
1	上边
2	偏上
3	中间
4	偏下
5	下边
6	智能

表 22.6　横摆模式表

编　号	横摆模式
0	中间
1	偏右
2	右边
3	两边
4	摆动
5	左边
6	偏左

4. 其他状态标志位

除了以上一些状态划分之外,系统中还有许多状态标志位,比如:
① 睡眠功能使能标志。
② 清新功能使能标志。
③ 开机状态(0＝关机,1＝开机)。
④ 温度单位(0＝C,1＝F)。
⑤ 刷新显示使能标志。
⑥ "清新"跳线使能标志(0＝无效,1＝有效)。
⑦ "模式"跳线使能标志(0＝单冷,1＝冷暖)。
⑧ "横摆"跳线使能标志(0＝无效,1＝有效)。

所有这些状态相互排列组合,最终构成了一个多维、立体的结构空间。不同维度的状态,会随着按键或其他条件的触发而迁移转换,反过来又对按键功能的执行形成制约。

5. 按键的行为特征

每个按键都有其自身的行为特征。不同按键的行为特征都是不一样的。比如有些按键支持连击功能,而另一些不支持。

即使同一个按键,在不同的状态下,其行为特征也不一样。比如说"小时"键和"分钟"键,在"设置当前时间"模式下按这两个按键不需要发码,而在"设置定时开机/关机时间"模式下按过这两个按键后,就需要在按键释放时发送红外遥控码给主机。

如前所述,一些按键在特定状态下会进一步产生"红外发码"的动作,而负责"红外发码"的程序是与按键处理程序相平行的另一个模块,二者之间并不能互相直接调用(这是程序模块化的要求)。这就需要我们在两个模块之间建立一个联系的渠道。

我们可以通过标志位来传递这些信息。也就是说,在执行按键功能的同时,设置

326

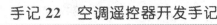

对应的按键特征码标志,以触发或屏蔽相应的动作。

匠人称这些标志位为按键的行为特征码。这些特征包括:

① 是否支持连按(连击)功能;

② 是否在按下时要发码;

③ 是否在释放时要发码。

6. 按键真值表

经过前面的分析,我们知道:每个按键,依照其被触发时的不同状态,被赋予了不同功能。比如有些键是负责切换系统的工作状态,有些键是负责设置参数。而每个按键又有其自身的特征。

匠人将按键的功能和特征归纳整理,得到了一张简洁明了的按键真值表(参见表22.7:空调遥控器按键真值表)。根据这张表,我们可以很容易地写出按键的解析和功能程序了。

表 22.7　空调遥控器按键真值表

按 键	状态(执行条件)		执行功能	连按功能	按下发码	释放发码
开关			➤ 取消定时开功能及定时关功能; ➤ 当时间设置模式="设置定时开时间"或"设置定时关时间"时,切换到"不设置时间"; ➤ 取消睡眠功能及清新功能; ➤ 开/关机状态取反		Y	
增量	开机状态;或定时开或定时关功能有效	制冷或制热模式	➤ 设置温度＋1(范围为14～31)	Y		Y
减量			➤ 设置温度－1(范围为14～31)	Y		Y
模式	开机状态;或定时开或定时关功能有效		➤ 先保存旧模式的风速和温度; ➤ 然后切换空调模式; ➤ 再载入新模式的风速和温度; ➤ 取消睡眠功能		Y	
	当不满足上述条件时		➤ 执行上述同样功能,但是不发码			
横摆	开机状态;或定时开或定时关功能有效		➤ 切换横摆模式(角度范围为0～6)		Y	
风速	开机状态;或定时开或定时关功能有效	制冷或制热模式	➤ 切换风速(自动,低速,中速,高速)		Y	
		通风模式	➤ 切换风速(低速,中速,高速)			

327

按键	状态(执行条件)		执行功能	连按功能	按下发码	释放发码
纵摆	开机状态;或定时开或定时关功能有效	"清新"跳线=无效	➤切换纵摆模式(自动+智能)		Y	
		"清新"跳线=有效	➤切换纵摆模式(5种定位+自动+智能)		Y	
清新	开机状态;或定时开或定时关功能有效	"清新"跳线=无效	➤切换纵摆模式(5种定位)		Y	
		"清新"跳线=有效	➤清新功能取反		Y	
睡眠	开机状态;或定时开或定时关功能有效	制冷或制热模式	➤睡眠功能取反		Y	
定时开	不是"设置当前时间"模式	"定时开功能"无效	➤切换到"设置定时开时间";➤开启定时开功能	Y		
		"定时开功能"有效 "设置定时开时间"模式	➤切换到"不设置时间";			
		"定时开功能"有效 不是"设置定时开时间"模式	➤切换到"不设置时间";➤取消定时开功能			
定时关	开机状态;或定时开或定时关功能有效;且不是"设置当前时间"模式	"定时关功能"无效	➤切换到"设置定时关时间";➤开启定时关功能	Y		
		"定时关功能"有效 "设置定时关时间"模式	➤切换到"不设置时间";			
		"定时关功能"有效 不是"设置定时关时间"模式	➤切换到"不设置时间";➤取消定时关功能;➤开机			
小时	"设置当前时间"模式		➤当前时间"时"+1	Y		
	"设置定时开时间"模式		➤定时开时间"时"+1	Y		Y
	"设置定时关时间"模式		➤定时关时间"时"+1	Y		Y
分钟	"设置当前时间"模式		➤当前时间"分"+1	Y		
	"设置定时开时间"模式		➤定时开时间"分"+10	Y		Y
	"设置定时关时间"模式		➤定时关时间"分"+10	Y		Y

续表 22.7

按　键	状态(执行条件)	执行功能	按键特征码		
			连按功能	按下发码	释放发码
时钟	"不设置时间"模式；且定时开和定时关功能无效	➤ 切换到"设置当前时间"；			
	"设置当前时间"模式	➤ 切换到"不设置时间"；			
复合	开机状态；或定时开或定时关功能有效；且处于制冷或制热模式	➤ 切换温度单位(℃/℉)(备注：复合键＝增量键＋减量键)			
复位	备注：复位键为硬件复位	➤ 复位，程序初始化			
无键	备注：10 s内无按键	➤ 进入 IDLE 模式， ➤ 等待定时/按键唤醒			

四、跳线检测

跳线的存在，是为了增加程序的兼容性。

在一些功能相近的型号中，产品的差异往往是细微的。我们可以把这些型号，设计在一个相兼容的程序里面，并通过跳线来选择功能，A 还是 B。这样做的好处是减少软/硬件版本，便于生产管理；并且可以将分散的订单集中成大的订单，获得更好的芯片价格，或者定制 MASK 产品。

由于跳线是在产品出厂时就被设置好了，并不需要用户去设置。因此，系统只需要在上电复位时检测并保存跳线的信息。上电结束后就不必再频繁检测跳线状态了。当跳线状态改变后，必须重新复位上电，才能被系统检测到。

检测前开启内部上拉电阻。为了节省系统耗电，在检测完毕后，根据读入的电平状态确定是否保留上拉电阻功能。当电平＝0(接地)时，关闭内部上拉电阻；当电平＝1(悬空)时，继续开启内部上拉电阻。

在本项目中共有 3 个跳线口，跳线功能意义参见表 22.8：空调遥控器跳线意义表。空调遥控器跳线电路参见图 22.7。

表 22.8　空调遥控器跳线意义表

I/O口	功能	接地时 (电平＝0)	悬空时 (电平＝1)
P85	横摆	有效	无效
P86	模式	冷暖	单冷
P87	清新	有效	无效

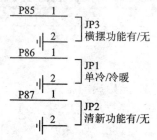

图 22.7　空调遥控器跳线电路

五、红外发码控制

1. 码制说明

不同的空调遥控器,其码制也是大大地不同。因此,让匠人先来介绍一下本款空调遥控器的红外码制。

注意: 下面的有关波形,都是匠人用红外编码分析仪实测的遥控码波形。该波形与遥控器 CPU 的红外发射 I/O 口上的波形电平是正好相反的。

(1) 相关参数

下面的图来自红外遥控分析仪的电脑截图(参见图 22.8:空调遥控器码制有关参数)。通过该图中,可以看到相关参数。

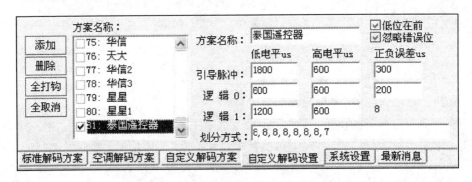

图 22.8 空调遥控器码制有关参数

(2) 一串完整的红外遥控码的格式

一串完整的红外遥控码,是由引导码和数据码构成的(参见图 22.9:一串完整的码波形)。该图是经过 38 kHz 解调之后的波形。

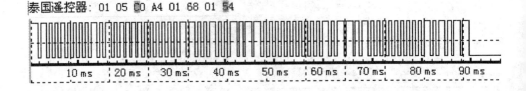

图 22.9 一串完整的码波形

(3) 起始码的格式

起始码又叫引导码,或头码。不管叫什么,反正就是那么回事。起始码的格式,是先发送 $1800\ \mu s\ (3t)$ 的 38 kHz 载波,再发送 $600\ \mu s\ (1t)$ 的高电平(高电平时,红外发射管不工作)(参见图 22.10:起始码波形)。该图以及后面的两个数据码波形图是未解调的波形。

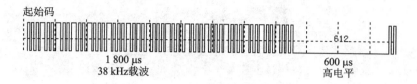

图 22.10　起始码波形

（4）数据码的格式

发完起始码后，紧接着发送数据码。数据码共 8 个字节（即 64 位）。每个字节都是低位先发。最后一位数据码兼作为结束码，并且该位恒等于 1。

数据码中的每一位数据，通过不同的波形来区分，如下：

当数据码为逻辑"1"时，格式为：先发 1 200 μs（2t）的 38 kHz 载波，再发送 600 μs（1t）的高电平（高电平时，红外发射管不工作）（参见图 22.11：逻辑"1"波形）。

当数据码为逻辑"0"时，格式为：先发 600 μs（1t）的 38 kHz 载波，再发送 600 μs（1t）的高电平（高电平时，红外发射管不工作）（参见图 22.12：逻辑"0"波形）。

图 22.11　逻辑"1"波形

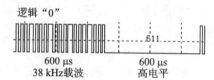

图 22.12　逻辑"0"波形

2. 红外波形的时间设置方法

根据前面对红外码制的介绍，我们知道一串红外码是由若干个数据位构成的，每个数据位又是由一个低电平（带 38 kHz 载波）和一个高电平（无载波）构成。以往，这些波形都是需要编程者自行去考虑，如何合理地利用系统的定时器资源，再结合软件延时来实现红外波形的控制。现在，EM78P468N 芯片的设计者已经为我们准备好了三个定时器，专门用来为 IR 功能服务（参见表 22.9：IR 功能定时器资源分配表和图 22.13：IR 功能定时器资源分配示意图）。

表 22.9　IR 功能定时器资源分配表

定时器资源	功　　能	中断是否要开启
计数器 2	控制载波频率	否
低脉宽定时器	控制低电平（载波持续）时间	是
高脉宽定时器	控制高电平（无载波）时间	是

（1）载波频率设置

遥控编码载波频率一般为 38 kHz，应尽量准确。其准确度将影响到遥控接收的

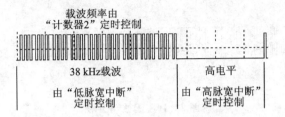

图 22.13　IR 功能定时器资源分配示意图

距离与角度。在 EM78P468N 中,红外发射的载波频率由计数器 2(counter2)产生。
载波频率的计算公式如下:

$$载波频率＝计数器\ 2\ 溢出频率/2＝时钟源频率/[2×分频×(预设值＋1)]$$
$$＝4\ 259\ 840/[2×2×(27＋1)]＝38\ kHz$$

(2) 起始码波形参数设置

高脉宽时间＝分频×(1＋预设值)/时钟源频率＝64×(1＋39)/4 259 840 Hz＝
600 μs

低脉宽时间＝分频×(1＋预设值)/时钟源频率＝64×(1＋119)/4 259 840 Hz＝
1 800 μs

(3) 逻辑"0"码波形参数设置

高脉宽时间＝分频×(1＋预设值)/时钟源频率＝64×(1＋39)/4 259 840 Hz＝
600 μs

低脉宽时间＝分频×(1＋预设值)/时钟源频率＝64×(1＋39)/4 259 840 Hz＝
600 μs

(4) 逻辑"1"码波形参数设置

高脉宽时间＝分频×(1＋预设值)/时钟源频率＝64×(1＋39)/4 259 840 Hz＝
600 μs

低脉宽时间＝分频×(1＋预设值)/时钟源频率＝64×(1＋79)/4 259 840 Hz＝
1 200 μs

3. 数据码的意义

前面已经讲到,整个一串码中除了引导码之外,还包含了 8 字节(64 位)数据。
这些数据的意义如下(参见表 22.10:遥控码数据真值表):

表 22.10　遥控码数据真值表

数据位	BIT7	BIT6	BIT5	BIT4	BIT3	BIT2	BIT1	BIT0
Byte0	风速：0＝自动,1＝低,2＝中,3＝高				SLEEP（睡眠功能）	空调操作模式：0＝自动,1＝制冷,2＝除湿,3＝通风,4＝制热		
Byte1	纵摆模式：0＝摆动,1＝上边,2＝偏上,3＝中间,4＝偏下,5＝下边,6＝智能				设置温度：0～1FH＝14～31℃			
Byte2	＝"1"	开/关机	清新功能				定时关机功能	定时开机功能
Byte3	定时关机剩余时间分钟数低8位							
Byte4	横摆模式：0＝中间,1＝偏右,2＝右边,3＝两边,4＝摆动,5＝左边,6＝偏左				定时关机剩余时间分钟数高4位			
Byte5	定时开机剩余时间分钟数低8位							
Byte6					定时开机剩余时间分钟数高4位			
Byte7	结束码＝"1"	校验和(不带进位)						

备注：发码时,每个字节都是低位先发。

4. 发码电路概述

空调遥控器通过红外发射管来对主机发射红外线控制信号(参见图 22.14：空调遥控器红外发码电路)。该图中 R2 为限流电阻,其阻值大小会影响红外发射的功率,进而影响遥控距离。因此,在不损坏红外管的前提下,该电阻应该尽可能小,以获得最大的遥控距离。

在 EM78P468N 芯片中,有一个专门的 I/O 口负责控制发码,这个口是 P57/IROUT 口。

5. 发码处理软件概述

发码处理部分的程序(参见图 22.15：空调遥控器红外发码流程图)被设计成一个独立的模块,由主程序负责调度。

红外发码程序的要点说明如下。

(1) 执行条件的判断

在进入发码处理模块时,该程序先判断是否满足发码条件(按下发码标志为"1",或释放发码

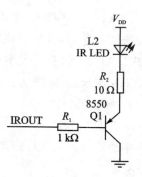

图 22.14　空调遥控器红外发码电路

匠人手记（第2版）

334

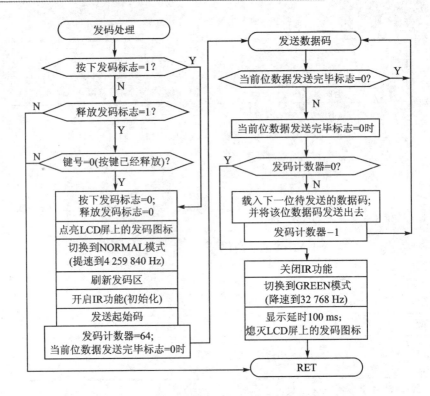

图 22.15 空调遥控器红外发码流程图

标志为"1"且按键已经释放）。如果满足条件，则执行发码动作；否则直接退出模块。

（2）IR 功能的开启和关闭

在发码之前，需要进行初始化的动作。主要是 IR 功能的配置和开启、I/O 口和定时器的设置等等。

在发码结束后，应该关闭 IR 功能，降低待机时的静态电流。

（3）CPU 工作频率的控制

前面已经介绍过，发码时为了满足 38 kHz 载波的速度要求，我们要把系统切换到 NORMAL 模式（系统频率提升到 4.26 MHz）。当红外遥控码发完，又要立即返回 GREEN 模式，以降低功耗。

（4）发码区的数据码更新

匠人在 RAM 中开辟了一个 8 字节大小缓冲区域，称为发码缓冲区。用于映射遥控码中的数据码。在每次发码前，该发码区的内容要进行即时更新（和显缓区的作用有点相似）。

刷新发码区这个功能是一个独立的子程序。由发码程序负责调用。

（5）数据位发送时的等待

数据码是逐位发送的，而具体的发码定时又是通过定时器来实现的。当发码程序把当前数据位对应的定时器参数设置好后,剩下的事情就是系统自己去完成了。发码程序需要等待系统将当前数据位发送完毕后,才能设置下一位数据的定时器参数。

　　如何才能知道当前数据位是否已经发送完成呢? 一般可以采用两种方式,即查询方式和中断方式。

　　对于较简单的红外码型,采用中断方式的话,比较容易实现,而且中断服务子程序也可以做的比较简练。

　　但如果码型比较复杂,高/低脉冲宽度的预分频比和预置值有多种变换的;如果用中断方式的话,会使得中断服务子程序比较冗长,而且发码时序不大好控制,调试也不大方便。这种情况用查询方式实现起来比较简单,而且程序容易做到模块化,维护和调试起来也比较方便。

　　在本项目中,匠人采用了查询方式来做发码处理。

　　具体的实现方法是:设置一个"当前位数据发送完毕标志";在发送一位数据码(或起始码)之前,先将"当前位数据发送完毕标志"清零;当该位数据码(或起始码)发送完毕时,由中断负责将"当前位数据发送完毕标志"设置为"1"。在发码程序中通过查询该标志来判断当前数据位是否发送完毕。

6. 发码处理源程序

```
;************************************
;38K载波初始化设置(这段程序放置在系统初始化程序里)
;* * * * * * * * * * * * * * * * * * * * * * * * * * * * * *
;==== 计数器2初始化(38 kHz)
;计数器2溢出频率=时钟源频率/[分频*(预设值+1)]=4 259 840/[2*(27+1)]=76 kHz
;载波频率=计数器2溢出频率/2=38 kHz
    PAGE_IOC    1
    IOW    IOC91,@0B10000111        ;计数器2时钟源=4 259 840 Hz,分频=1:2
    PAGE_IOC    0
    IOW    IOCC0,@27                ;计数器2预设值=27
;……

;************************************
;发码程序
;************************************
SEND_CODE:
    CJBS   ON_SEND_T/8 , ON_SEND_T%8,SEND_CODE_A   ;按下发码标志=1,跳
    CRBC   OFF_SEND_T/8 , OFF_SEND_T%8 ;释放发码标志=0,返回
    CJZ    KEY_NUM,SEND_CODE_A       ;键号=0(按键已经释放),跳
    RET
SEND_CODE_A:
    BC     ON_SEND_T/8 , ON_SEND_T%8 ;按下发码标志=0
```

```
        BC      OFF_SEND_T/8 , OFF_SEND_T%8    ;释放发码标志 = 0
        MOV     RA,@13
        BS      RB,3                           ;显示"发码"标志(K20)
; ==== 提速到 4 259 840 Hz
        BC      RD,CLK0
        BC      RD,CLK1
        BC      RD,CLK2
        BS      RD,PLLEN                       ;主频 = 4 259 840 Hz
        NOP
        NOP
        NOP
        NOP
        NOP
        NOP
        BANK    1
        CALL    NEW_CODE                       ;刷新发码区
; ==================
;IR 功能初始化
; ==================
        MOV     RE,@0B01001000                 ;IR 禁止,载波使能,高脉宽控制有效,P57 作
                                               ;IR 输出口

        PAGE_IOC    1
        IOW     IOCA1,@0B11011101              ;高脉宽计时器时钟源 = 4 259 840 Hz,
                                               ;分频 = 1:64
                                               ;低脉宽计时器时钟源 = 4 259 840 Hz,
                                               ;分频 = 1:64

        PAGE_IOC    0
        IOW     IOCD0,@39                      ;高脉宽初值寄存器 = 39
        ;高脉宽时间 = 分频 * (1 + 预设值)/时钟源频率 = 64 * (1 + 39)/4 259 840 Hz = 600 μs
; ==================
;发送起始码
; ==================
SEND_CODE_STR:
        IOW     IOCE0,@119                     ;低脉宽初值寄存器 = 119
                                               ;低脉宽时间 = 分频 * (1 + 预设值)/时钟源
                                               ;频率 = 64 * (1 + 119)/4 259 840 Hz = 1 800 μs
        BS      RE,IRE                         ;红外遥控使能

        IOW     IOCF0,@0B01101001
        ;开高脉宽中断,低脉宽中断,计数器 1 中断,开 TCC 中断
        ENI
        BS      RC,CNT2EN                      ;计数器 2 使能位 = 1
```

```
    BS      RC,HPWTEN                           ;高脉宽计时器使能位 = 1
    BS      RC,LPWTEN                           ;低脉宽计时器使能位 = 1
    MOV     SEND_JSQ,@64                        ;发码计数器 = 64
    BC      BIT_END_T/8 , BIT_END_T%8           ;当前位数据发送完毕标志 = 0
; =================
;发送数据码
; =================
SEND_CODE_LOOP:
    WDTC
    CJBC    BIT_END_T/8 , BIT_END_T%8,SEND_CODE_LOOP
    ;当前位数据发送完毕标志 = 0,跳
    BC      BIT_END_T/8 , BIT_END_T%8           ;当前位数据发送完毕标志 = 0
    CJZ     SEND_JSQ,SEND_CODE_END              ;发码计数器 = 0,跳
; ==== 载入下一位待发码到 C(采取右移方式)
    ALLRRC          CODE_BUF7,CODE_BUF6,CODE_BUF5,CODE_BUF4
    ALLRRC          CODE_BUF3,CODE_BUF2,CODE_BUF1,CODE_BUF0
    CJBS    R3,C,SEND_CODE_1                    ;等待发送的下一位数据 = 1,跳
; ==== 发"0"码
SEND_CODE_0：
    IOW     IOCE0,@39                           ;低脉宽初值寄存器 = 39
    ;低脉宽时间 = 分频 * (1 + 预设值)/时钟源频率 = 64 * (1 + 39)/4 259 840 Hz = 600 μs
    JMP     SEND_CODE_LOOP1
; ==== 发"1"码
SEND_CODE_1：
    IOW     IOCE0,@79                           ;低脉宽初值寄存器 = 79
    ;低脉宽时间 = 分频 * (1 + 预设值)/时钟源频率 = 64 * (1 + 79)/4 259 840 Hz = 1 200 μs

SEND_CODE_LOOP1：
    DEC     SEND_JSQ                            ;发码计数器 - 1
    JMP     SEND_CODE_LOOP
; =================
;发送结束
; =================
SEND_CODE_END：
    BC      RE,IRE                              ;红外遥控禁止
    IOW     IOCF0,@0B00001001                  ;开计数器 1 中断,开 TCC 中断
    ENI
    BC      RC,CNT2EN                           ;计数器 2 使能位 = 0
    BC      RC,HPWTEN                           ;高脉宽计时器使能位 = 0
    BC      RC,LPWTEN                           ;低脉宽计时器使能位 = 0
    BANK    0
    BC      RD,PLLEN                            ;主频 = 32 768 Hz
```

337

```
NOP
NOP
FCALL   3,DL10MS                        ;延时显示
MOV     RA,@13
BC      RB,3                            ;熄灭"发码"标志(K20)
RET
```

六、LCD 显示处理

空调遥控器通过 LCD 实时显示系统的状态。显示的内容包括：

① 空调工作模式；

② 风速；

③ 叶片摆动(横摆和纵摆)位置；

④ "清新"和"睡眠"标志；

⑤ 设置温度(单位：华氏或摄氏)；

⑥ 时钟和定时时间。

EM78P468N 芯片内置了 LCD 驱动模块，支持 4COM×32SEG 的 LCD 显示。因此，我们只需要正确设置 LCD 驱动模块，并将显示内容送入 CPU 的显示 RAM 区即可。为了便于处理，匠人在通用 RAM 区中另外开设了一个显示缓冲区，用作数据的缓冲。

关于 LCD 显示的处理，在前面两篇手记中已经详细介绍过了。因此，这里就不再赘述。给出个简单流程图(见图 22.16)敷衍了事吧。(读者说：匠人，你又偷懒了！)

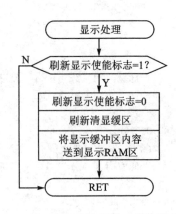

图 22.16　空调遥控器显示处理流程图

七、空调遥控器原理图

空调遥控器原理图参见图 22.17。

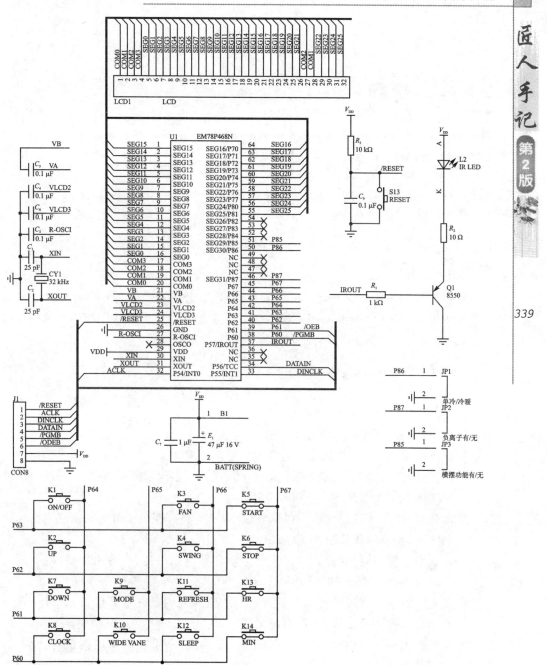

图 22.17　空调遥控器原理图

手记 **23**

手机锂电池充电器设计白皮书

一、前　言

　　本手记原来是匠人的一篇日常工作手记,其中记载了手机充电器设计过程中的一些技术细节。这篇手记未曾在网络中发表过。这次特意将其从硬盘的旮旯中翻找出来,添油加醋地整理一番,凑点页数罢。

二、锂(Li-Ion)电池特性

1. 锂(Li-Ion)电池的优点

可充电的锂离子电池具有以下优点:

➢ 输出电压高。单节锂离子电池的额定电压一般为 3.6 V(而镍氢和镍镉电池的电压只有 1.2 V)。充满电时的终止充电电压与电池阳极材料有关:石墨的 4.2 V;焦炭的 4.1 V。

➢ 能量高、储存能量密度大。以同样输出功率而言,锂离子电池的重量不但比镍氢电池轻一半,体积也小 20%。

➢ 自放电率低,储存寿命长。锂离子电池的漏电量极少,自放电率低<8%/月,远低于镍镉电池的 30% 和镍氢电池的 40%。

➢ 无记忆效应。锂离子电池可以在它的放电周期内任一点充电,而且可以在未充满时就投入使用,无须担心记忆效应。

➢ 支持较大的充电电流、充电速度较快。仅需要 1~2 小时的时间就可充满电,达到最佳状态。

➢ 放电电压稳定,工作温度范围宽。

由于锂离子电池具备以上诸多优点,其应用非常广泛,最常见的应用就是手机的供电。

2. 锂(Li-Ion)电池的使用要求

锂离子电池较为"娇气",因此在使用过程中需要注意以下一些问题:

➤ 防止过充电。一般要求终止充电电压的精度控制在±1%之内(终止充电电压为4.2 V),并要求充电电流不大于1 C。若在充电过程中充电电压高于规定电压,或者充电电流超过规定电流,就会损坏电池或使之报废。在过度充电的状态下,电池温度上升后能量将过剩,于是电解液分解而产生气体,因内压上升而产生自燃或破裂的危险。

➤ 防止过放电。一般要求终止放电电压控制在为2.4～2.7 V左右,并要求放电电流不大于2 C。低于终止放电电压还继续放电,或者放电电流超过规定电流,也同样会对电池有损害。在过度放电的状态下,电解液因分解导致电池特性及耐久性劣化,因而降低可充电次数。

➤ 温度要求:充电温度0～45 ℃;放电或保存温度-20～+60 ℃。充电、放电在20 ℃左右效果较好,在低于0 ℃时不能充电,并且放电效果差。在-20 ℃放电效果最差,不仅放电电压低,放电时间比20 ℃时的一半还少。

说明:这里的C代表充放电速率(单位:mA),1 C代表电池在正好1小时内,放完电或充满电所要求的速率。比如电池的容量为950 mAh,1 C的充电速率即代表充电电流为950 mA。

3. 锂(Li-Ion)电池的充电方法

锂离子电池充电需要控制它的充电电压,限制充电电流和精确检测电池电压。

充电电路应有一个精度较高的电池电压检测电路,以防止锂离子电池过充电。如果用单片机的ADC功能来实现电压检测,一般要求其能达到10位以上的精度。

一般锂电池充电过程包括以下几个阶段(参见图23.1:锂电池充电曲线图)。

➤ 阶段1:预充电。先用0.1 C的小电流对电池进行预充电。当电池电压≥2.5V时,转到下一阶段。

➤ 阶段2:恒流充电。用1 C的恒定电流对电池快速充电。当电池电压≥4.2 V(±1%)时,转到下一阶段。

➤ 阶段3:恒压充电。逐渐减少充电电流,保证电池电压恒定=4.2 V(±1%)。当充电电流≤0.1 C时,判为充电结束,转到下一阶段。(也可以在检测到电池电压达到4.2 V,进入恒压充电时,启动定时器。定时充电一段时间后结束充电,转到下一阶段。)

➤ 阶段4:终止充电(或涓流/脉冲补充充电)。恒压充电结束后,电池的容量已经基本充满了。为维持电池电压,可以用0.1 C(甚至更小)的小电流(涓流方式),或用脉冲方式对电池进行补充充电。因为锂电池的自放电率非常轻微,所以也可以不进行涓流/脉冲补充充电。

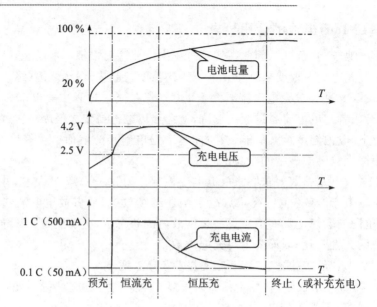

图 23.1　锂电池充电曲线图

三、充电器的软件控制流程

在软件中,采用多工序程序结构,将整个充电过程划分为 5 个工序(状态)。在各个状态下,满足一定条件后,迁移到另一个状态(参见图 23.2:锂电池充电工序(状态)迁移图)。

下面,匠人分别讲解每个充电工序(状态)。

1. 待机状态

当充电器上电复位,执行完系统初始化程序后,首先进入待机状态。在待机状态下,不进行充电的动作。

在待机状态下要进行电池的接入识别。一旦识别到电池接入,则转入预充状态。

电池的接入识别方法有以下两种:

➤ 如果电池内部封装的温度传感器,那么可以通过温度检测口进行判断。当电池没有接入时,温度检测口为高电平;当温度检测口上电压小

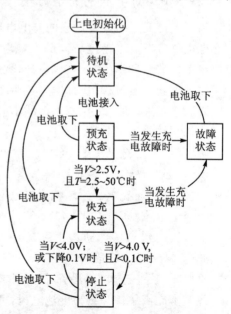

图 23.2　锂电池充电工序(状态)迁移图

于设定值(比如 2 V,可根据实际情况设定)时,代表电池被接入。

➤ 如果电池没有温度传感器,那么可以通过判断充电接口的端电压来进行判断。当电池没有接入时,充电接口处于浮充状态,电压=5 V;当该电压<4.3 V时,代表电池被接入。

2. 预充状态

待机状态下,充电器检测到电池接入,就自动转入预充状态。

预充的作用:修复电池、唤醒电池、低温环境下的预热。

预充的过程:首先让计时器清零,并开启计时器。充电器以 0.1C 的小电流对电池进行预充。在这一过程中,用 PWM 方式控制充电电流。也就是根据 A/D 口采样到的电流反馈,通过调节 PWM 的占空(初始值=0)来调节充电电流。预充状态下 PWM 占空调节规则参见表 23.1。

状态迁移:

➤ 当电池电压>2.5 V,且温度=2.5~50 ℃时,转入快充状态;

➤ 当预充时间计时>900 s(可设定),而电压温度仍旧未达到上述参数时,代表电池失效,转入故障状态。

故障判断(详细描述后详)。

3. 快充状态

此状态包含恒流/恒压两个充电阶段。用 PWM 方式控制充电电流和电压。也就是根据 A/D 口采样到的电流和电压的反馈,通过调节占空(初始值=0)来调节充电电流和电压。快充状态下 PWM 占空调节规则参见表 23.2。

表 23.1　预充状态下 PWM 占空调节规则

条　件	占空调节方式
当 I< 0.1 C 时	占空 +1。>最大值时,=最大值
当 I> 0.1 C 时	占空 -1。<0 时,=0
当 I=0.1 C 时	占空不变

表 23.2　快充状态下 PWM 占空调节规则

条　件	占空调节方式
当 V<4.2V,且 I<1 C 时	占空 +1。>最大值时,=最大值
当 V>4.2V,或 I>1 C 时	占空 -1。<0 时,=0
当 V=4.2V,且 I=1 C 时	占空不变

充满指示功能:在快充状态,要判断电池是否充满,一般有以下两个办法:

➤ 设立一个延时计数器,按以下表格(参见表 23.3:快充状态下充满判断规则)规则运行,当延时计数器>5(可设定)时,判定为充满(此时继续充电)。

➤ 为了避免旧电池一直无法充满,而导致无法指示,增加一个时间限制。即当充电时间>4 h 时,判定为充满(此时继续充电)。

一旦判定为充满,则不可逆转,也不再需要进行充满判定了。

判定为充满后,LED 指示灯发出提示,但充电过程继续,直至充电结束。

充电结束判断:设立一个延时计数器,按照以下表格(参见表 23.4:快充状态下充电结束判断规则)规则运行。当延时计数器>5(可设定)时,判定为结束,转入停止状态。

<table>
<tr><th colspan="2">表 23.3　快充状态下充满判断规则</th></tr>
<tr><th>条　件</th><th>延时计数器</th></tr>
<tr><td>当 $V>4.0$ V,且 $I<0.2C$ 时</td><td>+1</td></tr>
<tr><td>当 $V>4.0$ V,或 $I>0.2C$ 时</td><td>=0</td></tr>
</table>

<table>
<tr><th colspan="2">表 23.4　快充状态下充电结束判断规则</th></tr>
<tr><th>条　件</th><th>延时计数器</th></tr>
<tr><td>当 $V>4.0$ V,且 $I<0.1$ C 时</td><td>+1</td></tr>
<tr><td>当 $V>4.0$ V,或 $I>0.1$ C 时</td><td>=0</td></tr>
</table>

故障判断(详细描述后详)。

4. 停止状态

电池充电完毕后,进入停止状态,等待用户取下电池。一旦识别到电池被取下,则转入待机状态。电池取下识别的方法如下:

> 如果电池有温度传感器,则判断电池温度端口的电压,当温度端口电压>2 V(可设定)时,代表电池被取下。

> 如果电池没有温度传感器,则判断电池的端电压。当电压>4.3 V 时,代表电池被取下。

在停止状态,为了避免电池电量的下降,可以增加一个补充电功能。

启动补充电功能的判断方法:在刚进入停止充电状态时,先保存电池电压。然后,定时每过 5 s(可设定)判断一次电池的当前电压。当电池电压 $V<4.0$ V(可设定),或判断电压下降量 $-\Delta V>0.1$ V(可设定)时,说明需要补充电量,转入快充状态。

故障判断:因为这个状态不对电池进行充电,所以可不进行故障判断。

5. 故障状态

故障状态不属于正常的充电流程,而是在充电发生故障时才会进入的特殊保护状态。

在预充状态和快充状态下,要进行故障判断(参见表 23.5:故障类型及判断规则)。

表 23.5　故障类型及判断规则

条　件		故障类型	动作处理
当 $V>4.3$ V 时	1	BAT+和 BAT-端口开路	
	2	过压	
当 $V<2.5$ V 时	3	电池失效	
	4	短路	
当 $I>1.5$ C 时	4	短路	占空=0,故障计数器+1
	5	过流	
当温度检测值超范围时	6	温度过低	
	7	温度过高	
	8	电池脱落	

故障判断的方法：设置一个故障计数器（每 1 s 清零一次）。当发生故障时，先将 PWM 占空清零，再对故障计数器＋1。当故障计数器＞5（可设定）时，转入故障状态。

注意事项及技术细节：

➤ 如果是在预充状态，不需要检测温度过低故障。

➤ 关于"BAT＋和 BAT-端口开路"是指电池温度检测接口接触完好，而电池正、负端口脱落。在没有电池温度检测口的情况下，这一规则也可用于检测判断电池脱落。

➤ 不同的故障需要响应的速度是不一样的。"短路/过流/过压"等故障需要较快的反应速度，而像"开路"等不会造成事故的故障，则可慢些。

➤ 故障撤除后恢复充电功能：当故障撤除时，延时 10 s 后，返回待机状态。也可根据实际情况返回原状态，或返回预充状态。

➤ 在故障状态下，当温度端口电压＞2 V（可设定）时，代表电池被取下。转入待机状态。

四、充电器的硬件电路

充电器采用单片机作为主控芯片，要求该单片机具有 ADC 和 PWM 功能。这里只给出充电控制部分的电路图，参见图 23.3：锂电池充电器原理图（充电控制部分）。

1. 电路说明

① 充电控制口采用 PWM 方式控制充电电压和电流。经验值如下：

➤ 开关频率＝15 kHz；

➤ 分辨率＝8-bit(256)；

➤ PWM 的占空（DUTY）设置范围＝(10～240)/256（注意：＜10 或＞240 时，三极管无法有效导通/截止）；

➤ 建议 CPU 的工作频率≥10 MHz。

② R3 上拉到＋5 V，与 R17 分压后电压＝4.625 V，经过 1N5819 后，V_{BAT}＝4.325 V。当电池未接时，BAT＋电压＞4.3 V，可以利用这一特性来识别电池正、负端是否脱落。

③ R3 还可在充电结束时，提供涓流充电的小电流。

④ 根据经验，最好在暂停充电的间隔进行采样电压的动作。这样比较容易获得真实的结果。如果是在充电过程中进行电压采样，则需要进行修正（减去电流采样电阻上的压降）。这样做的缺点是，由于电流在微观时间上是不断变化的，很难检测到真实值，所以必须对电流求平均。

2. 指示灯状态说明

指示灯状态说明参见表 23.6。

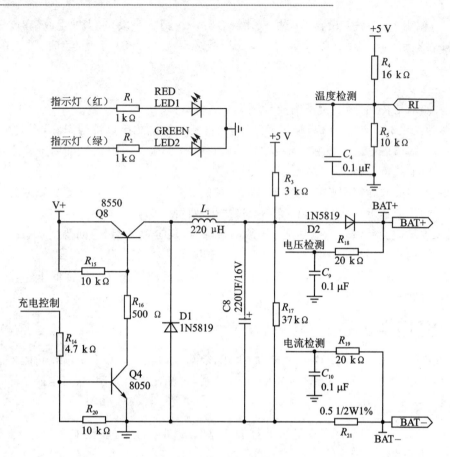

图 23.3　锂电池充电器原理图(充电控制部分)

表 23.6　指示灯状态

工作状态	指示灯状态	工作状态	指示灯状态
待机状态	橙色灯亮	快充状态(已充满)	绿色灯亮
预充状态	红色灯亮	停止状态	
快充状态(未充满)		故障状态	红色灯闪烁

3. 补充说明：关于电池的识别方法

① 在 BAT＋端加上拉电阻(参见本方案原理图)。当电池脱落时,电压＞4.3 V;当电池接上时,电压＜4.3 V。

▷ 优点：可以检测自锁电池。

▷ 缺点：不充电时,端口对外有电压。

② 在 BAT＋端不加上拉电阻,当电池脱落时,电压＝0 V;当电池接上时,电压＞2 V。

➤ 优点：不充电时，端口对外无电压。

➤ 缺点：当电池自锁时，端电压＝0，无法被检测到。

③ 利用温度检测口，来间接识别（参见表 23.7：温度检测口的电压判定规则）。

注意：表中的电压值要根据实际分压电阻及电池内部温度电阻的情况计算。

➤ 优点：比较可靠。

➤ 缺点：不适用于那些无温度检测口的充电器方案；另外，当温度检测口接通后，还是要判断电池正、负端是否开路，如果开路则要视为故障。

表 23.7　温度检测口的电压判定规则

温度检测口（NCT）电压值	判　定
0～1.5 V	温度过高
1.5～2 V	温度过低
2～2.7 V	电池脱落
2.7～5 V	NTC 与 BAT＋端口短路

五、后　记

本手记介绍锂离子电池的一些基本特性和充电方法，并给出了一个基于单片机的充电器方案。

细心的读者也许已经发现，方案中没有提及具体采用的单片机型号。是的，这是匠人有意地忽略了它。

实际上，有许多单片机，只要它具备 ADC 功能和 PWM 功能，有足够的 I/O 口及内部定时器，都是可以拿来实现这个方案的。

手记 **24**

从零开始玩转 PIC 之旋转时钟

一、前 言

事情起源于 2007 年上半年的一个 PIC 的研讨会。

据说参加该研讨会都可以 399 元购买一套 ICD2（LE 版，即简化版，省略了串口）。于是匠人就兴冲冲报名去参加了。没想到去了之后却被告知现场只有 6 套 ICD2 现货。如果要买必须先领取一张所谓的优惠券，然后再凭优惠券到 1 个月之后购买。而要获得优惠券，就必须先填写一张意见反馈表。而要获得意见反馈表，就必须听完课程。晕头晕脑间，匠人总算搞明白了该 ICD2 物品获取攻略如下：

报到入场→老老实实听课→午餐→获得意见反馈表→填写意见反馈表换取优惠券→登记→回家→待 1 个月之后凭优惠券向代理商购买。

这简直比游戏里获取终极宝物还麻烦。当然了，那只是系统给出的正常游戏攻略。后门总会有的，匠人就找出了一条捷径，如下：

报到先不入场，先和展台前的小姐混个脸熟→听课时睡觉养精蓄锐→养足精神后中午狂吃→吃完后谎称下午公司有要事必须先走，向主人提前索取意见反馈表→立即换取优惠券→和早上混得脸熟的小姐软磨硬泡软硬兼施，强行购买→回家偷乐。

总共只有 6 套 ICD2，就这么被匠人"抢"到了一套，嘿嘿。

那宝贝自买来后，就一直扔在家里，碰都没有去碰（我的 399 块大洋啊，呜呜）。中间遭遇了写书当站长选版主等一揽子琐事，所以学习就放松了。惭愧啊。尤其是看到处女座的 HOTPOWER 都那么好学，匠人真是无地自容。转眼间春去秋回，想想人生再也不能如此虚度了。而正巧手上有两颗"骗"来的 PIC16F876 芯片（后来又进一步骗来几颗升级版的 PIC16F886），匠人遂决定玩玩 PIC。

匠人的原则是，要么不玩，要玩就得玩转！不但要玩转，而且要玩的飞转！

怎样才能玩得"飞转"？——匠人的答案就是——让这颗 PIC 芯片"飞快"地"转"起来。这篇手记的标题叫着"玩转 PIC"，这可是很有道理的。哈哈！

于是，最后有了这篇手记。

二、准备工作与快速上手

在让这颗芯片"转"起来之前，我们还得先做点功课，学习一下芯片 PIC16F886 的基本资源，以及软硬件开发环境。

1. 芯片资源

关于 PIC16F886（匠人使用的是 28 个引脚、DIP 封装），读者大人们可以去查阅详细的芯片数据手册。匠人只挑一些我们这个项目中感兴趣的重要特性列举如下：

(1) 28 个引脚，刨去 1 个 VDD 和 2 个 VSS 引脚，全部可以配置为 I/O 口；

(2) 程序存储空前为 8K（FLASH ROM）；

(3) 数据存储空间为 368 字节（SRAM）；

(4) 内置 EEROM 空间为 256 字节；

(5) 多路 ADC 功能（10 位精度）；

(6) 3 个定时器；

(7) 外部中断；

(8) 8 级硬件堆栈；

(9) 串口功能。

上面这样的介绍必定是不全面的，不过已经够了，毕竟匠人不是在翻译数据手册。实际上，这颗芯片还有许多其他的可圈可点的特性，比如：内部 RC 振荡、看门狗、CCP（捕捉、比较和 PWM）模块、上电复位、掉电复位、睡眠模式等，就不展开说了。

2. 软件开发环境 MPLAB IDE v8.00

安装过程很简单。不过，在安装 Install_MPLAB_v8 时，最好先是把病毒防火墙关闭。否则在安装接近结束时会跳出个故障窗口，显示："Error 1935. An error occurred during the installation of ssembly Microsoft. MSXML2, publicKeyToken = "6bd6b9abf345378f", version = "4.1.0.0", type = "win32", processorArchitec ture = "x86". Please refer to Help and Support for……"。然后系统执行反安装，那可是很让人郁闷的。匠人在这个问题上曾经碰壁多次，后来在高手指点下关闭防火墙才搞定。

3. 编译器 picc9.50

MPLAB IDE v8.00 自带了一个 9.60 版本的 picc。可惜是试用版，好像有许多功能受限制。后来匠人向朋友处要来一个"特殊版本"的 picc9.50。安装顺利。

千万不要来和匠人讨论关于 PICC 盗版和破解的问题哦。俺打死也不招！

4. MPLAB ICD2 硬件调试及编程工具

MPLAB ICD2 为低成本的所谓在硬件线调试器。有了它，再加上一定的调试经验,就不必购买昂贵的仿真器(ICE)了,这给匠人的业余学习带了便利。

与 ICE 相比,使用 ICD2 需要满足如下要求:

(1) ICD2 需要占用目标板的一些软硬件资源。

(2) 目标单片机必须有一个正常运行的时钟。

(3) 只有当系统中所有的连接都正常时,ICD2 才能进行调试。

尽管 ICD 与 ICE 相比有一些不足,但它也有一些突出的优点:

(4) 在量产后可直接与应用相连,而不需要取下单片机来插入 ICE 仿真头。

(5) ICD2 可以在目标应用中对固件再编程,而不需要其他连接或设备。

MPLAB ICD2 通过六芯接口与目标单片机相连(参见图 24.1:MPLAB ICD2 与目标板的连接示意图)。

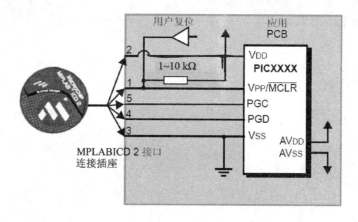

图 24.1　MPLAB ICD2 与目标板的连接示意图

前面已经讲到了,匠人手上拥有的是一款简化版的 ICD2 工具。据说为了降低成本,它的串口被阉割了,只留下了 USB 口。这就意味着 ICD2 无法给目标版提供足够的电流,因此,匠人另外给目标版接了个 USB 取电口(参见图 24.2:ICD2 与目标板的连接实物图)。

5. ICD2 的连接顺序

最头痛的是在应用过程中,ICD2 的连接总是失败,报错也是千奇百怪。匠人潜心研究,得出正确的连接顺序。这个顺序虽然繁琐,但是可以确保连接成功,如下:

(1) 目标板通电

(2) ICD 2 接入 PC 的 USB 口;

(3) ICD 2 与目标板连接;

(4) 启动 MPLAB IDE;

(5) 选择编程工具或调试工具为 ICD2(菜单:" debugger"→"select tool"→"MPLAB icd2",或"programmer"→"select programmer"→"MPLAB icd2")。连接成功;

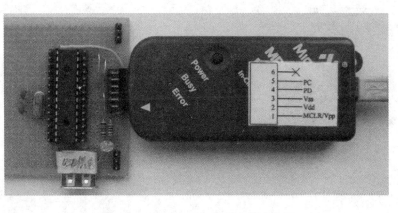

图 24.2　ICD2 与目标板的连接实物图

（6）编程（下载程序到目标板上的芯片）或调试；

（7）撤销第 5 步的选择（工具选项改回为："none"）；

（8）退出 MPLAB IDE；

（9）断开 ICD 2 与目标板的连接；

（10）断开 ICD 2 与 PC 的连接；

（11）目标板断电。

6. 从最简单的测试程序开始

```
// ==========================
//测试程序
//功能：    PA0 不断翻转,控制 LED 闪烁
// ==========================
文件名:Test.c
# i nclude    <pic.h>
//定义芯片工作时的配置位
__CONFIG(HS & WDTDIS  & LVPDIS );
//定义变量
unsigned char i, j ,k;
bit flag1,flag2 ;
//函数
void main(void)
{
    i = 0;
    j = 0;
    k = 0;
    TRISA = 0x00;
    while(1)
    {
```

```
        PORTA = 0x01;
        for ( i = 255; i! = 0 ; i-- )
        {
            for ( j = 255 ; j! = 0 ; j-- )
            {
            }
        }
        PORTA = 0x00;
        for ( i = 255; i! = 0 ; i-- )
        {
            for ( j = 255 ; j! = 0 ; j-- )
            {
            }
        }
    }
}
```

　　说明：这个程序只有一个最最最最最最……最最简单的功能，就是让 PA0 不断翻转，去控制一个独立 LED 的闪烁。通过这个程序，匠人圆满完成了对开发工具和开发环境的初步学习，达到以下学习目的：

　　（1）快速入手。如何建立一个新项目，并向项目中添加文件；了解头文件《pic.h》的作用和引用方法；了解？如何设置器件、配置位、择语言工具等选项。

　　（2）学习程序的调试。如何进行编译、连接、除错。熟悉 MPLAB IDE 和 PICC 的工作环境，如何选择 DEBUG、如何设置相关参数；熟悉 Sim（软件仿真）的应用，包括单步、全速、断点等调试手段；以及如何在调试过程中观察内存、IO 口、堆栈中的数据；如何观察编译后的 asm 代码和 lst 文件。

　　（3）学习 ICD2 的应用。如何连接目标板和 ICD2、注意事项；如何下载程序到芯片，并且让芯片脱离 ICD2 后单独工作。

　　经过这个程序，匠人建立了驾驭 PIC 芯片和开发工具的自信（这一点最重要）。接下来可以甩开膀子开干了。

　　好吧，从现在开始，让我们正式进入旋转时钟的 DIY 进程，为了把 PIC 转起来而努力吧。

三、功能概述

　　旋转时钟系统，由基板、指针板、直流电机、电源、红外遥控器以及上位机（PC）控制软件等部分组成（参见图 24.3：旋转时钟系统框图）。

1. 基　板

基板负责红外解码、按键检测、声控信号检测，并解析这些控制信号，去控制电机

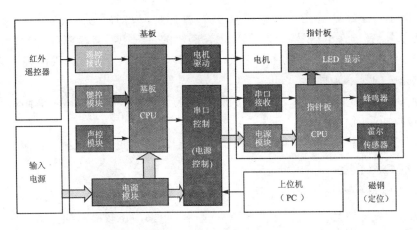

图 24.3　旋转时钟系统框图

的转动,或者把控制信号转换为串口控制命令发送给指针板。

基板的主控芯片采用了 EM78P156。原因只有一个字:便宜!(晕,这好像是两个字?)

基板上的声控模块由拾音头和信号放大比较电路组成。有了声控功能,用户可以在远离旋转时钟的地方,用拍手、跺脚、吹口哨等声响来启动显示(这好像也是流氓们调戏良家妇女时惯用的方式)。这样就不必每次都特意跑到旋转时钟跟前去按动按键,或满屋子去找遥控器了。

指针板的电源由基板提供,该电源通过电机轴上的导电环传递到指针板上。同时,导电环也是串口信号的传递路径。指针板根据来自串口的控制命令,切换显示状态,或者调整运行参数。

2. 电　机

电机采用的是普通直流电机,负责带动指针板旋转。电机可以安装在基板上,也可以根据实际需要脱离基板安装在外壳上。电机的启动或停止,由基板上的 CPU 负责控制。由于没有采用转速匀速控制,因此驱动电路和控制程序就比较简单。

电机轴是金属的,所以被同时充当了电源和串口通信的地线。另外在电机轴上套了一个导电环,导电环一头焊接在指针板上,与电机轴同步转动,并与静止的电刷保持接触,构成电源的正极和串口通信的信号线。

3. 指针板

指针板负责显示功能,是旋转时钟的主要部件,相当于最佳男主角(基板只是配角,而遥控器则只能算是跑龙套的了。呵呵!)。

指针板的主控芯片就是 PIC16F886。

指针板上有一排超高亮 LED。它们就是显示部件了,噱头所在。

指针板上有一个霍尔传感器,在外壳的对应位置安装了一个磁钢。指针板每旋转一周,霍尔传感器就会经过一次磁钢位置,并感应到脉冲信号。这个信号被称为"过零信号"。有了这个信号,CPU 就可以在旋转的过程中实时检测计算指针板的角度位置。并根据指针板所处的不同位置,点亮相应的 LED,利用人眼的视觉暂留效应,形成完整的显示画面。

指针板上有一个蜂鸣器,在执行按键等控制命令时鸣叫。另外,还有闹钟鸣叫功能和整点鸣叫报时功能。

指针板上有温度传感器(NTC),负责采集温度,并通过指针板显示出来。

4. 红外遥控器

总算轮到跑龙套的登场了。

遥控器(或者说是遥控板,因为没有外壳,呵呵)采用比较简单的方案实现。主控芯片采用了 EM78 P153S。没什么原因,一个跑龙套的,用啥不是用呢?别挑三拣四了。

遥控器上的按键与基板上的按键功能完全等同——正因为如此,遥控器甚至是可以省略的东东。

如果真的打算省略遥控器的话,那么基板上的红外检测电路也可一并省略。

5. 上位机

上位机程序是本项目的高端应用。上位机软件可以采用 VB 编程,通过串口发送串行控制名令给指针板。其功能涵盖了基板上所有的串行控制功能,并有所加强和扩展。比如,可以通过计算机下载新的显示画面到指针板上,并存储在 CPU 的内部 E2PROM 中。

这就意味着这个旋转时钟不但对于设计者来说是可以 DIY 的,而对于使用者来说也是可以 DIY 的,他们可以自己定制个性显示画面。当然,他们需要足够的耐心。

四、显示的转速自适应控制方式

1. 显示列数的考虑

为了便于程序的计算,匠人把整个指针板旋转一圈的圆周等分为 180 个等分距离。每个位置上一列内容(参见图 24.4:指针板转动轨迹划分示意图)。

匠人也曾经考虑过把整个圆周等分为 360 份,以取得更加精细的控制效果。但是 360 这个数值超过了一个字节(0~255)所能涵盖的范围,势必增加程序计算的复杂程度,而且在视觉上并不能提高多少显示精细程度。这样做有点得不偿失,所以匠人最终还是选择 180 等分。

2. 保持显示画面静止的一般性方法

接下来要考虑的一个问题就是,在指针板的旋转过程中,如何保证显示画面的静止?有两种常见的方法,介绍如下:

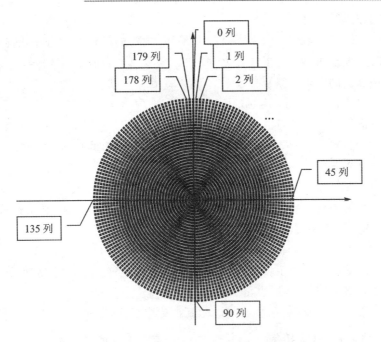

0 列

179 列

178 列

1 列

2 列

...

45 列

135 列

90 列

图 24.4　指针板转动轨迹划分示意图

　　第一种方法,是控制电机的转速。如果采用的是步进电机,控制转速比较方便。但如果是直流电机的话就必须采用 PWM 方式控制驱动电流,并且要实时监测电机的转速,再通过反馈量去调整,最终得到均匀稳定的转速。这样做的话,驱动电路和程序都会比较复杂。

　　第二种方法,就是检测两次过零信号的时间间隔,也就是电机转动一周的周期,然后把这个时间除以 180,即可求得每个显示列的点亮时间。不必再对电机进行匀速控制。但是这样就意味着要进行除法运算。可惜的是 PIC 没有除法指令(即使我们用 C 语言写,除法语句经过编译后,最终也还是得用一堆循环减法的指令来实现,非常耗时),这样做不能满足实时控制的要求。

3. 显示的转速自适应算法

　　鉴于上述两种方法都有一些缺点,所以匠人都没有采用。匠人实际采用的方法是在第二种方法的基础上作了一些改进,姑且称之为“自适应算法”,原理如下:

　　先预设一个“单列显示时间设置值”(变量名为“DISP_TIME_SET”),指针板按照这个预设的时间间隔去切换每一列的显示。

　　在程序中,匠人用了 TIMR1 定时器实现对单列显示时间的定时。这个所谓的“单列显示时间”其实也就是 TIMR1 定时中断溢出时间。

　　用预设的时间切换显示列,如果这个预设值是一成不变的,显示画面就不大可能做到正好静止不动。没关系,匠人还有后手呢。就是对指针板旋转一周内的 TIME1

中断发生次数进行计数。

　　怎么知道"指针板旋转了一周"呢？很简单，我们的指针板上有霍尔传感器，每次经过磁钢时会发送过零信号给 CPU。我们只需要计算两次过零信号的上升沿之间（或下降沿之间）的中断次数就好了。

　　具体方法是：设立一个"定时中断次数计数器"（变量名为"TIMR1_JSQ"），每次检测到过零信号（用 INT 口边沿中断实现）时，把变量"TIMR1_JSQ"清零以便重新开始计数。每当发生 TIMR1 定时中断，在切换显示列的同时，TIMR1_JSQ 加一。等到再次检测到过零信号时，TIMR1_JSQ 中的值就代表了两次过零信号之间的 TIME1 中断次数。

　　接下来就是关键的一步：根据 TIMR1_JSQ 的值去动态调整"单列显示时间"。

　　如果 TIMR1_JSQ 大于 180，就说明显示列的切换速度超前于转速了，需要增加变量"DISP_TIME_SET"，放慢显示列的切换速度；

　　如果 TIMR1_JSQ 小于 180，就说明显示列的切换速度滞后于转速了，需要减小变量"DISP_TIME_SET"，加快显示列的切换速度。

　　经过一段时间的调整后，显示与指针板旋转取得同步，画面就静止下来了。

4. 调整量的模糊控制

　　曾经有网友对匠人的"自适应算法"提出质疑。他们主要担心的是在电机启动和运行过程中，转速不是一成不变的，可能会因为电机突然启动、电源不稳或阻力变化等因素而发生各种转速波动，时快时慢，"自适应算法"不能应对这些各种变化。

　　这个问题的核心就是如何选取"自适应算法"中单列显示时间的调整量（每次调节的步长）。如果把调整量设置得太小，反应速度就很慢，"自适应算法"会表现出很大的滞后性。尤其是在电机启动阶段，显示画面需要很长一段时间才能最终稳定下来；如果把调整量设置得太大，反应太灵敏，转速一有波动就会形成反复振荡，导致显示画面抖动。

　　网友们的担心不是多余的，当然匠人也考虑到了这些可能。所以匠人在算法中加入了简单的模糊控制（参见表 24.1：单列显示时间的模糊控制）。

表 24.1　单列显示时间的模糊控制

TIMR1_JSQ （指针板旋转一周内的 TIME1 中断次数）	DISP_TIME_SET （单列显示时间设置值）的调整量
＞220	−32
201～220	−16
191～200	−8
186～190	−4
183～185	−2

续表 24.1

TIMR1_JSQ （指针板旋转一周内的 TIME1 中断次数）	DISP_TIME_SET （单列显示时间设置值）的调整量
181～182	−1
＝180	不变
178～179	＋1
176～177	＋2
171～175	＋4
161～170	＋8
141～160	＋16
＜140	＋32

采用了这种模糊控制方法之后，当电机转速与每列显示速度之间偏差越大，则调整量也越大，从而可以实现电机启动阶段的"快速逼近"；而当二者偏差逐渐变小后，调整量也变小，从而可以实现电机运行阶段的"精细微调"。

下面是自适应算法的模糊控制部分的程序段：

```
// ==== 调整单列显示时间设置值（模糊控制）
if ( TIMR1_JSQ > 180 )
{
    if ( TIMR1_JSQ > 220 ) DISP_TIME_SET = DISP_TIME_SET - 32 ;
    else if ( TIMR1_JSQ > 200 ) DISP_TIME_SET = DISP_TIME_SET - 16 ;
    else if ( TIMR1_JSQ > 190 ) DISP_TIME_SET = DISP_TIME_SET - 8 ;
    else if ( TIMR1_JSQ > 185 ) DISP_TIME_SET = DISP_TIME_SET - 4 ;
    else if ( TIMR1_JSQ > 182 ) DISP_TIME_SET = DISP_TIME_SET - 2 ;
    else DISP_TIME_SET = DISP_TIME_SET - 1 ;
    if ( DISP_TIME_SET < 400 ) DISP_TIME_SET = 400 ;          //钳位
}
else if ( TIMR1_JSQ < 180 )
{
    if ( TIMR1_JSQ < 140 ) DISP_TIME_SET = DISP_TIME_SET + 32 ;
    else if ( TIMR1_JSQ < 160 ) DISP_TIME_SET = DISP_TIME_SET + 16 ;
    else if ( TIMR1_JSQ < 170 ) DISP_TIME_SET = DISP_TIME_SET + 8 ;
    else if ( TIMR1_JSQ < 175 ) DISP_TIME_SET = DISP_TIME_SET + 4 ;
    else if ( TIMR1_JSQ < 178 ) DISP_TIME_SET = DISP_TIME_SET + 2 ;
    else DISP_TIME_SET = DISP_TIME_SET + 1 ;
    if ( DISP_TIME_SET > 65100 ) DISP_TIME_SET = 65100 ;      //钳位
}
```

其实，电机本身就是感性负载，有着其自身的惯性。电源上的一些细小纹波和脉冲扰动对电机转速的影响有限。当然,对电机电源的稳压还是要的,总不能直接把交流电降压整流后就直接给电机用吧。匠人用的是普通 7805 电源芯片,足矣。

关于"自适应算法"的控制精度,也曾经被网友提问过。匠人用的是 18 MHz 晶振,TIME1 不做预分频。也就是说,DISP_TIME_SET 做"加一"或"减一"运算时,调节精度为 $0.2222222\ \mu s \times 180 = 40\ \mu s$。应该是比较精细的。

五、指针板的供电方式

旋转时钟项目的成败,不是取决于电路和程序,而是取决于结构。或者说,取决于如何实现对指针板的供电和控制信息的传递。

1. 常见的供电方式

根据匠人收集的前人的经验,指针板的供电方式一般有以下三种:

(1) 自感应发电

这种方法,就是从指针板上引出导线,接入到电机内部绕在转子上,电机旋转时该导线切割磁场产生感应电动势,经过整流后作为指针板上的电源。

① 这种方式的优点是:

● 设计很巧妙,无机械磨损。

● 更巧妙的是,由于感应出来的电动势是交流的,所以可以利用该过零信号来定位,不必另外准备过零信号了。

② 这种方式的缺点是:

● 提供的电流有限,只能适应 LED 较少的旋转时钟。当 LED 数量较多时,需要更多的电流,这种方式就不能满足了。

● 其次,这种方式要对电机本身进行改造,也有一定的难度。并不是所有的电机都适合这种改造。而且这种改造可能会给电机带来损害。

● 另外还有一个问题,就是这种方式只有在电机旋转时才能发电给指针板供电,一旦停止转动,供电也就无以为继了。这样的话,要实现旋转时钟的不间断走时,还得另加备用电池,并采用低功耗设计。

(2) 自备电池

这种方式,就是在指针板上安装电池,由电池供电。一般是用两到三节 7 号电池。

① 这种方式的优点是:

● 不用担心电压波动。

● 也不存在机械磨损,不用担心接触不良之类问题的困扰。

② 这种方式的缺点是:

● 很费电池,三天两头换电池,既不经济也不环保,还忒麻烦!

● 电池很重,一般的电机带不动,必须用很大很大的电机哦。这也意味了成本的上升。

● 另外，由于电池过重，如果再加上安装位置不合理的话，如何保持指针板在旋转过程中的平衡也成为一个棘手问题。

（3）机械传导供电

也就是采用滑环和电刷，通过机械接触传导电流。

① 这种方式的优点是：

● 能够提供比较大的工作电流。

② 这种方式的缺点是：

● 有机械摩擦，会产生磨损。因此要求滑环和电刷材料要耐磨，经得起折腾。另外，还得有足够的弹性，并且要耐锈，否则会导致接触不良。

● 有机械阻力，因此要求电机有比较大一点的功率。

● 有机械噪声。

2．匠人采用的供电方式及结构

匠人采取的也是机械传导的方法，不过有所改进的是，匠人把串口控制信号与电源实现了复用。同一个电路通路，既能传导电源，也能传递控制信号。方法介绍如下：

（1）选用电机轴比较长的电机类型。有条件的当然可以定制电机轴的长度。不过，对于我们 DIY 一族来说一般没有这个条件。因为没有一定的采购量，电机厂不愿意搭理咱们。所以，匠人还是老老实实地跑遍了电子市场，千挑万选，众里寻她千百度，终于买到了比较合适的型号（参见图 24.5：电机实样）。

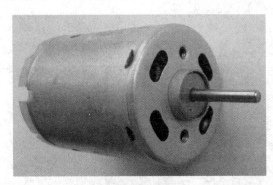

图 24.5　电机实样

（2）找到电机后，需要对电机轴进行适当的改造。在此之前，我们还需要准备以下一些特殊的东西：

● 一截小金属管，充当滑环用。要求表面光滑耐磨，内径略大于电机轴的直径，并留有适当空间（参见图 24.6：代替滑环的金属管）。

图 24.6　代替滑环的金属管

● 一段橡胶热塑套管,遇热收缩的那种(参见图 24.7:橡胶热塑套管)。

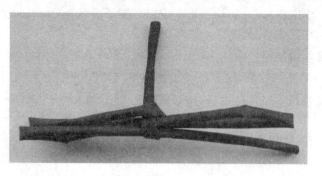

图 24.7　橡胶热塑套管

● 一段适合做电刷的金属片,要求耐磨,并有适当弹性。我们可以用插头中的金属插片;如果有必要,可以找一根小弹簧,用于给电刷和滑环的接触间提供适当的弹性压力(参见图 24.8:代替电刷的金属片及弹簧)。如果找不到合适的金属片,也可以用回形针来代替。

图 24.8　代替电刷的金属片及弹簧

(3) 电机轴及滑环的改造过程如下:

● 把橡胶套管套在电机轴上,用打火机均匀加热烘烤套管,令其收缩、包裹住电机轴(参见图 24.9:为电机轴套上热塑套管)。当然要注意掌握烘烤的火候,别把家给烧了。哈哈,未成年儿童一定要在家长的监护下实施该操作哦!

图 24.9　为电机轴套上热塑套管

● 把金属管改造为滑环(参见图 24.10:将金属管改造为滑环)后,我们可以把滑环套在电机轴套管上看看效果(参见图 24.11:把滑环套在电机轴上看看效果)。然后,我们把滑环焊接安装在指针板上(参见图 24.12:把滑环焊接在指针板上)。

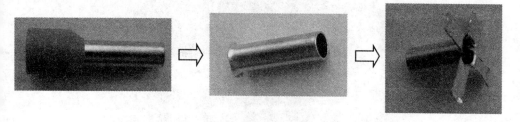

图 24.10　将金属管改造为滑环

图 24.11　把滑环套在电机轴上看看效果

图 24.12　把滑环焊接在指针板上

● 把电机安装在基座上,并安装金属电刷(参见图 24.13:电机与电刷安装效果图)。在该图中,匠人用了一个回形针来代替电刷。就像我们前面所讲的,也可以用其他的合适材料来实现这个结构。

● 把指针板安装在电机轴上,电机轴与指针板地线之间用焊锡焊死。在焊接时,注意调节指针板的重心,并确保金属管(电源线)与电机轴(地线)之间不要搭焊短路。至此,整个结构完成(参见图 24.14:完整的供电结构侧面效果图和图 24.15:完整的供电结构正面效果图)。

● 把电机轴接到电源负端(注:电机外壳与电机轴是短路导电的),电刷接到电源正端。指针板就可以通电工作了。这时如果让电机转动起来,电刷与滑环

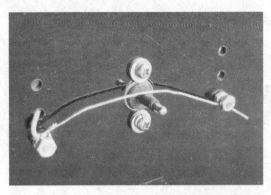

图 24.13　电机与电刷安装效果图

图 24.14　完整的供电结构侧面效果图

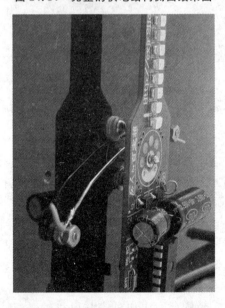

图 24.15　完整的供电结构正面效果图

作相对摩擦运动,仍旧可以源源不断地把电源共给指针板。

3. 电源与串口信号的电路通路的复用

电路原理图(参见图 24.16:供电与通信电路)。供电与通信控制工作时序的配合(参见图 24.17:供电与通信工作时序)。

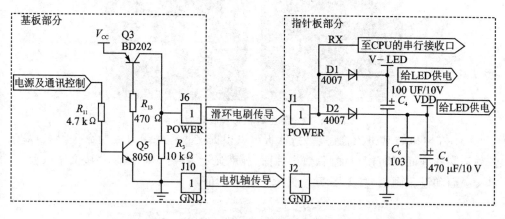

图 24.16　供电与通信电路

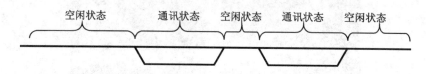

图 24.17　供电与通信工作时序

在空闲(不发送控制命令)状态,基板 CPU 的串口发送端口(TX)保持高电平,Q5 和 Q3 导通,电刷上的电平为高电平,用于给指针板供电。

在通信(发送控制命令)状态,基板 CPU 的 TX 口发送串口命令,并通过电刷传递给指针板,送至指针板 CPU 的串口接收端口(RX)。

在通信状态下,如果发送的是数据"1"(高电平),则照样可以给指针板供电;如果发送的是数据"0"(低电平),则指针板依靠自身的电容(C3 和 C4)储存的电荷工作。

为了保证指针板的供电,必须合理设计通信命令的内容。例如,要避免出现连续2 个以上的"0X00"字节,因为连续发送数据"0"(低电平)的话,指针板电容里的电荷会被消耗光,CPU 就无法正常工作了。

六、显示处理

显示才是是本项目的噱头所在,因此有必要在此多费一些笔墨。

1. 显示内容

旋转时钟的显示内容规划如下:

(1) 电机停止的时候,不显示。

（2）当电机启动但未进入稳态，则显示螺旋线状的启动画面（参见图 24.18：静止时状态及启动时画面）。

图 24.18　静止时状态及启动时画面

（3）在电机转动进入稳态后，指针板可以根据接收到的串口控制命令，切换显示各种不同的画面，如：模拟钟面、数字钟面、温度显示、闹钟显示以及一些文字画面、自定义画面和设置画面（参见图 24.19：部分显示画面）。

图 24.19　部分显示画面

为此,匠人设计了下面这张真值表(参见表 24.2:显示状态真值表)。

表 24.2　显示状态真值表

电机状态标志	设置使能标志	显示状态 ID	设置状态 ID	状态	显示内容
0	*	*	*	待机状态	电机停止时不显示;电机启动但未进入稳态,则显示螺旋线状开机画面
1	0	0	*	显示状态 / 模拟钟	显示模拟钟面(12、3、6、9 整点显示数字,其他整点显示小圆点)
		1		数字钟	上部显示"时:分:秒"(24 小时制),下部显示钟摆(每秒摆动一次)
		2		温度计	上部显示温度(形式:25.0℃)下部显示最近 24 小时温度曲线
		3		闹钟	上部显示闹钟时、分和闹铃时间下部显示进度条
		4		项目信息	交替显示"匠人的百宝箱"和"旋转时钟"、项目名称和版本号
		5		自定义字符	显示 2 行×20 个自定义字符串
		6		自定义点阵	显示 96×16 点阵自定义画面
		7		保留	
	1	*	0	设置状态 / 时钟"时"	显示时钟"时:分:秒";其中"时"闪烁
			1	时钟"分"	显示时钟"时:分:秒";其中"分:秒"闪烁
			2	闹钟"时"	显示闹钟闹钟时、分和闹铃时间;其中"时"闪烁
			3	闹钟"分"	显示闹钟时、分和闹铃时间;其中"分"闪烁
			4	闹铃时间	显示闹钟时、分和闹铃时间其中闹铃时间闪烁
			5	报时功能	显示整点报时功能"ON/OFF"
			6	测转速	显示转速(转/秒)、单列显示时间设置值
			7	保留	

365

2. 驱动电路

显示电路(参见图 24.20:显示电路),CPU 的引脚分配(参见图 24.21:CPU 引脚安排)。

LED 正端接到电源,负端经过限流电阻接到 CPU 的 I/O 口。之所以采用负端控制,原因有三点:

首先,从 CPU 的 I/O 口带载能力方面来看,灌电流一般都比拉电流大,所以采用 LED 负端控制能够提供更大的驱动能力。当然,这不是主要的原因。

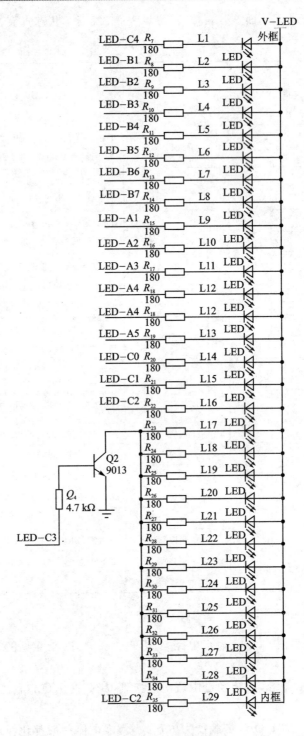

图 24.20　显示电路

366

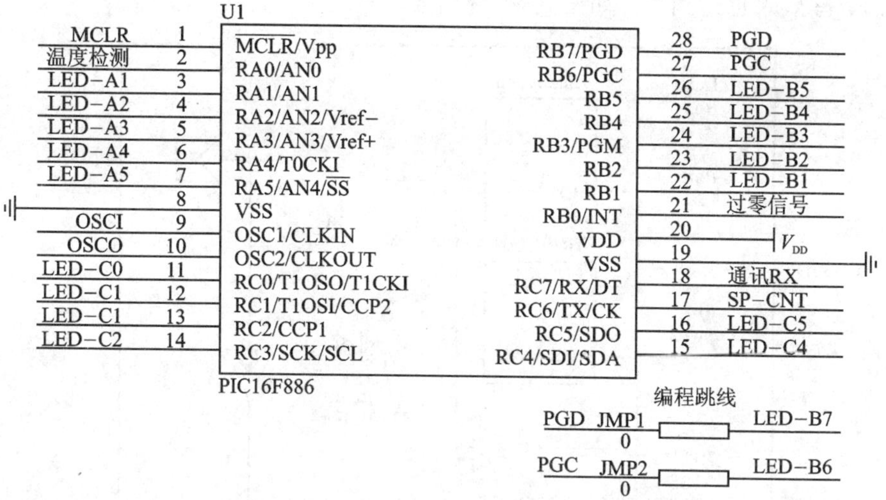
U1
MCLR 1
温度检测 2
LED-A1 3
LED-A2 4
LED-A3 5
LED-A4 6
LED-A5 7
8
OSCI 9
OSCO 10
LED-C0 11
LED-C1 12
LED-C1 13
LED-C2 14
MCLR/Vpp
RA0/AN0
RA1/AN1
RA2/AN2/Vref-
RA3/AN3/Vref+
RA4/T0CKI
RA5/AN4/SS
VSS
OSC1/CLKIN
OSC2/CLKOUT
RC0/T1OSO/T1CKI
RC1/T1OSI/CCP2
RC2/CCP1
RC3/SCK/SCL
RB7/PGD
RB6/PGC
RB5
RB4
RB3/PGM
RB2
RB1
RB0/INT
VDD
VSS
RC7/RX/DT
RC6/TX/CK
RC5/SDO
RC4/SDI/SDA
28 PGD
27 PGC
26 LED-B5
25 LED-B4
24 LED-B3
23 LED-B2
22 LED-B1
21 过零信号
20 V_{DD}
19
18 通讯RX
17 SP-CNT
16 LED-C5
15 LED-C4
PIC16F886
编程跳线
PGD JMP1 0 LED-B7
PGC JMP2 0 LED-B6

图 24.21　CPU 引脚安排

其次，由于指针板的供电与串行通信是公用一根线的。在不通信时，该线为高电平，为指针板提供源源不断的电力。而在通信时，如果遇上传输数据为“0”(低电平)，指针板只能自求多福了。这个时候指针板必须依靠自身的电容来维持工作电压，度过这段低电平时期。偏偏这些 LED 又是耗能大户，如果不隔离的话，电容里那点能量很快就被消耗干净。而在采用 LED 负端控制后，LED 的电源和 MCU 的电源可以通过二极管隔离，然后给 MCU 开个小灶，在 CPU 的电源和地线间单独并联一个大容量电容。这个电容的能量只给 CPU 用，而不让 LED 分一杯羹，从而避免通信过程中 MCU 失电导致复位或工作不稳。

再次，匠人一开始选用了 PIC16F876 当指针板主控芯片，这颗芯片的 RA4 的特性比较古怪，它在作为输出口时，居然是漏极开路状态的(参见图 24.22：PIC16F876)。也就是说，当该口输出高电平时，其实输出的只是高阻态，必须外接上拉电阻。据说这条阴沟让不少人翻了船，于是匠人也未能幸免。一开始匠人也曾经采用过 LED 正端控制，后来在这个 I/O 口上摔得鼻青眼肿后才改弦更张，修改为 LED 负端控制。(补充一句，PIC16F886 作为 PIC16F876 的替代品，已经改善了这个问题，其 RA4 的特性不再是漏极开路输出了。不过，这已经是后话了。)

在这个项目中，一共采用了 29 个 LED。也就是说每一列上可以分辨的显示点有 29 个点。当然，这只是视觉上的显示效果。实际上，这颗 CPU 总共才 28 个引脚，根本没有这么多 I/O 口。所以，在这里，匠人做了一件投机取巧的坏事——

根据匠人的分析，靠近内圈的那部分 LED(L17 ~ L28)，除了用做显示模拟钟面的指针外，并不适合用来显示字符。而在显示指针时，这部分 LED 的亮灭是“同步”的，既然如此，就可以用一个 I/O 口来控制这组 LED，让它们是同时亮或者同时灭。为了满足驱动电流，这里加了一个三极管。这样一来，I/O 口不够的问题解决了，视觉上的点阵效果也达到了。两全其美,偷鸡成功! 呵呵。

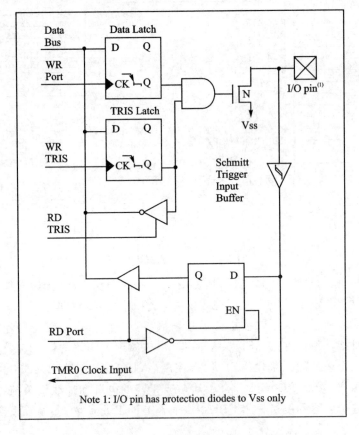

图 24.22　PIC16F876 的 RA4 口内部电路示意图

3. 显示程序

显示主要由后台和前台两部分程序来负责。

首先是在后台,由主程序调用"刷新显示缓冲区程序",该程序负责根据系统的工作状态,将不同的待显示内容进行加工处理,送入显示缓冲区。这部分程序基本上就是一个状态机。

其次是在前台,由定时器(TMR1)中断中定时刷新每一列 LED 的内容。由于大部分耗时较长的计算处理已经在后台程序预先准备好了,所以在中断中的执行速度是有保障的。

"TMR1 中断周期"也就是单列显示时间,它等于"指针转动一周所需的时间"去除以"180 列"。具体程序中当然不会用除法去计算这个数值(那样没有效率),而是用了"自适应算法",这个前面已经介绍过了。

4. 特殊显示画面的实现

(1) 模拟钟面的实现

模拟钟面,主要由一个 12 个整点刻度的表盘和 3 根指针(时针、分针、秒针)构成。

整点刻度的位置计算比较简单,只需要把整个圆周(180 列)等分为 12 份即可(参见表 24.3:模拟钟面刻度的列号位置计算)。而指针的位置会随着当前时间的变化而实时变化,计算公式参见(表 24.4:模拟钟面指针的列号位置计算)。

表 24.3　模拟钟面刻度的列号位置计算

整　点	刻度位置(列号)
12	$0 \times 180 \div 12 = 0$
1	$1 \times 180 \div 12 = 15$
2	$2 \times 180 \div 12 = 30$
3	$3 \times 180 \div 12 = 45$
4	$4 \times 180 \div 12 = 60$
5	$5 \times 180 \div 12 = 75$
6	$6 \times 180 \div 12 = 90$
7	$7 \times 180 \div 12 = 105$
8	$8 \times 180 \div 12 = 120$
9	$9 \times 180 \div 12 = 135$
10	$10 \times 180 \div 12 = 150$
11	$11 \times 180 \div 12 = 165$

表 24.4　模拟钟面指针的列号位置计算

指针	刻度位置(列号)
秒针	=“秒(0~59)”×3
分针	=“分(0~59)”×3
时针	=“时(0~11)”×15+“分(0~59)”÷4

(2) 动态钟摆效果的实现

为了增加动感,在显示数字钟面时,匠人在下半部做了一个钟摆的效果(参见图 24.23:钟摆效果)。钟摆的摆动周期为 1 秒钟。

关于钟摆的摆动轨迹的计算:钟摆的运动,是动能和势能相互转换的过程。摆垂的运动并不是等速的,其过程如下:

当摆垂向下运动时,受地心引力作用,势能转化为动能,逐渐加速;当摆垂运动到最底部时,动能(速度)最大,势能最小;当摆垂向上运动时,动能转化为势能,逐渐减速;当摆垂运动到最高点时,动能全部转化为势能,速度降低为零,重新开始新一轮的摆动。

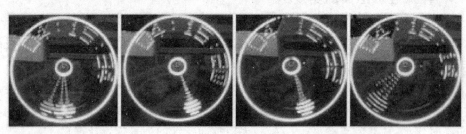

图 24.23　钟摆效果

　　综上,摆垂在每个位置上停留的时间都不一样。这种特性必须在程序中得到体现,如果做成匀速,那就达不到钟摆效果。以下是摆垂位置与时间(毫秒值(0～99))的对应关系(参见表 24.5:摆垂位置与时间的对应关系和图 24.24:摆垂位置与时间的对应关系曲线)。

表 24.5　摆垂位置与时间的对应关系

时间/ms	位置	时间/ms	位置
0	75	50	105
2	75	52	105
4	75	54	105
6	76	56	104
8	77	58	103
10	78	60	102
12	79	62	101
14	80	64	100
16	82	66	98
18	84	68	96
20	85	70	95
22	87	72	93
24	89	74	91
26	91	76	89
28	93	78	87
30	95	80	85
32	96	82	84
34	98	84	82
36	100	86	80
38	101	88	79
40	102	90	78
42	103	92	77
44	104	94	76
46	105	96	75
48	105	98	75

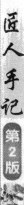

图 24.24　摆垂位置与时间的对应关系曲线

5. 字符、图片的显示

为了便于显示不同点阵的英文数字、汉字、图片，匠人定义了以下 4 种显示方式（参见表 24.6:4 种显示方式）。

表 24.6　4 种显示方式

显示方式	支持显示内容	最大显示字符数量	占用缓冲区	缓冲区大小
1	在外圈显示 7×7 点阵字符（英文/数字）	20 个	缓冲区 1	90
2	在内圈显示 7×7 点阵字符（英文/数字）	20 个	缓冲区 2	90
3	15×15 点阵字符（汉字）	10 个	缓冲区 3	10
4	96×16 点阵图片	—	缓冲区 1+缓冲区 2	192

6. 英文字符字库

程序中内嵌了 10 个数字、26 个大写字母以及部分特殊字符符号的 7×7 点阵字库。这些字符代码都是用 Excel 软件生成的（参见图 24.25:数字代码和图 24.26:部分字母代码）。

7. 汉字字库

程序中内嵌了部分 15×15 点阵的汉字字库。这些字符代码也同样是用 Excel 软件生成的（参见图 24.27:部分汉字代码）。

七、串口通信

1. 通信协议

旋转时钟的指针板能够接收并执行十几条串口命令，参见（表 24.7:串口控制命令一览表）。所有命令都可以通过计算机后台来发送。

其中最常用的 4 个控制命令（设置、切换、递增、递减）也可以通过基板的 CPU 来

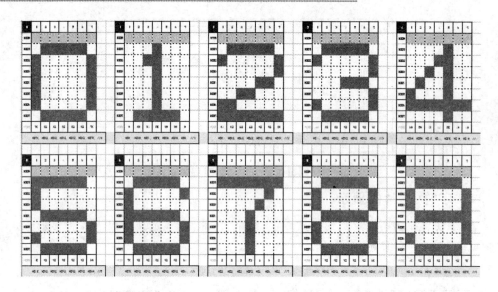

图 24.25　数字代码

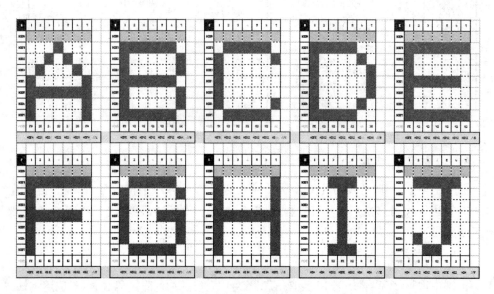

图 24.26　部分字母代码

发送。这 4 个命令正好对应与基板上的 4 个按键。这 4 个命令被称为"基本命令"，其他的称为"扩展命令"。

　　这样的安排意味着，我们既可以脱离计算机来操控旋转时钟，也可以通过计算机上的软件执行高阶功能（比如修改自定义字符串和自定义图片）。

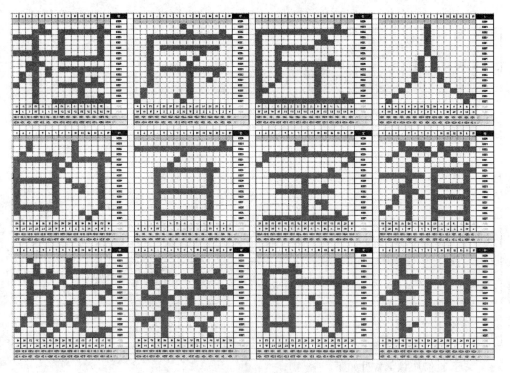

图 24.27　部分汉字代码

表 24.7　串口控制命令一览表

功能描述	总字节数	帧命令字	帧内容								校验和
	0	1	2	3	4	5	6	7			n
直接切换显示状态	0x05	0x5A	0xFF	显示状态(0~6)			—				实时计算
直接切换设置状态	0x05	0x5B	0xFF	设置状态(0~6)			—				实时计算
设置命令	0x03	0x5C			—						0x5F
切换命令	0x03	0x5D			—						0x60
递增命令	0x03	0x5E			—						0x61
递减命令	0x03	0x5F			—						0x62
修改字符串 1	0x07	0xA0	0xFF	地址(0~19)	0xFF	内容		—			实时计算
保存字符串 1	0x03	0xA1			—						0xA4

功能描述	总字节数	帧命令字	帧内容						校验和
	0	1	2	3	4	5	6	7	n
修改字符串 2	0x07	0xA2	0xFF	地址 (0～19)	0xFF	内容	—		实时计算
保存字符串 2	0x03	0xA3	—						0xA6
修改图片	0x09	0xA4	0xFF	地址 (0～89)	0xFF	内容 (上部)	0xFF	内容 (下部)	实时计算
保存图片	0x03	0xA5	—						0xA8
设置时间	0x09	0xA6	0xFF	时	0xFF	分	0xFF	整点报时功能 (00=关,01=开)	实时计算
设置闹钟	0x09	0xA7	0xFF	时	0xFF	分	0xFF	闹时	实时计算

关于通信协议,说明如下:

指针板的 MCU 为接收方。通信命令以帧为单位。帧格式:总字节数 ＋帧命令＋帧内容 ＋校验和。

● 总字节数:该帧包含的字节总数(长度＝1 byte),不能超过 12(不可以省略)。

● 帧命令:该帧的功能(长度＝1 byte)(不可以省略)。

● 帧内容:帧内容(长度＝n byte)(可以省略)。

● 校验和:总字节数、帧命令、帧内容所有字节校验和(长度＝1 byte)(不可以省略)。

帧间隔＞ 25 ms。帧内字节间隔＝2～1 000 ms。

波特率＝1 200 Baud。字节格式:1 启始位,8 数据位,无校验位,1 停止位。电平＝TTL 正逻辑(参见图 24.28:串行通信单个字节时序图)。

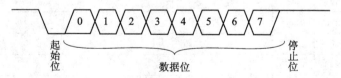

起始位　　数据位　　停止位

图 24.28　串行通信单个字节时序图

2. 通信协议的细节考虑

(1) 为什么选择较低的波特率？

因为我们的通信电路中,是通过三极管控制通信线的状态、这会导致通信波形的畸变,所以选择较低的波特率会更可靠。另外,这样做也是为了避免电刷和滑环之间因为接触不良产生的干扰。

(2) 为什么要在帧内容中插入 OXFF 数据？

这个问题,前面在介绍指针板的供电结构是已经提到了。由于通信和电源是复用一根线路的。当连续传输串口数据,尤其是当串口数据中包含较多的 0X00 数据时,是很危险的。在这种情况下,指针板容易发生掉电复位。

匠人采取的办法,就是在通信过程中插入 OXFF 数据,利用 8 个数据"1"(高电平)来对指针板上电容充电,确保系统正常工作。

3. 串口处理程序

串口处理包含以下程序：

(1) 串口初始化

串口初始化程序,主要就是设置与串口相关的特性参数,并开启相应的中断。匠人不打算抄录 PIC 的数据手册,只简单介绍一下波特率的计算。

低速波特率的计算公式(参见公式 24 - 1)：

$$X = \frac{f_{osc}}{64 \times BPS} - 1 \qquad (24-1)$$

说明：

X=SPBRG 寄存器设定值；f_{osc}=系统频率(本项目中为 18 MHz)；BPS=波特率(为 1200)；

根据计算,求得 X=233。

与串口相关的初始化指令代码如下：

```
//================
//串口设置
//(说明:接收使能,发送使能,异步通信,波特率 = 1200,数据位 = 8bit,停止位 = 1bit,无校验位)
//================
    SPBRG = 233 ;        //波特率 = fosc/64(SPBRG + 1) = 18000000/(64 * (233 + 1)) = 1201.92
    TXSTA = 0B00100000 ;          //异步低速方式,发送 8bit 数据,发送使能
    RCSTA = 0B10010000 ;          //串口工作使能,接收 8bit 数据,连续接收允许
//================
//中断使能
//================
    TXIE = 0 ;                    //串口发送中断
```

375

```
    RCIE = 1 ;                        //串口接收中断
    PEIE = 1 ;                        //外设中断
    GIE = 1 ;                         //全局中断
```

(2) 串口接收中断

串口接收中断，负责接收数据，并做初步的有效性验证，然后存入接收缓冲队列。当一帧数据接收完毕后，设置"通信接收结束标志"为 1，通知后台程序进一步解析执行。串口接收中断程序如下：

```
//===============
//串口接收中断
//===============
    if ( RCIF && RCIE )                       //说明:RCIF 由硬件决定是否清零,不必软件清除
    {
        do      //循环处理,把硬件缓冲队列中接收到的数据都存入软件缓冲队列
        {
            if ( FERR )                //帧错误?
            {
                i = RCREG ;            //读取当前发生错误的接收结果,并丢弃
            }
            else
            {
                i = RCREG ;            //读取接收结果
                COMM_DELAY_JSQ = 0 ;   //通信延时计数器 = 0
                //数据存入缓冲队列
                if ( COMM_END_FLAG = = 0 )
                    //判断通信接收结束标志 = 0,则保存数据,否则放弃本次接收结果
                {
                    COMM_BUF[COMM_PUT_PTR] = i;      //将接收结果存入接收缓冲队列
                    COMM_PUT_PTR + + ;               //接收数据存放指针 + 1
                    if ( COMM_PUT_PTR >= COMM_BUF[0] )    //一帧数据接受完毕?
                    {
                        if ( COMM_PUT_PTR >= 3 ) COMM_END_FLAG = 1 ;
                                //帧字节数 >= 3 时,通信接收结束标志 = 1
                        COMM_PUT_PTR = 0 ;                    //接收数据存放指针清零
                    }
                    else if (COMM_PUT_PTR >= COMM_BUF_NUM) COMM_PUT_PTR = 0 ;
                        //接收数据存放指针 >= 通信缓冲区大小时(缓冲器溢出),清零
                }
                //硬件溢出判断
                if ( OERR )                   //溢出错误?
                {
                    CREN = 0 ;
                    CREN = 1 ;                //重新复位接收模块,令 OERR 标志清零
                }
            }
        }
    }
```

```
    while ( RCIF );          //RCIF = 1 时,说明硬件缓冲队列中还有待处理的数据
}
```

(3) 串口命令解析执行

当后台程序判断到"通信接收结束标志"为 1 时,会进一步解析执行接收到的串口通信命令。这部分的程序比较大,就不在这里贴程序了,不过,匠人提供一个表格,来说明 4 个基本控制命令的功能真值表(参见表 24.8:基本控制命令功能表)。

表 24.8　基本控制命令功能表

电机状态标志	设置使能标志	显示状态 ID	设置状态 ID	状态		控制命令			
						0 设置	1 切换	2 递增	3 递减
0	*	*	*	待机状态		—			
0	0	0	*	显示状态	模拟钟	设置使能标志=1；设置状态 ID=0	显示状态 ID+1；ID≥最大值时，=0	盘面角度校正值+1	盘面角度校正值−1
		1			数字钟				
		2			温度计				
		3			闹钟				
		4			关于				
		5			自定义字符				
		6			自定义点阵				
		7			保留				
1	*	*	0	设置状态	时钟"时"	设置使能标志=0	设置状态 ID+1；ID≥最大值时，=0，并令设置使能标志=0	时钟"时"+1	时钟"时"−1
			1		时钟"分"			时钟"分"+1；"秒"=0	时钟"分"−1；"秒"=0
			2		闹钟"时"			闹钟"时"+1	闹钟"时"−1
			3		闹钟"分"			闹钟"分"+1	闹钟"分"−1
			4		闹铃时间			闹铃时间(分)+1	闹铃时间(分)−1
			5		报时功能			报时功能标志取反	报时功能标志取反
			6		测转速			—	—
			7		保留			—	—

4. 串口的调试

串口调试可以通过计算机上的串口调试软件来进行。这类软件很多,比如《串口猎人》(参见图 24.29:《串口猎人》调试界面)。

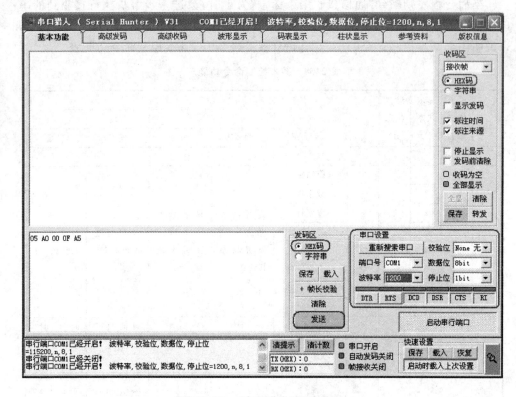

图 24.29　《串口猎人》调试界面

5. 用串口控制蜂鸣器

前面我们讲了,指针板只接收串口数据,而不发送串口数据。这样一来,CPU 的 TX 口(串行输出口)就被浪费了。为了充分利用 CPU 的引脚资源。匠人把该口当作蜂鸣器控制来用(参见图 24.30:蜂鸣器控制电路)。

分析:

TX 口空闲时为高电平,Q1 不导通,蜂鸣器不鸣叫。当通过 TX 口发送一串"0X00"数据出来,拉低 Q1 的基极电平,蜂鸣器鸣叫。

TX 发数据是按字节发送的,两个字节中间仍然会有高电平间隔出现。为了避免在此高电平期间蜂鸣器发音的不连续,匠人特意在电路中设计了一个以 C5 为核心的储能电路,以为蜂鸣器提供一个持续的控制信号。

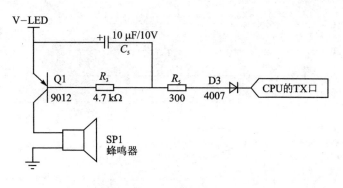

图 24.30　蜂鸣器控制电路

八、温度处理

　　旋转时钟指针板上安装了负温度系热敏电阻（NTC），可以检测并显示环境温度。这部分的功能实现起来比较简单。

1. 热敏电阻

　　本方案中采用的玻璃封装二极管型热敏电阻器（参见图 24.31：热敏电阻外形图），是将热敏电阻芯片封在玻璃管中，具有高精度和高稳定性。形状与 1N4148 二极管相似（参见图 24.32：热敏电阻尺寸图）。

图 24.31　热敏电阻外形图

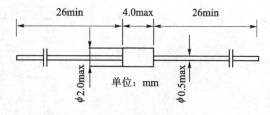

图 24.32　热敏电阻尺寸图

特点：

- 性能稳定，电阻值及 β 参数漂移极小。
- 采用玻璃封装，使得其即便在高温、高湿的环境中使用也能可靠稳定地工作。
- 体积小、重量轻、便于安装。

参数：

- 电阻值 $R_{25℃}=10\ k\Omega$；
- $\beta=3950k$；

温度电阻的阻值随着温度的上升而下降（参见图 24.33：热敏电阻 R－T 对应关系图）。

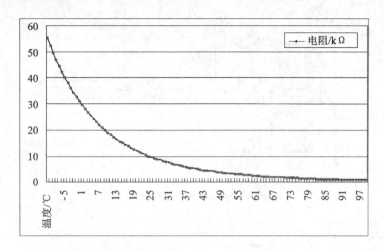

图 24.33　热敏电阻 R－T 对应关系图

2. 硬件电路

在硬件方面(参见图 24.34:温度检测电路),采用负温度系数热敏电阻与精明电阻构成一个分压电路,将环境温度转变成阻值,再转变成电压,输入单片机的 ADC 口。

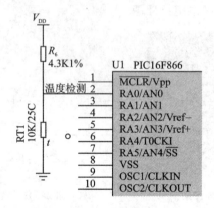

图 24.34　温度检测电路

3. 软件程序

在软件方面,包含了 ADC 采样、查表求温度、滤波、记录和显示等功能。

首先,通过单片机的 ADC 口检测温度电阻上的电压,采样得到 A/D 转换结果值。然后通过查表获取温度值(参见图 24.35:温度与 ADC 结果(ADR)之间对应关系图)。

为了确保温度值显示的稳定性,匠人对检测到的温度值进行了软件滤波处理。这里采用的方法是递推中位值平均滤波。

另外,CPU 会记录最近 24 小时的温度值(每逢整点记录一次),并在显示当前温

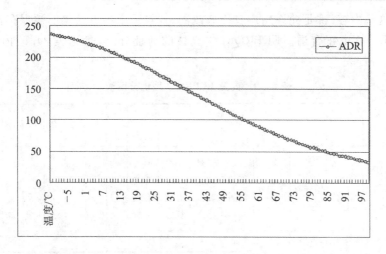

图 24.35　温度与 ADC 结果(ADR)之间对应关系图

度的同时,以曲线形式显示近 24 小时的温度变化(参见图 24.36:当前温度与近 24 小时温度曲线的显示效果图)。

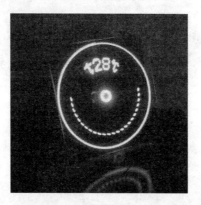

图 24.36　当前温度与近 24 小时温度曲线的显示效果图

九、内置 EEPROM

　　PIC16F886 内置了 256 个字节的 EEPROM,这也就意味着选用了这颗芯片后不必再外接 EEPROM 芯片了。

1. 需要在掉电后仍旧被记忆保存的数据

　　我们需要用内置 EEPROM 来存储以下内容:

- 角度校正值;
- 闹钟设置时间及闹铃时间;
- 自定义显示字符串;
- 自定义显示图片。

以上这些内容,都是允许用户自己修改的,并且要求掉电后仍旧被保存,因此,存储在 EEPROM 中正合适。EEPROM 中具体的地址分配,参见表 24.9:内置 EEPROM 地址分配表。

表 24.9　内置 EEPROM 地址分配表

L/H	0	1	2	3	4	5	6	7	8	9	A	B	C	D	E	F
0	EEPROM格式化标志	角度校正值	闹钟时	闹钟分	闹铃时间	字符串1有效标志	字符串2有效标志	内置图片有效标志								
1	自定义字符串1,占用20个字节空间															
2	自定义字符串2,占用20个字节空间															
3																
4	自定义点阵(上部),0列~95列,0列在低位,占用96个字节空间															
5																
6																
7																
8																
9																
A	自定义点阵(下部),0列~95列,0列在低位,占用96个字节空间															
B																
C																
D																
E																
F																

2. 内置 EEPROM 的应用

(1) PIC 提供的 EEPROM 的读写操作宏

在 PICC 系统自带"PIC.H"文件中,已经内嵌了两个 EEPROM 读写操作的宏。以下是"PIC.H"文件中的内容:

```
/**************************************************************/
/****** EEPROM memory read/write macros and function definitions *******/
/**************************************************************/
/* NOTE WELL:
    The macro EEPROM_READ() is NOT safe to use immediately after any
    write to EEPROM, as it does NOT wait for WR to clear.   This is by
    design, to allow minimal code size if a sequence of reads is
```

```
desired.    To guarantee uncorrupted writes, use the function
   eeprom_read() or insert
 while(WR)continue;
   before calling EEPROM_READ().
*/
# if EEPROM_SIZE > 0
# ifdef __FLASHTYPE
 // macro versions of EEPROM write and read
# define EEPROM_WRITE(addr, value) \
do{ \
 while(WR)continue;EEADR = (addr);EEDATA = (value); \
 EECON1& = 0x7F;CARRY = 0;if(GIE)CARRY = 1;GIE = 0; \
 WREN = 1;EECON2 = 0x55;EECON2 = 0xAA;WR = 1;WREN = 0; \
 if(CARRY)GIE = 1; \
}while(0)
# define EEPROM_READ(addr) ((EEADR = (addr)),(EECON1& = 0x7F),(RD = 1),EEDATA)
# else // else doesn't write flash
# define EEPROM_WRITE(addr, value) \
do{ \
 while(WR)continue;EEADR = (addr);EEDATA = (value); \
 CARRY = 0;if(GIE)CARRY = 1;GIE = 0; \
 WREN = 1;EECON2 = 0x55;EECON2 = 0xAA;WR = 1;WREN = 0; \
 if(CARRY)GIE = 1; \
}while(0)
# define EEPROM_READ(addr) ((EEADR = (addr)),(RD = 1),EEDATA)
# endif
/* library function versions */
extern void eeprom_write(unsigned char addr, unsigned char value);
extern unsigned char eeprom_read(unsigned char addr);
# endif // end EEPROM routines
```

383

(2) 匠人自己写的 EEPROM 的读写程序

匠人并没有采用系统提供的宏,而是自己重写了两个函数(子程序)来实现 EE-PROM 的读写功能。

```
//-----------------------------------------------
//EEPROM 字节写程序
//功能:     写一个字节到内部 EEPROM
//入口:     EEADR    = 地址
//    EEDATA   = 数据
//-----------------------------------------------
void write_eeprom ( void )
```

```
    {
        EEPGD = 0 ;              //设置访问目标为 EEPROM
        WREN = 1 ;               //允许进行写操作
        GIE = 0 ;                //禁止中断
        EECON2 = 0x55 ;
        EECON2 = 0xAA ;
        WR = 1 ;                 //启动一次写操作
        GIE = 1 ;                //使能中断
        WREN = 0 ;               //关闭写操作
    }
    //-------------------------------------------------
    //EEPROM 字节读程序
    //功能:     从内部 EEPROM 读一个字节
    //入口:     EEADR     = 地址
    //出口:     EEDATA    = 数据
    //-------------------------------------------------
    void read_eeprom( void )
    {
        EEPGD = 0 ;              //设置访问目标为 EEPROM
        RD = 1 ;                 //启动一次读操作
    }
    //-------------------------------------------------
```

匠人的这两个子程序中没有这个 WR 和 RD 标志位的判别。那是因为匠人将该判别的动作放在了上级程序中。也就是说,匠人在调用 write_eeprom 函数之前,会先行判断 WR。确信上次写操作已经结束后,才去调用新一次的写操作。这样做的目的是为了系统的实时性。

(3) 具体应用例程

其他对 EEPROM 的操作都是建立在上面介绍的两个低层程序之上的。比如,下面这个参数初始化程序。它在每次上电初始化时被调用一次,其功能是先读取 EEPROM 格式化标志,并判断 EEPROM 中是否已经格式化(数据已经被设置),如果是则读出相关参数;如果 EEPROM 还没有格式化则对相关参数赋初值。

```
    //-------------------------------------------------
    //EEPROM 中参数初始化程序
    //-------------------------------------------------
    void eeprom_init(void)
    {
        while ( WR )                 //等待上一次写操作结束
        {
            asm ("clrwdt");          //喂狗
```

```
    }
    EEADR = EEPROM_EN_ADR ;
    read_eeprom() ;                     //读取 EEPROM 格式化标志
    if ( EEDATA == 0XA5 )
    {
        EEADR = DISP_LINE_ADJ_ADR ;
        read_eeprom() ;                 //读取显示列计数器角度校正值(0~179)
        DISP_LINE_ADJ = EEDATA ;
        EEADR = TIMER_H_ADR ;
        read_eeprom() ;                 //读取闹钟"时"(0~23)
        TIMER_H = EEDATA ;
        EEADR = TIMER_M_ADR ;
        read_eeprom() ;                 //读取闹钟"分"(0~59)
        TIMER_M = EEDATA ;
        EEADR = SP_M_ADR ;
        read_eeprom() ;                 //读取闹铃时间设置值(0~99 分)(说明:0 = 关闭闹钟)
        SP_M = EEDATA ;
    }
    else
    {
        DISP_LINE_ADJ = 0 ;             //显示列计数器角度校正值(0~179)
        //闹钟系统
        TIMER_H = 7 ;                   //闹钟"时"(0~23)
        TIMER_M = 15 ;                  //闹钟"分"(0~59)
        SP_M = 1 ;                      //闹铃时间设置值(0~99 分)(说明:0 = 关闭闹钟)
        //EEPROM 数据更新标志 = 1
        DISP_LINE_ADJ_FLAG = 1 ;        //角度校正值数据更新标志 = 1
        TIMER_H_FLAG = 1 ;             //闹钟时数据更新标志 = 1
        TIMER_M_FLAG = 1 ;             //闹钟分数据更新标志 = 1
        SP_M_FLAG = 1 ;                //闹铃时间数据更新标志 = 1
        EEPROM_EN_FLAG = 1 ;           //EEPROM 格式化标志数据更新标志 = 1
    }
}
```

385

另外,还有更多针对 EEPROM 的读写模块,都是调用了"read_eeprom( )"和 "write_eeprom( )"两个基本子程序,这里就不再一一例举了。

十、基　板

1. 规　划

硬件框图(参见图 24.37:基板系统框图)。

框图说明如下:

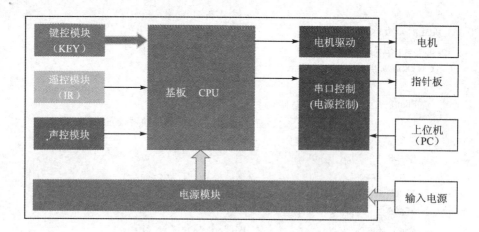

图 24.37　基板系统框图

（1）基板 CPU：采用 EM78P156ELP。该芯片具有 1 KB 的 ROM、12 个 I/O 口，具体的资料就不介绍了，读者可以自己上义隆的官网去寻找有关数据手册。至于为什么选用这颗芯片，这纯属偶然。因为基板的功能比较简单，对 CPU 也没有什么特殊要求，所以匠人就顺手拿了一颗比较熟悉的芯片来做啦。读者大人可以用任何一颗其他品牌型号的 I/O 型单片机来代替（只要基本资源够用即可）。

（2）键控模块：采用机械式按键。一共有 4 个键，功能分别为：切换、设置、递增、递减。当电机处于关闭时，按任何键，先开启电机（不发送串行控制命令）；当电机开启后，再次检测到按键触发信号时，发送串行控制命令。

（3）遥控模块：采用红外遥控（IR）方式。遥控器上也是 4 个按键，与基板键盘功能一致。

（4）声控模块：当接收到电平变化时，功能与切换键一样。但是，每 1 s 内，只能执行一次。

（5）电机驱动：平时输出低，当接收到声控、按键或遥控信号时，输出高电平启动电机。如果在连续一段时间（设为 15 s）内，没有接收到任何新信号，则重新输出低电平关闭电机。

（6）串口控制：采用单工方式，只发不收。必要时，也可由外接串口提供控制命令。串口控制模块同时也承担了向指针板供电的职能，也就是说，供电和串口通信是复用同一个回路的。

2．串口控制命令

（1）串口协议

基板为发送方，指针板为接收方。通信命令以帧为单位。前面已经介绍过了，此处从略。

（2）串口控制命令字

基板的串口控制，遵循本项目的串口通信协议，每个控制命令字（1 帧）由 3 个字节组成。

　　由于基板上只有 4 个按键,因此,也只支持对应的 4 个串口控制命令字(参见表 24.10:基板按键的功能及对应的串口控制字)。

表 24.10　基板按键的功能及对应的串口控制字

按键(包括遥控键)	按键功能	连击功能	控制命令字(16 进制)
KEY0	设置	不支持	03 5C 5F
KEY1(包括声控信号)	切换	不支持	03 5D 60
KEY2	增量	支持	03 5E 61
KEY3	减量	支持	03 5F 62

十一、后台软件

　　后台软件是用 VB 编写的一个小程序。可以实现前面介绍过的所有串口通信功能,比如:切换显示状态、设置参数、自定一文字和图片。界面图片参见:图 24.38:后台串口设置界面、图 24.39:后台基本操作界面、图 24.40:后台自定文字界面、图 24.41:后台自定图片界面。

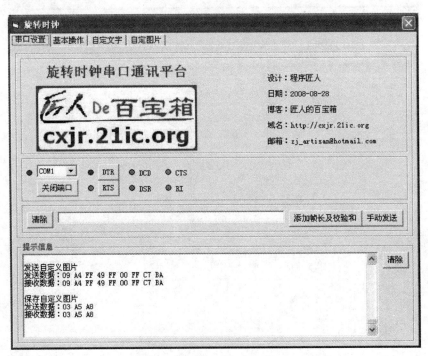

图 24.38　后台串口设置界面

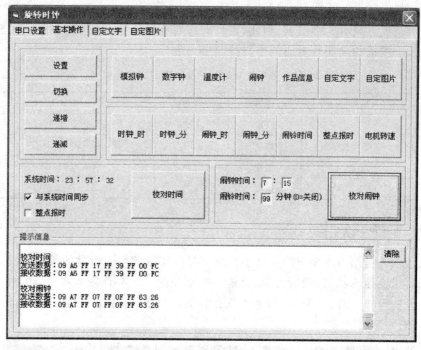

图 24.39　后台基本操作界面

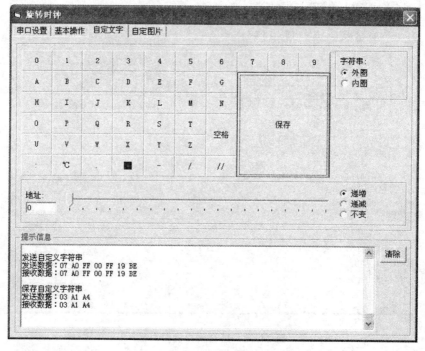

图 24.40　后台自定文字界面

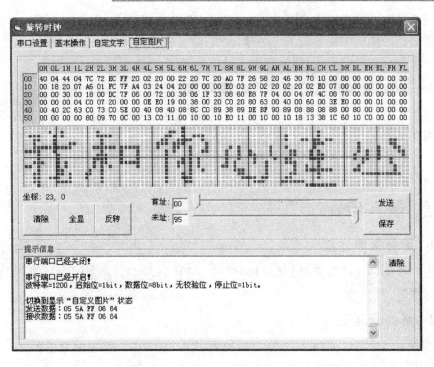

图 24.41　后台自定图片界面

十二、源程序

1. 指针板源程序

　　指针板源程序采用 C 语言编写,为了便于调试和维护,采用了多文件系统。每个文件各司其职。整个文件系统包含以下用户文件(参见表 24.11:指针板源程序文件说明)。

表 24.11　指针板源程序文件说明

程序文件	头文件	说明
	common. h	公共头文件
main. c	main. h	主程序
display. c	display. h	显示处理
filter. c	filter. h	滤波处理
temperature. c	temperature. h	温度处理
Serial. c	Serial. h	串行通信
Interruption. c	Interruption. h	中断服务

另外还有一些系统本身提供的头文件,这张表格里没有列出。

前面已经陆陆续续给出了一小部分程序段。完整的源程序请参阅配套光盘。匠人就不全部放在手记里了,那样有骗版税的嫌疑,人不能无耻到这个地步啊。

2. 基板、遥控板及后台软件的源程序

基板和遥控板不是本项目的重点。所以匠人用了比较便宜的 EMC 芯片。源程序是用汇编语言写的。

后台软件是用 VB 语言编写的。

这些源程序也请一并参考配套光盘吧。

十三、硬件电路

1. 指针板原理图

指针板主芯片可以使用 PIC16F876,或者 PIC16F886。原理图参见图 24.42:指针板原理图。

2. 基板原理图

基板主芯片可以使用 PIC16F716,或者 EM78P156E。原理图参见图 24.43:基板原理图。

3. 遥控器原理图

遥控器主芯片可以使用 EM78P153S。原理图参见图 24.44:遥控器原理图。

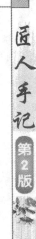

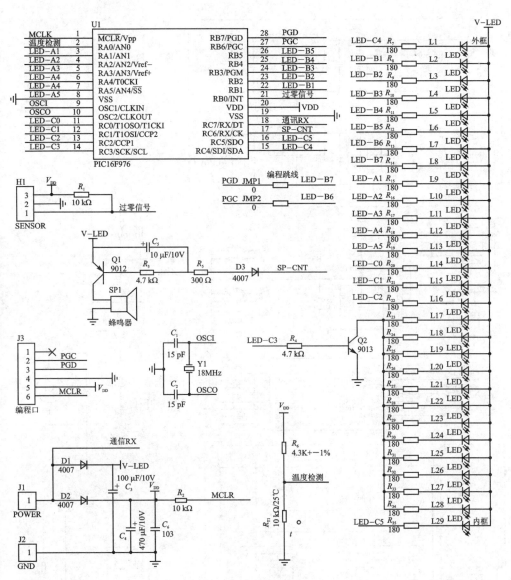

391

图 24.42 指针板原理图

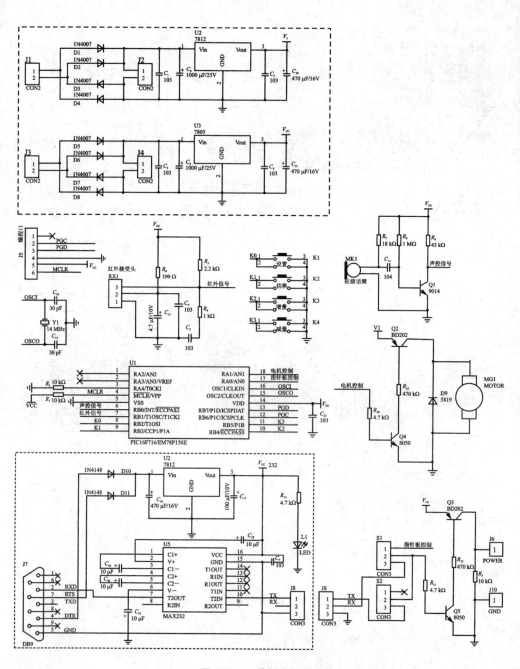

图 24.43　基板原理图

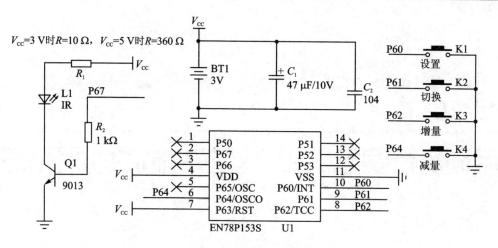

图 24.44　遥控器原理图

十四、后　记

终于完成了这篇手记。

作为一个业余练手的学习项目,这个旋转时钟的开发过程无疑是太长了。当然,既然是业余做了玩,优先级自然被排在了最低,经常被别的优先级更高的事件打断。这也就是这个项目差点变成烂尾楼工程的原因。如果做正式项目也是这个蜗牛效率的话,估计匠人就要被老板炒鱿鱼了。

在本项目进行过程中,匠人也曾经在网络上发布了一些设计思路和图片。每次都是零打碎敲不成体统,引得网友们如饥似渴。而匠人一直承诺的设计文档共享,却迟至今日才被兑现。在此只能说一声抱歉了。

这篇手记其实还不够完整,关于基板和遥控器部分的程序,匠人没有给出,因为那些相对比较简单。匠人觉得那是可以忽略的细微末节。

DIY 是一项锻炼动手和动脑能力的有益的活动,匠人希望看到有志趣相投的网友加入这个 DIY 的过程中来。一起探讨相互的经验和教训。

这篇手记,也是匠人继已经出版发行的《匠人手记:一个单片机工作者的实践与思考》之后,首篇新的《匠人手记》网络版。希望得到各位网友和书友一如继往的支持。如果您对本手记有任何建议和意见,或者发现了 BUG,请与匠人联系。

手记 25

用硬盘音圈电机和三星芯片做的摇摆相框

一、前 言

这年头,用计算机的谁手上没有几个坏硬盘呢? 那铁疙瘩一旦坏了,真是形同鸡肋,弃之可惜,留之无用。如何做到废物利用呢?

其实如果我们把硬盘拆开来,就会发现里面有一些有趣的东西,可以拿来 DIY 一个小的工艺品玩玩。

这不,受网友的启发,匠人就用硬盘里的音圈电机做了一个小小的摇摆相框。可以从计算机的 USB 接口上取电。平时放在电脑桌上,只要通电,相框就左右摇摆不停。颇有点小趣味。

正好,最近在学习三星的单片机,于是就顺手拿了颗三星 S3F9454 芯片做主控 CPU,凑合着对付上去用了。

二、电路说明

电路很简单,见图 25.1:摇摆像框原理图。

音圈电机由一个 H 桥驱动电路来进行控制。通过控制对角线上的三极管分别导通,可以选择中间的音圈电机的电流流经方向。比如:当 Q1 和 Q4 导通,另两个三极管截止,电流向左;反之,当 Q2 和 Q3 导通,另两个三极管截止,电流向右。

如果我们交替导通这两组三极管,即交替改变音圈电机上的电流,那么随着线圈磁场的交变,就可以控制像框的摆动。

需要注意的是,同一侧的三极管(比如 Q1 和 Q3)不能同时导通,否则你就会闻到焦味,并看到一股青烟袅袅升起……

两个二极管(D1 和 D2)是续流二极管。如果图省钱,可以省略,或用电阻代替。

另外,匠人还用了两个电位器,用来分别调整摆动频率(通电间隔时间)和摆动强度(每次通电时间)。

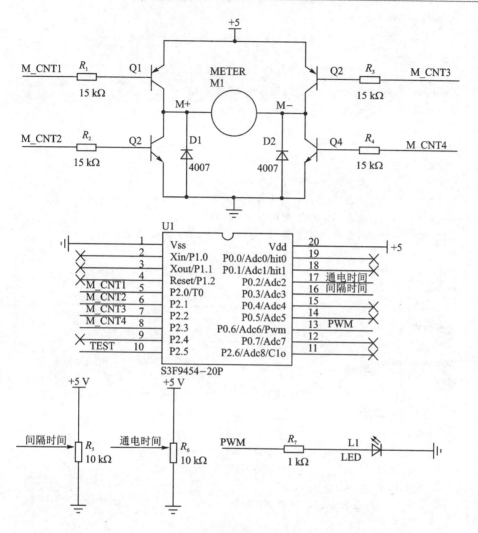

图 25.1　摇摆像框原理图

三、源程序

```
//-------------------------------------------
// 项目:摇摆像框
// 模块:主程序
// 设计:程序匠人(版权所有,引用者请保留原作者姓名)
//-------------------------------------------
// 编译器:IAR－C－FOR－SAM8－V221A
// 仿真器:软件仿真
// 烧写器:SAMSUNG PRO
// 芯   片:S3F9454－20Pin
```

```
// 频   率：3.2MHz(内置 RC)
//-----------------------------------------------------
//插入文件包
//-----------------------------------------------------
#define    root
#include   "common.h"
//-----------------------------------------------------
//定义配置字（SMART OPTION）
//地址         设置
//003CH        无意义,必须初始化为 0
//003DH        无意义,必须初始化为 0
//003EH        使能 LVR 功能,复位电压 = 2.3V
//003FH        内部 RC 振荡功能(5V 时频率 = 3.2MHz)
//-----------------------------------------------------
__root const tU08 SmartOption[4] @0x003C = {0x0,0x0,0xE4,0x03};
//-----------------------------------------------------
//-----------------------------------------------------
//主函数
//-----------------------------------------------------
void main(void)
{
    init();             //初始化
    // ==== 循环主体
    while (1)
    {
        get_on_time() ;   //采样通电时间
        BTCON = 0XA2 ;    //喂狗
        get_off_time() ;  //采样间隔时间
    }
}
//-----------------------------------------------------
//初始化程序
//-----------------------------------------------------
void init(void)
{
    //tU08 i ;
    // =================
    //IO 口初始化
    // =================
    // ==== P0 口
    P0 = 0X00 ;              //00000000
    P0CONH = 0X9A ;          //10011010          P07 = 输出,P06 = PWM,P05 = 输出,P04 = 输出
```

```
POCONL = 0XFA ;          //11111010    P03 = AD,P02 = AD,P01 = 输出,P00 = 输出
POPND = 0X00 ;           //00000000    INT1 = 禁止,INT0 = 禁止
// = = = = P1 口
P1 = 0X00 ;              //00000000
P1CON = 0X0A ;           //00001010    P11 = 输出,P10 = 输出
// = = = = P2 口
P2 = 0X05 ;              //00000101    P26 = 0,P25 = 0,P24 = 0,P23 = 0,P22 = 1,P21 = 0,
                                       P20 = 1
P2CONH = 0X4A ;          //01001010    P26 = 输出,P25 = 输出,P24 = 输出
P2CONL = 0XAA ;          //10101010    P23 = 输出,P22 = 输出,P21 = 输出,P20 = 输出
// = = = = = = = = = = = = = = =
//ADC 初始化
// = = = = = = = = = = = = = = =
ADCON = 0XF4 ;           //11110100    ADC 通道 = 内部接地,时钟 = FOSC/4
// = = = = = = = = = = = = = = =
//PWM 初始化
// = = = = = = = = = = = = = = =
PWMDATA = 0X00 ;
PWMCON = 0XCC ;          //11001100    时钟 = FOSC/1,分辨率 = 8 位,清除 PWM 计数器,
                         //开始计数,禁止中断,清除中断标志
// = = = = = = = = = = = = = = =
//定时器 T0 初始化
//中断频率 = FOSC/预分频/定时值 = 3200000/8/40 = 10000Hz
//中断周期 = 1/中断频率 = 100us
// = = = = = = = = = = = = = = =
TODATA = 40 ;            //定时值
T0CON = 0X86 ;           //10001010    时钟 = FOSC/8,清除计数值,使能 T0 中断
// = = = = = = = = = = = = = = =
//定时器 BT(看门狗)初始化
// = = = = = = = = = = = = = = =
BTCON = 0XA2 ;           //10100010    看门狗禁止,时钟 = FOSC/4096,喂狗
// = = = = = = = = = = = = = = =
//参数初始化
// = = = = = = = = = = = = = = =
// = = = =
ON_TIME = 20 ;                         //通电时间设定值(范围:(4~67) * 100us)
OFF_TIME = 60 ;                        //间隔时间设定值(范围:(10~137) * 10ms)
JSQ0 = 0 ;                             //线圈控制用计数器 0
JSQ1 = 0 ;                             //线圈控制用计数器 1
ST_ID = 0 ;                            //状态 ID
ON_TIME_QUEUE[0] = 20 ;                //通电时间设定值 队列
ON_TIME_QUEUE[1] = 20 ;                //通电时间设定值 队列
```

397

```
ON_TIME_QUEUE[2] = 20 ;              //通电时间设定值　队列
ON_TIME_QUEUE[3] = 20 ;              //通电时间设定值　队列
ON_TIME_QUEUE[4] = 20 ;              //通电时间设定值　队列
ON_TIME_QUEUE[5] = 20 ;              //通电时间设定值　队列
ON_TIME_QUEUE[6] = 20 ;              //通电时间设定值　队列
ON_TIME_QUEUE[7] = 20 ;              //通电时间设定值　队列
ON_TIME_QUEUE[8] = 20 ;              //通电时间设定值　队列
ON_TIME_QUEUE[9] = 20 ;              //通电时间设定值　队列

OFF_TIME_QUEUE[0] = 60 ;             //间隔时间设定值　队列
OFF_TIME_QUEUE[1] = 60 ;             //间隔时间设定值　队列
OFF_TIME_QUEUE[2] = 60 ;             //间隔时间设定值　队列
OFF_TIME_QUEUE[3] = 60 ;             //间隔时间设定值　队列
OFF_TIME_QUEUE[4] = 60 ;             //间隔时间设定值　队列
OFF_TIME_QUEUE[5] = 60 ;             //间隔时间设定值　队列
OFF_TIME_QUEUE[6] = 60 ;             //间隔时间设定值　队列
OFF_TIME_QUEUE[7] = 60 ;             //间隔时间设定值　队列
OFF_TIME_QUEUE[8] = 60 ;             //间隔时间设定值　队列
OFF_TIME_QUEUE[9] = 60 ;             //间隔时间设定值　队列
// = = = = = = = = = = = = = =
//开启中断
// = = = = = = = = = = = = = =
STOPCON = 0X00 ;                     //禁止 stop 指令
CLKCON = 0X18 ;                      //00011000  使能 IRQ 唤醒主晶振,CPU 时钟 = FSOC/1
//SYM = 0X00 ;                       //全局中断禁止,页面选择 = PAGE0
ei();                                //全局中断使能
}
// -------------------------------------------------
//      THE     END
//      版权所有:程序匠人(引用者请保留原作者姓名)
// -------------------------------------------------
```

四、结构装配

按照以下步骤完成装配:

(1)将音圈电机安装在固定支架上。支架下方固定一个朔料盒子,该盒子既是充当了底座,同时也是控制板的藏身之所。参见图 25.2:安装音圈电机。

(2)把磁铁安装在音圈电机,上面覆盖一张卡片遮盖。并通电试验一下,看磁铁和卡片能否正常摆动。如果安装不合适,摆动受阻,则需要适当调整(参见图 25.3:安装磁铁)。

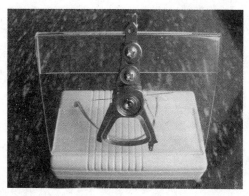

图 25.2   安装音圈电机   图 25.3   安装磁铁

（3）用透明的塑料片做一个像框，用双面胶或玻璃胶贴在卡片上。塑料像框不能太重，并且重心不能太高，否则摆动效果不佳（参见图 25.4：安装像框）。

（4）适当修饰一下像框。这很简单，裁一张白色卡片，中间镂空，边沿随便涂鸦一番，然后贴在像框上即可。最后放入相片，一个摇摆像框就大功告成（参见图 25.5：成品效果图）。

图 25.4   安装像框   图 25.5   成品效果图

（5）插上电源，并通过控制板上的电位器调整摆动频率。这一步其实蛮关键的。因为只有当控制板的输出频率与摇摆像框自身的简谐振动频率合拍时，才能取得最佳的摆动效果。这时还可以通过调整每次通电时间，来调整摆动幅度。

（6）找个舒服点的椅子坐下来，摆个夸张的 POSE，慢慢欣赏自己的杰作吧。

399

第四部分　网络杂文

世上没有陌生人,只有暂未结识的朋友;
世上没有失败事,只有暂未取得的成功!
                                ——程序匠人

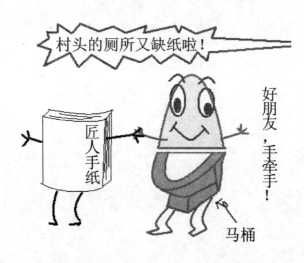

《匠人手记》第4用——手纸

手记 **26**

《大话篇》系列

一、前　言

　　《大话篇》系列相当于匠人在 21IC 论坛上的成名之作了。这个无厘头风格的搞笑系列陆陆续续写了十几篇，反响不错。许多经典贴被网友们各处转载。那时候的匠人没事就拿万众景仰的版主开涮(堪称网络第一大胆之人啊)，后来涮着涮着就把自己也涮成了版主。于是匠人又更上一层楼，开始拿站长开涮了，呵呵。

　　由于年代久远，且随着论坛的几次改版，许多内容渐渐遗失了。现在，匠人只能找回这些片断，就让我们透过光阴的迷雾，凑合着，去重新体味激情燃烧的岁月吧。

二、大话篇之一

　　程序匠人在论坛上引吭高歌："如果你的'芯'是一座作坊，我愿做那不知疲倦的程序匠……"

　　台下，迷倒 MM 一片，鲜花、西红柿、烂香蕉、臭鸡蛋、西瓜皮、破鞋子、臭袜子、易拉罐、废光盘、编程器、仿真机纷纷飞向论坛……

　　程序匠人抱头鼠窜地逃下……

　　版主忙撑着雨伞上台打圆场："抱歉！各位大虾，小弟把关不严，让这匠人混入场内。小弟这就赶他出去，明天就吊销他的上网执照！"

　　……

　　以上情节纯属虚构，如有雷同，实属巧合。好了，轻松过后，咱们言归正传。

　　在单片机领域，一直有一个怪现象，就是：每个程序匠写的程序，都只有他自己看得懂。原因何在？盖因每个程序匠写程序时，都按自己的习惯来写，大家没有统一的规范。如此以来，造成诸多弊端：

　　(1) 可读性极差。读懂别人的一个程序，比自己写一个程序的时间还长。

　　(2) 可维护性极差。程序越写越长，越改越烂，像懒婆娘的裹脚布，又长又臭又粘。

（3）可移植性极差。今天你写程序用的子程序，明天我写程序时，这些子程序又得重写一遍。众多的程序匠在程序的苦海中重复着低级劳动……

（4）开发周期长。客户怨声载道，老板的 MONEY 不禁使唤……

（5）……

（台下，众人握紧了烂香蕉和臭鸡蛋……）

（幕后，版主悄悄对匠人说："老兄，拜托你废话少些，台下那帮爷又要砸场子了！"）

（程序匠人回头对版主道："别打岔，头儿，我这就要切入主题了。"）

在此，小匠特发出倡议：让我们大家共同来制定一份程序编写规范，大家都用这种规范来写程序，并逐步推动其成为一种行业标准。各位以为如何？

（台下掌声雷动！）

（程序匠人抹着满头大汗下到台后，只见……）

（一群 MM 捧着签名册围追上来……）

（程序匠人再次抱头鼠窜地逃走……）

（N(N＞500)个西红柿、烂香蕉、臭鸡蛋……砸向程序匠人……）

（救护车的声音……）

（第二天，版主发出告示，鉴于程序匠人在论坛上信口雌黄，决定吊销其上网执照半个小时，以息众怒……）

（新闻：某医院门口，昨夜聚集了 100 多名妙龄少女，造成交通严重堵塞……）

三、大话篇之二

小匠自从上次在旧社区发表了一篇《＜程序编写规范倡议书＞大话篇》后，好久没有发表"高"论了。急坏了一帮 MM，以为小匠退隐江湖了。

（版主在旁问道："MM"不是"Mei Mei"，而是 "Ma Ma" 吧？）

论坛内外谣言四起，有人说小匠改行了，不做程序匠，改做泥水匠了；还有人说小匠上阿富汗反恐去了；其实非也，只因新版论坛启用后，小匠一直用不惯……

（版主在旁笑道：是"用不来"吧？）

今天，小匠再次隆重登坛献演，贴一个小程序段……

（版主道：我看是"蹬瘫现眼"吧？）

（程序匠人贴完帖子，下到后台，一边洗着手上残余的浆糊，一边哼着小曲："如果你的'芯'是一座作坊，我愿做那不知疲倦的程序匠……"）

（一黑客悄悄贴近匠人，将一个废弃的浆糊桶扣到匠人头上……）

（匠人忙问："版主，谁把灯给关了？"）

（众人哈哈大笑！……）

404

四、大话篇之三

咚咚呛！咚咚呛！咚咚呛！——锣鼓三响，小匠出场："如果你的'芯'是一座作坊，我愿做那不知疲倦的程序匠……"

——台下，鲜花共烂西红柿一色，飞向台前……

——匠人连忙举起一个键盘，左遮右挡……

话说小匠的大话篇，自隆重推出以来，篇篇都考了个 COOL，一时间人气大震。截至昨天，共结交了 N 位好友，众多 MM 纷纷到版主那里打听小匠的婚否情况……

——西红柿再次飞向台前……

上次贴了一篇《一个按键的多种击键组合判别技巧》，这次再贴个姊妹篇上来……

——匠人正在贴帖子，被值勤的版主逮个正着："好啊！我才打扫干净，你又给糟蹋了……"

——匠人忙堆起一脸的媚笑："版主大人，我贴的可是《大话篇》，知名品牌。麻烦你再给个 COOL……"

——版主恍然："哦，原来满纸胡言，通篇诋毁我版主光辉形象的那个匠人，就是你?！……"

——匠人一看情形不对，正想开溜……

——只见一道白光一晃……

——三个时辰之后，有人发现昏迷不醒的程序匠人躺在血泊之中……

——墙上题着一行血字："十步杀一人，千里不留行。事了拂衣去，深藏身与名。"……

五、大话篇之四

时　　间：今晚

地　　点："砍弹片鸡"论坛

剧　　名：《大话篇》第五场

领衔主演：程序匠人、版主

……

——观众们蜂拥而至，纷纷抢占有利地形……

——鼓响三声，小匠上场……

感谢各位对小匠的《大话篇》的支持。小匠的《大话篇》，自推出以来，收视率一直居高不下，好评如潮……（版主按：此处删除自吹自擂词语 200 个……）

但是，也有一些网友提出了批评，说：前面的大话倒是不错，唯独后面的程序太臭，有狗尾续貂之嫌、捆绑销售之意、卖弄才华之疑、哗众取宠之心……

——台下，众网友纷纷点头……

所以,这次,小匠决定不再贴程序了,贴段文字了事吧。

——匠人转身下场,版主问:"匠人,今天的大话篇完了?"

——"对,完了!"

——版主一把揪住匠人:"好啊,你这个匠人,海报上写得明明白白,是我俩共同领衔主演,我还没上场露脸呢,你倒宣布剧终了!?"

——"乒、乒、乓、乓……"的一阵剧响……

——小匠鼻青脸肿地刚离开论坛,又被一群 MM 围住。

——"匠人,你上场才 2 分钟不到,就想开溜,这摆明了是骗取门票收入。哪里走,吃偶们一'吨'粉拳!!!"

——"乒、乒、乓、乓……"的又一阵剧响……

——《大话篇》第五场,匆匆落幕……

——导演忙着招呼群众演员:"大伙快点,把匠人抬到医院去……"

六、大话篇之五

话说程序匠人,自进论坛以来,天天勤练,日日苦修(花了我东家不少的上网费!!),以《大话篇》系列,赢得了无数 MM 的芳心……终于将积分修到 500 分以上(呵呵,以后可以贴图片了。如果哪位 MM 想一睹匠人的"浴"照,说一声,小匠一定满足)……

——身后突然传来一声呵斥:"羞不羞啊你?"

——匠人心头一惊,蓦然回首,那人(不是 MM,是版主)正在灯火阑珊处(手中正握着那把失而复得的大砍刀)……

——匠人暗自庆幸还没有把对版主不敬的话语说出来……

——在论坛中,小匠结识了许多高手好友,并得到不少帮助,感激不尽。但也有一些 MM 好打抱不平,觉得小匠在《大话篇》中老是受版主的欺负……

——一道寒光映入眼帘,匠人发现自己好像说漏了嘴……

——再看版主手中的刀,已经从刀鞘中抽出了两公分……

——其实,那都是大伙的误解……其实,小匠一直非常感谢版主的厚道和宽容,没有将小匠的一些大话帖子 DELETE 掉……

——匠人好像听到了砍刀缓缓入鞘的金属摩擦声……

——暗呼:"好险!"

——匠人再次悄悄回头,只见版主大人已经远远去了。(头上还顶着一顶精致的兰花大高帽。)

——最近,连续看到好几篇讨论 24CXX 系列应用的帖子。正好,小匠最近用 EMC 的指令也做了一段程序,不如无私奉献一下(如果哪位 MM 有疑问,可来函、来电、来 E-mail、来 Fax、来人,或者约下第一次亲密约会,探讨探讨……)。

七、大话篇之六

话说程序匠人,自从来到 21IC,凭借《大话篇》系列的超强收视率,人气值爆长,终于将积分修炼到了 1000 分以上,成功地挤身于 500 强之列……

匠人遂作洋洋得意状,俨然以高手自居……

忽然想到匠人的名字已成为知名品牌,万一被人假冒,如何是好?就好似吾友"今晚打老虎"辛辛苦苦创下了知名度,突然间冒出了个"老虎今晚打"。那天被匠人撞见,正想上前鞠躬握手,却发现不是吾友。呜呼,盖此"打虎者"非彼"打虎者"也……

匠人推彼及此,联想到万一有个不"笑"之徒,假冒匠人与各位 MM 们挂学术交流之名,行亲密接触之实……

匠人心下惶惶间……忽然生出一计谋……

匠人立即来到 21IC 的报名处,重新为自己注册了若干个新名字:"程序匠""程序小匠""匠人""程序酱仁""编程匠人""汇编匠人""仿真匠人""调试匠人""软件匠人""电子匠人""C++匠人""VB 匠人""VC 匠人""VF 匠人""匠人.COM""匠人.CN""匠人.NET"……呵呵,这下总不用怕被人假冒了吧?

回头看看 21IC 的告示牌上,上面原来写着"注册工程师直逼 12 000 人",现在已经变成了"注册工程师超过 12 000 人",哈哈,原来气球就是这样吹大的耶。☺

匠人遂作心满意足状,哼着小曲离开……

版主从墙角后现身出来,看着匠人的渐行渐远的背影,嘿嘿冷笑:"好你个匠人,演出也不叫上我,看我怎么整你……"

一夜无话……

第二天,匠人来到论坛,看见版主贴出了新的安民告示:"现在有些网友喜欢在本论坛上注册多个网名,造成极大的浪费;并且导致本论坛的人口统计数据的严重失真。鉴于此,决定对拥有 2 个以上网名的网友征收'网名费',每个网名每月收费 100 元。费用直接从银行账户划转。望相互转告。"

匠人两脚发软地跑到 ATM 机前(乖乖,人山人海的,都是前来查账的网友)。好不容易轮到匠人了,一查,发现账上已经少了 XX00 元……匠人一头晕倒在 ATM 机上。

八、大话篇之七

话说程序匠人,自从来到 21IC,日夜操劳,长期坚持不懈地灌水。终于将多年的媳妇熬成了婆;终于完成了从士兵到将军的晋升;终于由奴隶造反变成了主人;终于把个丑小鸭变成了白天鹅;终于将个潜力股拉升了 10 余个涨停板;终于摆脱了老版主的多年压迫;终于可以压迫压迫其他菜鸟了;终于在"十六大"前夕成功地混入了本论坛的领导阶层……匠人遂终于高兴得满大街找不到北了……

407

匠人遂满嘴哼哼唧唧着匠人的成名金曲："如果你的'芯'是一座作坊,我愿做那不知疲倦的程序匠……"

……突然被老版主一把揪住："小子! 说明白点,本座何时压迫过你了? 嗯???你也不看看,你这身上穿的裤子,哪条不是本座亲手为你缝的?"……

……匠人好不容易摆脱了老版主,又被一群年轻力壮的江湖新秀架住："才上台就想压迫我等民众? 你也不看看,你这头上盖的帽子,哪顶不是俺们亲手为你戴的?吃俺们一'吨'野猴拳!!"……

以上开场白,全当笑料,笑不笑由你! 好了,新官上任三把火,本匠人今天要先放一把了!

匠人纵观 21IC,按帖子数量来看,大概本坛的人气是最旺的了。然这也是本论坛最大的问题所在:口水帖太多,将一些真正的酷帖给淹没了。有时,一篇好帖子贴上来,版主还没看到,就被顶到第 N 页去了。这种现象对那些认认真真灌水的网友是不公平的,而且也浪费了大家的时间。而几位版主的精力有限,不可能一天 24 小时巡逻在网上。所以,本匠人特开此帖,将酷帖推荐权下放给各位,如果您看到一篇好的(还没有评上"酷"的)帖子,可以推荐到这里来,再让版主适量选出加酷。各位以为如何?

……站长道:"你小子,才当版主,就想偷懒,看我不扣你 3 个月的薪水!"……

九、大话篇之八

最近老看见一些垃圾帖子,lishuanghua 大侠一天到晚忙着删帖,辛苦不堪。

(lishuanghua 一把掐住匠人的脖子:"匠人! 删帖的事你也有份儿,总不能让我一个背黑锅、做恶人吧! 你这样说,我还能在道上混吗?")

(匠人:"＊—……％＊％￥％￥—％￥……")

……

匠人悄悄潜入论坛,趁着无人注意的空档,抄起大砍刀,"我砍! 我砍! 我砍砍砍!"。

不期被老大刀客逮住:"好小子,什么时候偷了'偶滴'砍刀!"

匠人撒刀而遁……

十、大话篇之九

——匠人从抽屉里拿出公章,给自己的文章盖了个"酷",正要往坛子里扔……

不料被 21IC 逮个正着:"好啊你小子,又在以权谋私,快把'酷'章交出来! 从今起剥夺你加'酷'的权利!"

站长走后,匠人看左右无人,从隔壁写字桌子上又拎了个图章过来……

两天后……

二版主 lishuanghua:"我说我的'酷'章怎么不见了呢,原来是你……"

十一、大话篇之十

匠人对着二姨又是打躬又是作揖:"给点钱回家买米吧?"

二姨回道:"没有!"

匠人从口袋中掏出一张皱皱巴巴的发票:"那……要么把上个月的上网费给报一下吧?……"

二姨转过身去:"做梦!"

匠人还不甘心,咽了口唾沫:"那就送几张资料光盘……"

二姨起身喊道:"你再纠缠,我可要不客气了……"

匠人心下惶惶,不甘心地:"马上走,马上就走……麻烦借我两个硬币回去坐车……"

二姨闪出屋外:"流星,关门放狗!"

……五秒钟后,屋内响起狗叫声和匠人的惨叫声……

——以上故事纯属虚构。

十二、大话篇之十一

原名:《借我一双慧眼吧,让我把这 LPC938 看得明明白白清清楚楚真真切切……》大话篇。

首先恭祝周立功在此一下开出了两个版面(呵呵,果然是财大气粗啊)。其次恭祝周立功借此风水宝地大发利市,财源广进……(为避免其他网友呕吐,此处省略溜须拍马之词汇 200 个。)

白沙兄给匠人推荐了一款 LPC938。反复告诫说那物事乃人间一宝。惹得匠人心痒难耐,恨不得立刻×××。无奈匠人对飞利浦的芯片毫不了解,想吃田螺却无从下嘴。故特来此拜师学艺也……(为避免其他网友再次呕吐,此处再次省略啰里啰嗦之词汇 200 个。)

好了,言归正传(版主留下,看热闹的可先散去了……)。

问题:(略)

(匠人原本准备了 999 个问题,但宣读到第 9 个时,发现大版主已经晕倒在地,二版主正虎视眈眈。匠人忙对三版主说:"白沙兄,我先撤,你掩护……",落荒而逃去也……)

十三、大话篇之十二——《六一特别节目》

1. 序 幕

六一节到了,又勾起埋藏在心里的童年梦想,我们的《大话篇》六一特别节目开始了……

2. 第一场：匠人篇

锣鼓三响，匠人隆重上场。

今天是伟大的六一节，恭祝各位节日快乐！首先，感谢广大网友对匠人的《大话篇》的热情支持。那天匠人上网用"大话篇 匠人"做关键词搜索。居然发现许多网站都有《大话篇》的转帖。匠人心中非常高兴，这说明匠人所选择的话题代表了先进MCU 的发展方向、代表了广大工程师关心的根本利益、代表了网友们鼠标点击的焦点……

……台下那几位正在呕吐的仁兄，麻烦你们到洗手间去吐，谢谢！……什么？洗手间已经客满了？几个家伙捧着马桶不放？……那麻烦你们吐在自己的皮鞋里，散会后带出去……

……还有那几位先生，请你们不要乱扔鸡蛋和香蕉皮好不好，这样很容易砸到匠人的，就算砸不到匠人，砸坏了花花草草和桌桌椅椅也不好嘛……

"砰！""乓！""咚！"……

若干西红柿、烂香蕉、臭鸡蛋、西瓜皮、破鞋子、臭袜子、易拉罐、纷纷飞向论坛……

……叫你别扔你还扔？再扔？再扔我可就要………………………………逃跑啦！

3. 第二场：lishuanghua 篇

lishuanghua 上场，递给匠人一个脸盆："这是最先进的钛合金安全帽，戴上后可抵抗一切不明飞行物，如鸡蛋、西红柿、可乐瓶等，兼有遮阳挡雨之功效……"

"多谢多谢！"匠人如获至宝，接过盆扣于头上……

"哇，好臭！二哥，你这脸盆咋这么臭呢？……"

"是吗？让偶瞅瞅……哦，拿错了，这盆好象不是'偶滴'……"

"那你是从哪里拿来的？"

"老大的床下……"

4. 第三场：刀客篇

刀客上场："有谁看见本座的洗脚盆了没有……"

全场爆笑，匠人闻言晕倒！

"咔！"导演叫停："收工！"

5. 尾　声

刀客拎着匠人狂扁："每次我一上场，你小子就装晕！……这节目还怎么做？……"

6. 片尾曲

如果你的"芯"是一个作坊，我愿做那不知疲倦的程序匠……

7. 花絮一

导演接过 lishuanghua 手中的脸盆,放在鼻子下使劲闻了闻:"道具从哪里找来的脸盆? 真像洗脚盆,太逼真了……"

刀客两眼定定地看着导演,目光如刀,缓缓接话道:"导演,不是'像',那确实就是我的洗脚盆……"

导演闻言晕倒!

8. 花絮二

刀客抱着盆正要离去,被道具叫住:"哥们,这盆能不能再借给我们剧组用两天,明天六一节,我们要拍一个公益广告,也许还用得上。"

"广告? 什么主题?"

"洗脚要从娃娃抓起!"

411

手记 **27**

《匠人夜话》系列

一、吃软？还是吃硬？

最近看到一篇热帖,大意是一个做硬件的同学抱怨自己入错行了,没有做软件的同龄人赚得多。看后感触良多,趁着夜深人静,咱也瞎侃侃。

作为一个完整的项目,往往需要软件工程师和硬件工程师的鼎力合作才能完成,因此,二者的重要性都是一样的。

但是,做软件靠的是精力;而做硬件靠的却是经历。所以,便形成这样局面:刚毕业的软件工程师可能比硬件工程师拿的薪水多些,过个三年五载,二者的收入就持平了。再过个十年二十年后,做硬件的修炼成为大师了,而做软件的那位呢,嘿嘿,估计不是高升(极少数吧)就是被迫转行了。没办法啊,岁月不饶人。

也许,每个人都应该在选择自己的技术道路时好好思考一番:吃软?还是吃硬?

如果选择吃软,那么就要想好退路,如何度过 35 岁危机。

如果选择吃硬,则需要问问自己,是否能够耐得住寂寞啊。

天也不早了,洗洗睡了……

二、你为谁打工？

你为谁打工?一万个人应该会有一万个答案。因为每个人都在为不同的老板打工嘛。

那么,假如这道命题中的“谁”允许泛指的话,这一万个答案就合并成了一个答案:为老板打工。其实这好像也是天经地义的事情啊,谁给我们发工资我们就是为谁打工嘛。

真的是如此吗?

老板为什么请你来打工呢?他凭什么给你发工资呢?如果他请你来干活,必然是因为你能为他创造效益吧。

老板的效益从何而来呢?来自于市场,来自于客户吧。

那么,我们为之服务的对象就不是老板了,而是老板的客户。我们其实是在为客户打工啊。认识到这一点,境界也就不一样了。

——但是,这还不够。

再仔细想想,客户为什么愿意和你打交道?那是因为你有吸引他的地方。市场为什么愿意接纳你的产品?那是因为你的产品有价值。

万本归源,其实我们所做的每一件事,都是自身的积累,技术、经验以及人脉。我们今天所做的一切,就是为了成就明天的自我。我们,是在为自己打工啊。如果参悟了这一层,也就豁然开朗了。

有句话叫:"性格决定命运。"积极的性格开拓出积极的局面,而消极的性格则陷入消极的困境。

大道理不说了,免得让人以为匠人是资本家花钱请来的枪手,来给人洗脑呢,呵呵。本次夜话到此结束,敬请期待下回。

三、当机会来临时,你准备好了吗?

也许有人会抱怨自己时运不济,遇人不淑,没有机会。

但是,当机会来临时,你准备好了吗?

如果没有准备好,那机会对于你来说,也不过是一个空心汤团罢了。这种所谓的机会带来的也就只有"浮躁"了。

只有能被把握的机会,才能称之为"机会";否则只能称之为"诱惑"。

而要想把握机会,必须先做好准备。

打个比方吧,假如有这么一间房子,房子的屋顶是由最高的那根柱子来支撑的。除了这根顶梁柱之外,房子里还有许多高矮不齐的柱子。也许,你就是其中一根吧。

如果有一天,这根顶梁柱倒掉了,那么谁会成为下一根顶梁柱呢?

豪无疑问,剩下的柱子中,最高的那根将成为新的顶梁柱。

现在的问题是——这根新当选的顶梁柱,会是你吗?

如果不是你,那是因为你还没准备好,你的高度还不够啊。

这个故事告诉我们一个道理:要么就做顶梁柱,要么就做好准备,成为下一根顶梁柱!

四、鸡头? 还是凤尾?

很久以来,都流传着一句话:"宁做鸡头,不做凤尾。"

意思是说宁可在一个小环境中做个大人物,成就一番事业,也不要在大环境中做个小人物,默默无闻。

而另外一句话则是对这种状况的嘲讽:"山中无老虎,猴子称大王。"

人总是在不断成长的(不上进的除外),进入一个新的环境时,总是充满了机会和挑战,我们通过不断努力后终于适应了这个环境,并渐渐成为其中的核心人物。但是随之而来的问题就是：当我们头顶天花板时，我们如何继续成长呢？

于是换个环境，豁然开朗，继续新一轮的打拼……

这样的道路当然很好。

跳跃性的成长。

但是事情真的这么简单吗？

我们能否每一次都割舍过去取得的成就，割舍辛苦建立起来的生存环境？

不要和我说大话，说你一定能割舍。

如果真的能割舍，那也许只能说明，你取得的成就还不够大，你还不够成功。

如果你在现有的环境下都没有取得十分的成功，又何来的勇气去面对更大的挑战呢？

也许只有打碎一切，才能重塑一切。

我们有这个勇气吗？

如果当我们面临这样的选择时，我们该如何抉择呢？

鸡头？还是凤尾？——这是一个没有标准答案的命题，留待大伙自己去思索吧……

五、领先同伴比超越自己更重要！

先讲一个故事：两个人在森林里迷了路。这很不幸，但更不幸的是，这时他们发现一只老虎。这时，其中一个人立即从旅行包里取出跑鞋，把原先脚上穿的皮鞋换掉。他的同伴看着他做这一切，说："没用的，你跑不过老虎！"他答曰："是的，我知道。我没有老虎跑得快，但是我只要比你跑得快就行了。"

这个故事，一般人把它当作笑话来讲，流传不息，终于有一天传进了匠人的耳里。

听过了，笑过了，便开始瞎想。

且抛开道义是非，换一个角度来看待这个故事，也许会得到一些启迪。

如果把"逃脱虎口"视为摆脱困境取得成功；而"被老虎吃掉"比作陷入僵局被淘汰的话，毫无疑问，领先同伴比超越自己更重要！

刘翔的成功，不在于他自己的进步，而在于他每次都比同一个起跑线上的同伴跑得更快一些。也许仅仅快 0.01 秒，仅此而已。

而成功就是这样被彰显出来的。

六、不怕菜鸟，就怕懒虫！

今天看到一篇帖子，叫《菜鸟叽歪几句》。是关于菜鸟提问之事。

关于这个问题，论坛上已经争论过多次了。以至于形成了菜鸟和牛人两大阵营相互拍砖头的局面。每次只要这个话题一挑起，立马就是硝烟弥漫，砖头沫子四溅。

从字面理解上来说，论坛就是用来讨论问题的。它的真谛在于互相讨论，而不是你问我答。

上论坛来的人目的各异,但大都想有所获取。纯粹的"跪求"帖之所以会遭受强人的鄙视,是因为这种帖子无法促进旁人的经验值成长。

因此,才会有好心人整理出诸如《提问的艺术》一类的温馨帖,帮助菜鸟们学会沟通。你不懂可以提问,但必须表明你自己曾经思考过了。

要知道,上论坛来晃的毕竟还是以新手居多。如果你的帖子不能置顶足够长的时间,那么也许还没等到大虾出现,你的帖子就已经沉到坛底了。光提问而不讲前因后果的帖子,是不受欢迎的。

所以,在提问的同时,把你的思考也写出来吧。起因、经过、发展、高潮,一样也不要少。不要吝啬笔墨,要越详细越好。这样,才能吸引其他菜鸟来共鸣,而他们会从你的思考中获得经验和教训。看你帖的人多了,自然回复的人也就会多。回复的人多了,你的帖子置顶的时间就长,从而吸引更多人看。而看的人多了,则大腕出现的几率也就大了(匠人早就发现一个规律了,就是——高手也喜欢凑热闹,哪里人多往哪儿钻)。最后,你的问题也解决了,大伙也跟着长进了,皆大欢喜。

七、机会在于把握

在匠人还没有以匠人自居的时候(long long ago……),有一次,单位里的某领导接来一个单片机的私活。他想请我的一个同事来完成。这位同事和匠人一般年岁,会画 PCB,且有一点编程的基础,是个不错的人选。

当然没有报酬,这是某领导在无偿利用劳动力啊,嘿嘿。很过分,是吧?于是,我那位同事拒绝了。

他也许没有错,因为谁也不愿为他人做嫁衣。

于是,匠人作为替补被选中。其实,那时的匠人连 PCB 都不会呢!

这次,某领导做出了一个正确的选择——匠人没有拒绝,并且,也没有辜负。

匠人也做了一生中重要的一个选择——接下了这个白干的活,并完成了它。

当时,有许多知道真相的人说匠人傻。

……

后来呢……

后来匠人就变成匠人了。

而那位画 PCB 的同事目前还在画 PCB。他的技艺还停留在画 PCB 的阶段。他失去了一次机会,以及随后的许多机会。

机会在于把握,这个道理谁都懂。

但是,当机会以对你不利的形式出现时,你也能去把握吗?

八、35 岁危机,逃无可逃!

今天看到一篇帖——《工作 9 年,何去何从?》。看后感慨万千。

每个软件工程师都有一道难以逾越又必须跨越的坎。这道坎就是,随着年龄的老化,如何安然地转型?

这道坎一般发生在 35 岁左右,所以也称之为"35 岁危机"。

应该说,35 岁以前是人一生最黄金的阶段。在这个阶段里,身强体壮,精力旺盛,记忆力也好,并且知识也不老化。在家庭方面,父母身体尚好,小孩年龄尚小(未读书),因此没有牵挂,可以全心全意投入事业之中。

过了 35 岁后,体力、精力下降,学习新事物的能力也下降了。再去一行一行地写程序就有点吃力了。并且,在家里,父母身体也没有以前好了,小孩也该读书了,需要辅导功课。这时,许多人开始感到了迷茫。

以后的道路该如何走呢?

也许有以下几种选择或结局吧:

(1)转行,做业务或者自己当老板。——看上去挺美的。但做技术的人往往不善于与人沟通,失败的例子比比皆是。

(2)升级成为技术带头人,脱离一线工作。——这也许是不错的结局,但难免要操劳一生了。

(3)退休或变相退休?——恐怕没有人愿意接受这种宿命吧。

也许还有其他一些出路。但不管哪种,都可能要面临痛苦的转型过程。

也许,"顺其自然"也是一种选择吧。不是有那么一句话吗:"车到山前必有路,船到桥头自然直"。

35 岁后,我们何去何从? 也许,是到了该想一想的时候了。

九、别拿名词来唬人!

这是一个浮躁的社会……

现在的年轻人,动不动就精通这个那个。时髦的名词常挂于嘴边,似乎只要知道个概念,就代表精通了该技术了。号称做过 N 多项目,但大多数项目里,也许仅仅只是调试了个 demo 程序,或参与画了个 PCB 而已。

这种现象在面试时,见得最多了。也就见怪不怪了。为了生存而撒谎,是可以被原谅的。

但是,在日常的工作中,还是脚踏实地些好,别老拿名词来唬人了。还是把基础的东西做好吧。

十、新手三忌!

1. 第一忌:自己不动脑筋,一遇到问题就问别人

有句话说的好:"吃别人咀嚼过的馍不香。"

对于新手来说,做每一件事都是一次学习的好机会。有时候,探索的过程比最终的结果更重要。

当你通过自己的努力解决问题时,成就感和自信心会随之逐渐建立。

如果没有经过自身的努力,而是让别人直接给你指出方向,甚至直接告诉你结果,那么就缺失了中间探索的一个重要环节。

2. 第二忌：自己埋头蛮干,不和别人交流

如果说凡事都求人是缺乏自信的一种表现,那么凡事都自己闷做,也同样表明对自己没有信心。

许多做技术的人的性格都偏内向。但是,作为新手来说,还是需要和人交流的。

把你的想法、做法、经验、教训都说出来吧,不要怕出丑。反正还年轻,我是菜鸟我怕谁。

通过交流,你可以修正自己的想法,完善自己的做法;总结经验,进一步了解犯错的原因。其实,不光是新手需要交流,高手也同样如此。

而交流本身也是一项重要的技巧。通过日常的训练,提升交流能力后,你才能在和客户沟通时,更快捷地明白你的客户到底需要什么,并让客户最快地对你的技术建立信任。

3. 第三忌：做人做事浮躁

浮躁包括以下几种症状:

(1) 大事做不好,小事不肯做。

(2) 总想走捷径,快速达到目标。

(3) 对现状不满,老发牢骚,却不去想办法改善自身。

(4) 对前辈缺乏应有的发自内心的尊重。

(5) 过于贪功,急于表现自己。

十一、我们是 Byte 的奴隶?

曾几何时,匠人是靠着一张软盘走天下的。不管用哪台电脑,只要插入自己随身携带的软盘,打开自己的文件。干完活后再往软盘上一存,就可带走。

那时候,用电脑就这么简单。

随着 Windows 系统的普及,文件的 Byte 数量急剧膨胀,一张软盘就招架不住了。于是,匠人的抽屉了多了十几个软盘盒。以至于每过一段时间,匠人都要清理一次,将发霉的软盘报废,再补充新盘。

然后,是刻录机和 U 盘的出现,挽救了这个局面。同时,也逼迫软驱退出了历史舞台。

但是,Byte 还在继续膨胀……

于是,宽带取代了电话线,成为网络的主要通道。

U 盘的空间也显得捉襟见肘了,于是又添置了移动硬盘。

CD 刻录机也换成了 DVD 刻录机。

417

但是,Byte 还在继续膨胀……

我们每天都在下载,下载……

资料,软件,电影,MP3,一切的一切……

但是……

许多资料,我们下载后根本没看过;等到想看时,又找不到了。只好重新上网下载……

许多软件,我们下载它,似乎也只是为了满足收藏的欲望。恐怕一直到新的版本出来之前,我们都不会有机会去用它……

还有数不尽的电影和 MP3,静静地躺在硬盘的某个角落里,白白地占据着空间。而我们却没有时间去欣赏。

我们没有时间。

我们的时间被用在寻找并下载新的 Byte 了。

毫不夸张地说,我们已经成为 Byte 的奴隶了。而我们还在乐此不疲,浪费精力。

好了,不说了,匠人还有事情要做。

——你问我有什么事情?

——呵呵,我要去整理今天新下载的一些 Byte 啊!

十二、如何提高工程部团队战斗力

现在,项目开发的竞争越来越激烈。有些项目,我们只有比别人做的更快速、更完善,才能取得成功。

1. 注重日常的技术积累

农民种田,农忙时下地干活,农闲时就修整农具,做好准备。

而我们做项目也是如此,在没有项目时,多做一些准备工作,会有利于正式的项目开发工作。平时把刀枪磨快,就可以避免"临阵磨枪"的窘境。

(1)注重相关信息的收集和学习,多做前期技术调研和方案论证;一旦有项目,就能迅速上手。

(2)有机会时测绘、解剖他人的设计,提高自己的研发能力。

(3)总结自己做过的项目,积累经验,吸取教训。

2. 注重团队的分工合作

以往我们在做项目设计时,比较注重个人能力的发挥,要求具备独立工作的能力。

但是,散兵游勇是无法和团队对抗的。二者的差别体现如下:

(1)开发周期。现在许多项目都有时间节点,比如圣诞节礼品,必须在一年中的七八月份完成设计,留出时间给客户生产和销售,否则就会错过当年的圣诞节;还有一些季节性的产品(如空调控制器/遥控器),也必须在当年的销售旺季之前完成。若是单人开发,又要做软件又要做硬件,往往需要更多时间。而团队合作可以齐头并进,加快速度。

(2)优势互补。由于每个人的项目经历各异,因此各有专长,也各有所短。单人开发无法发挥最佳水平。而团队分工合作,则可以取长补短,做出更完善的产品来。

(3)项目延续。如果发生人事变动,也可以快速地接替工作。

在团队合作中,要注意:第一,切忌个人英雄主义,切忌贪功冒进;第二,多和团队中其他人沟通,切忌埋头单干,钻入牛角尖。

3. 注重良好的工作习惯

一个好的工作习惯,可以让我们事半功倍。

(1)程序应该有详细的注释(文件头、程序头、版本历史记录……),便于日后维护。

(2)在做一个模块时,要考虑到,这个模块能够被以后其他的项目或其他人借用。因此,模块的入口和出口必须明晰。

(3)硬件的修改,应该立即体现到原理图中去。

(4)和项目有关的资料(包括已经失效的软件、硬件版本文件)都应该备份。

(5)其他好的习惯。

十三、枪手的新行规!

最近,"侃单片机"社区里一篇招揽生意的帖子——《单片机程序枪手》引发了不少热议。

按照匠人一贯的原则,像这种广告帖,是应该被删除或转移的。

但是,由于该帖引起的话题已经上升到一个层面,并且回复帖已经被 21IC 首页收录了。因此决定还是保留吧。

这个话题就是——我们广大的单片机从业人员,该如何认识自己的价值?

另一个更严峻的问题是,为了生存,我们是否可以破坏行规?

行规是什么?

行规是用来唬外行的。

软件商卖给你一套 Windows XP,却不提供源码,他们说这叫行规;

手机通信运营商要维持双向收费,座机一月中一个电话也不打而月租费要照交,他们说这叫行规;

上医院吊盐水,要收躺椅费(哪怕你是站着输液,也照收不误),他们也说这是行规;

银行给你假钞,离柜概不负责;但如果你敢给他假钞,则没收无商量,他们说这就是行规;

……

行规是垄断企业的赚钱法宝。"行规"这个词,骨子里就透着霸王的气息。

但是,单片机这一行,肯定算不上垄断吧。为什么呢?因为这已经是一个充满竞争的行业了。在这种领域里叫嚷行规已经没有太大意义了。

事实上,现在许多公司都是免费帮人设计程序,敲开市场的大门之后,再通过卖芯片或板子来赚取后面的利润。至于画 PCB,那更是小菜一碟了。如果你有量的话,PCB 厂家都可以帮你搞定了。

——这才是真正的行规。

说句题外话。在这个技术成熟的领域里,我们还是脑力劳动者吗?我看,更多的时候,我们不过是在干体力活,而已!——呵呵,这也是匠人为什么用"程序匠人"作为自己的网名的原因了。

十四、新技术催生的"廉价"时代!

昨夜一篇文章——《枪手的新行规!》,激起起网上激烈的讨论。无论各方的观点如何,至少这篇帖子能够起到吸引大家的关注,并一起来思考我们的前途("钱图")的作用,算是已经成功了。

其实从内心来说,匠人也是希望能有这种行规,大家都坚守价格的底线。这是在保护我们自己的利益啊。但是理想与现实毕竟是有差距的。我们不能一厢情愿。

而建立联盟(行业联合会)也是不太现实的。记得当年国内的彩电行业也曾经有过"价格联盟",然而协议上的墨迹还没干透,就已经被撕破了。

其实,行规(如果曾经有过的话)往往是被新来者破坏的。他们为了进入市场,而不得不采取降价的方式。当然,也不排除领跑者为了打压对手而压价。这就是竞争。

正常的竞争导致某个产品价格向下突破,对于整个社会来说,是非常有利的。随着新技术的出现,以及更多资金和人力资源的介入,单个产品的开发、生产成本下降,最终会体现为价格的下降。

就拿单片机来说,十年前开发用汇编,效率低下;而今用了 C 语言后开发效率自然提升了。现在一些好的编译器甚至可以帮我们生成许多代码。也许以后,像写程序这种累人的体力活,交给电脑去做就可以了,呵呵。另外,网络的普及让我们可以更便捷地获取资料,以及他人的帮助。这些都让单片机的开发成本下降。在这种趋势下,开发费进入"廉价"时代也是很正常的。

历史的车轮无法阻挡,当旧的行规被打破,新的行规就会被确立。

十五、有心栽花,无意插柳

年关将近,回味这一年的功过得失,匠人不由得感慨良多。

有些事情,我们被其美妙的"钱"景所吸引,报以极大热情,投入极大人力、物力去做,满以为能有丰厚的回报。但是有心栽花花却迟迟不开。(画外音:我等到花儿也谢了……)

而另有些事情,我们根本就没有看出什么预兆,只是抱着"下雨天打孩子,闲着也是闲着"的心态去顺手而为,也不曾刻意倾注多少。结果却取得了喜人的成绩。无意插柳柳成荫。(画外音:好大一棵树,绿色的祝福……)

有道是谋事在人,成事在天。造化弄人,莫过于此。

但天道酬勤,付出总有回报。虽然这回报往往出乎意料,却又在情理之中。

虽然我们不能准确预料哪件事情能成功,哪件事情会无功而返,但是成功总有一个比例。做的事情多了,这个比例就显现出来了。

广种薄收。这就是没有规律的规律。而没有付出,也就终将没有收获。上帝还是很公平的。

睡了……

十六、如何评估开发费

最近论坛里有人问到这个问题,匠人讲一下自己的经验。

评估开发费的前提是先评估开发难度和时间,如果连难度和时间都不知道,这费用就很难评估了。

一般来说,按开发时间评估,每个小时 50 元左右。按每天 8 小时算,一天 400 元。

另外,可以根据以下情况再调整报价:

(1)如果技术难度较大,一般人做不了,可以上浮,反之下浮。

(2)如果手头事情较忙,而客户又要加急,可以上浮,反之下浮。

(3)如果是老客户,且信誉较好,可以下浮,反之上浮。

(4)如果提供烧录程序,则价格适当上浮;如果提供源程序,则价格翻倍。

(5)如果以后可以卖芯片及主要器件,且量大,可以下浮甚至免费。但前提是不提供程序。

(6)如果不缺钱又想学点技术积累点经验,可以下浮。如果最近手头紧,又想攒钱买房子娶媳妇,就还是狠一点吧,哈哈。

(7)如果客户不懂技术,可以上浮而且必须上浮,因为客户不懂技术,意味着你将在技术支持方面付出更多精力。

(8)如果是先付款,可以适当优惠。如果是验证后再付款,则要慎重考虑,没有十足把握宁可不做。

(9)如果某个系列产品的第一款,可以上浮。如果是后续的延伸产品,可以下浮。

(10)如果要给中间介绍人回扣(或曰介绍费?),则开发费里需要增加该回扣的部分(反正羊毛出在羊身上)。

(11)如果客户嫌贵,可以考虑下浮。但是如果下次再和该客户合作,要记得报价要虚高一些,好让客户有还价空间。如果客户比较爽快实在,则无此必要。

（12）根据各地物价状况和时代变迁，单片机产品开发费还需要根据实际情况浮动。但是只要在接洽项目时考虑到了以上这些因素，相信你就知道该如何亮出自己的报价单了。

十七、被人惦记的感觉真好

离开原来的工作单位已经有六年了。

那天，突然接到原来的同事（其实也就是匠人原来的顶头上司）打来的电话。

由于久未联系，所以一开始，匠人没有辨出是谁来。

直到电话那边问了一句："我的声音你听不出来了吗？……"

顷刻间，记忆的闸门被打开。

匠人连忙换了个热情洋溢的声音（虚伪！汗！）："哦！原来是×××啊！您好！您好！"

于是聊起来。工作啦，生活啦，家庭啦……

一边聊，匠人一边在等。

等什么？

等对方切入正题啊！

一般来说，这种电话都应该带着一个明确的目标来的。这年头，无事不登三宝殿嘛！

然而没有。

仅仅是一个问候的电话。

仅仅是因为突然惦记起来了，就打了这个电话。没有功利色彩。

这让匠人心中有了些许感动。

电话挂断后，心情也变得愉快了许多。原来，被人惦记的感觉真好！

十八、我们只是有幸站在巨人的肩膀上而已

今天看到一篇帖子——《一道题终结拥有 OS 与反 OS 之争》，关于 OS 与非 OS（裸奔）之争。匠人感言如下：

原来想补补 OS 的课，结果遇到楼主大忽悠了。

这道题如果 OS 能做到，匠人也能裸奔做到，连 C 也不用，就用汇编（而且也许可以用最便宜的 4 位机芯片做到）。

OS 比裸奔高级，但是不代表用 OS 的人比裸奔的人高级；

C 比 ASM 高级，但是不代表用 C 的人比用 ASM 的人高级；

电子 CAD 比手工绘图高级，但是不代表用 CAD 的人比手工绘图的人高级；

傻瓜相机比非傻瓜相机高级，但是不代表用傻瓜相机的人比用非傻瓜相机的人摄影技术更高。

有时，情况可能正好相反。

不要把新技术和高技术当作炫耀的本钱。我们只是有幸站在了巨人的肩膀上而已。

十九、静心学，尽心干

又看到新人在打听别人的工资，匠人感言如下：

别浮躁，静心学，尽心干。不为老板为自己。

如果你不会电路设计、调试、除错，只会画 PCB，那么如果我是老板，也只愿意出这个价。

如果你拿这份钱，还不踏实干活，天天跟别人攀比收入，那么如果我是老板，也会考虑炒你的鱿鱼的。

——匠人是实话实说，请勿生气。

干硬件是越老越值钱的。

如果是 40、50 以上年龄的人跟匠人说他是干硬件的，匠人会肃然起敬。而 30 岁以下的人，如果跟匠人说他是干硬件的，匠人就会立即理解为他是画 PCB 的。如果他还补充说他硬件干得很好，那匠人就只能在心里鄙视一下了。

所以，关键还是自己多学多干，增加自己的附加值。

再补充几句——

以前和一个销售大腕聊天。他说道："我们今年的业绩，是因为去年的努力；我们今年的努力，是为了明年的业绩。"

这话很有启发性，匠人深以为然。

二十、性格决定命运

看到坛子里，有人在抱怨命运。匠人谈谈自己的想法。

性格决定命运。

越担心自己被出卖的人，越容易被人出卖。这样的例子匠人见了不只一回。

如果你老是担心自己被人强奸，那就真会被人强奸。——呵呵，当然，这只是开个玩笑。

每个人，就是他自己的镜子。他看见了什么，什么就是他自己。

愤世嫉俗属于一种消极的情绪，这种情绪偶然发泄一下无妨，但是它无助于人的成功。只有积极的人生态度才会有积极的人生境界。

这个世界有许多的不如意。那是我们个人无法改变的大环境。但是，我们可以通过自身的努力改变身边的小环境，让生活变得美好一些。

做该做的事，结交对你有帮助的朋友并以诚相待。逆境中不屈不饶，顺境中不骄不躁。

遇上不平事，发发牢骚，权当是给自己做个心理桑拿。排完毒素一身轻松，该干嘛继续去干嘛。

不坐等从天而降的馅饼,小心行路尽量别掉进陷阱。实在是不当心掉进去了也没有关系,爬起来拍拍尘土继续赶路。

二十一、人皆可师

自从出了点小名后,居然也有一些病急乱投医的弟弟妹妹要来找匠人拜师。也有一些不明就里的朋友管俺叫"老师"。这让匠人的虚荣心得到小小满足。

不过虚荣心总不能当饭吃。得意忘形过后,匠人再仔细掂了掂自己的斤两,发现自己好像并不是那么厉害的角色,不禁地心虚惶恐、直冒冷汗。

说实话,匠人自己也一直很想找个师傅呢。早些年找不到合适的只好自己瞎琢磨。现在年纪大了怕人笑话,也不敢再提了。不过一直是心中一个遗憾。也许当初有人带带就可以少走很多弯路了。

不过话说回来。这年头找个水平高的"师傅"固然难,但要找个心诚的"徒弟"则更难。现代人都太浮躁了,"徒弟"刚学个三招两式就要去单飞,把师傅晾在一旁的大有人在,翻脸不认人的也不是没有。几次三番下来,也就让"师傅"寒了心绝了念。

因此,匠人不敢轻易拜师,也不敢轻易收徒。匠人更看中的是交流。不管水平高低,只要能在某个方面相互有交流,有启发,就好了。有句话:"三人行必有我师"。以平常心待之,人人皆可为我师,我亦可为人人师。

二十二、天分决定速度,勤奋决定高度

今天突然有网友来问匠人:"你觉的做电子的人是不是要很聪明才行? 就是脑很好用的那种。我发现有些人比较笨,就像我。哎,不知如何是好……"

匠人很惊讶现在还有这么不自信的人,一时竟不知该如何回答是好。因为也许一个不谨慎的回答,可能就会挫伤一个未来大有作为的青年的积极性,甚至影响其一生的路。思索了一会儿,匠人试探性地回了一句:"笨鸟可以先飞。"

然而该网友依然不依不饶,追问:"笨鸟可以飞高吗? 可以飞远吗?"

看来不拿出点绝活来是不行了,于是匠人很斩钉截铁地回答:"这个嘛,我觉得,天分可以决定速度,勤奋才是决定高度!"

于是,一场心理危机化解。

回过神来,玩味这个话题,发现确实如此。人的一生,成功有许多原因,失败也有许多原因。聪明与否只是一个很小的甚至很偶然的因素,后天的勤奋才是至关重要的必然因素。

愿输在起点的人,不要输在终点。

二十三、自由职业者——要自由,还是要职业?

这两天论坛里有人说想当自由职业者。

当一名自由职业者,轻松惬意不必朝九晚五,还能赚大钱,还能兼顾事业和家庭,这恐怕是很多上班族的梦想。同时,网络的发展也让成为一个自由职业者成为更大的可能。

只是——"自由"了,未必就"职业";"职业"了,未必就"自由"。"自由"和"职业"本质上是矛盾的。中间的平衡点在哪里?

真正的"自由职业者"应该是比"普通职业者"还要忙。没有上班时间也就意味者没有下班时间。表面风光,背地里累得吐血,真是冷暖自知。

如果为了贪图"自由"而去当"自由职业者",到时候不是失去"自由",就是失去"职业"。

当然,如果是为了不受拘束地做一些自己喜欢的事,那么当自由职业者也是一个选项。

——只是千万别把自由当理想。

手记 **28**

匠人的论坛文集

一、程序人生

画匠说——人生是一幅画；

诗匠说——人生是一首诗；

棋匠说——人生是一盘棋；

戏匠说——人生是一出戏；

程序匠人说——人生是一段程序。

有人说，你在学校中学不到的东西，生活会教给你。不信请看下文：

老师说：做人要早立志！

匠人说：做程序要先定义寄存器、I/O 口、RAM、ROM、常量、变量……

老师说：不要犯错误！有错要改正！

匠人说：做程序不要有 BUG，有 BUG 就要 DEBUG……

老师说：做人要友善！

匠人说：我懂，也就是说可读性要强……

老师说：要理解他人。

匠人说：当然也包括他的程序……

老师说：害人之心不可有。

匠人说：不要设逻辑炸弹……

老师说：防人之心不可无。

匠人说：程序一定要加密……

老师说：做人要追求上进，不要原地踏步！

匠人说：不要老是执行"JMP ＄"！

老师说：不要虚度光阴！
匠人说：也不要老是执行"NOP"！

老师说：要善于把握机会！
匠人说：也就是说，中断发生时要立即响应！

老师说：——但有些事要学会说"不"！
匠人说：——不用的中断要屏蔽掉！

老师说：要有时间观念！
匠人说：对！时序问题很重要！

老师说：要有随机应变的能力。
匠人说：可定义为变量。

老师说：——但也不能不讲原则！
匠人说：——那还是定义为常量吧……

老师说：偶然放松、休息一下也行。
匠人说：进 SLEEP 模式……

老师说：——但休息过后要更加努力！
匠人说：——WAKE UP……

老师说：要洁身自好！
匠人说：当然，抗干扰能力要强……

老师说：做事要有条理。
匠人说：那就采用"模块化编程"……

老师说：要有轻重缓急。
匠人说："中断嵌套"？……

老师说：要学会适应环境。
匠人说：唔，兼容性……

老师说：要学会节约。
匠人说：RAM、ROM……总是不够用……

老师说：要讲卫生，便后记得洗手。
匠人说：对，功能模块结束时，也别忘了将相关功能标志清零……

老师说：闲时嘛，可以种种花草，养养宠物。
匠人说：我就养过一条"软件狗"……

老师说：——但要警防玩物丧志！

匠人说：——"软件狗"不会看门,已被我宰杀了……

老师说：有空应该出去旅游,见识一下大千世界。

匠人说："跨页跳转"?……

老师说：——当然也可请朋友来家小聚……

匠人说：——"页内调用"?……

老师说：每个人的人生只有一次。

匠人说：哦,敢情是 OTP 的……

老师说：——所以,做任何事要考虑周全,以免事后后悔。

匠人说：——最好先仿真一下……

二、魔鬼定律

1. "项目进度"定律

完成一个项目 90% 的工作量,需要 90% 的预算时间;
完成这个项目剩余的 10%,则需要另一个 90% 的预算时间。

2. "发送失败"定律

邮件发送失败的概率,与该邮件的重要性成正比;
网络忙(链接不上)的概率,与该邮件的时效性成正比。

3. "系统瘫痪"定律

电脑系统总是在你码了半天程序或画了半天 PCB 还未存盘之时崩溃。
崩溃出现的概率与你当前工作的重要性成正比。

4. "合作开发"定律

一个人单干,需要一个月;
那么两个人合作,则需要两个月。
如果三个人合作,则项目失败。

5. "项目转手"定律

项目转手时,如果前任已经完成了 50%,则后任还需要完成 50%;
如果前任已经完成了 80%,则后任还需要完成 80%。

6. "放一放"定律

当上司说这个项目暂时放一放时,那么这个项目就注定要永远放下了。

7. "工作量衡量"定律

看懂他人的程序所需要的时间,等于原设计者开发时间的 3 倍。

而当你尝试修改时,发现还需要一个 3 倍的时间。

8."时间差"定律

早上,当你紧赶慢赶,在剩最后一分钟赶到公司时,发现公司的考勤钟比你的手表快两分钟……

而当下班你以为可以早两分钟走人时,却发现它(考勤钟)已经被调整回来了……

9."最后一片 OTP"定律

当你将最后一片 OTP 样片烧好取下时,你发现自己烧错了程序版本……

10."成本核算"定律

产品开发出来后的生产成本,要比开发前的估算成本贵 20%。

11."BUG"定律

所有的程序中都有 BUG。
越完善的程序,BUG 隐藏得越深。

12."病毒感染"定律

病毒总是先感染那些重要的文件。

13."无用功能加减"定律

如果是委托开发,委托方将在开发过程中增加一些新功能;
如果是自主开发,他们将在开发过程中减少一些功能。

14."老板出现时机"定律

老板一般都在你打游戏或上网聊天时出现在你身后;
而当你在埋头干活时,他出现的概率要低一些。

三、"高手"的阐释

前言:为了回应某位网友抱怨"论坛无高手",特作此文。

(1)"高手"不是人人都见得着的,如果你不是高手,高手又何必显圣? 要见高手的最好办法是把自己也伪装成高手。此所谓"英雄惜英雄"也。

(2)"高手"有两层意思。其一是"很高明的手",形容其人技艺高超。其二是"很高贵的手",所以太简单的问题,高手是不愿回答的。毕竟,高手不是救火员。

(3)要寻找"高手",必须拥有"慧眼"。否则,就算高手成天在你面前挤眉弄眼,你却视若无睹,岂不让高手们浪费表情? 举个例子,楼上回帖里就有好几位高手。难道你从没见过他们吗?

(4)"高手"的指点往往是"点到为止",他们不会教你细节步骤。他们只会给你一个警告、一个思路、一个想法、一个方向。甚至,他们只是在你的脑袋瓜上敲一下,然后看你是否开窍。所以,没有悟性的人最好不要和高手过招。不妨先找"中手"练练。

(5)没有哪个高手会像武侠小说里描述的那样,把毕生功力传输给你。核心技术都拿去申请专利了,保护还来不及呢!

(6)所谓"业务有专精",社会化分工越来越细。每个高手只有在他熟悉的领域里才成为"高手",换一个方面可能还不如你呢!

(7)一遇到问题就想请高手来帮忙解决的人是不会成为高手的。所以,不再对高手抱太高期望,是走向高手的第一步。所以,你能对高手们失望,这对你可能是好事。

(8)许多新手抱怨高手的冷漠,但当三十年的媳妇熬成了婆婆,就忘记了自己当年的困难,变得比当年高手还冷漠麻木了。

(9)希望现在的新手们:你能记住这篇帖子,当你有一天成为高手时,给予后进更多的关怀! 这样,高手在新手眼里的形象就不会那么"高不可及"了。

(10)最后表白:匠人可不是"高手"。呵呵。

四、四种懒人——关于 C 与 ASM 之争

第一种懒人,早年接触单片机时都是用汇编,现在年纪大了,懒得学习新方法。于是鼓吹汇编比 C 好。

第二种懒人,这两年才开始用单片机,只会 C,懒得去钻研汇编。于是鼓吹 C 比汇编好。

第三种懒人,两种语言都不太会,懒得自己去比较,就人云亦云。

第四种懒人,两种语言都会用,觉得各有各的好处,懒得参与这种无聊的争论。

五、戏说"看门狗"

论坛里有人问何谓看门狗,匠人答之:

看门狗其实就是这么回事:

比如说你正在绕着一座小山裸奔。——程序按预定流程执行。

每次经过山脚下的某个地方,你都给一条大狼狗一根肉骨头。——喂狗。

奔着奔着,你奔叉了道,跑到了不该去的山顶。——程序跑飞了。

或者,你在裸奔的途中睡着了。——程序死机。

这时,那条大狼狗,由于一直得不到喂食,饿疯了,挣脱锁链来追你。——看门狗定时器溢出。

你被它一吓,脚底一软,从山上咕噜咕噜滚下来。起来一看,咦,又回到了出发地点。于是只好又从头开始裸奔。——程序复位。

六、好记性不如烂笔头

经常有人说:"项目赶得太急,我只能写程序,没时间写注释"——匠人不以为然。

根据匠人的推算,我们即使是在全神贯注编程的时候,写程序的平均速度也不过每分钟一两行。

一天 8 个工作小时,即 480 分钟,如果真的每分钟一条,那就要写 480 条语句,实际上我们一天写不了那么多代码。

更多的时候是大脑在思考,而手上却闲着。

而我们的打字速度,实际上可以达到每分钟 200 个键以上。因此,速度的瓶颈不在打字上。

我们完全可以做到一边思考,一边打字。不会额外浪费多少时间。

不但不会浪费时间,还会节约日后程序升级维护的时间。

因此,写注释是件划算的买卖。与其以后想破头,不如顺手写注释。

七、如果匠人请代笔……

——估计此贴能火,想搭顺风车的赶紧前排就坐!

这年头,"代笔"一不小心成了热词,连匠人都被人"质疑"代笔啦。这意味着匠人有出名的潜质,不禁让匠人喜出望外!欧耶!

不过转回头一想,我这代笔还没找好呢,万一火了,到处去帮人剪彩题词,岂不是要把俺累死?! 看来这代笔的事,宜早不宜晚啊,免得被别人捷足先登了去。

请谁好呢? 为了肥水不流外人田,匠人还是先从咱们二姨家的网友中挖掘吧。

首先,既然是要请代笔,当然要请一个文笔好的。纵观二姨家,最适合给人做代笔的,是匠人自己。不过咱总不能自己给自己代笔吧,那是不是显得太磕碜了? 所以,我会请"掏心九天",让他给我弄个《匠人论道》系列! 一天一篇,天天和你们掏心掏肺地论道! 而且还得要求用文言文! 里面最好再夹杂几个古拉丁语。古今混搭,中西合璧,方显学问。估计写上个十年八年,也差不多能火了!

其次,光有文笔好的,还不行,还得有"观点"。要说这"观点",比文笔更重要。一定得迎合 80 后和 90 后的胃口,这就是所谓的"政治正确"。比如那个 HH 小子,搞什么寒三篇,左右不讨好,里外不是人,这不,栽了不是? 所以"观点"本身对不对无关紧要,关键是一定要惹眼、刺激、雷人! 这样才能挑战眼球嘛! 关于这个人选,我觉得请"思男姐姐"比较合适——他的观点一向火辣!

观点有了,文章也让九天写好了,接下来,就该运作了。要说这运作,是出名的不二法门啊。而且这里面有诀窍,想出小名基本靠"捧",想出大名基本靠"掐"。而且还得循序渐进。像匠人这般名气不够的,先得找个捧哏来捧捧场,于是,匠人想起了"Cortex - M0",有他老出马,匠人基本可以小火一下。不过,这捧人的活一不小心就误捧哏的名声。所以,估计还得给双份工钱人家才愿意干……

有人捧还不行,还得有人帮着宣传才行啊,没事贴贴牛皮癣海报,很耗体力哦。最好是能跑遍千山万水,把所有的论坛都给贴一遍。这个事情,没得说,当然是请"HOT 大叔"来帮忙,有他出马,再带几个弟子一起,任你再多的坛,也能灌满……

到了这一步,基本上,匠人已经出了小名了。接下来运作进入第二步,也就是前文所说的"想出大名基本靠'掐'"。也就是该主动出击,找个人来掐一掐。要说这找"对掐"的对象,也是有条件的,首先得名声大,否则掐了白掐,岂不是浪费表情?其次是对方的脾气不能不太厉害,否则容易被对方掐死,这还不算工伤。像方舟子这样的,匠人可不敢去惹,和他掐必输无疑。看来看去,觉得"脱衣舞"大叔比较适合。原因一、名气够大,原因二、年纪够大,原因三、脾气够好。嘿嘿,基本不用担心输。此所谓"柿子挑软的捏"。嘿嘿……

把所有人挨个掐完之后,名声大震。这个时候,没人可掐了怎么办?咱出趟名不容易啊,不能就这么消停了不是?那就反过来,找个人来掐咱。这个还有点难度,估计又得出双份工钱才能找到人。因为到了这个时候,一般人都已经怯场了,必须得找那中气足的,不畏权势、不讲情面、铁面无私的才行。那中场举白旗的不能要。找来找去,觉得还是"大蚂蚁"比较适合。没头没脑把砖头往俺头上一砸,俺自己再赶紧配合着掏出一包红药水往头上一拍,立马鲜血淋漓顺势卧倒。嘿,俺又能火一阵子不是?

接下来就该群殴了,咱好歹是名人,不能没帮手不是?而且,帮手也得是名人,否则气场不够啊。最好还是 MM,这样才能显得咱们人气旺、且人缘好。找谁呢?当然是找"秋婷 mm"啦。这帮腔也是有技巧的,一定要把话往大了说,越是不靠谱的,越是不可能做到的,越要说的斩钉截铁!比如匠人发个毒誓,说"如果有谁证明俺是找人代笔,俺就裸奔!",这边话音落地,那边秋婷 mm 立即接腔,说如果"如果有谁证明匠人是找人代笔,俺也陪同裸奔!"。这么一折腾,立马上"无事生非广播电台"新闻头条,不火也难!

接下来就是各路人马一起上场,各找各的对手,有冤的报冤,有仇的报仇,没冤仇的可以抱着电线杆子 YY,或者去浑水摸鱼抱人家老婆也行。这个时候,俺想起了"洗碗机"大侠。这打群架,哪场能少了他呢!

事情到这个份上,就该打酱油的观众来围观了。这时候,匠人想起了二姨家专业的资深的居委会大妈——IC921。打酱油和围观,那是他的强项啊。没事可以喊喊加油口号、递递毛巾什么的。

最后,事情闹得差不多了,也该体面地收场啦。找个有份量的和事佬出来说合说合,给大家消消火,这个时候,非得请"春羊"出马了。用摆事实讲道理的方式把观众唬弄一下,这历史的一页也就算揭过去了。大家要名的得了名,要利的得了利,要点击率的得了点击率,要回头率的得了回头率。一起握个手言个欢,把个盏庆个功、拍个合影留个念,然后各回各家,养精蓄锐,以备来日再战。

手记 **29**

匠人的博客文集

一、匠人语录

匠人在网上本来一向都是行不改名,坐不改姓,但是那次在 21IC 的博客系统注册时,居然被告知不接受中文 ID。晕倒! 匠人只好用拼音缩写"CXJR"重新注册用户名,然后为了修满 50 分(博客系统要求有积分),而跑到论坛里狂灌水。这篇帖子就是如此诞生的,呵呵。

1. 极速飚车

匠人年轻时喜欢飚自行车,一次与俩同事乘坐 00 路(注:00 路指的是自行车,同理,11 路指的是步行)出行,匠人车速太快,将同事远远甩在了后面。待他们追上来后,责问匠人:"刚才我们在后面叫你慢点,你为何还那么快?"

匠人曰:"可能是车速超过了声速,故没听到……"

匠人遂被同事海扁……

2. 蟹在笑

匠人年轻时常喜欢在 MM 面前逞能。一次被 MM 当众取笑:"你若能做成此事,蟹都会笑。"说毕,MM 自己先得意地笑开颜了。

匠人曰:"你看,'蟹'已经在笑了。"

于是,"蟹"笑得更厉害了……

3. "盲人瞎马悬崖"的现代版

匠人曾经和朋友一起讨论设计了一个最为严重的自行车交通违规情节,如下:

酒后骑车带人 + 机动车道逆行 + 闯红灯 + 双手脱把 + 打瞌睡 + 冲撞交警 + 被查出自行车无牌无票无刹无铃。

嘿嘿,整个一"盲人瞎马悬崖"的现代版。不知在这种情况下,交警会如何处罚?

现在回想此事,与那宝马撞人相比乃小巫见大巫耳。

4. 鸭生蛋,蛋生鸭;咸鸭生咸蛋,咸蛋生咸鸭

一日匠人与家人用餐,吃一咸蛋。咸蛋太咸,饭后猛灌水(注:此处"灌水"乃真正灌水含意,非上网灌水之意)。

次日用餐,见桌上摆一盘咸鸭。匠人乐曰:"怪不得昨日之蛋如此咸,原来是此鸭所生……"

全家笑翻在饭桌上……

5. 超级皮球

同事与胖 MM 拌嘴,说不过人家 MM,恼羞成怒曰:"你信不信我把你从窗口扔下去?"(注:窗口在 10F)

匠人连忙打圆场:"千万别! 兄弟,你把她从 10 楼扔下去,她落地还得弹回 10 楼来。"

同事大笑,消气而去。10 分钟后,胖 MM 明白过来,红颜大怒,三天没搭理匠人……

二、俺只是一个网络上的放羊娃

放羊娃、渔民、匠人的故事。

1. 故事一:陕西放羊娃的故事(转载)

这是近年在网络上风靡一时的陕西放羊娃的轮回人生观。

有个故事,说的是有个记者在陕西的农村采访时看到,一个不上学的小孩在放羊,这个记者觉得很惋惜,于是就问他:"小朋友,你在干什么?"

"放羊!"

"放羊干什么?"

"攒钱!"

"攒钱干什么?"

"长大了娶媳妇!"

"娶媳妇干什么?"

"生娃!"

"生娃干什么?"

"放羊!"

2. 故事二:西方渔民的故事(转载)

一个富人问躺在沙滩上晒太阳的渔民:"这么好的天气,你为什么不出海打鱼?"

渔民反问他:"打鱼干嘛呢?"

富人说:"打了鱼才能挣钱呀。"

渔民问:"挣钱干嘛呢?"

富人说："挣来钱你才可以买许多东西。"

渔民又问："买来东西以后干嘛呢?"

富人说："等你应有尽有时,就可以舒舒服服地躺在这里晒太阳啦!"

渔民听了,懒洋洋地翻个身,说："我现在不是已经舒舒服服地躺在这里晒太阳了吗?"

3. 故事三：程序匠人的故事(匠人原创)

以下是匠人与朋友在 MSN 上的对白(搞笑一下)。

朋友："你在干什么?"

匠人："上网!"

朋友："上网做什么?"

匠人："找资料!"

朋友："找资料干什么?"

匠人："做博客!"

朋友："做博客干什么?"

匠人："吸引人气!"

朋友："吸引人气干什么?"

匠人："拉广告!"

朋友："拉广告干什么?"

匠人："赚钱!"

朋友："赚钱干什么?"

匠人："缴上网费,好继续上网呀! 你个笨蛋!"

朋友："％￥＃＃＃％……?"

三、岁月如歌——记《匠人的百宝箱》开通一周年

日子,总是过得很快。

每天都和代码器件打交道,忙忙碌碌;

每天都是惊人的相似:上班、下班、上网、下网。

今天重复着昨天,现在延续着从前……

日子就这么过去了……又是一年。

如果不是因为这一年里发生了一些事情,那么,这过去的一年和往年也就没有什么区别了。

但是,因为这个博客,让这一年有了些许不同的意义。

也许,开始仅仅是为了新鲜好奇,所以开通了博客;

也许,后来仅仅是为了赢取大奖,所以开始疯狂地发帖;

也许,仅仅是为了实现一个网赚的梦想吧……

也许,仅仅是虚荣心在作祟?

呵呵,不管匠人的动机是如何的不可告人,反正就有了现在您所看到的这个《匠人的百宝箱》。

我们依托中国电子网(21IC)强大的博客系统,和一流的技术支持;

我们创建于 2005 年 05 月 18 日,在短短一年内成长为 21IC 上的强势博客;

我们通过团队的精诚合作,和每天坚持不懈的努力;

我们拥有忠诚的网络读者,和亲密无间的合作伙伴;

我们收录了几千篇精彩文章,其中包括匠人和团队队员的原创文章;

我们拥有每天上万次网页展示,和上千个 IP 点击;

我们是中国人气最旺的单片机与嵌入式系统方面的博客!

但是,我们并没有停止前进的步伐……

而现在回首,发现那些不纯粹的动机都无所谓了。剩下的,是激情过后的宁静……

是的,宁静,就是这个词!

宁静!

我们不再需要喧嚣了。

也不再需要炒作。

我们只需要回归宁静。

宁静,就这样,挺好。

恰如秋后公园里,阳光下慵懒地静坐……

恰如午夜里的一杯咖啡,伴随着轻柔的音乐……

恰如一支烟,静静地燃烧在指间……

恰如打开一封 E-mail,来自久违了的好友……

在宁静中,升华我们的思想,清晰我们的思维。难道,这不正是,我们每个工程师追求的境界吗?

放下浮躁,摆脱困扰。

而岁月,依然如歌,流淌在我们的心中!

四、网络化生存之匠人版

20 年前,匠人分不清计算机和计算器的区别。那时候,老有那些好事者将计算器和中国算盘做比较,并得出结论说二者速度各有千秋。这一说法长期混淆了匠人的概念,让匠人误以为计算机不过就是一台电子算盘。至于网络,嘿嘿,那时候匠人只知鱼网、球网、蜘蛛网、情网,不知以后的世上还有互联网。

15 年前,匠人偶然见过一台机器,只要输入几个键就可在屏幕上显示出汉字甚至显示出我的名字来。匠人不禁叹为观止,一打听才知那玩意叫电脑,又名计算机。哦,敢情这计算机不但可以算 24 点,还可以打字。于是匠人及时修正了主观认识,明白了,原来计算机还可以是台打字机!

13 年前,匠人学习 BASIC 语言,那时根本没有上机条件,所以全是纸上谈兵,一切都是在纸上推演。那时还分不清内存、硬盘、主板、CPU 等东西,因为见都没见过!

12 年前,匠人参加工作,那时电脑都有专门的机房,那些机房里的 286 和 386 让匠人感到新鲜有趣。记得那时匠人对电脑非常无知,看到屏幕上老是显示一个"C",还跟了一个大于号在后面,还觍着脸问一个同事 MM 那"C 大于"是什么意思。后来才知道那叫盘符。事隔多年,那丫头还以此为把柄,嘲笑匠人。

11 年前,匠人开始自学电脑,利用单位里的机器练 WPS 和 FOXBASE。然后去参加上海市计算机应用初级考试,居然蒙混过关了,乐得匠人到处张扬,结果被同事敲诈了一只烤鸭。☺

10 年前,匠人用电脑给笔友写信。不过,可不是用 E-mail,而是先打印出来然后装入信封贴上邮票投入邮筒,嘿嘿。从那以后匠人就不愿用笔写东西了,所以没多久也就和笔友断了联系。

9 年前,匠人重新进入学校,进修计算机系统维护。当时的动机只是为了混张文凭。没想到这会成为一个改变匠人一生生存方式的契机。为了学计算机,匠人大出血花了近一万大洋 DIY 了一台属于自己的电脑。匠人在拥有电脑后干的第一件事就是狂打游戏(好怀念仙剑啊),呵呵。打游戏浪费了不少时间,但匠人玩游戏的水平实在不敢恭维,没办法,只好请来 FPE(整人专家),通过修改内存中的数据来提高生命值、经验值等。经过苦练,游戏水平不见长,对 FPE 的使用技巧倒是练得炉火纯青,哈哈!

8 年前,DOS 已经渐渐被 Windows 取代。匠人在坚持了多年后,终于抛弃了 WPS,转投 Office 的怀抱。同时被抛弃的还有一大批 DOS 下运行的软件和游戏。没办法啦,谁让计算机的进化速度那么快呢。

7 年前,网络走近匠人,而匠人则走进网吧。不过那时的网吧好像更多的是局域网,通常是一屋子人窝在一起打游戏。

6 年前,匠人拥有了自己的电子邮箱,却很少有机会上网。自掏腰包购买了 200 元上网费,却用不掉。

5 年前,匠人偶然借单位的帐号上网。像是刘姥姥进大观园。

4 年前,匠人跳槽,开始了与网络的亲密接触。上网开始日渐频繁,E-mail 也成为工作的一部分。就在那时,匠人登录 21ICBBS,拥有了平生除了本名和笔名之外的第三个名字——网名。记得刚上网时人生地不熟,也没人搭理。匠人遂发奋灌水,殷勤交友,终于在 21IC 社区混了个脸熟。后来匠人拍了拍二姨妈的马屁,还捞了个三版主的宝座坐坐。呵呵,此乃后话。不过那时候用电话线上网,可谓分秒必争,因为时间就是金钱啊。

3 年前,匠人将家里那台当年辛苦攒来的"老奔"抛弃,换台新机器继续在网上混。匠人有段时间寻思搞个人网站,后来发现自己不是那块料,遂放弃之。

2 年前,单位里改上宽带,网络的世界一下子豁然开朗。原来网络不仅仅是浏览网页和收发邮件,还可以下载大量的电子书、视频教程和 MP3。同时,匠人开始尝试网上购物,一开始主要是购书,后来发展到音像制品和一些小的日用品。从此,匠人不再逛书店了。

1 年前,匠人开始用 MSN 和网友聊天。最带劲的是和柔月 MM 聊,但后来被小丫头缠得不行,怕闹出什么网恋之类的桃色事端不好收场,匠人吓得不敢再登录MSN。☺

现在,网络已经成为匠人和匠人身边许多人的一种生存方式。我们在网上看新闻、找资料,在网上灌水聊天,在网上收发邮件传送数据,在网上购物、订票,在网上听歌、看电影、打游戏,在网上建个人博客。匠人也顺应历史的洪流,在 21IC 的博客系统里安营扎寨,并美其名曰"匠人的百宝箱"。——不过根据网友的观点,那里和匠人家的抽屉一样乱,☺。为了将网络化生存进行到底,匠人一咬牙一跺脚,用省吃俭用攒下来的Money 包了宽带。此生此世,匠人已经无法脱离网络的包围了。嘿嘿,现在的匠人只知互联网,不知世上还有鱼网、蜘蛛网、球网、情网。世事沧桑变迁莫过于此。

未来?未来会怎样?到底有谁会知道?你问匠人我,匠人我问谁?也许有一天,我们可以在网上吃饭穿衣洗澡睡觉,整个一黑客帝国也说不定呢!

五、《流星花园》之匠人版

时间:月黑风高之夜……

地点:流星姐姐家的花园……

人物:流星姐姐和匠人,还有……二姨?

起因:流星姐姐从袖中取出一物,深情款款地对匠人说道:"匠人,此物权表小 MM之心,您可莫要辜负……"。

经过:匠人斜眼一瞟,只见那物事:白花花、亮晶晶、薄悠悠、轻飘飘。正是江湖中人人眼红的辟邪宝物——桔子牌 MP3。匠人一见此物,立即两眼放光、热血沸腾、英雄气短、儿女情长。一把抓住流星姐姐的玉手,正要做那海誓山盟状……

发展:突然,从花园假山后边冲出一人,正是江湖中人人望风而逃的十三姨——她二姐——人称二姨。只见二姨冲上前来一把抓住流星姐姐,喝道:"你这丫头,何等尊贵的小姐身份,怎地在此与这三教九流的匠人幽会,羞是不羞?还不快随了我去!"流星掩面而泣,被二姨强行带去……

高潮:匠人眼望伊人远去,花园中转眼间冷冷清清。只有手中的 MP3 还残留着伊人的体温。夜空中,划过一道流星,尔后归于平静……

片中插曲:(借用一下《大长今》的主题曲)伊达达伊达达伊达伊达……

结局:匠人回家后奋笔疾书,作成"《流星花园》之匠人版"。发于 21ICBBS,一段佳话由此流传……

——以上故事纯属虚构,故事中的人物都为匠人杜撰,如有姓名雷同实属不幸巧合……

——我闪……

（后记：本文写于 2005 年 10 月 11 日，是为了纪念匠人的博客——《匠人的百宝箱》荣获 21IC 网站流星一派站长举办的博客大赛头等奖，并获取苹果牌 MP3 一部。）

六、《匠人的百宝箱》博客名趣事

《匠人的百宝箱》LOGO 中的"匠人"二字，采用的是艺术手写字体。因此，常常被人误读，由此产生了许多趣事。最先被人误读成了"匝人的百宝箱"。后来，又有好事者经过研究，发现我们的 LOGO 酷似"后人的百宝箱"。这大概是体现了网友们对我们的厚爱和期待吧。如果我们的努力能为后人带来便利，我们也会感到莫大的欣慰啊，呵呵。

而最有趣的是匠人的小女。该女乳臭未干，整个一黄毛丫头。刚开始识字，整天喜欢指鹿为马。每每看到一个眼熟的字句就喜欢读出来，如果恰好被她蒙对，则一副欣喜状。那日，该女看到匠人正在经营自己的博客，脱口念出了"百宝箱"三字，令匠人大为惊喜，连声赞曰"虎父无犬女"！又问其前面几个是何字？答曰："害人的百宝箱。"

匠人当场喷血晕倒！

七、大话篇新传——匠人是如何变成 21ICBlog 系统管理员的

流星姐姐最近老是见首不见尾，BBS 和 Blog 都快长草了。匠人看在眼里，急在心里。可惜联系流星姐姐好难哦。

打电话过去，振铃 N 久无人接听。过了许久，出现自动应答声音："电话无人接听，按 1 键转接到传真机，按 2 键转接到洗衣机，按 3 键转接到空调机，按 4 键转接到饮水机……"匠人晕！

打手机过去，听到的是"您所拨打的用户正在裸奔，请稍后再拨。"匠人无奈挂机，过一会再打，听到的是"您所拨打的用户已奔出服务区，请……"匠人狂晕！

手机不行，就改用 MSN 联系吧，好不容易逮到流星姐姐在线了，发信息过去。过了一会儿，回了个信息："您好！我家主人流星不在家，出门裸奔去了。我是他家的看门狗。要不我陪你聊一会儿？"匠人倒塌！

MSN 不行，就改用 QQ 留言吧。结果又收到自动回复："你好，我不在线，正在裸奔。如想同奔，请按下 PC 主机上的 RESET 键，并在听到'嘟'的一声后留言。"匠人吐血！

以上场景纯属虚构。不过流星姐姐最近好像确实很忙。那天和她聊了一会儿。建议她设置一个系统管理员。没想到，她就直接把这苦差事扔给匠人了。真是大大的狡猾！

以后，各位博友如有问题，可以与匠人联系（最好的办法就是到《匠人的百宝箱》留言给我）。匠人尽量在自己的权限范围内为大家服务。

439

八、两粒电子的爱情

匠人前言：看到有人写《两粒砂的爱情》。呵呵，我们搞电子的，当然要模仿着写一篇《两粒电子的爱情》回应啦。

1. 缘起虚无

很久很久以前，在某一片星云里有两粒电子。

他们围绕着同一个原子核旋转着，她在内层，他在外层。内层那一粒电子爱上了外层的那一粒。

他们的轨道很接近，但那是他们不能逾越的距离。

她凝视着近在咫尺的意中电子，平安幸福地过了好多年。

他们的世界平静而又规律，两粒电子粒绕着同一颗原子核旋转着，旋转着，就像跳一曲永不终止的探戈。

她觉得自己很幸福，因为她知道有自己爱的电子可以让自己凝视，不用管外面世界的星云。

星云很大，很空旷，而这种空旷的程度超出了他们的理解和想象。像他们所在的这一个原子，可能在一光年的距离里只有那么一粒。

这个原子就是他们的宇宙。至于外面的世界，于他们来说，就是虚无。

但是在某一个时刻，她忽然冒出了一个念头：要到自己所爱的电子面前对他说爱他。

但是，他们不在一个轨道层。那是什么样的距离啊！

她没有放弃，她知道总有办法的……

空间是虚无，时间也是虚无，她可以用一亿年来思考，找到那个接近他的方法。

2. 聚集能量

星云慢慢地在聚集着，这个过程是如此缓慢，缓慢到没有人觉察得到。但是，变化确实在发生着……

一个原始的星系慢慢成型了……

她和他，成了这个原始星系的最小构成。

她终于发现，他们所在的这个原子，原来只是数以亿万计的原子中的一个。

同一轨道层的姐妹无意中了告诉她一个原理，当内层电子获得足够能量时，就会发生迁跃，从内层轨道跳到外层轨道。

那一刻起，她知道了，能量——那就是自己的追求……

是的，能量！

她在聚集……

当星云的核心塌缩成恒星，当星云的外围凝结成行星时。她在聚集……

当他们所在的那个星球内核开始发热，让大量氧气分子升华成大气层时。她在聚集……

当冰河时期来临,万物封冻时,她在聚集……

当火山爆发,地壳运动时,她在聚集……

聚集,在每一次能量发生细微扰动时,她都没有放弃机会……

直到那一天……

3. 轨道迁跃

一颗巨大的流星,击中了他们所在的那个星球,能量在瞬间爆发。她和他,以及他们所在的那个原子,成了火山口的喷发物质……

他们沸腾了!

她的心也沸腾了!

她知道,那是她的机会!

剧烈升高的温度,给了所有粒子更多的活性。在他们所在的原子与另一颗离子发生碰撞的那一刻,她终于收集到了足够的能量!

然后,是迁跃! 义无反顾,甚至没有向同轨道层的姐妹道别!

这一切,只为了和他的轨道能有一个交点……

为了这相逢的一瞬间,她等待了多少个一亿年?

她已经不记得了。

4. 诀别冷却

她的迁跃,引发了原子内部能量结构的紊乱。旧的平衡被打破,而新的平衡还没有建立。

新的轨道,让她不能适应。她像一匹脱缰野马在原子空间里横冲直撞,差点毁了这颗原子!

但是她知道,这是必须付出的代价。

哪怕是撞得头破血流,她也无怨无悔!

但是,当一切都稳定下来,她的目光再次去寻找心中呼唤了亿万年的那粒电子时……

她绝望地发现,他已经不在那个轨道上了!

是的,他离开了这颗原子。在混乱中,在刚才那一场原子碰撞的过程中,他,被另一颗离子的场俘获,带走了。

她发现自己突然浑身冰冷,原有的那股热量消失得一干二净! 这是因为火山运动的结束? 还是因为迁跃消耗了能量? 还是因为他的离去呢?

她被埋入了地下,而她的心,则沉入了地狱……

5. 心魔爆发

再次重见天日,已经是许多万年之后了。

这粒电子,和她所在的原子,连同整块矿石,被这个星球后来繁衍出的最具智慧生物——人类,从地底下挖掘出来。

他们成了矿石。

而且,是属于放射性的那种!

然后,是提炼、运输、存储。最后,他们被装入了弹体,被飞机带到一个小岛上空,投放。

她一直在沉睡……

其实,沉睡的是她的心。自从失去了他。

直到她和她所在的那个原子弹,被人从飞机上扔下去……

于是,她醒来了,用最猛烈的方式。

火光!

蘑菇云!

那梦中曾经的激情,以恶魔般的身影浮现!

爆炸过后,她发现自己被激发成了放射性粒子。和其他粒子汇聚成光。

死亡的光!

他们穿过一个少妇的子宫,扼杀了里面的胚胎;

然后又从一个孩子的眼中掠过,夺走了这个孩子的光明;

他们让老人的内脏发生癌变,而那个老人正在为失去亲人哭泣,浑然不知。

她不知道自己做了什么。

6. 永恒等待

当一切平息……

这粒电子——哦,不,她已经不是一粒电子了。

她的能量,已经溃散。她变成了虚无,蔓延开来……蔓延开来……

她知道,她也许再也没有机会见到那另一颗电子了。

她已经失去了一切。

不过她没有失去信念。

等待吧。

等到地老天荒、等到世界末日。

等到宇宙塌缩成一个奇点时,那,就是他们重逢的日子……

那才是永恒的归宿……

九、纪念一个 ID

我以这样一种方式来纪念你

我甚至不忍心提起你的 ID

我的网友——IC921

我拿什么来挽救你？

我们素未谋面
却神交多年
你不是我的知己
你的离开　却让我悲痛不已！

知道你患病的消息
我便已经预计
这一天
我只是没有想到会来的这么快而已！

我一直在试图回避
深入思考这一天所代表的含义
但是这一天终究还是到来了
而且是一种令我猝不及防的演绎！

回家的路上
风混乱了我的思绪
脑海里浮现许多往昔
都是有关于你……

曾几何时　你一个人战斗
为了坚持你的真理
没有知音　你也拒绝随波逐流
我敬佩你坚持的勇气！

你也曾因为一些小事
而遭人误解
最终你选择了
沉默是金……

更多的记忆
是你面对网友时的一腔热情
不管他是大牛还是小虾
是老鸟还是菜皮！

匠人手记
第2版

在你担任过版主的版面里
有你留下的痕迹
你帮助过的那些新人
是否还会记得你？

以后又有谁
会去你的博客驻留　点击
看一看你写下的文字
凭吊你曾经的抗争与努力？

悲伤的日子终会过去
未来的某一天里
也许你会被人忘记
也许你又被人想起

但是这些都不重要了
忘记
或者追忆
都已经无法换来你的生命！

444

21ICBBS 人物志

一、前 言

这篇文章(原名《21IC 人物志》)里介绍的,都是 21IC 社区里一个个有血有肉的真实 ID。现在,这些人中有的已经隐退,有的还继续活跃在坛中。不论是留下的,还是已经走了的,都曾经是这个论坛中的叱咤风云的灵魂人物。所以,当匠人这篇文章以连载的形式出现在论坛里时,曾经引起巨大的反响。网友们以积极的参与热情将这篇文章足足顶了 3 个月。可谓盛况空前。

当然,在这个社区中,还有更多的名人出现。他们之所以没有成为这篇文章中的介绍对象。可能有以下几种原因:

(1) 人物性格特征不明显。大凡故事中的主角,都是性格鲜明的。如果各方面既不突出也无缺陷,那写起来还有啥噱头?

(2) 有些大腕,由于专业的隔阂,导致匠人对他们不够了解。想吃却无从下嘴,只好放弃。

(3) 生不逢时,成名太晚。没有赶上这篇文章的发表时间。所以说,这年头出名一定要趁早,呵呵。

(4) 隐退得太早,仅仅是昙花一现,还没等到和匠人混熟,他们就已经退出江湖了。来得早不如来得巧。

好了,废话不多说了,看正文吧。

二、hotpower 篇

在 21ICBBS 上,匠人能记住的英文或拼音字母组成的 ID 不多。hotpower 便是其中记得最牢的一个,所以不妨先拿 hotpower 开涮。

说实话,匠人一直不明白"hotpower"这个单词的含义。只好把它拆开来理解成"热电源",或理解成"炙手可热的权力"。☺

用"炙手可热"来形容 hotpower 似乎不太恰当。但如果用这个成语来形容他老人家的帖子,则再恰当也不过了。以至于有一段时间,匠人上网唯一能干的事情就是搜索 hotpower 的帖子,然后先给它加上裤子,再慢慢阅读内容。

hotpower 最大的兴趣大概就是灌水了。这一爱好对于一个 17 岁的光头少年来说非常正常,但对于一个年近不惑的老头来说则有点令人不可思议。要知道,灌水并不难,难的是把坛子灌翻;把一个坛子灌翻也不难,难的是把所有坛子都灌翻;偶然把所有坛子都灌翻也不难,难的是长年累月把所有大大小小的坛子都灌得水漫金山,那才是很难很难的啊!而更难得的是,hotpower 灌了这么多水,居然还能保持其帖子的含金量,那可是最难最难的啊!

不知道 hotpower 是否信宗教,但他喜欢把所有的版主都称为教主。以致于版主们见了他就绕着走,免得被他"教主"长、"教主"短叫得让人以为是某邪教残余分子。:-)

hotpower 有个优点,就是不太生气记仇(这也是匠人先拿他开涮的理由之一)。有时被网友们拍了砖,他顶着一头的砖头渣子却一点事也没有,照样谈笑风生。好像那砖头拍在别人头上似的。更绝的是有一回被所长抓做典型批斗,吊在墙头三天三夜。一帮兄弟都愤愤不平的要为他讨回公道,他自己倒和所长侃得热火朝天了。这种气度,实在是值得我等好好学习。

三、雁舞白沙篇

匠人对白沙的好感,最初是源自对"白沙牌"香烟的好感。所以对这个 ID 有股天然的亲切感。呵呵!

白沙是个热心人。他不但把自己的程序无私奉献,还把别人的程序也无私转贴。可惜他时运不济,正赶上那几天刀客心情不好。以为他作弊,一刀下去把帖子"喀嚓"了。亏得匠人眼疾手快,拿网又给捞回来。就这样,熟悉了。不过匠人却为此开罪于自家老大了,呵呵。

白沙兄的签名比较有个性:一排整齐的篱笆围着一栋小巧精致的房子,远看像养鸡场,近看像鸡舍。小鸡养大后,白沙兄的签名就变成了 4 只烧鸡。烧鸡吃完后,白沙兄的签名又恢复为鸡舍了。:-)

四、柔月篇

柔月是谁?

如果你不知道 21ICBBS.com,那不稀奇;但如果你知道 21ICBBS.com 却不知道柔月是谁,那可就是——稀奇,稀奇,真稀奇了!

长久以来,匠人一直怀疑,柔月是否真有其人。而众网友则更对柔月的 PP* 感兴趣。毕竟谁也不希望自己讨好了半天的对象是个恐龙。而柔月的 PP 非常漂亮。

---

* "PP"是指"照片",不是指……勿要理解错误,呵呵!

虽然那不是她的本相,但还是把众人看得直流口水。

柔月的 E 文功底奇好。她生气时就要用 E 文骂人,常骂得那些 E 文不好的色狼们一愣一愣的。不过好在她并不经常生气。其实,柔月还是蛮好相处的,她和谁都能聊得上。你只要对她说"老师是人类灵魂的工程师,我最喜欢老师了!"立马把她哄得眉开眼笑,说不定还会有片刻的冲动想嫁给你呢,因为她就是个准老师!

柔月的偶像不是蔡国庆,也不是蔡明,而是北大的老校长蔡元培。如果你打算向柔月套近乎,一定要先将老校长的生平典故记住再上。千万别把无知当有趣,说什么"蔡元培是谁? 他又不认识我,我干吗要认识他?"之类。——嘿嘿,因为匠人那时就是这么说的。

柔月是大众情人,是属于大家的。如果谁稍微和她亲近一些,立马会被其他光棍们乱砖劈死。不过偌大一个 21IC 网站里居然只有一位大众情人,这可实在是件令人沮丧的事情。可见电子工程师里的男女比例失衡,已经到了一个非常恐怖的程度。

五、highway 篇

highway 是位旗手。他扛的旗帜上写着四个大字——"抵制×货"。他的出名源于他的执著。因为他要么不发言,发言必反×。highway 可以给你一千个反×的理由。

——反×需要理由吗?

——不需要吗?

——需要吗?

——不需要吗?

highway 有一批为数众多的支持者。当他们聚在一起时,显得声势非常浩大。另一批同样众多的人则充当了他的反对者。

这符合事物的矛盾统一规律。即任何事物都应该有它的对立面。有×货,就有人选择反×;有人反×,就有人选择反反×。从而取得生态平衡。

据说 highway 的对手是 CCCP。现在 CCCP 走了,没有了对手的 highway 显得有些落寞,无聊时只好随便抓个 ID 过来,当作 CCCP 批一顿过过瘾。可惜那些替罪羊都没有 CCCP 的实力,往往招架不住,只好把自己的马甲换了偷偷再来。于是 highway 又养成一个习惯,就是专抓马甲。

六、CCCP 篇

CCCP 是一个传说……

CCCP 是被争议最多的一个 ID。有人将他奉为敢想敢说的英雄;也有人认为他是个满嘴脏话的家伙。

记得在一部电影里,周星驰把海里的鱼都骂得翻了肚皮,这种骂功堪称一绝,但和 CCCP 的骂功相比,则是"小巫见大巫"。那时常见 CCCP 骂人,而且每次都不重样！

　　但 CCCP 突然就消失了。如果不是他留下的那些经典骂帖的话，好像从来没有过这个人一样……有人传说他被"国安"（国家安全局）抓了，当然这只是谣传而已。

　　CCCP 走了。却仍然被他的"朋友"和"敌人"记挂在心。以至于每过一段时间就会出现一个冒牌的"C3P"之类的 ID，然后被众人乱刀砍死。

　　在产业论坛，如果你要捧一个人，或想损一个人，都可以把他比作 CCCP。

七、老王篇

　　在 21IC 上，姓王的网友太多了。但是，如果有人跟你提到"老王"，那铁定不是指别人，而是指"王奉瑾"。就像相声界提到"牛哥"铁定是指"牛群"一样。老王得以独占此姓，自有其称王称霸的理由。

　　老王是 21IC 的一棵常青树，那可是骨灰级人物啊。想当年，匠人刚入此坛见人就作揖还动不动就被版主们踢到新手园地的时候，老王已经名满江湖了。那时候老王好像蛮喜欢转贴些电源方面的文章，并因此赚了好多条裤子。由于年代久远，那些裤子究竟是他以权谋私自己缝制的，还是其他版主官官相护贿赂的，这就无从考证了。

　　老王是个性情随和的大侠，不像其他高手那么喜欢玩性格，即使被旁人调侃几句也不会大动肝火，哼哼几声也就罢了。他要是看到哪里有网友在掐架，一般都会星夜赶去拉架，两边哄哄拍拍立马平息纠纷。可见这位和事佬的人缘不错。当然，你也可以认为他有点圆滑世故或老奸巨猾。:-)

　　老王比较热衷于筹划武林大会。早几年大概搞过几次。今年本想再次召开南方武林盟会。此事筹备得声势浩大，差点没有惊动国家安全局。据说还请了柔月姑娘担当主持司仪，许多网友为了一睹羊城第一美女的芳容，纷纷省衣节食地筹路费和门票费。然而好事多磨，后来听说赞助商釜底抽薪取消了赞助，此事遂胎死腹中矣。

　　（注：由于匠人已经写了匠人自传，故原先由网友 sasinop 所写的《匠人篇》——就是吹捧匠人的那篇——就显得重复了。现将《老王篇》替换上来。凭老王的吨位，大概不会有人不服吧……在此向 sasinop 道个歉先。）

八、电子小虫篇

　　电子小虫是个悲情人物。这可能和他的 ID 有关系。因为在弱肉强食的动物世界里，"小虫"是渺小的，而"电子"则更加渺小——即使在微观的粒子世界里。所以"电子小虫"这个 ID 总让人联想起芦柴棒、祥林嫂、阿 Q 或是郑智化歌里的那些社会底层挣扎的小人物们。

　　高昂的上海房价是小虫心中永远最大的痛……这种痛体现在了他的帖子里。

　　小虫一直在努力地唱衰上海的房价，唱衰上海的经济，唱衰上海。他把上海描述成一个没有人情，没有希望的城市，希望吓跑其他打工者和投资者，好让他能买得起房子。但他自己却无法离开这座令人浮躁的城市。那些住着大房子的人们常用这一点来攻击他:"你不喜欢上海为什么不离开?",就好像地主的儿子问"穷人没饭吃为何不吃肉?"一样。由此可见中国的社会已经分化到了一个多么"结棍"*的程度了。

小虫成为一个符号,映射着中国千千万万的异乡打工者,他的帖子往往引发许多无房者的共鸣。但遗憾的是房价还是在升,一点崩盘的迹象都没有。每次看到小虫的帖子,就让人想起郑智化的歌:"给我一个小小的家,小小的家,能挡风遮雨的地方,不需要太大……"

九、刀客篇

如果你只看他的照片,你会以为他是个醉猫;但如果你真以为他是个醉猫,你就错了……

真正的侠者都是深藏不露的。

他从不轻易发言……他如果要发言,就用他的大砍刀来发言……

大砍刀,长三尺三寸,重三百斤,它奇妙之处在于一刀砍去,可以将那些口水帖、烂帖、广告帖、骂人帖,通通喀嚓。程序匠人当年为天下武器排座次,大砍刀便是第三位。

当你以为他不在时,他已经来了;当你觉察到他来了时,他已经走了。十步杀一人,千里不留行,事了拂衣去,深藏功与名……

他是谁?

——他就是"砍弹片鸡"坛的掌门人刀客。

十、万寿路篇

匠人出个上联请大伙来对下联。上联是"替罪羊",下联是什么?

——"万兽鹿"? 晕! 你怎么会想到这个 ID? 简直就是……简直就是和匠人想到一块去了。☺

据说,如果你要整治谁,就把他放在铁板上,然后在铁板下生火。在 21ICBBS,也有这么一块铁板。这块铁板的正式名称就叫"产业论坛版主宝座"。坐在这块铁板上的不是别人,就是本篇的主角儿——万寿路先生。

之所以说那个宝座是块灼人的铁板。盖因为产业论坛乃是非之地。各种观点在那里碰撞,而这些观点中,难免会有些出格的内容。出格的内容应该删除,这是版主的职责所在。当网友们发现自己的帖子被喀嚓了,难免大惊,大惊继而大怒,大怒继而大叫,大叫继而大骂。而这大骂的对象就是铁板上端坐的万寿路先生。在21ICBBS 多数版块里,都人浮于事地设有多位版主,唯独产业论坛只有一人顶缸。这么看来,用"万兽鹿"对"替罪羊"倒是非常贴切的了。

万版主有个绝技,就是扫"帖"。据说有一次刀客和他比赛删帖。一个小时下来,刀客才删了两篇帖子,再看回收站里,被万版主踢出来的帖子已经堆得尸横遍野了。刀客

---

*　"结棍":沪语,厉害的意思。

问他是如何做到的。只见万版主神秘笑道："你用砍刀,而我用的是扫帚,你说,谁速度快?"刀客遂甘拜下风。

扫帖太多,难免惹下"仇家"。于是万版主养成了昼伏夜行的习惯,每天太阳不下山,坚决不上网。这几年下来为 21IC 值了不少夜班,却没领到一分钱夜班费。

什么? 你就是老万的仇家? 那你就在凌晨 1 点上网去堵他吧,保管你一堵一个准儿。——可千万别说是匠人告的密哦!

十一、碧水长天篇

长江后浪推前浪,前浪倒在沙滩上;世上新人换旧人,旧人进了回收站。21ICBBS 老一代东邪西毒们纷纷隐退江湖,留出空间让新一代青年才俊们闪亮登场。

几乎一夜之间,论坛里便窜出了个红人。谁呀? 本版新任版主碧水长天呗。

说他红,一点不为过。要知道匠人当初可是在灌了多少水后,软磨硬泡又打躬又作揖的,才在老版主平凡老师退休后顶替进来,混了个三副的闲职。而长天兄仅凭一篇帖子就博取了 21IC 的信任,立马委以重任,将一个正处级中层干部的位置分派给了他。把匠人活活羞煞。按说吧,这光当上版主也不算能耐,但人家把这店铺收拾收拾粉饰一新,笑迎八方海纳百川,客流量直线上升。将原本一个门可罗雀的门面搞得红红火火,抢了产业论坛不少老主顾生意,气得老万吹胡子瞪眼睛。这可就是能耐了。

不但如此,长天兄还本着"立足本版,放眼全坛"的精神,到别的版面友情客串,在 PIC 单片机版面大放光华。弄得人家版主无以回报,想以身相许吧可惜又是同性。只好拿出珍藏多年的江湖中人人眼红的武功秘笈相送。长天兄得此宝书后,武功更是再上一层黄鹤楼,红得发了紫,紫得发了黑,黑得发了亮。

按说像这么个意气风发年轻有为的江湖新秀,多少可以恃才自傲了吧。嘿,长天兄还就是玩起了谦虚。见了谁都是客客气气的,"大侠"长、"前辈"短地叫唤,叫得人家无地自容。最近更是放言在 21IC 拜了位师傅,俨然一副心甘情愿要认贼作父的样子。拜就拜吧,他又不说是谁。这下可炸了窝。众人纷纷打听:"谁这么误人子弟不负责任地收徒弟?",害得 21IC 上人人自危,那些有两把刷子或没两把刷子的主儿纷纷诅天咒地发誓辩白,说自己最近没有收过徒弟。

这么一闹,居然又闹成了社区热点。你说他红不红?

十二、忘情天书篇

天书是个苦命的孩子。记得他刚来时,见人就控诉他那不良老板的万恶罪行。众人都为之捐一把同情之泪,并为其出了不少馊主意。后来他换了个老板解脱,这事才算不了了之。

天书是个勤奋的孩子。有一段时间,论坛里盛行出个人专集,他看到匠人把自己的《大话篇》装订成册到处派发,羡慕得不行。立马回家闭门造车地写了十多集《天书文集》,然后像贴老军医广告似的贴得产业论坛小区里到处都是。匠人闻讯后忙屁颠屁颠地跑到那个小区去拜读。你还别说,那文集不但贴得像老军医广告,居然连内容也像极了老军医广告。因为里面充斥了一些对跟肾有关的毛病的介绍。

天书是个顽皮的孩子。那次匠人正背着自家老大偷偷打捞白沙兄的帖子残骸,他狐假虎威地喊了声"刀客来了",吓得匠人丢盔弃甲兼屁滚尿流⋯⋯因为他太顽皮了,好像有一次还被 21IC 关了禁闭,多亏众人求情,才得以提前释放。

可能正是由于天书的苦命、勤奋和顽皮,所以他深得各大门派的掌门人和长老们的喜爱。纷纷向其传道授业解惑,并亲切地称其为"小田鼠"。把他那些未得宠的同辈们妒忌得两眼喷火,纷纷造谣说他是"×××的最爱"。这样的传言各位最好不要传到他耳朵里,毕竟在现存的中国社会里,××恋还是个敏感的话题。他要是知道是匠人泄了他的底,说不定有会出个什么《天书续集》,把所有跟肾有关的毛病都安在匠人身上了。那匠人可消受不了。嘿嘿⋯⋯

十三、张明峰篇

张明峰——这可不是一个普通的 ID。因为他用了自己的真名,这在 BBS 上是非常少见的。因为只有一个敢对自己所有言行都负责的人才敢用自己的真名上网。不信你随便去逮个 ID 问他:"嘿,伙计,告诉我你的尊姓大名、家庭地址、邮编、电话、银行账号吧?"——保管让人家以为你是公安局卧底来抓坏蛋,吓得立马拔网线走人。

所以,当匠人想写他的传记时,不由地慎之又慎。如果是件普通马甲,拿来涮涮没关系,但真实姓名授之父母,咱总不能随便调侃吧?再说了,他的那些忠实客户也不会答应呀。

为了更好地刻画这个人物,匠人还特意去搜索了他以往帖子,以期能挖掘些有关他的轶闻趣事以嗜读者。这一锄头挖下去还真发现了个奇迹⋯⋯

话说这网上,有一种帖,匠人称之为"口水帖"。这口水帖,比那一般的灌水帖还下一等。因为其只有标题没有内容,而且连标题也是废话,言而无物,形同口水,故得此名。

但匠人却发现,张工上网若干载,从未吐过一口口水(堪称上海文明市民标兵)。他的所有帖子都是在回答或讨论网友们的各种各样千奇百怪五花八门的技术问题。别说没有口水帖,连灌水帖都没有呢,你说是否奇迹?如此一个敬业的人,不愧是 21IC 所有版主的榜样啊!也难怪当他卸任时,有那么多网友自发地哭着、喊着、跪着、拦着、威胁着不让他走,场面浩大得让人想起了十里长街送总理!那个让人感动啊⋯⋯咳,要是匠人哪天被 21IC 炒了鱿鱼,哪怕有一个人愿意为我自焚请命,匠人就是死也瞑目了⋯⋯

不过,不幸中的万幸,张工临走时为 21IC 物色了一名和他同样热情的接班人。从此,PIC 菜鸟和老鸟们终于可以紧密团结在以新版主为核心的 PIC 论坛周围,高举⋯⋯(就此打住!嘿嘿,咱还是别触了张工的霉头。要侃咱还是下回另找个马甲来侃吧。)

十四、平凡篇

当周老师穿上"粉尘扑扑"的教袍走上讲台时,他也许只是一位平凡的老师;但是当他换上那件平凡的马甲登陆网络时,他就不再是一个平凡的网民了……

在这个高手如云,泛滥得多如驴毛的网络时代,一块砖头拍下去兴许都能拍到七八位大侠。他的不平凡不在于他的武功有多高强,而在于他的无私渡人的美德,或者说是在于他的那本在网上广泛流传的《平凡的单片机》。其受菜鸟欢迎程度之深,恐怕无人能及。

要说那本书吧,其内容倒也稀松平常,并没有记载什么绝世武功(如果你是高手,我劝你就不要看了,免得看了犯困)。但那却是一本非常适合新手入门的单片机教材,循序渐进,浅显的理论与简单的实践相结合且相得益彰。最关键的是,它是免费的午餐,许多网站都有下载。

网龄稍长的网友一定记得,平凡老师曾是侃单片机版的二当家。可惜他老人家现在已经闭关修炼多年,不问世事了。偶尔登陆 BBS,也只是昙花一现。害得各位久仰其名的菜鸟们牵肠挂肚朝思暮想。不过听说平凡最近出了本加强版的《平凡的单片机》,正在书店热卖,各位不妨去书店找找。他那本书的书名是——我就不告诉你,让你急!

——什么? 你真想知道,那我也不能告诉你,免得让人以为匠人是"托儿",嘿嘿!

十五、zenyin 篇

zenyin 是位高手,同时也是位神秘的人物,或者说,他(她?)是一个谜。

他的第一个谜是关于他的眼睛,匠人怀疑他的眼睛具有显微镜的功能,他能看到别人看不到的细节。比如说吧,当你看到一个汉字时,他看到的却是一组笔画而已。由于拥有这项特异功能,所以他常把自己装扮成一个拆字先生。

他的第二个谜是关于他的性别,虽然他声称自己是雄性,但网上关于他性别的猜测从来都没有中止过。

他的第三个谜是关于他的去向,曾经有一段时间,他在坛子里非常活跃。但突然间就蒸发了。许多人坏疑他还在坛子里,甚至有人猜测 hotpower 就是他的马甲。这事情在没有得到 zenyin 或 hotpower 承认(或否认)之前,当然是无法考证的。唯一能够确认的是,hotpower 是在 zenyin 消失前后才来的。

十六、Computer00 篇

很少有人叫他 Computer00,在 21ic,大伙儿更习惯叫他电脑圈圈,或者圈圈,或者——蛋蛋。

还是叫蛋蛋好,至少能证明他是 BOY。很阳光哦。

当然叫圈圈也不错,事实上,他也圈了不少 mm 的芳心。早有柔月,现有闪闪。以至于当他竞选最佳版主时,闪闪吵着要当他的拍档,组成"闪光蛋"。再加上 HOT-

POWER 的强力提携，这么强的阵容，想不夺魁也难。

于是圈圈众望所归，像套圈似的，把个 IBM 圈回去了。

圈圈的出名，源于灌水，又不仅限于灌水。最佳版主也许只是他网络生活的一个插曲。而更广阔的天地里，正等待他套着游泳圈去遨游。

这不，人怕出名猪怕壮，被北航铆上了不是。非要邀他写书，还把他的真名也泄露出来了。害得圈圈连夜给匠人发鸡毛信，要求屏蔽姓名，免得他导师看到后无地自容去跳海。

这么看来，圈圈还是很低调的哦。

十七、chunyang 篇

人说：好女人是一本书，可以让男人读一辈子。要匠人来说，好男人也同样可以。

chunyang 就是这样一本书，而且是百科全书。专业知识自然不在话下，而邪门歪道天文地理周易八卦他似乎也都懂。

chunyang 灌的水不多（当然也不少），不过他灌的水那可都是高蛋白的。比脑白金还脑白金。

唯一的问题是，和 chunyang 讨论问题，似乎很难找到讨论的乐趣。因为，他的贴子往往直击要害，直接就给出了标准答案，比教科书还教科书。

这样的教父级别的热心牛人，实在是我们 21ic 的镇山之宝。那个最佳版主亚军，实在屈才了。

而很不容易的是，我们的春阳大虾，还是一个很礼让的人，从不与弟妹们争一时之利。

最后，让我们为 chunyang 大虾点一首歌："读你千遍也不厌倦，读你的感觉像过年……"

十八、xwj 篇

xwj 很黑！

为什么？且听匠人道来：

xwj 的中文联想很多：新闻界、显微镜、洗碗机、小五金、相位角、学问家、行为家、咸味鸡、夏娃姐、下位机。

这些词个个都让人联想翩翩。其实跟他都没有关系。唯一有点关系的是"洗碗机"。

洗碗机身兼版主和网友的双重身份。但是似乎没有人把他当版主看，就连匠人也常常想不起来洗碗机到底在哪个衙门当差。而洗碗机自己显然也没有完成身份转换，动不动就和人干一仗，害得匠人跟在他屁股后面灭火。

当然，洗碗机的火炮性格并不妨碍他的人缘，也不妨碍他在最佳版主评选中的超常规发挥。在一帮兄弟连抬带捧之下，洗碗机顺利晋级前三。这个结果，是人们事先没有想到的。因为在此之前，xwj 还是一介草民，被火线提拔上来没几天居然就变成

453

了"I 疯"。怎么能不让人大跌眼镜？

xwj 是一匹很"黑"很"黑"的黑马！由此论证了出匠人开文的论点。

十九、阿南篇

阿南。

不是阿男、也不是阿难。那些都是女生。

阿南是个正宗的男生。他之所以取这个 ID，不是因为他妈想再要个男孩，而是因为他名字里有个"南"字。匠人这是在听说阿南写书，并打听到阿南的真名后才明白过来的。

楼下的千万别问匠人阿南姓什么哦，问了俺也不会告诉你的。想知道的话，就赶快把早饭钱抠点下来等着买他的书吧。

匠人与阿南的缘分，始于去年。那天这小子突然口出狂言，要拜匠人为师。把匠人惊得一乍一乍的。心想这下要糟糕！俺那些三角猫功夫没法继续滥竽充数下去，铁定要穿帮露馅了。

却谁知阿南来个峰回路转指东打西虚晃一枪去其精华取其糟粕。风风火火地学着匠人的样子搞起了副版主选拔。霎那间 ARM 版面风起云涌恶浪滔天各路神仙齐集，狠狠地火了一把。

最后，阿南赚了人才又赚了人气。这一把"炒作"却学的着实不赖。

拜师的事情就此揭过。阿南却又不声不响地开始写书了，转眼间书已完稿。看来，俺这个挂着"师傅"虚名的，又得光着膀子去帮衬着吆喝两嗓子了："卖书啦，卖书啦！走过路过，不要错过啊！"

二十、涛行九天篇

道可道，非常道。九天出名，就出在他的"九天论道"。

在这里，我们姑且不说他"论"的是正道还是歪门邪道。毕竟，他的"道"还在探索之中。而为了这些道道，引来的砖头都够盖十座道观了。在这个信仰普遍缺失的年代，道不同不相为谋的事情也是常有的。

不过，在生态多元化的 21icbbs，九天的"道"还是找到了他的市场。在引起了一部分人的共鸣之后，涛行九天终于顺利进入二姨家的娱乐圈——也就是在我们这个同僚板当了版主。

说起九天兄当版主，却也有些曲折。本来他是向二姨家申请到创业版上市的。眼看胜利在望，结果惹得春阳和老王他们几个老家伙眼红，居然半路杀出来抢庄，还搞了个联合控股。形势立即呈现了一边倒，筹码全部被老家伙们抢去后，九天遂出局矣。

眼看这个绩优股就要被停牌了，匠人赶忙给他来了个股权置换。于是九天就跑到同僚版来借壳上市了。从九天上市这些天的表现来看，果然是个大盘蓝筹股啊！如此看来，逢赌必输的"股剩"——程序匠人居然也有选对股的时候，改天俺再去抄个底试试手气看。

二十一、附记：匠人自传篇

匠人虽说比较厚颜，但也不敢自称"人物"，与那各路牛鬼蛇神并列于封神榜上。再说前面有那好心的网友已经写了一篇匠人志，把匠人吹得天花乱坠。匠人实在不敢再为自己作锦绣文章了。故此篇权当作者自传，放于附记里吧……

记得曾经有位网友问匠人："你最熟悉的语言是 C 还是 ASM？"。匠人答曰："都不是，匠人最熟悉的语言应该是母语——汉语。"网友闻言后厥倒……

匠人十几岁时开始写科幻小说（至今还敝帚自珍地保留了十多万字的半部手稿呢）；后来匠人发现写小说太累，就改行写诗（还拿过几次稿费呢，就是太少了些，每次领了钱请狐朋狗友撮一顿阳春面还得倒贴若干）；匠人发现写诗老是亏本，遂又改行写程序，从此一发不可收拾至今。要说这写程序吧，和写其他东东倒也有些共通之处，无非也就是先立意规划，后付诸文字，再加以润色修改而已。

人生最大的幸事有两件。其一，是可以做自己喜欢做的事情；其二，是做自己喜欢的事情还能赚到足够养活自己的 Money。匠人得此两件，不亦乐乎，除了焚香感谢上苍好生之德，倒也别无它求了。

如果你的"芯"是一座作坊，我愿做那不知疲倦的程序匠……就此收笔，免得有自吹之嫌……

手记 **31**

《网络心路》之匠人版（连载）

一、缘 起

为了给"2007 年度最佳版主评选活动"造势，匠人也来学学 IC921，发个连载玩玩。权当是代替《述职报告》吧。不过咱声明一下，只发《述职报告》，不参与最佳版主的评选。各位粉丝请另寻偶像投票。

在很久以前（其实也不久，七八年前而已），我们还没有料想到，网络有一天会成为我们生活、工作、学习、娱乐、交友的一部分。

那时候，天是蓝的，水是绿的，接听手机是要花钱的，不上网也是能睡得着觉的……

而现在回首，我们只能对自己贫乏的想象力表示惭愧、内疚、脸红、恨不得去自焚。

第一次上 21IC，是缘于同事的推荐。好像是为了找一个器件的资料，于是就来到了 21IC。那时，匠人只是一个匆匆的过客。就像一个顾客，顺着路人的指点，匆匆来到商店，打了一瓶酱油，然后匆匆离去。

不经意的一次光顾……

只不过，酱油是生活必需品，打了一次，必然会有第二次、第三次……

那时的匠人，还没有网名，所以不能叫匠人，最多，只能叫"酱"人罢了。

"酱油"打得多了，也就熟门熟路了，才发现，这 21IC 敢情还不止有"酱油"。

其实，那时候正赶上 21IC 的创业初期，二姨和流星姐姐几乎每天都会更新首页，转载许多技术性文章。

在网络资源相对匮乏的年代，那些技术文章无疑是一个巨大的宝库。匠人也就乐得每天拎着个空酱油瓶子，没事就上来逛荡一圈，看看新出来的技术文章。

可恨的是二姨她们，将网页做了手脚，只能打印，不能保存。而那时又是电话线上网，费用贼贵不说，还耽误别人煲电话粥。匠人没办法，只好把喜欢的文章打印了装订成册。厚厚一本，晚上睡觉还能当枕头用。

这样的日子持续了有一段时间……直到那一天,匠人发现了21IC论坛……

好了,今天就写到这里了。欲知后情,请听下回分解。

二、接　触

怎么来到21ICBBS,已然记不清楚了。就像我们再也想不起爱人的第一个眼神;再也想不起孩子出生的第一声啼哭;再也想不起逝去的人最后的容貌。

人就是这样,总是会忘却一些最原始、最宝贵的东西,而那些无关紧要的倒是挥之不去。就像匠人老惦记着N年前一个同事借了匠人一张饭票,至今那食堂都倒闭了,他老人家饭票还未还给匠人。

是的,我们的记忆就是被这样一些乱七八糟的东西填满。

好吧,那就挑些有印象的说说。

只记得那时的21ICBBS,还没有改版,界面简练,操作简单,功能单一,版面稀少。不过,像"侃单片机"、"技术交流"、"新手园地"等等版面,那时已经存在了。

第一次发帖,是发在"侃单片机"。也不知是问了个什么问题,大概是关于按键方面的吧。结果,被版主一脚无影腿,踢到"新手园地"里去了。这让匠人郁闷了很久。虽然咱面相长得年轻了点,帅了点,也不能把咱当做新兵蛋子处理吧,吼吼!

幸好,被踢之后,匠人没有自暴自弃堕落沉沦,而是潜心寻找原因。最后,原因总算找到了,敢情在这论坛里,只有"大虾"才能呼风唤雨横行霸道,版主见了你都得点头哈腰,提鞋拎包都来不及,又怎会踢你?

什么?你不是"大虾"?OK,你有3个选择:1.去"新手园地";2.被踢到"新手园地";3.冒充"高手"招摇撞骗。

匠人选择了3。

从那时开始,匠人立志要把自己包装成一个人见人爱、神见神骇、魔鬼见了要打颤的"大虾"……

好了,今天就写这么多了。先吊吊胃口,明天再说。

三、包　装

在领悟了论坛的真谛后,匠人决定给自己先包装一下。

首先是注册一个赏心悦目的ID。人靠衣裳马靠鞍,在网上混,没有一件酷一点的马甲,那是万万不行的。

当然,也有例外。比如hotpower、chunyang、IC921、computer00、xwj等大虾,随便捏几个字母数字注册一个ID,居然也能出名。话说回来,真有这么强的实力,也就不必为每天穿哪件马甲出门这种小事费心思了。做大事不拘小节,直接裸奔得了。

匠人的网名是源于对职业的认知,经过思索才确定下来的。高雅而不高贵,通俗而不低俗。看着舒服,叫着亲切,听着顺耳。呵呵,请要呕吐的朋友到隔壁的"回收站"去吐吧……

　　网名就这么取好了，但那还不够。匠人还要把这个网名当作一个品牌来运作，围绕这个网名，应该有一系列的宣传语、LOGO、签名来强化受众对品牌的印象。于是匠人就设计了一个文字签名（参见图 28.1：程序匠人的早期签名）。

　　榔头是工匠的象征物，0 和 1 代表计算机机器码，汇编指令是匠人的编程工具，方波代表数字电路的时序图。所有的元素都是围绕"程序匠人"这四个字的内涵来摆放的。配合这个文字图片，当时还有一句改自歌词的宣传语："如果你的'芯'是一个作坊，我愿做那不知疲倦的程序匠……"

　　这些包装的手法，后来也同样被应用到了匠人的博客上。不过，随着时代进步，大家都用图片签名来代替文字签名了。匠人由此设计了一系列的动画 LOGO，来宣传《匠人的百宝箱》的博客形象（参见 图 28.2：《匠人的百宝箱》LOGO）。

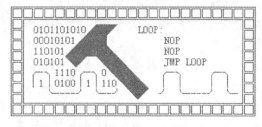

图 28.1　程序匠人的早期签名　　　　　　　图 28.2　《匠人的百宝箱》LOGO

　　经过这么一番包装，匠人的玉树临风的全新形象终于要破土而出，展现在世人的面前了。

　　下回说说匠人在 21ICBBS 的练级之路……

四、练　级

　　上回说到，匠人为自己置办了一身闪亮的行头，现在就要开始一个"小虾米"的练级之路了……

　　其实，想在论坛里迅速飚红，有一个最简单的法门，就是逢帖必回。不管什么帖，都来个"顶"、"66"，或者"路过"。要是赶巧了，还可以来个"沙发"或"板凳"什么的。

　　"灌"就一个字，混个脸熟嘛……

　　不过那时，匠人没有采取这种灌水方式。为了达到"不鸣则已，一鸣惊人"的效果，匠人严格控制发帖的质量。

　　匠人早期的帖子，是以无厘头风格为主调的《大话篇》系列贴子。那个时期，匠人无官一身轻，没事就调侃版主，也算报了当初被踢的一腿之仇。幸遇版主刀客开明，每每被调侃得不行了，欲拒还迎，最后还送匠人裤子，呵呵。由此，倒也成就了一些经典《大话篇》，被不少网站转载。

　　为了控制帖子质量，匠人的帖子数量必然多不到哪里去。因此，匠人的积分增长一直很缓慢。花了好久才攒够 500 分贴图的底限分数，还高兴得屁颠屁颠。可见这条练级之路,匠人走的好辛苦啊。

不赚积分赚人气——这就是匠人一向的宗旨。这句话,就当作今天的总结性发言。希望对一些喜欢刷墙的网友能有所触动吧。

天也不早了,今天就吹到这里,下回再接着吹……

五、升 级

练级为了升级,量变引起质变。当匠人在 21ICBBS 渐渐被人高捧时,当个版主似乎也就是水到渠成的事情了。

与二姨的邀请一拍即合,借着老版主平凡老师光荣退休的良机,匠人终于如愿以偿,坐上了 21ICBBS 第一人气版面——"侃单片机"——的 3 副的宝座。

要说这 3 副,其实和 2 副并无实质区别。其与正版主的区别,仅仅是没有任命副版主和修改版面公告的权利。至于加酷删帖的活儿,倒是一样可以操办。

在所有的特权中,匠人最喜欢的就是版主拥有的加酷印章。从此后,匠人右手执生花妙笔,左手握加酷印章。自己发帖,自己加酷,简直就是一条龙自助服务。如此一来,倒也省了老大刀客的不少事。

至于删帖,那种吃力不讨好的得罪人的活,还是让给刀客自己干吧。嘿嘿,谁叫他的那把大砍刀那么出名呢?(匠人阴险地坏笑……)

也有"眼红"的网友借此攻击匠人以权谋私。对此匠人的回复是:"如果当版主不能给自己加酷,宁可不当这劳什子版主!"——整个一副威武不能屈,富贵不能淫的表情。

士可杀不可"裸",不让版主穿裤子,太不人道了吧?

由此可见,匠人是一个很有原则的人。呵呵。

当了版主,自然要干点实事。为人民服务嘛(不过这年头,好像都是为人民币服务了)。否则,光给自己盖酷章,终将宝座不保。匠人新官上任后,也确实放了几把火。

明月当空,天色已晚,这些放火的细节,就留待下回再表吧……(顺祝大家中秋快乐,合家团圆!)

后记:由于是网络实时连载,再加上杂务缠身,所以每天只能写一段。请大伙凑合一下。

另,明后两天要出个差,可能要中断两天。请伙计们给我顶住,别让此帖沉底了……

六、放 火

前言:昨天出差,连载断了一天,让匠人一路牵肠挂肚。幸得楼上各位帮忙顶帖,此帖不至于沉底。尤其是二姨那千钧一顶,实乃珍贵!今天总算紧赶慢赶,赶回了家,一身臭汗没来得及洗,先完成任务再说。继续——

长江水,浪打浪,一浪更比一浪浪。

版主的新陈代谢,是论坛的正常现象。同时,也是保持或激发论坛活力的必然选择。

自从匠人不小心当上了"侃单片机"的三版主后,一方面趁着手中有权,给自己狂穿裤子;一方面,也趁机在论坛里到处煽风点火。

凭着一腔热情,为了活跃论坛气氛,匠人曾经组织了一系列的技术讨论专题。这些讨论包括一些最基本东西,如抗干扰、看门狗、复位电路等。

这一点,救火车版主倒是深得匠人的衣钵。

这把火断断续续烧了一两年,倒也锻造出几篇"神帖"。其中,最神奇的当属《10种软件滤波方法》。

此帖原为《将软件抗干扰进行到底!》的跟帖。在"侃单片机"版面发布后,不出 3 个月,就被热心网友从其他网站又转载回到"侃单片机"栏目。并且被转了两次。幽默的是,匠人的原帖没有加酷,而这两篇转帖,倒是都被加了酷。

从此后,这篇帖子,就像野火烧不尽,春风吹又"烧",烧遍了国内大大小小的单片机技术论坛,还殃及不少单片机博客。

不但如此,还有网友借风放火,写了个《10种软件滤波方法的示例程序》。居然也烧得到处乌漆抹黑、面目全非。

不信?呵呵,那你就用"10种软件滤波方法"作关键字,上"摆渡"或"孤狗"上搜搜看吧。

好了,洗澡去了,明日再侃……

七、交 友

21ICBBS 的主要功能是技术交流。可以说,许多人都是冲着这一点来的。但是,随着交流的深入和展开,人与人之间便产生了惺惺相惜之情。

一开始的交流,基本上是分散在各个版面里的,还有点小群体的味道。随着"同僚|校友|老乡"的几位新版主的上任,人气渐渐聚集。该版面也逐渐被清晰定位为交友版面了。

大家在一起,谈天说地,谈古论今。当然也有人捎带着谈情说爱。

论坛发展到这一步,功能和内涵被网友们充分挖掘扩展,变成了一个交友聚会的场所。即使在闲暇时间段里,大家也会上来看看热闹。有火救火,无火放火。更有甚者,干脆把这里当作 QQ 聊天群了。呵呵。

社区文化,便悄悄地由此发酵。

伴着 21ICBBS 的发展一路行来,匠人也经历了这些个阶段。也就是在这个阶段里,匠人写下了又一神帖——《21IC 人物志》。

这篇帖子沉寂多年,前几天竟又被人从文物堆里刨出来。然而,许多当年热极一时的 ID,现已不见了踪影。物是人非、令人唏嘘……

也许，是到了该给《21IC 人物志》出续集的时候了。

今天就写到此，各位观众，明日请早。

八、博 起

前言：原打算将《网络心路》一天一篇地写下去，哪知遭遇了个国庆长假，过节过得日夜颠倒，节奏全乱了。连网都懒得上，连载自然连不起来了。好在这几天客流量稀少，倒也没有激起公愤。只是让楼上几位惦记，匠人作揖陪个不是先。眼看又要上班了，我们继续未完的话题……

最近总是老眼昏花打错字，每每把版主评选活动日期"2007"打成"2008"，被 IC921 引为笑柄。

这次，匠人借着国庆节的良机，向家长（也就是孩子他妈）申请了些许经费，再贴上若干私房铜钱，去打折眼镜店淘了副平价眼镜。那验光师居然说匠人是近视＋老花＋散光＋夜盲＋弱视，还外带红眼！此事且按下不表，单说我们的"博起"。

顺着光阴的长河，我们已经来到 2005 年的春天。在那个春天，这网上出现了一个新兴事物——博客。

这玩意儿从诞生伊始，其发展速度就超出了人们的想象。以至于那时候，人们一见面，就打招呼问："今天你'博'了吗？"

博客与论坛的最大区别，就是在你的博客中，你可以充分享受当家做主的权利。想灌水就灌水，想放火就放火，想杀人就……（哦，那还是不行"滴"…… :-)）。没有版主在那里对你指手划脚。

当然，你也要学会忍受寂寞，尤其是当你面对每天只有几十个 IP 点击的时候……

高手总是寂寞的，"低手"也同样如此。

博客的出现，让匠人以为，她将取代论坛的地位，成为网友们网络交流的主要方式。这一观点一度支撑着匠人的热情。

于是，有了《匠人的百宝箱》。

家长又在催促匠人吃晚饭了，咱明天再继续……

九、自 娱

博客的存在，极大地激发了人们的原创意识。许多人把自己的鸡毛蒜皮都拿来"博"一下。

于是，这博客写着写着，就写成了流水账。灌水，成为常态。

这是由博客的特性决定了的，因为博客本来就是自娱自乐的工具。

但是，如果能在自娱自乐的同时，带给他人以思考和感悟，便是成功。

匠人自从开通博客之后，也一直注重原创文化的建立。这些原创的内容，包含几个部分：

（1）早期论坛文字的整理收集。这也是匠人开博的初衷吧。咱的帖子虽然没有 hotpower 那么高产，但总也有那么几篇珍藏版，正好找个地方存放。

（2）工作手记的整理和发布，即《匠人手记》系列。这是《匠人的百宝箱》的主打品牌节目了。

（3）对生活的思考和感悟。随着年岁的增长，对世间万物渐渐有了成型的看法，思考也在深入。这些内容，汇聚成了《匠人夜话》系列。

（4）其他一些流水账。比如今天上哪里混了顿免费的午餐，明天又上哪里骗了个开发工具。这些得意或失意的小事，当然也在博客中留下了痕迹。

曾经有许多博客，热极一时，终究归于沉寂。就像流星般绚丽而又短暂。当所有人都已经离去，而我们仍在坚持。《匠人的百宝箱》也就是在这种"自娱"与"娱他"的方式中，慢慢地，执著地，走了过来……

那是因为，我们没有放弃……

各位观众，刚才播出的是长篇网络纪实肥皂剧——《网络心路》，请明天同一时间，继续收看。

十、网　赚

博客，让匠人投入了巨大的精力和宝贵的时间。这样的投入，几乎完全是靠着一股热情在支撑着。有一段时间，匠人怀疑这种兴趣还能坚持多久……

兴趣是无法战胜疲惫的。就像没有人会把不来钱的麻将玩到天亮。

如何让付出产生回报（哪怕是象征性的），从而支撑起更为长久的、可持续的热情呢？

有了——网赚！对！就是这个让许多博主和个人站长迷恋的词。

于是匠人也开始尝试在博客中引入带商业性质的运作。匠人的要求很低，只要能赚到上网费，即视为成功！呵呵！

但是，理想是美丽的，道路却是曲折的。

首先想到的是加入广告平台。包括"孤狗"的和一些国内的平台，匠人都曾经尝试过。但是"孤狗"的条例太严苛了，一不小心就被封了账号，还没明白怎么回事，就 GAME OVER 了。而国内那些平台更是像墙上画饼，钱没多少，还净是一些垃圾信息，污染了博客、降低了品位。匠人最终选择了放弃。

于是匠人使用了第二招。广告招租，找友情赞助。顺带再选择一些信得过的产品做代理。这样一番折腾，倒也勉强维持了上网的费用。只是如此一来，投入的精力更大了。

经过这两年"网赚"的实战经验，匠人的体会是：有那精力，干点啥不好呢？非要累死累活地在"网赚"这颗歪脖子妖怪树上吊死？

如此一想，倒也释然。

咱还是该干嘛就干嘛吧……

不早了，收笔，待续！

十一、出　走

"到远方去，熟悉的地方没有风景。"——这是某位诗人的一句话。

在一个环境里待久了，人自然就会产生厌倦。而对新环境的向往，时刻激励着人们燃起出走的信念。

天天泡在一起忽悠的网友，突然间，露面的次数越来越少了。他们就这样悄悄地消失在人们的记忆中。那曾经留下的痕迹，亦渐渐地消退，就像从来没有出现过一般。

盘点一下您的好友名单，看看哪些面孔已经好久不见了？

他们，去了哪里呢？……

有些是因为完成学业，踏入工作岗位，或者开辟了新事业，人一下子忙碌起来，再也没了那闲工夫。

有些是因为对 21IC 里的一成不变，波澜不惊，感到了窒息；而新的丰富多彩的大千世界，吸引了他们的眼球，让他们走得毅然决然……

匠人也曾经有一段时间，被 21IC 博客系统的一些问题困扰得不行，跑到其他博客系统另辟天地。但是匠人终究无法适应那陌生的环境。就像鱼儿离开了水，鸟儿离开了天空，种子离开了大地。一切都是那么别扭。

还是放不下 21IC。

于是匠人又半路折了回来，伸伸胳膊伸伸腿，呵呵，感觉还是这里舒坦。

谨以此篇，缅怀那些已经出走的 ID。同时也发出呼唤——回来吧，这里的世界很精彩……

当然，明天的连载也许更精彩……

十二、未　来

连载进行到这里，匠人已经像庖丁解牛一般，把这些年来的心路历程解剖在案板上。这场最佳版主评选的盛宴前的甜点，也已经吃的差不多要让人反胃酸了。而匠人写帖子的冲动，也已经慢慢地消失殆尽……

后面的故事，也就是匠人升任站长后这一个多月发生的许多台前幕后的人生百态，本也可以大书特书自吹自擂一番。

无奈这是最近刚刚发生的事情，有些喜与忧、乐与悲，大家还记忆犹新。匠人要是自吹过头，难免要被人揭穿西洋镜，届时反而不妙。

而另一些内幕，还是留在未来的某一天，待匠人被二姨炒了鱿鱼，再拿来作为写回忆录的材料，到时候也好赚点养老的铜钱。

让希望，留待未来吧……

而未来，又总是令人充满憧憬。她就像阳光雨露，照耀滋润我们的生命。那又将

匠人手记 第2版

是一份怎样的精彩呢？未来属于你,属于我,属于 21IC 的每一个人。

——这就权当是匠人给大家的祝福吧。

感谢"酱粉"最近半个月来对此帖的关注和捧场。伴随着连载的结束,最佳版主评选活动的前奏——版主提名即将展开,敬请网友们继续关注。

连载到此结束。

后　记

　　终于到了写后记的时候。一般来说，这也就代表该给一件事情盖棺定论了。让匠人庆幸的是，这个写书的"痛苦"过程终于要结束了。这本书的价值，将由作为读者的您去评判。匠人终于可以轻松下来了。

　　回味写书时的无数个孤灯独明的夜晚。随着书稿字数的不断增长，匠人也经历了一个持续不断的深入思索和重新发现的过程。文思翻滚时的欣喜和搜肠刮肚时的焦躁，交织在对未来的期盼里。而这样的一份特殊历程，终将成为匠人生命的一部分。

　　也许还应该对匠人的成长历程做一个交待，但那些自恋的话题未必是读者您感兴趣的。而匠人始终坚信：技术源于积累，成功源于执著。放下浮躁，才能摆脱困扰。

　　愿我们共勉。

程序匠人

2008 年 3 月于上海

参考文献

[1] 何立民.单片机应用技术选编(1～10)[M].北京:北京航空航天大学出版社,
1993～2004.

[2] 周航慈.单片机应用程序设计技术[M].(修订本)北京:北京航空航天大学出版
社,2002.

[3] 周航慈.单片机程序设计基础[M].(修订本)北京:北京航空航天大学出版
社,2003.

[4] 王幸之,等.单片机应用系统抗干扰技术[M].北京:北京航空航天大学出版
社,1999.

[5] 魏小龙.MSP430系列单片机接口技术及系统设计实例[M].北京:北京航空航
天大学出版社,2002.

[6] 张明峰.PIC单片机入门与实战[M].北京:北京航空航天大学出版社,2004.

[7] 刘慧银,等.Motorola(Freescale)微控制器MC69HC08原理及其嵌入式应用
[M].北京:清华大学出版社,2005.

[8] 范逸之,等.Visual Basic与RS-232串行通信控制[M].最新版.北京:清华大学
出版社,2002.

[9] 谭振文.EM78电子随身卡制作原理[M].台北:儒林图书有限公司,2000.

[10] 谭振文.EM78862单晶片组合语言程式设计[M].台北:文魁资讯股份有限公
司,2001.